国家出版基金项目
NATIONAL PUBLICATION FOUNDATION

知识产权经典译丛（第6辑）

国家知识产权局专利局复审和无效审理部◎组织编译

专利强度与经济增长

［以］丹尼尔·贝诺利尔（Daniel Benoliel）◎著

倪朱亮◎译

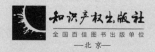

全国百佳图书出版单位

—北京—

图书在版编目（CIP）数据

专利强度与经济增长/（以）丹尼尔·贝诺利尔（Daniel Benoliel）著；倪朱亮译. —北京：知识产权出版社，2023.1

书名原文：Patent Intensity and Economic Growth

ISBN 978 - 7 - 5130 - 8244 - 0

Ⅰ.①专…　Ⅱ.①丹…②倪…　Ⅲ.①专利—关系—经济增长—研究　Ⅳ.①G306 ②F061.2

中国版本图书馆 CIP 数据核字（2022）第 124909 号

内容提要

本书可视为对专利和经济增长之间的不确定关系展开的重要实证研究。本书审视了"一刀切"专利政策对发展中国家及其以创新为基础的经济增长的影响，反对各国采用完全一致的专利政策，并为国家集团在联合国层面上的政策联合提供一个分析框架。本书所面向的群体，包括专利法学者和学生、国家和国际组织政策制定者、风险投资家、研发管理者以及知识产权领域的研究人员。

责任编辑：卢海鹰　王玉茂　　　　责任校对：谷　洋
封面设计：杨杨工作室·张冀　　　 责任印制：刘译文

知识产权经典译丛
国家知识产权局专利局复审和无效审理部组织编译
专利强度与经济增长
[以] 丹尼尔·贝诺利尔（Daniel Benoliel）　　著
倪朱亮　译

出版发行：**知识产权出版社**有限责任公司　　网　　址：http://www.ipph.cn
社　　址：北京市海淀区气象路 50 号院　　　 邮　　编：100081
责编电话：010 - 82000860 转 8541　　　　 责编邮箱：wangyumao@cnipr.com
发行电话：010 - 82000860 转 8101/8102　　发行传真：010 - 82000893/82005070/82000270
印　　刷：三河市国英印务有限公司　　　　 经　　销：新华书店、各大网上书店及相关专业书店
开　　本：720mm×1000mm　1/16　　　　 印　　张：24.5
版　　次：2023 年 1 月第 1 版　　　　　　　印　　次：2023 年 1 月第 1 次印刷
字　　数：465 千字　　　　　　　　　　　 定　　价：168.00 元
ISBN 978 - 7 - 5130 - 8244 - 0
京权图字：01 - 2022 - 2642

总　序

当今世界，经济全球化不断深入，知识经济方兴未艾，创新已然成为引领经济发展和推动社会进步的重要力量，发挥着越来越关键的作用。知识产权作为激励创新的基本保障，发展的重要资源和竞争力的核心要素，受到各方越来越多的重视。

现代知识产权制度发端于西方，迄今已有几百年的历史。在这几百年的发展历程中，西方不仅构筑了坚实的理论基础，也积累了丰富的实践经验。与国外相比，知识产权制度在我国则起步较晚，直到改革开放以后才得以正式建立。尽管过去三十多年，我国知识产权事业取得了举世公认的巨大成就，已成为一个名副其实的知识产权大国。但必须清醒地看到，无论是在知识产权理论构建上，还是在实践探索上，我们与发达国家相比都存在不小的差距，需要我们为之继续付出不懈的努力和探索。

长期以来，党中央、国务院高度重视知识产权工作，特别是十八大以来，更是将知识产权工作提到了前所未有的高度，作出了一系列重大部署，确立了全新的发展目标。强调要让知识产权制度成为激励创新的基本保障，要深入实施知识产权战略，加强知识产权运用和保护，加快建设知识产权强国。结合近年来的实践和探索，我们也凝练提出了"中国特色、世界水平"的知识产权强国建设目标定位，明确了"点线面结合、局省市联动、国内外统筹"的知识产权强国建设总体思路，奋力开启了知识产权强国建设的新征程。当然，我们也深刻地认识到，建设知识产权强国对我们而言不是一件简单的事情，它既是一个理论创新，也是一个实践创新，需要秉持开放态度，积极借鉴国外成功经验和做法，实现自身更好更快的发展。

自 2011 年起，国家知识产权局专利复审委员会*携手知识产权出版社，每年有计划地从国外遴选一批知识产权经典著作，组织翻译出版了《知识产权经典译丛》。这些译著中既有涉及知识产权工作者所关注和研究的法律和理论问题，也有各个国家知识产权方面的实践经验总结，包括知识产权案

---

* 编者说明：根据 2018 年 11 月国家知识产权局机构改革方案，专利复审委员会更名为专利局复审和无效审理部。

件的经典判例等，具有很高的参考价值。这项工作的开展，为我们学习借鉴各国知识产权的经验做法，了解知识产权的发展历程，提供了有力支撑，受到了业界的广泛好评。如今，我们进入了建设知识产权强国新的发展阶段，这一工作的现实意义更加凸显。衷心希望专利复审委员会和知识产权出版社强强合作，各展所长，继续把这项工作做下去，并争取做得越来越好，使知识产权经典著作的翻译更加全面、更加深入、更加系统，也更有针对性、时效性和可借鉴性，促进我国的知识产权理论研究与实践探索，为知识产权强国建设作出新的更大的贡献。

当然，在翻译介绍国外知识产权经典著作的同时，也希望能够将我们国家在知识产权领域的理论研究成果和实践探索经验及时翻译推介出去，促进双向交流，努力为世界知识产权制度的发展与进步作出我们的贡献，让世界知识产权领域有越来越多的中国声音，这也是我们建设知识产权强国一个题中应有之意。

申长雨

2015 年 11 月

前　言

传统认为，经济增长归因于由技术创新带来的国民生产的增长。尽管传统认知如此，但是专利与经济增长之间的关系依旧不确定。作为本书关注的重点，对二者关系的研究是以1996～2013年跨越南北鸿沟的79个国家/地区组为研究对象进行审视，并以其创新表征（proxy）指标的专利强度（intensity）为模型，将这些国家确定为三个组别。本书中一连串的实证研究或许最终会质疑通过平等的国际专利政策能促进有效经济增长率的观点。

在过去，相较于较发达的国家，发展中国家被认为处于历史技术追赶线性路径（a linear path of historical technological catch-up）的早期阶段。该阶段强调的是新古典经济学所倾向的在促进创新型经济发展上的"一刀切"专利政策。这些政策包括由基于《与贸易有关的知识产权协定》（TRIPS）发展而来的世界知识产权组织（WIPO）和世界贸易组织（WTO）的倡议以及世界卫生组织（WHO）提出的有关创新政策。这种国家平等的主张也符合国际货币基金组织（IMF）、世界银行和美国财政部共同推动的《华盛顿共识》中为饱受危机困扰的发展中国家服务的标准宏观经济改革一揽子计划。这种新古典主义的立场最终反映了联合国层面机构的宪法正当性。

本书与反对内生增长理论且对霸权主义方法提出挑战的立场一致。因此，可以认为各国之间的专利协调显然是不必要的，并非基于经验的，对南方国家/地区来说也是不充分的。书中大量的分析是在"收敛"理论文本的框架下进行的。该路径提出了额外的且具有开创性的见解，即"俱乐部收敛"，它有助于根据广义的与经济增长相关的假设来确定国家之间的异同性。当然，专利强度上的"俱乐部收敛"与技术追赶的概念之间存在相互联系，即使是其他系统分类方法，也无法明确划分两者之间的界限。因此，要认真审查这一区别，就必须把收敛的前提与任何一个国家的生产力表现有关的问题剥离开来。因此正如本书所呈现的，对于收敛分析而言，重要的是各国在与彼此相关的专利强度模型上如何表现，而不是单个国家相对于其自身在历史技术追赶上的表现如何。

早期绝大多数有关内生增长理论与"俱乐部收敛"之间关系的论述有助

于理解薪酬、教育质量、国内生产总值以及其他与宏观经济收入有关指标的收敛现象。在正常经济增长波动幅度范围内，收敛分析可能已经延伸至包括专利与创新在内的其他领域。

本书第 1 章为当下联合国层面的专利与创新有关的规范标准提供了框架。该章强调一个事实，即构建架构的过程依然受到监管不一致性的影响，这意味着需要一个细致的经验性与概念性方法。第 2 章到第 6 章则在于解释不同发展水平的国家在以专利强度作为创新型经济增长表征的不同做法以及原因。鉴于此，本书基于对世界银行和国际货币基金组织的其他国家组别的分类，比如收入水平、地理区域与经济类型等方面的比较分析，来阐述三个专利集群之间的差异。紧接着，基于核心增长指标，如执行和资助国内研发支出总额的机构类型、按研发类型产生的国内研发支出总额、人力资本和人力资源指标以及空间增长相关的指标，对三个国家组展开详细描述。

对选定国家专利强度以及三个特定专利集群作为可供比较的国内创新表征的评估，可能会为国家和国际决策者、风险投资家和研发管理者，以及知识产权、创新、经济增长与其他领域的学者提供有价值的信息。

致　谢

本书是在历经多年后较为满意的研究成果。我要对那些作出评论、给予建议和支持的人表示由衷的感谢，他们分别是 Katya Assaf、Eran Bareket、Uri Benoliel、Rochelle Dreyfuss、Niva Elkin – Koren、Susy Frankel、Xiaolan Fu、Michal Gal、Heinz Goddar、Stuart Graham、Dietmar Harhoff、Ralph Heinrich、RetoHilty、Assaf Jacob、Calestous Juma、David Kaplan、Natalia Karpova、Asa Kling、Amy Landers、Keun Lee、Mark Lemley、Li Maor、Dotan Oliar、Bruno Salama、Eli Salzberger、Assaf Weiler、Peter Yu 和 Lior Zemer。❶

我由衷地感谢世界知识产权组织（WIPO）的人员在我 2014 年 10 月于日内瓦 WIPO 总部作采访时给予的配合。他们分别是 WIPO 总干事弗朗西斯·高锐博士、WIPO 首席经济学家卡斯滕·芬克、前发展合作副总干事杰弗里·奥尼亚马、负责全球基础设施的助理总干事高木善幸、发展议程协调司代理司长 Irfan Baloch 以及前欧洲专利局副局长詹姆斯·普利。

此书部分手稿的早期版本曾在牛津大学第六届创新创业学院年会、第十二届全球经济学国际会议、本杰明·卡多佐法学院和叶希瓦大学第十三届知识产权学者年会、伊兰大学法学院和宾夕法尼亚大学法学院知识产权与创业联合会议、世界知识产权组织 – 联合国欧洲经济委员会（UNECE）转型期国家知识产权经济问题研讨会、以色列专利局（ILPO）和以色列知识产权学术协会年度研讨会以及两场海法大学凯撒利亚法学院教师研讨会上发表。

我要感谢以色列理工学院工业工程与管理学院统计实验室的 Ayala Cohen 教授和 Etti Dove 博士在数据统计上给予的支持，他们在这方面的投入对本书写作起着决定性作用。我还要感谢 Inbar Yasur、我的研究助理 Denis Geidman、Boaz Gadot 和 David Hurtado 在收集有关专利资源库（PatBase）和专利资料统计数据库（Patstat）方面给予我的卓越的技术支持。

我要感谢以色列科学基金会（ISF）以一项研究补助方式给予的慷慨资助，

---

❶　本书涉及外文人名众多，除广为人知有统一中文译名的予以翻译外，其他的均用外文原名。——译者注

以及海法大学法学院海法法律与技术中心（HCLT）提供的补充资金。本书进一步完善的内容还被作为德国慕尼黑马克斯－普朗克创新与竞争研究所访问学者项目的一部分。我要感谢剑桥大学出版社知识产权与信息法丛书的编辑团队，特别是 Kim Hughes、Rebecca Jackaman 和 Puviarassy Kalieperumal。最后，我要感谢我的妻子 Naáma 和我的女儿 Hadar 和 Maáyan，感谢她们一路上给予我的关爱和支持。

缩略词

A2K	Access To Knowledge	获取知识
ABS	Nagoya Protocol on Access to Genetic Resources and the Fair and Equitable Sharing of Benefits Arising from Their Utilization	关于获取遗传资源和公平公正分享遗传资源所产生利益的名古屋议定书
ACTA	Anti – Counterfeiting Trade Agreement	反假冒贸易协定
AIE	Academy of Innovation and Entrepreneurship	创新创业学院
BTAP	Beijing Treaty on Audiovisual Performances	视听表演北京条约
CART	Classification and Regression Tree	分类与回归树
CBD	Convention on Biological Diversity	生物多样性公约
CEEC	Central and Eastern European Country	中东欧国家
CIS	Commonwealth of Independent States	独联体
CMS	Carnegie Mellon Survey	卡耐基梅隆调查
DACD	Development Agenda Coordination Division	发展议程协调司
WIPO DACD	Development Agenda Coordination Division	世界知识产权组织发展议程协调司
DLT	Design Law Treaty	外观设计法条约
ENWISE	Central and Eastern European Countries and the Baltic State	中东欧国家和波罗的海国家
EPC	European Patent Convention	欧洲专利公约
EPO	European Patent Office	欧洲专利局
EU	European Union	欧盟
FDI	Foreign Direct Investment	外国直接投资
FTA	Free Trade Agreement	自由贸易协定
FTE	Full – Time Equivalent	全职人力工时

GATT	General Agreement on Tariffs and Trade	关贸总协定
GDP	Gross Domestic Product	国内生产总值
GERD	Gross Domestic Expenditure on R&D	国内研发总支出
GI	Geographic Indications	地理标志
GII	Global Innovation Index	全球创新指数
GNI	Gross National Income	国民总收入
GSPOA	WHO Global Strategy and Plan of Action on Public Health, Innovation and Intellectual Property	世界卫生组织公共卫生、创新和知识产权全球战略和行动计划
GVC	Global Value Chain	全球价值链
HC	Head Count	人员总数
HCLT	Haifa Center of Law and Technology	海法法律与技术中心
HDI	Human Development Index	人类发展指数
IBSA	India, Brazil and South Africa Initiative	印度、巴西和南非倡议
ICT	Information and Communications Technology	信息和通信技术
IDB	Industrial Development Board	工业发展理事会
IGWG	WHO Intergovernmental Working Group	世界卫生组织政府间工作组
ILO	International Labor Organization	国际劳动组织
ILPO	Israel Patent Office	以色列专利局
IMF	International Monetary Fund	国际货币基金组织
IPR	Intellectual Property Right	知识产权
ISF	Israel Science Foundation	以色列科学基金会
IT	Information Technology	信息技术
JPO	Japanese Patent Office	日本特许厅
LDC	Least – Developed Countries	最不发达国家
MAR	Marshall – Arrow – Romer Knowledge Spillover	外部性知识外溢
MDG	Millennium Development Goal	千年发展目标
MFN	Most – Favored Nation	最惠国
MNC	Multinational Corporation	跨国公司
MNRE	Ministry of New and Renewable Energy of India	印度新能源和可再生能源部

MVT	Marrakesh Treaty to Facilitate Access to Published Works for Persons Who Are Blind, Visually Impaired, or Otherwise Print Disabled	关于为盲人、视力障碍者或者其他印刷品阅读障碍者获取已出版作品提供便利的马拉喀什条约
NIC	Newly Industrialized Country	新型工业化国家
NIE	Newly Industrialized Economy	新工业化经济
NIEO	New International Economic Order	国际经济新秩序
NIH	National Institutes of Health in the United States	美国国立卫生研究院
NIPS	National Intellectual Property Strategy	国家知识产权战略
NSF	National Science Foundation	国家科学基金会
OECD	Economic Cooperation and Development	经济合作与发展组织
PCAST	United States President's Council of Advisors on Science and Technology	美国总统科学技术顾问委员会
PCT	Patent Cooperation Treaty	专利合作条约
PPP	Purchasing Power Parity	购买力平价
PVP	Plant Variety Protection	植物品种保护
R&D	Research and Development	研发
RIS	Regional Innovation Systems	区域创新系统
RMB	Chinese Yuan Renminbi	人民币
RNA	Ribonucleic Acid	核糖核酸
S&T	Science and Technology	科学和技术
SCP	Standing Committee on Patents	专利常务委员会
SIPO	Chinese State Intellectual Property Office	中国国家知识产权局❶
SPER	Second Pair of Eyes Review Program	第二双眼睛评审计划
TFP	Total Factor Productivity	全要素生产率
TPP	Trans-Pacific Strategic Economic Partnership Agreement	跨太平洋战略经济伙伴关系协定
TRIMS	Agreement on Trade-Related Investment Measures	与贸易有关的投资措施协定

❶ 中国国家知识产权局现有缩略语是 CNIPA（China National Intellectual Property Administration）。出于对原文的忠实，后文出现的 SIPO 未作更改，但与 CNIPA 是同一所指。

TRIPS	Agreement on Trade Related Aspects of Intellectual Property Rights	与贸易有关的知识产权协定
TTIP	Transatlantic Trade and Investment Partnership	跨大西洋贸易和投资伙伴关系
TTO	Technology Transfer Office	技术转让办公室
UE	Percentage of Patents Granted out of Patents Submitted to the USPTO or EPO	向美国专利商标局或欧洲专利局提交专利中授权专利的百分比
UN	United Nations	联合国
UNCTAD	United Nations Conference on Trade and Development	联合国贸易和发展会议
UNDP	United Nations Development Programme	联合国开发计划署
UNECE	United Nations Economic Commission for Europe	联合国欧洲经济委员会
UNESCO	United Nations Educational, Scientific and Cultural Organization	联合国教育、科学及文化组织
UNIDO	United Nations Industrial Development Organization	联合国工业发展组织
USPTO	United States Patent and Trademark Office	美国专利商标局
WHA	World Health Assembly	世界卫生大会
WHO	World Health Organization	世界卫生组织
WIPO	World Intellectual Property Organization	世界知识产权组织
WTO	World Trade Organization	世界贸易组织

目　　录

第 1 章
制定框架：专利和经济增长政策

引 言

　　传统上，经济学家认为专利制度是影响创新型经济增长的重要杠杆。❶ 然而，鉴于两个根本性原因，专利的确切影响在不同国家仍然是不平衡的。这两个原因既与专利法执行效力的模糊不清有关，也与专利化率/申请率（patenting rates）对国家经济增长影响的模糊性有关。其一，关于专利法的存在和实施所塑造的法律环境，仍然存在许多经验上的模糊性。这种模棱两可的现象关系到专利法规则对研发投资和开发的激励性影响、对增加外国直接投资配额的能力或在不同国家促进其他形式技术的吸收和传播的能力等方面。❷ 甚至不得不说，知识产权和专利法在系统预测包括发展中国家在内的各国经济增长方面

---

　　❶ 例如参见，Richard Gilbert and Carl Shapiro, Optimal Patent Length and Breadth, Rand Journal of Economics, vol. 21, 106 (1990); Paul Klemperer, How Broad Should the Scope of Patent Protection Be?, Rand Journal of Economics, vol. 21, 113 (1990); Nancy Gallini, Patent Policy and Costly Imitation, Rand Journal of Economics, vol. 23, 52 (1992).

　　❷ 当前经验上的模糊性范围是相当令人震惊的。例如参见，Yi Qian, Do National Patent Laws Stimulate Domestic Innovation in a Global Patenting Environment? A Cross – Country Analysis of Pharmaceutical Patent Protection, 1978—2002, The Review of Economics and Statistics, vol. 89 (3) 436 (2007). （对1978 ~ 2002 年制定药品专利法的 26 个发达国家的专利保护对于药品创新的效果进行了评估）在此重要文献中，作者 Yi Qian 认为在发展水平高、教育程度好以及经济自由度高的国家，专利法的确有助于激励创新。at 436; José L. Groizard, Technology Trade, 45 Journal of Development Studies 1526 (2009) （通过对80 个国家1970 年的面板数据分析，作者发现知识产权保护力度强的国家外商直接投资占比较高），at 11 – 13. 一方面，作者 Groizard 指出知识产权与人力资本指标之间的消极关系。同上；Sunil Kanwar and Robert Evenson, Does Intellectual Property Protection Spur Technological Change?, 55 Oxford Economic Papers, 235 (2003) （低强度的知识产权有助于模仿，但是，另一方面，发展中国家的创新与知识产权保护强度成正比），at 236; Yongmin Chen and Thitima Puttitanun, Intellectual Property Rights and Innovation in Developing Countries, 78 Journal of Development Economics, 474 (2005), at 489.

似乎还不够成熟。❸

其二，这种模糊不确定性与专利比重对经济增长的影响有关。作为本书关注的重点，对于这一关系将通过比较不同国家基于研发强度的专利倾向性比率的影响（下文则被定义为专利强度）来进行检验，这是一种重要的但不是唯一的国内创新型经济增长指标。❹

法律环境和专利本身会共同影响各国的专利倾向性。换言之，在认识到公司或国家在其专利倾向性比率态度上的差异时，便认可了与专利法律环境相关的"能力因素"，❺以及与处于国家间类似法律环境

（接上注）另见 Rod Falvey, David Greenaway, and Zhihong Yu, who find evidence of a positive effect between IPR and economic growth for both low – and high – income countries, but not for middle – income ones. Extending the Melitz Model to Asymmetric Countries (University of Nottingham Research Paper Series, Research Paper 2006/07). 作者通过分析 79 个国家和 4 个不同时期（1975 ~ 1979 年、1980 ~ 1984 年、1985 ~ 1989 年和 1990 ~ 1994 年）的面板数据，得出结论：知识产权与低收入国家经济增长之间的正相关关系不能直接以研发和创新的潜在促进效应来解释。有关知识产权之限制与创新之间的负相关性，可参见 James Bessen and Eric Maskin, Sequential Innovation, Patents, and Imitation, Department of Economics, Massachusetts Institute of Technology working paper no. 00 – 01 (2000)；Mariko Sakakibara and Lee Branstetter, Do Stronger Patents Induce More Innovation? Evidence from the 1988 Japanese Patent Law Reforms, NBER working paper 7066 (1999).

❸ 参见 World Bank, Global Economic Prospects and the Developing Countries (vol. 12, 2002)（在不同时期、不同区域，许多国家已经意识到不同程度的知识产权保护能实现高速增长率）at 135. 另见 Bruno van Pottelsberghe de la Potterie, The Quality Factor in Patent Systems, ECARES working paper 2010 – 027 (2010)（审视实证分析文献，最有可能得出的结论是：强大的专利制度与创新率之间存在模糊关系），at 7 – 8；Qian, Do National Patent Laws Stimulate Domestic Innovation in a Global Patenting Environment?, (note 2 above)，（然而，知识产权对创新的实际影响仍然是技术经济学中最具争议的问题之一），at 436.

❹ 本章仅关注那些能够促进创新的知识产权制度背景下的专利倾向性问题，特别是在发展中国家。例如参见, Emmanuel Hassan, Ohid Yaqub and Stephanie Diepeveen, Intellectual Property and Developing Countries：A Review of the Literature, Rand Europe (2010)（对发达国家进行的几项调查表明，相比从发明中获利，其他因素更为有效：商业秘密、先动优势、相关品牌忠诚度、学习曲线的复杂性以及有效的生产、销售和市场运行的建立），at 19 and sources therein.

❺ 与包括专利费用在内的专利法律环境相关的能力因素：例如参见, Georg Graevenitz, Stefan Wagner and Dietmar Harhoff, Incidence and Growth of Patent Thickets：The Impact of Technological Opportunities and Complexity, Journal of Industrial Economics, 61 (3), 521 (2013). 能力因素还包括专利模仿与诉讼成本：例如参见, Hariolf Grupp and Ulrich Schmoch, Patent Statistics in the Age of Globalization：New Legal Procedures, New Analytical Methods, New Economic Interpretation, Research Policy 28, 377 (1999). 另外一项能力因素是较低的专利工艺创新能力，而不是产品创新能力。例如参见, Erik Brouwer and Alfred Kleinknecht, Innovative Output, and a Firm's Propensity to Patent. An Exploration of CIS Microdata, Research Policy, 28 (6), 615 (1999)（该文献认为，与产品创新相比，专利工艺流程创新获得专利相对较少）；Anthony Arundel and Isabelle Kabla, What Percentage of Innovations are Patented? Empirical Estimates for European Firms, Research Policy, 27 (2), 127 (1988)；Wesley M. Cohen, Akira Goto, Akiya Nagata, Richard R. Nelson, J. Walsh, R&D Spillovers, Patents and the Incentives to Innovate in Japan and the United States, Research Policy, 31, 1349 (2002). 另见 the sources in note 6 below.

下❻的专利倾向率相联系的"意愿因素"（willingness factors）。❼ 本书着重于后一个影响因素，将"专利强度"作为创新型经济增长的指标，评估南北分界线所在国家/地区在"专利强度"上的差异及其原因。

我们的调查领域与经济地理学家 Andrés Rodríguez Pose 的相关研究非常吻合，他解释了为什么在欧盟的区域增长动态中，外围地区和社会经济弱势地区一直未能"赶上"欧盟其他地区。❽ Andrés Rodríguez Pose 的报告指出，不同地区存在不同的"社会过滤器"（social filter）。❾ 这些过滤器能为每个地区提供不同的能力以吸收或转化本国或外国的与创新相关的研发，并将其转化为经济行为。❿ 因此，我们会发现"创新倾向"（innovation prone）和"抵制创新"（innovation averse）的社会。⓫ "创新倾向"社会是"能将更多的研发能力转化为创新和经济增长的社会"。⓬ 相反地，"抵制创新"的社会无法将自己的研发转化为创新和经济增长。⓭ 相似地，本书解释了在整个发展鸿沟中，发展中国家和新兴经济体与发达经济体之间在其国内创新方面的差异（主要体现在其专利强度上），从而根据各国对专利化的相对倾向性，我们将之分别区分为"专利抵制"（patent averse）和"专利倾向"（patent prone）的国家。

以新兴经济体为首的发展中国家在吸引外国直接投资、贸易和技术方面的

---

❻ Guellec 和 van Pottelsberghe 的开创性成果是将专利意愿因素归纳为与大学、研究机构、竞争对手或政府的研发合作的潜能，企业和国家之间集群效应的地理特性以及新公司或者新世界创新差异的技术特性。参见 Dominique Guellec and Bruno van Pottelsberghe de la Potterie, Applications, Grants and the Value of Patent, Economic Letters, 69 (1), 109 (2000)；Dominique Guellec and Bruno van Pottelsberghe de la Potterie, The Value of Patents and Filing Strategies: Countries and Technology Areas Patterns, Economics of Innovation and New Technology, 11 (2), 133 (2002). 正如已述，典型的意愿因素是本书研究的重点。

❼ 参见 Kuo – Feng Huang and Tsung – Chi Cheng, Determinants of Firms' Patenting or not Patenting Behaviors, Journal of Engineering and Technology Management, vol. 36, 52 (2015) 借鉴企业管理理论家 Frederick Herzberg 关于工作生产率的双因素理论（Motivator – Hygiene theory），将能力因素（卫生因素）和意愿因素（激励因素）区分开来。参见 Frederick Herzberg, Motivation – hygiene Theory, in Pugh, D. (ed.), Organization Theory (Penguin, 1966). Kuo – Feng Huang 和 Tsung – Chi Cheng 将专利的能力因素和专利的意愿因素（指专利倾向率）区分开来，进而使其产生疑问：一个有能力申请专利的公司为什么不愿意申请专利？ at 55, 有关专利能力因素与意愿因素之间的有趣关系仍处于理论研究中，并不在本书研究范畴之内。

❽ 更多内容参见 Andrés Rodríguez – Pose, Innovation Prone and Innovation Averse Societies. Economic Performance in Europe, Growth and Change, vol. 30, 75 (1999)；Riccardo Crescenzi and Andrés Rodríguez – Pose, Innovation and Regional Growth in the European Union (Springer, 2011).

❾ Andrés Rodríguez – Pose, Innovation Prone and Innovation Averse Societies, Economic Performance in Europe, Growth and Change, vol. 30, 75 (1999), at 80.

❿ 同上。

⓫ 同上。

⓬ 同上，第82页。

⓭ 同上。

倾向上是明显不同的。⓮ 可以说，它们在创新和发明专利上的能力有所不同。传统的方法背离了人们熟悉的国家划分，或是这种方法的变体。⓯ 特别是，发展中国家在经济上的差异突出反映南北国家之间的创新不均衡——前者能够生产可申请专利的创新产品和技术，而后者则只能消费这些产品和技术。⓰ 这种差异在较低专利率的倾向性上得以反映。本章通过比较毗邻存在发展鸿沟的国家小组之间的专利倾向和研发强度的比率，证实了本书从理论和实践层面衡量国家间专利强度的核心论点。这样做，有助于形成一种可以取代"一刀切"的创新型经济增长均衡理论：正如本书后面的实证研究所述，这种理论跨越典型的发展鸿沟对多重尝试均衡理论予以研究。

本章认为设定这种平等的国家规则将会带来四重挑战。第一，这一规则将导致包括世界贸易组织在内的联合国层面的机构在创新和相关专利政策方面的碎片化。第二，对于专利和与创新相关的规则设定的不一致的解释是在现行监管框架下展开的，该框架旨在维持有关贸易和与知识产权相关的最低标准和灵活度的跨国贸易谈判。这种贸易谈判方式过于依靠国家市场规模的近似值，损害了其他更微妙的与发展有关的标准。第三，这一规则带来的挑战将进一步加剧 TRIPS 的贸易导向问题，这已经超出与创新相关的考虑因素。第四，这一规则要求联合国层面的机构在短期技术支持和能力建设政策方面发挥替代作用，以牺牲长期的、积累式的发展战略为代价。

在华盛顿共识破灭和内生经济增长理论逐渐兴起的背景下，WIPO 若将一些外生的与经济有关的贸易规则、国家间平等的产权政策和广泛的发展议程结合起来，就需要从实证和概念上进一步明晰。这种明晰将对一些国家如何和为何是"专利倾向"国家而另一些国家如何和为何是"专利抵制"国家予以回答（在以下章节中论述），以此作为其可比较性国内创新的表征。

1.1 经济增长、专利倾向和专利抵制国家

1.1.1 专利和基于线性创新的经济增长

1957 年，剑桥大学经济学家尼古拉斯·卡尔多（Nicholas Kaldor）最先提

⓮ 更多内容参见 Daniel Benoliel and Bruno Salama, Toward an Intellectual Property Bargaining Theory: The Post – WTO Era. 32 University of Pennsylvania Journal of International Law, 265, (2010), at 312 – 364.

⓯ 参见 Paul Krugman, A Model of Innovation, Technology Transfer, and the World Distribution of Income, 87 Journal of Political Economy, 253 (1979), at 254 – 255.

⓰ 参见 Carlos M. Correa, Intellectual Property Rights, the WTO and Developing Countries: The TRIPS Agreement and Policy Options (Zed Books, 2000), at 11.

出了关于通过创新实现国民经济增长的观点。卡尔多的理论认为，不同国家发展阶段的差异可以通过技术采用率的不同来解释。[17] 技术的采用通常通过专利统计予以计算。[18] 其基本思想是，投资和学习是相关的，因此产生它们的速度决定了技术的进步。[19]

在对研发活动对经济增长的影响产生严重怀疑的背景下，出现了两项核心调查结果，令人遗憾的是，这两项调查结果都主要集中在发达国家。首先，20世纪 70 年代末出版了大量文献，特别是经济学家 Zvi Griliches[20]、Jacques mairese[21]以及 Bronwyn Hall[22] 的作品，确立了基础研究领域的研发与企业级生产之间的关系。[23] Bronwyn Hall 的著作证实了发达经济体的公司通常坐落于高

---

[17]　Nicholas Kaldor, A Model of Economic Growth, 67 Economic Journal, 591 (1957), at 595.

[18]　斯坦福大学 Charles Jones 和 Paul Romer 教授近期举例说明了专利统计数据在卡尔多增长理论中的应用。参见 Charles I. Jones and Paul M. Romer, The New Kaldor Facts: Ideas, Institutions, Population, and Human Capital 8 (National Bureau of Economic Research, Working Paper No. 15094, 2009) (该文为衡量在贸易和外国直接投资中作为经济增长重要方面的国际思潮，提供了跨国专利统计数据)。

[19]　Kaldor, 脚注 17.

[20]　Zvi Griliches, Issues in Assessing the Contribution of Research and Development to Productivity Growth, Bell Journal of Economics, 10, 92 (1979); Zvi Griliches and J. Mairesse, Productivity and R&D at the Firm Level, in Zvi Griliches (ed.), R&D, Patents and Productivity (University of Chicago Press, 1984), 399; Zvi Griliches, Productivity, R&D and Basic Research at the Firm Level in the 1970s, American Economic Review, 76 (1), 141 (1986).

[21]　例如参见, Jacques Mairesse and Mohamed Sassenou, R&D and Productivity: A Survey of Econometric Studies at the Firm Level. Science – Technology – Industry Review, 8, 317 (1991); Philippe Cuneo and Jacques Mairesse, Productivity and R&D at the Firm Level in French Manufacturing, in Zvi Griliches (ed.), R&D, Patents and Productivity (University of Chicago Press, 1984), 399.

[22]　Bronwyn H. Hall and Jacques Mairesse, Exploring the Relationship between R&D and Productivity in French Manufacturing Firms, Journal of Econometrics, 65, 263 (1995).

[23]　将基础研究纳入封闭经济体中研发驱动增长模型的理论文献：例如参见, Lutz G. Arnold, Basic and Applied Research, Finanzarchiv, vol. 54, 169 (1997); Guido Cozzi and Silvia Galli, Privatization of knowledge: Did the US get it right?, MPRA Paper, 29710 (2011); Guido Cozzi and Silvia Galli, Science – based R&D in Schumpeterian growth, Scottish Journal of Political Economy, 56, 474 (2009); Guido Cozzi and Silvia Galli, Upstream innovation protection: Common law evolution and the dynamics of wage inequality, MPRA Paper, 31902 (2011); Hans Gersbach, Gerhard Sorger and Christian Amon, Hierarchical growth: Basic and applied research, CER – ETH Working Papers, 118, CERETH – Center of Economic Research at ETH Zürich (2009); Amnon J. Salter and Ben R. Martin, The Economic Benefits of Publicly Funded Basic Research: A Critical Review, Research Policy, 30 (3), 509 (2001), at 509. For earlier discussion, see Daniel Benoliel, The International Patent Propensity Divide, North Carolina Journal of Law and Technology, vol. 15 (1) 49 (2013), at 53 – 60.

新技术产业区中。❷ 第二个核心发现紧随其后。从制度角度分析，联合国的做法是，当有研发投资需求时，最有效的办法就是国际化，即跨国公司（MNC）被认为是最适合定位技术变革方向的综合体。❷ 因此，关于这一现象的大量科学研究或其中一些研究表明，跨国公司的创新活动（主要是研发活动）日益国际化并不奇怪。❷ 如果发展中国家出现有意义的专利强度，绝大多数研发国际化的跨国公司都会以此为路径。

增长理论学家和后来的决策者越来越强调研发国际化，这在很大程度上呼应了另一个关键的理论性突破，即 Paul Romer 于 1990 年创设的内生增长理论。❷ Romer 认为，经济增长主要是具有前瞻性的和逐利性的代理人对创新中的产业研发进行内生投资的结果。❷

---

❷ 许多实证研究表明，研发活动对维持企业竞争力至关重要。此外，在高科技部门中企业的研发投资在实现生产率方面可能更有成效。例如参见，Door Petra Andries, Julie Delanote, Sarah Demeulemeester, Machteld Hoskens, Nima Moshgbar, Kristof Van Criekingen and Laura Verheyden, (2009), O&O - Activiteiten van de Vlaamse bedrijven, in Koenraad Debackere and ReinhildeVeugelers (eds.), Vlaams Indicatorenboek Wetenschap, Technologie en Innovatie 2009 (Vlaams Overheid, 2009), 53（显示大约 80% 的研发总支出是由高科技公司部门承担的）。

❷ 例如参见，Frieder Meyer – Krahmer and Guido Reger, New Perspectives on the Innovation Strategies of Multinational Enterprises: Lessons for Technology Policy in Europe, 28 Research Policy, 751 (1999), at 752. But see Argentino Pessoa, R&D and Economic Growth: How Strong is the Link?, Economics Letters, vol. 107 (2) 152 (May 2010)（在经济合作与发展组织背景下研究研发支出与经济增长之间的关系，同时怀疑仅基于增加研发强度来提高总生产率的创新政策的有效性），at 152. Pessoa 解释道：在研发强度高于经济合作与发展组织平均水平的 12 个国家中，只有 3 个国家（美国、芬兰和韩国）的 GDP 增长率高于经济合作与发展组织的平均水平。Pessoa 还进一步说明了与爱尔兰和瑞典有关的惊喜发现。他将爱尔兰的"凯尔特虎"（Celtic Tiger）称为研发强度低、经济增长率最高的国家，而"瑞典悖论"则说明了一个例子，即最高的研发强度的同时，产生增长率却低于经济合作与发展组织的平均水平，at 153. 如今，这些结论在经济增长文献研究中仍然被认为是边缘的。

❷ 更多内容参见 Organization for Economic Cooperation and Development, Compendium of Patent Statistics report (2008), at 28; Daniele Archibugi and Alberto Coco, The Globalization of Technology and the European Innovation System, in Manfred M. Fischer and Josef Fröhlich (eds.) Knowledge, Complexity and Innovation Systems 58 (Springer, 2001); Pari Patel and Modesto Vega, Patterns of Internationalization of Corporate Technology: Location vs. Home Country Advantages, 28 Research Policy, 145 (1999); Alexander Gerybadze and Guido Reger, Globalization of R&D: Recent Changes in the Management of Innovation in Transnational Corporations, 28 Research Policy, 251 (1999); Pari Patel, Localized Production of Technology for Global Markets, 19 Cambridge Journal of Economics, 141 (1995)（所提供的证据表明，并没有系统证据显示广泛的全球化技术活动发生在 20 世纪 80 年代）。

❷ 参见 Paul M. Romer, The Origins of Endogenous Growth, 8 Journal of Economic Perspectives 3, 4 – 10 (1994); Paul M. Romer, Endogenous Technological Change, 98 Journal of Political Economy, S71, S72 (1990)（技术变革为持续的资本积累提供了动力，资本积累和技术变革是每小时产生增长的主要原因），at 72.

❷ 同上。

　　与 Robert Solow[29]、David Cass[30] 和 Tjalling Koopmans[31] 早前提出的新古典主义增长模型形成鲜明对比的是，长期经济增长依赖于通过投资机器和设备所产出副产品的典型的外部性过程。对此，Romer 的标志性经济增长观点似乎更有优势。[32] 尽管它受到了竞争经济模型的挑战，该模型认为美国基于专利的创新市场中可能存在不准确之处，但 Romer 的模型仍然成立，并为整个与研发相关的经济增长理论提供基础。[33] 此后，技术变革尤其是通过研发支出实现技术变革，被视为经济增长理论和政策核心的必要条件。[34] 尽管如此，不同国家专利

---

[29]　Robert M. Solow, A Contribution to the Theory of Economic Growth, 70 Quarterly Journal of Economics, 65, 68 – 73 (1956).

[30]　David Cass, Optimum Growth in an Aggregative Model of Capital Accumulation, 32 The Review of Economic Studies, 233 (1965), at 233 – 240.

[31]　Tjalling Koopmans, On the Concept of Optimal Economic Growth, in (Study Week on the) Econometric Approach to Development Planning (1965), at 226 – 228.

[32]　Romer 的经济增长理论被认为是源自人力资本与知识投资的结果。不久之后，Romer 的洞察性观点已相当流行。参见 Ben Fine, Endogenous Growth Theory：A Critical Assessment, 24 Cambridge Journal of Economics 245 (2000) (在过去的 3 年里，明确借鉴 Romer 的内生增长理论的文献近 1000 篇), at 246.

[33]　经济学家 Aghion、Howitt、Grossman 和 Helpman 的贡献在于利用创新规模收益不断增长来解释过去两个世纪全球人均产出持续增长方面的有效性。参见 Philippe Aghion and Peter Howitt, A Model of Growth Through Creative Destruction, 60 (2) Econometrica, 323 (1992), at 327 – 329；Gene Grossman and Elhanan Helpman, Innovation and Growth in the Global Economy, 1 – 6 (MIT Press, 1991). 有关 Romer 内生增长模型的批评参见 Paul Segerstrom, Endogenous Growth Without Scale Effects, 88 (5) American Economic Review, 1290 (1998) (认为有数据反对经济增长率随着经济规模的增长而增长的主张，原因在于尽管作为内生增长指标的研发就业率在 20 世纪 70 年代至 21 世纪初大幅上升，但专利统计数据基本保持不变；而且研发活动的稳步增加并未给美国经济增长率带来任何上升趋势), at 1292 – 1295；Charles Jones, Time Series Tests of Endogenous Growth Models, 110 (2) Quarterly Journal of Economics, 495 (1995) (开发一个替代模型用于解释为何 "研发工作大幅增加，但经济增长却没有加速"), at 501 – 502.

[34]　Romer, Endogenous Technological Change (note 27), at S72；同样地，从政策的角度来看，研发被视为创新的主要驱动力，研发支出和研发强度是监控全球科技投入资源的两个关键指标。各国政府在制定科学政策和分配资源时越来越多地参考国际基准。参见 Eurostat – Statistics explained, Glossary：R&D intensity：http：//ec. europa. eu/eurostat/statistics – explained/index. php/Main_Page. 但是根据 Nathan Rosenberg 等人的观点，许多流程工艺创新都涉及公司内部 "拖沓和乏味" 的渐进过程，而且这些过程都未被用于研发的数据所捕获。参见 Nathan Rosenberg, Inside the Black Box：Technology and Economics (Cambridge University Press, 1982), at 12；Edward Dennison, Accounting for Growth (Harvard University Press, 1985) (该文显示研发仅占所有技术进步的 20%)；John R. Baldwin and Moreno Da Pont, Innovation in Canadian Manufacturing Enterprises, Ottawa：Statistics Canada, Micro Economic Analysis Division (1996) (该文认为，相当数量的公司并没有任何正式的研发活动). 对基于创新的增长的研发使用也受到传统方法论的批判。例如参见, Mark Crosby, Patents, Innovation and Growth, The Economic Record, 76 (234), 255 (2000) (研发与创新产出之间的关系可能随时间而变化，可能是非线性的，也可能出现在不确定的时间节点), at 256；Zvi Griliches, Productivity Puzzles and R&D：Another Nonexplanation, Journal of Economic Perspectives, vol. 2, 9 (1988) (该文认为，研发数据的问题源自概念的界定、时间滞后性的处理、贬值和通货膨胀等问题), at 17 – 19. 随着史无前例的、大量的联合国教科文组织关于国内研发支出相关指标的科学技术数据集在各国的引用，这种批评并没有什么实质意义。

倾向率的比较经验主义基本认为这是由与专利本身相关的研发测量的中心作用自然产生的。

传统上，增长理论经历了另一次与创新相关的转型。在外生增长理论新近扩展之前，政策制定者基本认为以创新为基础的经济增长呈现出技术发展或创新的线性过程。[35] 创新模型对研究活动进行了分类，并在基础研究和应用研究以及最终的商业活动之间建立联系。[36] 基于此，相较于在历史经济发展的线性道路上更先进的经济体，发展中国家被认为还处于更早期的阶段。[37] 通过将创新转化投入基于单一经济均衡的更好创新中，这种典型的线性模型同样能促进经济发展。

线性理论表明，在增强研发的政策中，发展中国家最有效获取技术的手段是以投资的方式内化现有的、未被完全利用的知识。1962 年，哈佛大学经济学家 Alexander Gerschenkron 基于他对通过创新和学习实现经济增长的过程的国际性研究，提出了一个开创性的想法，并随后在该领域得到应用。正如 Gerschenkron 所解释的，技术先进经济体（主要是发达的经济体）和落后的发展中国家之间的"技术差距"反而给发展中国家提供了巨大的经济增长机

---

[35] 参见 Data and Statistics, International Monetary Fund (2012), www. imf. org/external/data. htm. See generally United Nations Conference on Trade and Development, World Investment Report (2005)（论缩小国家间在创新上典型的"技术差距"的方法）。在谈到研发国际化在缩小"技术差距"方面的作用时，该报告进一步写道：在这一领域，各国之间存在巨大差距，它限制了许多国家参与全球知识创造和网络传播的能力。消除该差距是一项重大的发展挑战，并且确保跨国公司的国际化研发能使世界更多区域受益也是至关重要的。同上，at 100. 对线性创新理论的历史解释，参见 Benoît Godin, The Linear Model of Innovation: The Historical Construction of an Analytical Framework, 31 Science, Technology and Human Values, 639 (2006)（该文补充认为，从历史上看，线性模型并不是一个创新或智力进步的现实科学模型，而更像是一个多元化的参与者，比如寻求资助的科学家和为政府机构提供咨询的经济学家，它构建了创新的线性模型对研究活动进行分类，并在基础研究和应用研究以及最终的商业活动之间建立联系），at 639 – 641.

[36] 参见 Godin, 同上，at 639, 657.

[37] Org. for Econ. Co – operation and Dev. , Innovation and the Development Agenda (Erika Kraemer – Mbula and Watu Wamae, eds. , 2010), at 40（更为广泛的背景下讨论）。更多内容参见 Walt Whitman Rostow, The Stages of Economic Growth: A NonCommunist Manifesto (Cambridge University Press, 3rd edn. , 1991), at 4（本文提供了一个经济增长的有限生产函数，它将整个社会从经济层面划分为五大类型：传统社会、经济起飞准备阶段、经济起飞阶段、走向成熟阶段和大规模高消费阶段）；Alexander Gerschenkron, Economic Backwardness in Historical Perspective: A Book of Essays (Belknap Press of Harvard University Press, 1962)（作为对 Rostow 统一阶段理论的回应，该文引入了他的"经济落后"理论——一个正在进行工业化的国家在开始工业化时根据其经济的落后程度将会有不同的经历）。

会。[38] 直到 20 世纪 70 年代末，"技术差距" 的观点得以复兴，形成现代创新理论文献中所谓的 "技术差距" 理论。在此概念形成的后期阶段，上述理论文献详细讨论了落后国家的经济追赶过程。[39] 然而，正如 Carlota Perez 和 Luc Soite[40] 所说，此经济追赶仍然是一个线性过程，它属于 "在固定赛道上比赛的相对速度问题"，[41] 而技术则被视为 "单向的累积过程"。[42]

在以通过技术实现国家平等对待为基础的线性经济增长理念持续盛行的背景下，产生了国家平等的政策建议。最为显著的是，最初的苏塞克斯宣言（Sussex Manifesto），[43] 以及来自发展中国家学者的研究贡献，形成一系列有问题的政策建议。这些建议自然旨在通过促进科学和技术产出来缩小不断扩大的技术差距，同时再次强调科学研发的重要性。[44] 这些建议还进一步呼吁聘用技术人才、鼓励科学出版物以及促进最先进技术的专利申请，作为创新型增长之本身。[45] 这一趋势非常明显，以至于今天，许多在国际知识产权法中通常被称为创新政策的内容继续将提升研发强度作为与经济增长相关的主要指标。这一创新政策在一定程度上是基于 Romer 的内生增长理论，并毫无疑问地支持一种针对所有国家的线性增长模型。

尽管不同时期的一些例子仍能说明一些问题，但是理论界对发展中国家的创新型经济增长的关注仍然是有限的。20 世纪 90 年代初，哥伦比亚大学经济学家 Frank Lichtenberg 与 53 个国家的代表进行了合作（其中许多国家是发展

[38] 参见 Alexander Gerschenkron, Economic Backwardness in Historical Perspective（Belknap Press, 1962）; Alexander Gerschenkron, Economic Backwardness in Historical Perspective, in The Progress of Underdeveloped Areas（Bert F. Hoselitz, ed.）（University of Chicago Press, 1971）.

[39] 参见 John Cornwall, Modern Capitalism: Its Growth and Transformation（London: Martin Robertson, 1977）; Moses Abramovitz, Rapid Growth Potential and Its Realization: The Experience of Capitalist Economics in the Postwar Period, in 1 Economic Growth and Resources 191, Edmond Malinvaud, ed.（1979）.

[40] 参见 Carlota Perez and L. Luc Soete, Catching – Up in Technology: Entry Barriers and Windows of Opportunity, in Technical Change and Economic Theory 458, Giovanni Dosi, ed.（1988）.

[41] 同上, at 460. 另见 Nancy Birdsall and Changyong Rhee, Does R&D Contribute to Economic Growth in Developing Countries?, Mimeo, The World Bank, Washington, DC（1993）（作者通过分析联合国教科文组织 1970~1985 年的研究和发展数据表明，即使是经济合作与发展组织国家，在技术上追赶，而不是推动研发，也会影响经济增长）.

[42] Perez and Soete, 脚注 40, at 460.

[43] 一般参见 Hans Wolfgang Singer, The Sussex Manifesto: Science and Technology for Developing Countries during the Second Development Decade, in I. D. S. Reprints no. 101（Institute of Development Studies 1974）.

[44] 参见 Gregory Tassey, The Economics of R&D Policy（Quorum Books）, 54–55, 226（1997）; see generally Patel, 脚注 26; Jeffrey L. Furman, Michael E. Porter and Scott Stern, The Determinants of National Innovative Capacity, 31 Research Policy, 899, 900（2002）.

[45] 参见 Tassey, 同上。

中国家），并明确提出个人收益对研发和创新的影响，以及最终对专利政策产生的影响。Lichtenberg 指出，私人研发回报率可以高达固定投资回报率的 7 倍。[46] Coe、Helpman 和 Hoffmaister[47] 及之后的 Keller [48]等人[49]，对来自非洲、亚洲、拉丁美洲和中东的 77 个发展中国家进行了分析，认为总体而言由于发展中国家自身的研发支出过低，因此可以合理地忽略这些发展中国家。[50] 由此可见，研发通常为发展中国家带来更高的私人回报率，只要得到工业化国家或发达国家的家长式支持。

因此，发展中国家的成功经验使研发活动与收入水平挂钩，而与经济增长率无关。世界银行的研究人员解释说，研发活动只有在一个国家达到一定的发展阶段后才会变得突出。[51] 这一观点肯定与其他证据相吻合，这些证据表明只有达到同等最低发展门槛（包括模仿发明的示范能力）的东道国的知识产权保护才能吸引外商直接投资。[52]

多年以后，尽管形式有些近似，联合国领导的机构以及 WTO 对发展中国家采取了这一立场。[53] 为了使这一做法有效，联合国认识到这种活动应由欠发

[46] Frank R. Lichtenberg，R&D Investment and International Productivity Differences，NBER Working Papers 4161，National Bureau of Economic Research，Inc.（1992）.

[47] 参见 David T. Coe，Elhanan Helpman and Alexander W. Hoffmaister，North – South R&D Spillovers，The Economic Journal，vol. 107（440）134（1997）（该文章显示，77 个自身很少进行研发的发展中国家从 22 个工业化国家进行的研发中获益匪浅）.

[48] 参见 Wolfgang Keller，International Technology Diffusion，NBER Working Paper Series，8573，Cambridge，Massachusetts（2001）.

[49] 例如参见，Ahmad Jafari Samimiand and Seyede Monireh Alerasoul，R&D and Economic Growth：New Evidence from Some Developing Countries，Australian Journal of Basic and Applied Sciences，3（4）：3464（2009）（以 2000～2006 年 30 个发展中国家为例，就当前的研发比重而言，在这些国家中研发对于经济增长基本上不具有显著的积极影响）.

[50] Daniel Lederman and William F. Maloney，R&D and Development，Policy Research Working Paper，3024（2003），at 3.

[51] Nancy Birdsall and Changyong Rhee，Does R&D Contribute to Economic Growth in Developing Countries?，脚注 41，at 1.

[52] Peter Nunnenkamp and Julius Spatz，Intellectual Property Rights and Foreign Direct Investment：The Role of Industry and Host – Country Characteristics 2（Kiel Institute for World Economics，Working Paper No. 1167，June 2003），at 12 – 13.

[53] 一般参见 United Nations Millennium Project，Calestous Juma and Lee Yee – Cheong，Innovation：Applying Knowledge in Development（2005）；Commission for Africa，Our Common Interest：Report of the Commission for Africa（2005）（强调创新和潜在投资需求作为经济转型基础的作用）。其他有关发展中国家创新政策的文学评论一般参见 Andreanne Léger and Sushmita Swaminathan，Innovation Theories：Relevance and Implications for Developing Country Innovation at 4 – 12（German Institute for Economic Research，Discussion Papers 743，2007）.

达国家相对狭隘的独立科技学习模式予以支持。❺

　　尽管并不明确，但是以创新为基础的典型线性经济增长政策最终还是被纳入了更广泛的宏观经济环境中。国际货币基金组织、世界银行和美国财政部最终为饱受危机困扰的发展中国家制定了一套标准的宏观经济改革方案。经济学家约翰·威廉姆森（John Williamson）将这些方案合称为"华盛顿共识"。❺ 对于发展中国家而言，这些政策包括各领域的"一揽子"标准政策，例如宏观经济稳定、在贸易和研发投资方面的经济开放以及在国内经济中扩张市场力量等。❺ 尽管如此，"华盛顿共识"在不受管制的市场、不受阻碍的跨境贸易以及包括专利权在内的正式产权传播等方面所坚定的新自由主义理念，似乎已停滞不前。❺ 在这种背景下，WTO 和 WIPO 的政策坚持将国际知识产权保护作为短期和长期经济增长的中心支柱，从而有效地忽略了不同国家集团之间的差异。1967 年通过的《建立世界知识产权组织公约》明确指出，WIPO 的中心任务是"在全世界促进知识产权保护"。❺ 本着这一精神，WIPO 长期以来一直赞成在发展中国家和发达国家日益增长的知识产权保护和执法的基础上"推进知识产权法的一致性"。WIPO 宣称的知识产权最大化方针即使在历经两个里程碑事件之后仍然保持不变。第一次是在 1974 年，当时 WIPO 成为联合国的一个专门机构。同年，联合国成为国际经济新秩序的中心。该方案采纳了许多发展中国家在 20 世纪 70 年代初通过联合国贸易和发展会议（以下简称"贸发会议"）提出的一系列建议。关于它的失败，有观点认为这一命令试图认可这些国家的关于

---

❺ Juma and Yee – Cheong, ibid. ; Commission for Africa, 脚注 53。关于 WIPO 设定的相同的观点参见 WIPO, The Economics of Intellectual Property: Suggestions for Further Research in Developing Countries and Countries with Economics in Transition 22 (2009) (研发是衡量创新进程有效性的最重要的经济指标)。

❺ John Williamson, What Washington Means by Policy Reform, in Latin American Adjustment: How Much Has Happened? 7, 7 (John Williamson, ed. , Institute for International Economics, 1990). See generally Dani Rodrik, Goodbye Washington Consensus, Hello Washington Confusion? A Review of the World Bank's Economic Growth in the 1990s: Learning from a Decade of Reform, 44 (4) Journal of Economic Literature, 973 (2006).

❺ 一般参见 Williamson, 同上。

❺ 参见 David Kennedy, The "Rule of Law", Political Choices, and Development Common Sense, in The New Law and Economic Development: A Critical Appraisal, 95, 128 – 150 (David M. Trubek and Alvaro Santos, eds.) (Cambridge University Press, 2006).

❺ Convention Establishing the World Intellectual Property Organization, July 14, 1967, 21 UST. 1749, 828 U. N. T. S. 3. 另见 the later Agreement between the United Nations and the World Intellectual Property Organization, entered into effect December 17, 1974 (赋予 WIPO 促进创造性智力活动和技术转让的责任), at Art. 1.

强制技术转让的贸易条款。[59] 至少在1994年确立 WTO 和 TRIPS 作为建立世界贸易组织的马拉喀什协定的一部分之前，[60] WIPO 未能填补国际经济新秩序历史性崩溃造成的剩余发展空白。经受住 WIPO 知识产权最大化方针考验的第二个事件是一份1975年的报告，其中包括承认对发展中国家的义务。[61]

伴随时间的推移，TRIPS 对 WTO 的所有成员都适用了广泛的知识产权政策，但该过渡期仅限于最不发达国家。[62] 强制性采用 TRIPS 标准给发展中国家造成了两项必要的成本：减少获得新技术和知识的机会，提高专利许可费。[63] 在此背景下，TRIPS 的捍卫者试图将知识产权保护作为现代经济政策的核心支柱和发展的催化剂。然而，它们的论点包含两层内容：[64] 一是明确知识产权保护是为了鼓励发展中国家的国内创新，类似于美国早期历史上的保护发展战略。[65] 二是知识产权保护被认为会促使更多的技术转移，特别是跨国公司进行

---

[59] 该术语源自联合国大会1974年通过的建立国际经济新秩序宣言。该宣言提到了广泛的贸易、金融、商品和债务相关问题。参见 Resolution, UN General Assembly, Declaration for the Establishment of a New International Economic Order, UN Doc. A/RES/S－6/3201（1974）. More generally, see The New International Economic Order: The North－South Debate（Jagdish N. Bhagwati, ed.）（MIT Press, 1977）.

[60] Agreement on Trade－Related Aspects of Intellectual Property Rights in the Marrakesh Agreement Establishing the World Trade Organization, Annex 1C, 1869 U. N. T. S. 299（Apr. 15, 1994）, available at www. wto. org/english/docs_e/legal_e/27－trips. pdf.

[61] Christopher May, The Pre－History and Establishment of the WIPO（2009）, at 25. Journal 20, www. research. lancs. ac. uk/portal/en/publications/the－prehistory－and－establishment－of－the－wipo（4db79f65－30d9－42a3－b7ed－da285b32f77a）. html.

[62] 例如参见, Michael Blakeney, The International Protection of Industrial Property: From The Paris Convention to The TRIPS Agreement, WIPO National Seminar on Intellectual Property, 2003, WIPO/IP/CAI/1/03/2 13－22（2003）（详细说明了 TRIPS 中大量普遍适用的条款和原则）。至于最不发达国家，TRIPS 赋予其理事会在最不发达国家成员提出"正当动机"的请求时享有"同意延期"的权力（power）。基于此，TRIPS 在广义上承认它们的"特殊需要和要求"。最不发达国家在遵守 TRIPS 方面一直享有一些豁免。参见 TRIPS, 脚注60, art. 66（1）.

[63] 参见 Christopher S. Gibson, Globalization and the Technology Standards Game: Balancing Concerns of Protectionism and Intellectual Property in International Standards, 22 Berkeley Technology Law Journal, 1403（2007）, at 1404－1406.

[64] 参见 Shahid Alikhan, Socioeconomic Benefits of Intellectual Property Protection in Developing Countries 1－9（2000）（该文章主张, 知识产权保护是国家和国际层面的技术和经济发展的组成部分）; Kamil Idris, Intellectual Property: A Power Tool for Economic Growth 1（2d ed. 2003）（该文章引入关于知识产权益于个人和国家的强大力量）; Ali Imam, How Patent Protection Helps Developing Countries, 33 American Intellectual Property Law Association Quarterly Journal（2005）（关于发展中国家强专利保护的社会与经济效益的详解）, at 379－380.

[65] 参见 Robert M. Sherwood, Human Creativity for Economic Development: Patents Propel Technology, 33 Akron Law Review, 351（2000）（该文章讨论团体选择保护技术的方式, 以便整个团体能够在知识产权发展的不同阶段获利）。参见 Frederic M. Scherer, The Political Economy of Patent Policy Reform in the United States, 7 Journal on Telecommunications and High Technology Law, 167, 205（2009）（认为美国对国内居民强有力的专利保护具有历史相似性）。

外国直接投资和贸易的增加。⑥ 因此，提供知识产权保护类似于"被动"的产业政策。至此，创新将在不需要大量公共资金投入的情况下得到刺激，而这在发展中国家往往是缺乏的。⑥

　　TRIPS 主张支持发达国家长期以来提供的新古典外生经济刺激措施。⑥ 然而，尽管华盛顿共识的总体框架具有开创性意义，其面向创新政策的核心新古典主义经济和保护主义做法，在很大程度上仍未得到证实。从更广泛的角度来看，Joseph Stiglitz 等人批评共识政策的保护主义做法，并指责华盛顿共识的发展政策扼杀了创新，或者没有预见到政策对发展中国家潜在经济增

---

　　⑥　参见 Keith E. Maskus, Intellectual Property Rights in the Global Economy, 11（2000）（该文章关于专利强保护有助于国际贸易和外商直接投资）；Keith E. Maskus and Mohan Penubarti, How Trade – Related Are Intellectual Property Rights?, 39 Journal of International Economics, 227（1995）（该文章指出决定性的内容是，知识产权直接影响贸易流通），at 229 – 230, 237 – 243. 一般参见 Daniel J. Gervais, Information Technology and International Trade: Intellectual Property, Trade & Development: The State of Play, 74 Fordham Law Review, 505（2005）（该文分析知识产权对双边贸易和"内向性"外商直接投资的影响），at 517 – 521；Edmund W. Kitch, The Patent Policy of Developing Countries, 13 University of California Los Angeles Pacific Basin Law Journal, 166（1994）（该文章关于发展中国家之所以选择国际财产保护体系是基于自身利益考虑的争议），at 174 – 176；Keith E. Maskus, The Role of Intellectual Property Rights in Encouraging Foreign Direct Investment and Technology Transfer, 9 Duke Journal of Comparative & International Law, 109（1998）（该文阐述了改善一个国家外商直接投资所涉及的各种因素）；Carlos A. Primo Braga and Carsten Fink, The Relationship Between Intellectual Property Rights and Foreign Direct Investment, 9 Duke Journal of Comparative & International Law, 163（1998）（该文章描述了在外商直接投资层面强专利保护的影响）。

　　⑥　例如参见, Kenneth W. Dam, The Economic Underpinnings of Patent Law, 23 Journal of Legal Studies, 247, 271（1994）（该文章讨论的是知识产权保护的经济影响及影响专利法的经济政策）；Robert D. Cooter and Hans – Bernd Schaefer, Solomon's Knot: How Law Can End the Poverty of Nations（Princeton University Press, 2009）（该文章讨论了发展中国家经济增长中创新的作用与角色）。

　　⑥　例如参见, Carolyn Deere, Developing Countries in the Global IP System, in The Implementation Game: The TRIPS Agreement and the Global Politics of Intellectual Property Reform in Developing Countries（Oxford University Press, 2009）, at 34, 51；Peter Yu, Toward a Nonzero – Sum Approach to Resolving Global Intellectual Property Disputes: What We Can Learn from Mediators, Business Strategists, and International Relations Theorists, 70 The University of Cincinnati Law Review, 569, 635（2001）. 参见 Christine Thelen, Carrots and Sticks: Evaluating the Tools for Securing Successful TRIPS Implementation, XXIV Temple Journal of Science, Technology & Environmental Law, 519（2006）（该文讨论在 TRIPS 框架内为发展中国家量身定做的四种激励机制，即创造短期和长期的经济增长、技术援助和合规的额外时间），at 528 – 533.

长的影响。[69]

迄今为止，还没有足够的实证结果将华盛顿共识的经济增长政策的最终消亡与创新驱动的经济增长或其理论差异严格关联起来。然而，尽管如此，令人失望的是，在过去57年中，只有7个经济体（中国香港、中国、日本、韩国、马耳他、新加坡和中国台湾）发生了实质性的增长转变，尽管它们的创新政策立场并不相同。[70]另一个对这种过于宽泛的"追赶型"增长叙述的亮点是，自对1950年以来至少连续27年增长率超过7%的发展中国家进行的调查，认为这种叙述又基本上不代表线性创新政策本身。世界银行2008年的增长委员会报告指出，只有13个经济体实现了如此高的增长率。[71]

尽管世界银行普遍援引与法治相关的政策受到华盛顿共识的尖锐批评，但包括葡萄牙经济学家Alvaro Santos在内的学者们寓言性地对世界银行备受批评的政策作出了最终评价。与其他人一样，他们将这一政策称为后华盛顿共识发展模式，从而反映了"新自由主义思想的衰落"。[72]

在众多相关政策出现惊人的崩溃之后，在过去20年世界银行和其他国际经济机构终于开始摆脱"全面的自由市场解决办法"的共识。取而代之的是，

---

[69] 例如参见，Joseph Stiglitz, Chief Economist, World Bank, More Instruments and Broader Goals: Moving Toward the Post – Washington Consensus, address at the 1998 WIDER Annual Lecture, 17（Jan. 7, 1998），at http：//time. dufe. edu. cn/wencong/washingtonconsensus/instrumentsbroadergoals. pdf（通常认为的保护主义本身会扼杀创新的观点有些混乱。政府本可以在国内企业之间制造竞争，从而刺激进口新技术）；另见 Wing Thye Woo, Some Fundamental Inadequacies of the Washington Consensus: Misunderstanding the Poor by the Brightest, at 1; available at http：//papers. ssrn. com/sol3/papers. cfm? abstract_id = 622322（华盛顿共识过于依赖贸易增长而不承认科学引领增长变得更加重要）。

[70] 参见 World Bank, Innovation Policy: A Guide for Developing Countries（2010），at 43, available at https：//openknowledge. worldbank. org/bitstream/handle/10986/2460/548930PUB0EPI11C10Dislosed061312 010. pdf；另见 World Bank Comm'n on Growth & Dev. , The Growth Report Strategies for Sustained Growth and Inclusive Development（2008），at 111, available at www. ycsg. yale. edu/center/forms/growth Report. pdf（该文补充道：10个最大发展中国家的GDP占据发展中国家全部GDP近70%，工业化国家的长期增长率约为人均2%以及自1960年以来，只有6个国家的人均增长率超过3%）。

[71] 13个国家和地区的名单包括上述6个发达国家或地区：中国香港、日本、韩国、马耳他、新加坡和中国台湾；还有7个仍在发展中的国家：博茨瓦纳、巴西、中国、印度尼西亚、马来西亚、阿曼和泰国。除了博茨瓦纳和中国之外，这些国家和地区的经济增长率没有持续，从而阻碍了其他发展中国家向发达国家的转型。参见 World Bank，脚注70。

[72] Alvaro Santos, The World Bank's Uses of the "Rule of Law" Promise in Economic Development, in The New Law and Economic Development: A Critical Appraisal 253（David M. Trubek and Alvaro Santos, eds.）（Cambridge University Press, 2006），at 267. 新自由主义当然包括自由市场、贸易和金融的自由化，以及国家在社会经济和社会组织中的有限作用。参见 David Harvey, A Brief History of Neoliberalism（Abe Books, 2005），2 – 4；另见 HaJoon Chang, Globalization, Economic Development and the Role of the State（Zed Books, 2003），at 47 – 50.

它们接受了一个新的发展框架，这一框架与 Amartya Sen 颇具影响力的"发展即自由"寓言相一致，[73] 将社会正义甚至人权与经济增长联系起来。[74]"发展即自由"的理念也渗透到联合国开发计划署，并对发展进行了多方面的评估，它不仅包括国民生产总值，值得注意的是，还包括教育、文化水平、预期寿命、两性平等，甚至包括政治参与。[75]

上述发展的理念反映在联合国千年发展目标中，其是 2000 年联合国千年首脑会议之后通过的国际发展目标。千年发展目标植根于《联合国千年宣言》，目标对象是世界上最贫穷的人。然而，这一发展目标的进程并不均衡[76]：虽然一些国家实现了许多目标，但其他国家没有走上实现目标的发展轨道。尽管联合国的发展目标[77]并没有提到知识产权本身，但它们与知识产权的广泛保护相违背。[78] 基于此，联合国委托的一份关于实现千年发展目标的独立报告明确批评 TRIPS "没有考虑到发展水平、不同利益和优先事项"。[79] 到目前为止，所有联合国机构都已加入 WTO 来批判美国主导的国际知识产权制度的行列。世界卫生组织[80]和联合国教育、科学及文化组织（以下简称"联合国教科文组织"）[81] 均明确关注到知识产权与人权背道而驰的问题，特别是在获得人类基

---

[73] Amartya Sen, Development as Freedom（Alfred A. Knopf, 1999）.

[74] 参见 Kennedy，脚注 57，at 151 - 158. See also Joseph E. Stiglitz and Andrew Charlton, Fair Trade for All：How Trade Can Promote Development. Oxford University Press（2005）（该文是对华盛顿共识提出主流批评，并提出一项针对发展中国家特殊利益的自由化贸易体制的详细建议）.

[75] 参见 United Nations Development Programme, Human Development Indices, http：//hdr. undp. org/en/content/human - development - index - hdi.

[76] 对千年发展目标的批评更多参见 Naila Kabeer, Can the MDGs Provide a Pathway to Social Justice?：The Challenge of Intersecting Inequalities, Institute of Development Studies（2010）; Amir Attaran, An Immeasurable Crisis? A Criticism of the Millennium Development Goals and Why They Cannot Be Measured, PLOS Medicine, 2（10）：318（October 2005）; Andy Haines and Andrew Cassels, Can The Millennium Development Goals Be Attained?, British Medical Journal, vol. 329, No. 7462（14 August 2004）394.

[77] UN General Assembly Resolution 55/2 - The United Nations Millennium Declaration, Sept. 18, 2000.

[78] 参见 United Nations, The Millennium Development Goals Report 2007（2007）, at 4 - 5（对发展中国家经济增长利益的不平等分享给予关注）.

[79] 参见 Millennium Project, Investing in Development：A Practical Plan to Achieve the Millennium Development Goals（2005）（评论 WIPO 在向发展中国家提供有关 TRIPS 基本药物获取方面建议的作用。报告的结论是，TRIPS 不适合发展中国家的需求）, at 219.

[80] 参见 World Health Organization, Globalization, TRIPS and Access to Pharmaceuticals, WHO Policy Perspectives on Medicines, No. 3, WHO/EDM/2001. 2（Mar. 2001）（鼓励发展中国家以 TRIPS 中可负担专利药物为基础获取药物的保障机制）, at 5.

[81] 参见 UNESCO, Report on the Experts' Meeting on the Right to Enjoy the Benefits of Scientific Progress and its Applications（UNESCO Pub. SHS - 2007/WS/13, June 7 - 8, 2007）（该文献关注于知识产权与从科技发展中获益的权利之间的紧张关系）, at 3 - 4.

本生存的药物方面。同样，联合国工业发展组织（以下简称"联合国工发组织"）主张达成一项有利于向最不发达国家转让技术的协议，❷ 而贸发会议则批评最不发达国家在就贸易有关的知识产权附加协定进行知识产权规则制定时灵活性减弱。❸

随着自由概念的发展，它最终加入 WIPO。经过临时委员会对于与 WIPO 发展议程有关的提案和闭会期间政府间会议对于 WIPO 发展议程的多年商议，终于于 2007 年 10 月通过了一项具有代表性的知识产权组织发展议程。❹ 该发展议程是对 Peter Drahos 和 John Braithwaite 在其开创性著作《信息封建主义》（*Information Feudalism*）中被描述为基于全球知识产权治理统一化的"未发展议程"的回应。❺ 该发展议程坚决否定这种以知识产权为中心的新古典主义的观点，❻ 实际上反映了发展中国家越来越抵制 TRIPS 和随后的 TRIPS – plus 双边自由贸易协定所主张的知识产权保护的向上协调（the upward harmonization of IP protection）。❼ 正如 Neil Netanel 总结的那样，WIPO 的发展议程应该被理解为是对华盛顿共识广泛性、多方否定的一部分，该共识在 20 世纪 80 年代和 90 年代早期虽然一直主导发展政策，但却将国际经济秩序排除在外。❽

尽管如此，WIPO 在解释其立法授权的同时也承认，"对较不发达经济体

---

❷ 参见 United Nations Industrial Development Organization, Strategic Long – Term Vision Statement, GC11/8/Add. 1, Oct. 14, 2005, 5（A）(h)。

❸ 参见 United Nations Conference on Trade and Development, Least Developed Countries Report 2007 128 – 129（UNCTAD/LDC/2007 2007）。

❹ 有关 WIPO 发展议程的历史演变，参见 Press Release, World Intellectual Prop. Org. , Member States Agree to Further Examine Proposal on Development, WIPO/PR/2004/396（Oct. 4, 2004）, available at www. wipo. int/pressroom/en/prdocs/2004/wipo_pr_2004_396. html（discussing a proposal by Brazil and Argentina encouraging the inclusion of a "Development Agenda" in WIPO）; Press Release, World Intellectual Prop. Org. , Member States Adopt a Development Agenda for WIPO, WIPO/PR/2007/521（Oct. 1, 2007）, available at www. wipo. int/pressroom/en/articles/2007/article_0071. html（discussing the welcoming of the Development Agenda by WIPO's former Director General Dr. Kamil Idris）。

❺ Drahos, Peter and John Braithwaite, Information Feudalism: Who Owns the Knowledge Economy（Earthscan Publications Ltd. , 2003）, at 12.

❻ 参见 Neil Netanel, Introduction: The WIPO Development Agenda and Its Development Policy Context 1, in The Development Agenda: Global Intellectual Property and Developing Countries（Neil Netanel, ed. ）（Oxford University Press, 2009）, at 2.

❼ 同上。

❽ 同上。

中的创新如何发生、如何传播以及其影响均知之甚少"。^⑧ 这种态度在该组织
对其自身政策相当平淡的宣传中反复出现。例如，包括关于受版权或相关权利
保护的作品的电子传输协议，^⑨ 或关于协调专利权的谈判。^⑨ 正如 Keith Maskus
教授和 Jerome Reichman 教授严肃总结的那样，无论 WIPO 的策略是否真的有
利于创新，对缩小国家间的发展鸿沟影响可能并不大。^⑨

在华盛顿共识被联合国多个机构否决并废除的背景下，WIPO 融合的外生
性的经济贸易规则、相当平等的国家所有权概念以及宏大发展目标，都需要从
经验上和概念上予以明确。这种明确性最终将解释为什么一些国家倾向于专利
研发而另一些国家则反对，并以此作为国内可比较创新的代表。在监管经验不
足的背景下，隐藏着一个更广泛的问题，即如何解释联合国层面专利规则
制定。

1.1.2 联合国层面专利规则制定的挑战

乍一看，WIPO 的发展历程与其潜在的远大抱负非常吻合。值得注意的
是，WIPO 为落实发展议程中的 45 项建议迄今已制定并执行了至少 29 个项
目。^⑨ 该组织还执行了两项涉及发展议程的外部条约，它们分别是《视听表演
北京条约》^⑨ 和《马拉喀什条约》，以便利盲人、视障人士或其他无法使用印

---

⑧ WIPO Economics & Statistics Series, World Intellectual Property Report – The Changing Face of Innovation, 26 (2011). For a critique of the Secretariat's interpretation of WIPO's mandate, see Keith E. Maskus and Jerome H. Reichman, The Globalization of Private Knowledge Goods and the Privatization of Global Public Goods, 7 Journal of International Economic Law, 279 (2004), at 294 & Fn. 54.

⑨ 一般参见 WIPO Copyright Treaty, Dec. 20, 1996, 2186 U. N. T. S. 121 WIPO Doc. CRNR/DC/94 (December 23, 1996), WIPO Doc. CRNR/DC/95 (December 23, 1996), available at www. wipo. int/treaties/en/ip/wct/summary_wct. html (noting that not even the TRIPS Agreement equivalent extensions for less developed countries are to be found in the Copyright Treaty of 1996).

⑨ 一般参见 WIPO Standing Committee on the Law of Patents, Tenth Session, Draft Substantive Patent Law Treaty, SCP/10/2, available at www. wipo. int/edocs/mdocs/scp/en/scp_10/scp_10_2. pdf. General background about the WIPO, Standing Committee on the Law of Patents can be found at www. wipo. int/patent – law/en/scp. htm.

⑨ 参见 Keith E. Maskus and Jerome H. Reichman, The Globalization of Private Knowledge Goods and the Privatization of Global Public Goods, 7 Journal of International Economic Law, 279 (2004), at 294.

⑨ 参见 Director General Report on Implementation of the Development Agenda, Committee on Development and Intellectual Property (CDIP) Thirteenth Session, CDIP/13/2, Geneva, May 19 to 23, 2014 (March 3, 2014), at 3, 19 and Annex Ⅱ (For the full overview of the status of all Development Agenda projects under implementation).

⑨ Beijing Treaty on Audiovisual Performances (2012). Full text available at: www. wipo. int/treaties/en/text. jsp? file_id=295837.

刷制品的残障人士获得已出版作品。[95]

尽管如此，发展中国家在 WIPO 发展议程上并没有达到最佳的团结程度，在合作上也没有足够多的共同点。[96] 由于联盟成为发展中国家对这些国际组织中权利不平衡作出的实际首选反应，同等的发展中国家的讨价还价情形在联合国级别的机构和 WTO 中普遍存在。[97]

对于市场小、外交资源有限的发展中国家来说，联盟一再被证明是它们可以利用的提高其谈判地位的唯一手段。[98] 这些建立联盟的努力无疑在对抗以美国为首的许多反势力的背景下发挥了作用。自 2003 年在坎昆举行的 WTO 第五次部长级会议（坎昆部长级会议）失败以来，最明显的是，美国开始采取了一种分而治之的策略，旨在边缘化发展中国家的联盟建设。为此，美国奖励了愿意与之合作的国家，同时破坏了巴西、印度和 G20 集团其他成员国为欠发达国家建立统一谈判阵线的努力。[99]

2008 年，全球次贷经济危机使各国更加难以制定一致的知识产权政策，

---

[95] Marrakesh Treaty to Facilitate Access to Published Works for Persons Who Are Blind, Visually Impaired or Otherwise Print Disabled (2013). Full text available at: www. wipo. int/treaties/en/text. jsp? file_id = 301016.

[96] Interview with Mr. Irfan Baloch, Acting Director, DACD, WIPO, in Geneva, Switzerland on October 16, 2014 (file with author).

[97] 在 WTO 和 GATT 上由发展中国家主导的联盟背景，参见 the seminal work of Amrita Narlikar, International Trade and Developing Countries: Bargaining Coalitions in the GATT and WTO (Routledge, 2003) (该文提供了在 GATT 和 WTO 中发展中国家联盟的历史模型)。另见 Vicente Paolo B. Yu Ⅲ, Unity in Diversity: Governance Adaptation in Multilateral Trade Institutions Through South – South Coalition – building, Research papers, 17 (South Centre, July 2008), at 28, 33 – 34. 有关知识产权相关联盟的文献另见 Peter K. Yu, Building Intellectual Property Coalitions for Development, in Implementing the World Intellectual Property Organization's Development Agenda, 79, Wilfrid Laurier University Press, CIGI, IDRC (Jeremy de Beer, ed. , 2009), at 84; John S. Odell and Susan K. Sell, Reframing the Issue: The WTO Coalition on Intellectual Property and Public Health (2001) 85 In Negotiating Trade (John S. Odell, ed.) (Cambridge University Press, 2006) (2001 年 WTO 的 TRIPS 与公共健康多哈宣言中有关发展中国家的联盟), at 104.

[98] Amrita Narlikar, 同上, at 3.

[99] 参见 Yu, Building Intellectual Property Coalitions for Development, note 97, at 84; PeterK. Yu, The Middle Intellectual Property Powers, Drake University Legal Studies, Research Paper Series, Research Paper No. 12 – 28, at 18, referring to Former World Bank President and US Trade Representative Robert B. Zoellick's wordings on the fifth WTO Ministerial Conference in Cancún (Cancún Ministerial) in 2003 at Robert B. Zoellick, America will not wait (September 21, 2003) (在 WTO 成员思考未来之际，美国不会等待：我们将与有能力的国家走向自由贸易), at www. fordschool. umich. edu/rsie/acit/TopicsDocuments/Zoellick030921. pdf. 与此同时，作为与欧洲和日本在行业层面联盟的一部分，美国国内私人实体威胁或使用单边制裁。例如参见 Ruth L. Okediji, Public Welfare and the Role of the WTO: Reconsidering the TRIPS Agreement, 17 Emory International Law Review 819 (2003) (referring to the case of the pharmaceutical industry), at 844 – 846; Susan Sell, Private Power, Public Law: The Globalization of Intellectual Property Rights (2003).

因为正如 WIPO 发展议程协调司代理司长 Irfan Baloch 所指出的，"每个人都在保住自身而没有取得任何进展"。⑩ 联合国对于制定新规则的需求也十分有限。⑩

2014 年 9 月召开的 WIPO 第 54 届大会就是一个令人不安的例证。这一新近事件表明发展中国家与发达国家之间存在广泛的分歧。⑩ 其中的分歧涉及第 54 届大会讨论的三项条约的进程，即传统知识条约、版权广播条约和外观设计法的进展情况。在过去几年中，这一分歧成为 WIPO 第 54 届大会、该组织的发展议程及其实施的核心。⑩

面对专利政策规则制定的质疑，联合国有四方面的解释。首先，它反映了联合国层面机构在创新和专利相关政策方面的分歧。其次，它强调了以国民收入近似值为基础作为知识产权议价情形的推动力，而不是各国之间更微妙的议价情形。再次，揭示了 TRIPS 存在的政策性贸易导向问题。最后，它要求在联合国层面采取与贸易、知识产权和发展有关的行动，以发挥技术援助和能力建设的替代作用。

1.1.2.1　联合国层面创新政策的分化

联合国专利规则制定的分化有许多表现形式。例如，联合国千年发展目标没有提及知识产权便证明了这一点。只有在基本医疗和抗逆转录病毒药物的可获取情况下才提到创新。⑩ 如果千年发展目标旨在提供一个包罗万象的联合国发展的总体政策，那么它们应当解决这两个方面的问题。有一个假设或许可以解释这一点，即基于新古典经济机制，千年发展目标主要是呼吁捐助国帮助撒

⑩ Interview with Mr. Irfan Baloch, Acting Director, DACD, WIPO, in Geneva, Switzerland, on October 16, 2014 (file with author).

⑩ 同上。

⑩ 参见 The 54th Session of the WIPO Assemblies of 22 – 30 September 2014, available at: www. wipo. int/meetings/en/details. jsp? meeting_id =32482.

⑩ Catherine Saez, Crisis at WIPO over Development Agenda; Overall Objectives in Question, Intellectual Property Watch (24.5.2014), at 1. For previous disagreement across the North – South divide in the CDIP meeting from May 7 – 11, 2012, see inparticular William New, WIPO Development Agenda Implementation: The Ongoing Fight For Development In IP, Intellectual Property Watch (9.5.2012). The core resentment by developing countries related to WIPO's reluctance to permanently incorporate development in the organizations' specialized Standing Committees. See: Interview with Mr. Geoffrey Onyeama, Deputy Director General, Cooperation for Development, WIPO, in Geneva, Switzerland on October 15, 2014 (file with author).

⑩ 参见 Millennium Development Goals (MDG), MDG 8 – Access to Essential Medicines (2000), at: http: //iif. un. org/content/mdg – 8 – access – essential – medicines. For a critique of WIPO's access to essential medicines policy in view of the Millennium Development Goals, see Millennium Project, Investing in Development: A Practical Plan to Achieve the Millennium Development Goals (2005), at 219.

哈拉以南的非洲国家。⑯ 联合国前秘书长科菲·安南本人就是非洲人，为非洲大陆的政治作出巨大贡献。此外，重点应关注政府而不是商业部门，主要解决粮食安全、饮用水、卫生和住房等问题。⑯

当然，我们期待 WIPO 将会与联合国千年发展目标保持一致。原则上，WIPO 的发展议程并没有削弱 WIPO 作为联合国专门机构的官方机构自主权。表面上看，它适用其他机构的发展政策，以便更有力地推动 WIPO 规则的制定。尤其是，该议程规定"WIPO 规则的制定应该有利于联合国赞成的发展目标，包括千年宣言中所包含的目标"。⑯ 该议程还呼吁 WIPO "根据成员国的取向，加强与联合国机构在知识产权相关问题上的合作，特别是与联合国贸易和发展会议、联合国环境规划署、世界卫生组织、联合国工发组织、联合国教科文组织及 WTO 等其他国际组织的合作。"⑯

然而，在实践中，联合国层面上的分化遏制了创新政策。⑯ WIPO 并不是唯一一个适用千年发展目标的组织。尽管有创新政策，但是联合国层面机构仍然支持了无数不协调、模糊不清、往往无效的声明、宣言和决议，因为每一个机构都试图推进自己版本的典型发展议程。⑩ WTO、WIPO，甚至 WHO 都是各自为政的例证，都对知识产权和创新政策提出了自己的主张。联合国系统在促进《联合国宪章》规定的经济和社会目标方面仍然处在一种分裂的局面中。

WHO 提供了一个在联合国机构间传播创新政策的类似例子，并依赖研发来推动医药创新。与联合国在创建 TRIPS 时假设的谈判情势类似，WHO 也未能坚持一贯的联合国创新政策。例如，截至 2008 年 5 月 24 日，WHO 决策机

---

⑯ Interview with Mr. Yoshiyuki（Yo）Takagi, Assistant Director General, Global Infrastructure, WIPO, in Geneva, Switzerland on October 16, 2015（file with author）.

⑯ 同上。

⑯ 要求 WIPO 确保其制定规则"完全兼容"促进发展目标的其他国际文书的拟议措辞，包括国际人权文书，但没有被发展议程采纳。参见 WIPO, Working Document for the Provisional Committee on Proposals Related to a WIPO Development Agenda（PCDA）, WIPO Doc. PCDA/3/2, Annex B, 28, pp. 14 - 15, Feb. 20, 2007.

⑯ WIPO, The Development Agenda, Cluster E: Institutional Matters including Mandate and Governance, sec. 40.

⑯ WIPO 秘书处应参加千年发展目标差距工作组的成员国要求，根据发展议程第 22 条之提议与千年发展目标保持一致。2013 年 2 月 7 日，工作组召开会议，审议工作组 2013 年报告的草案大纲。WIPO 与 WTO 和 WHO 共同为 2013 年 9 月出版的这份报告作出了贡献，其中有一节涉及获得基本和负担得起的药物和知识产权。参见 Director General Report on Implementation of the Development Agenda, Committee on Development and Intellectual Property（CDIP）Thirteenth Session, CDIP/13/2, Geneva, May 19 to 23, 2014（March 3, 2014）, at 6, Sec. 17.

⑩ Mr. Irfan Baloch, Acting Director, DACD, WIPO, in Geneva, Switzerland on October 16, 2014（file with author）.

构世界卫生大会（WHA）发布了一份题为《公共卫生、创新和知识产权全球战略和行动计划》的报告。⑪ 在该报告中，WHO 成员国建议实施促进发展中国家流行病的研发策略。⑫ 由 20 多个国家的代表组成的政府间工作组制定了这些策略。⑬ 该行动计划的一个明确目标是"探索一系列激励机制……并解决研发成本和保健产品与方法价格脱钩的问题"。⑭ 一些建议的策略包括开源研究、专利池和奖励。⑮ 不出所料，不久之后，即 2009 年 1 月 21 日，WHO 发布了一份题为《计划时限和估计资金需求》的政策文件，目的是执行 WHO 政府间工作组的行动计划。⑯ 据称，估计执行行动计划的总费用为 20.64 亿美元，计划时限为 2009 年至 2015 年。⑰

鉴于联合国各机构和 WTO 的不同药品准入议程的分化，WTO 承担了跨国公司难以主导实现的国际化研发活动。也就是说，该计划采用了一项单独的创新激励政策，没有提到不同发展中国家令人沮丧状况的条件，也没有提到在执行这项政策时需要联合国机构间的协调。⑱

此后，WHO、WIPO 和 WTO 在公共卫生、知识产权和贸易等问题上加强了合作。WHO 的《公共卫生、创新和知识产权全球战略和行动计划》《知识产权组织发展议程》以及 WTO 的《关于与贸易有关的知识产权协定和公共卫生的宣言》为三方合作提供了更广泛的背景。2013 年，这三个政府间组织首次走上了协调卫生、知识产权和贸易的多方面路径。⑲ 然而，专利和与创新相关的规则制定仍然错综复杂，因为在专利倾向和专利抵制作为各自国内创新的

---

⑪　Sixty – First World Health Assembly（hereinafter, WHA）, WHO Global Strategy and Plan of Action on Public Health, Innovation and Intellectual Property, at 1, WHA61.21,（May 24, 2008）, available at http：//apps. who. int/medicinedocs/documents/s21429en/s21429en. pdf；Exec. Bd. 124th Session, WHO, Public health, innovation and intellectual property：global strategy and plan of action：Proposed time frames and estimated funding needs, at 1, EB124/16 Add.2（Jan.21, 2009）, available at www. who. int/gb/ebwha/pdf_files/EB124/B124_16Add2 – en. pdf.

⑫　WHO, 同上, at 1, 6.

⑬　参见 WHO, Public health, innovation and intellectual property and trade – Expert Working Group on R&D Financing, www. who. int/phi/R_Dfinancing/en.

⑭　2008 WHA Report, 脚注 111, at 5.

⑮　同上, at 10, 14, 16 – 17.

⑯　Exec. Bd. 124th Session, 脚注 111, at 1.

⑰　同上, at 1 – 2.

⑱　一般参见 2008 WHA Report, 脚注 111, at 1；WHO Exec. Bd., 脚注 111, at 1 – 2.

⑲　参见 WHO – WIPO – WTO, Promoting Access to Medical Technologies and Innovation：Intersections between Public Health, Intellectual Property and Trade（February 5, 2013）. 这三个组织还进一步建立了一个关于专利联合技术的研讨会：参见 WHO, WIPO, WTO Joint Technical Workshop on Patentability Criteria（October 27, 2015）, and henceforth consistently hold joint symposiums. 例如参见, Public Health, Intellectual Property, and TRIPS at 20：Innovation and Access to Medicines；Learning from the Past, Illuminating the Future – Joint Symposium by WHO, WIPO, WTO（October 28, 2015）.

表征方面的经验准确度还不够。

1.1.2.2 基于国民收入的知识产权谈判情势

我们现在将要探讨的是与专利和创新相关的规则制定难题的第二个解释，它涉及世界银行、WTO 和其他联合国机构基于可比较市场来坚持国家基于权力的议价情形的倾向。⑫ 这种做法实际上否认了对一系列更微妙的国家特征的关注，包括对专利、研究以及国内发展的相对倾向。正如世界银行所指出的，经济增长被定义为国家层面的国内生产总值（GDP）的增长。⑪ 经济学家们实质上是根据各国经济的总体规模和多样性对市场规模进行粗略计算，从而衡量国家经济发展水平。⑫ 诸如 Clibert Rist（也是后发展理论的领导者）等批评家在其标志性的专著《发展的历史》（*The History of Development*）中指出，这种方法体现了对发展作为一种多方面现象的替代的有限理解。⑬

因此，联合国层面的机构没有选择针对具体国家的、可能是内生性的、非线性的创新型经济增长，而是采用了上述备选方案。相应地，发达经济体以市场规模为最好的评估工具，这种经济体认为国内市场开放是一种成本，而将外国市场开放和相关出口机会的增加视为国内政治利益。⑭

在联合国机构层面，有三种因素可以对以市场规模为最好的评估工具的倾

---

⑩ 世界银行同样将关于欠发达国家技术扩散的两个基本市场力量的决定因素放在分析框架的中心。第一个涉及发展中国家接触外部技术市场的三个主要渠道，即贸易、外国直接投资（和许可证）以及高技能人力资本散布地。第二个在很大程度上与国家市场力量估计有关，是指国家的吸收能力或技术适应能力，其部分与市场力量估计有关。它指的是治理和商业环境、人力资本和基本技术素养，或在资本市场上获得信贷的机会。参见 Joseph Stiglitz, Social Absorption Capability and Innovation, Stanford University CERP Publication, 292（1991）。另见 Dominique Foray, Knowledge Policy for Development, In OECD, Innovation and the Development Agenda, Published by OECD and the International Development Research Centre（IDRC）, Canada（Kraemer – Mbula Erika and Wamae Watu, eds.）（2010）, at 93.

⑪ GDP 是按其他总收入衡量标准每年进行的评估，如人均国民收入和人均消费。参见 World Bank, Beyond Economic Growth Student Book（2004）, at: www. worldbank. org/depweb/english/beyond/global/glossary. html; Joseph Stiglitz, Making Globalization Work（W. W. Norton & Co. , 2006）, at 44 – 48; Gerald M. Meier and James E. Rauch（eds.）, Leading Issues in Economic Development（Oxford: Oxford University Press, 1995）, at 7.

⑫ Richard H. Steinberg, In the Shadow of Law or Power? Consensus – Based Bargaining and Outcomes in the GATT/WTO, 56（2）Int'l. Org. 339, 347.

⑬ 更多参见 Clibert Rist, The History of Development: From Western Origins to Global Faith（2002）, at 8 – 25. 另见 James M. Cypher and James L. Dietz, The Process of Economic Development（2009）, at 30.

⑭ 同上。

向性进行解释。首先，这种方法体现了 WTO[125] 或 WIPO[126] 的合宪性参与愿景，这与美国、欧盟及其内部成员方推进其发展政策偏好的经济模式相一致。这种默认以市场规模为导向的体系在自由贸易协定（FTA）体系和 TRIPS – plus 中仍是普遍现象。这也反映在 TRIPS 对国际贸易的影响以及它对发展中国家施加的不灵活的最低限度标准，而后者主要体现在专利利用方面。[127] 其次，对于发展政策中以市场规模为最好的评估工具的倾向是基于这些组织成员现实政治的民主投票程序所依据的共识规则。[128]

对于联合国层面的以市场规模为最好的评估工具能够提出第三种解释。为了更加细微地进行比较，有必要为发展中国家和发达国家提供一个基本的定义。然而值得注意的是，联合国体系并没有采用任何定义来指定一个国家为"发达国家"或"发展中国家"。[129] 因此，这导致主要的国际组织采用了不同的分类标准。联合国主要根据市场力量因素，如收入、教育、医疗和预期寿命，将发展中国家分为若干类。[130] 国际货币基金组织主要根据市场力量将各国分为先进经济体、新兴经济体和发达经济体。[131] 世界银行根据各国人均国民总收入（GNI）对国家进行分类，[132] 包括低收入、中低收入、中上收入和高收入经济

---

[125] 参见 Gregory Shaffer, Power, Governance and the WTO: A Comparative Institutional Approach, in Power and Global Governance 130, 133 – 140 (Michael Barnett and Raymond Duvall, eds.) (Cambridge University Press, 2004); See Peter M. Gerhart, The Two Constitutional Visions of the World Trade Organization, 24 University of Pennsylvania Journal of International Economic Law 1, 9 (2003) (在强调 WTO 民主性质的同时，以外部性的参与视角探讨 WTO 的合宪性问题)。

[126] 例如参见, Joseph Straus, The Impact of the New World Order on Economic Development: The Role of the Intellectual Property Rights System, 6 John Marshall Review of Intellectual Property Law, 1 (2006) (referring to the power – based system within the FTAs and TRIPS – plus agreements), at 10; Joseph Straus, Comment, Bargaining Around the TRIPS Agreement: The Case for Ongoing Public – Private Initiatives to Facilitate Worldwide Intellectual Property Transactions, 9 Duke Journal of Comparative & International Law, 91 (1998) (hereafter, "Bargaining Around the TRIPS Agreement") (on the TRIPS Agreement on international trade and the flexibility it gives nations to exploit patents), at 95.

[127] Straus, Bargaining Around the TRIPS Agreement, at 95.

[128] 参见 Richard H. Steinberg, In the Shadow of Law or Power? Consensus – Based Bargaining and Outcomes in the GATT/WTO, 56 (2) International Organization 339 (2002) (该文解释为何 GATT/WTO 的立法共识规则得以维持), at 342 – 343.

[129] OECD, Developed and Developing Countries (January 4, 2006); WTO, Who are the Developing Countries in the WTO?, at www. wto. org/english/tratop_e/devel_e/d1who_e. htm.

[130] The United Nations Statistics Division (UNSTATS), Composition of Macro Geographical (continental) Regions, Geographical Sub – Regions, and Selected Economic and other Groupings (February 17, 2011).

[131] International Monetary Fund (IMF), WEO Groups Aggregates Information (April 1, 2010).

[132] World Bank, How We Classify Countries, at https://datahelpdesk.worldbank.org/knowledgebase/topics/19280 – country – classification.

体。当然，贸发会议有其单独的国家组别分类。❸

所有这三种解释都为当前的基于美国和平力量的谈判形式设定了语境。这进一步解释了为什么国家平等的专利和创新相关政策在国际上占主导地位。

更具体讲，WIPO 对各国专利强度差异的解释反复强调的是专利数量，而不是专利倾向率的相对标准。因此，WIPO 强调，与其他高收入国家、中国和其他中低收入国家相比，领先的发达国家在专利数量方面存在差距。举例来说，一份题为《突破性创新和经济增长》（*Breakthrough Innovation and Economics Growth*）的 2015 年世界知识产权年度报告告诉我们，高收入国家占到了专利申请总数的 80% 以上。即使在高收入国家，专利申请也很集中，美国、日本、德国、法国、英国和韩国至少占全球首次专利申请的 75%。❸ 很自然，在这个以市场规模近似的情形下，WIPO 的官方工作计划包含了一些广泛的政策，这些政策错误地选择关注各国的绝对专利和研发倾向，而忽视了专利活动的相对基础。因此，WIPO 的政策包括为发达国家提供相当扁平的技术援助模型❸、统一的条约法规范制定机构❸，等等❸。

这三个原因同样也解释了 WIPO 倾向于对发展中国家采取一种典型的基于

---

❸ 参见 UNCTAD, Trade and Development Report 2011, at http://unctad.org/en/docs/tdr2011_en.pdf.

❸ 参见 WIPO, World Intellectual Property Report 2015 – Breakthrough Innovation and Economic Growth (2015), at 11 – 12, figures 4 and 5, and table 2（该文统计显示，1995～2011 年，飞机、抗生素、半导体、3D 打印、纳米技术和机器人六个行业首次提交专利申请）。

❸ 参见 World Intellectual Property Organization, WIPO Intellectual Property Handbook: Policy, Law and Use（WIPO Publication No. 489, 2nd edn., 2004）, available at www.wipo.int/about – ip/en/iprm, at 196 – 203, 359 – 360; WTO – WIPO Cooperation Agreement, Art. 4（Legal – Technical Assistance and Technical Cooperation）, entered into force Jan. 1, 1996. 根据它们的合作协定，WIPO 和 WTO 于 1998 年 7 月发起了一项联合倡议，以协助发展中国家遵守 TRIPS。技术援助是选定的 19 个项目中的第一项，主要是因为这些项目的立即执行不需要聘用额外工作人员或财政资源的参与。参见 Provisional Committee on Proposals Related to a WIPO Development Agenda（PCDA）, WIPO Development Agenda; Preliminary Implementation Report in Respect of 19 Proposals, Feb. 28, 2008, at 1, available at http://ip – watch.org/files/WIPO%20comments%20on%20DA%20recs%20 – %20part%201.pdf（该文指出 WIPO 已经考虑到各个国家的具体需要、优先事项和发展水平，特别是最不发达国家的特殊需要）, at Annex, at 1.
关于技术援助在发展中国家自身的中心地位，例如参见，Robert M. Sherwood, Global Prospects for the Role of Intellectual Property in Technology Transfer, 42 IDEA 27（1997）（该文指出世界上大约 80% 的国家的司法系统根本无法胜任支持知识产权的任务，更不用说有效地处理其他事项）, at 30; Robert M. Sherwood, Some Things Cannot Be Legislated, 10 Cardozo Journal of International and Comparative Law, 37（2002）（知识产权制度涉及高度的行政和司法自由裁量权。除非操作这些系统的人相信这些系统是为地方利益服务的，否则无论国际规则派生或执行如何，都可能收效甚微）, at 37.

❸ 发展议程 B 组管理 WIPO 的规范制定。WIPO 积极参与组织谈判，为新的知识产权条约起草草案和工作文件。发展议程要求 WIPO 制定规范时"考虑到不同的发展水平"，或"考虑到国际知识产权协议的灵活性"，同上。

❸ 是对 WIPO 和与发展中国家密切相关的政策的审查，例如参见，Rami M. Olwan, Intellectual Property and Development: Theory and Practice（Springer, 2013）, at 52 – 55.

国家市场规模的谈判姿态，因为它从相对固定的专利和其他专利数量中获得了监管的视角。这三个原因也可以解释为什么专利和创新相关的规则制定在概念上不清晰及南北差距可能存在发展差异。

　　第一种解释与发达国家从作为专利和创新谈判的主要多边论坛（forum）的 WIPO 向与之竞争的联合国机构和 WTO 的变化有关。这种制度或论坛的转变可以被视为试图将条约谈判、立法倡议或制定标准的活动从一个联合国机构转移到另一个机构。⑬ 在 WIPO 的语境下，这给发达国家作为该组织的监管机构带来了困境。该困境在于是否在 WIPO 的自然所在地进行谈判——尽管它们认识到该组织为它们提供最低限度的保护标准而且缺乏有效的执行机制——或者是更倾向于与之竞争的联合国机构。⑬ 实践中，在 WTO 成立后，发达国家转向了关税及贸易总协定（GATT）。正如 Laurence Helfer 教授预测的那样，这一转变最终有利于这些国家主导公共卫生、生物科学和基因领域的知识产权产业。⑭

　　有关 WIPO 倾向于以国家市场规模为基础的谈判姿态的第二个解释与多边和双边条约制定环境之间增加多制度转换有关。鉴于迄今为止在多哈回合中出现的分歧，美国和其他拥有丰富知识产权的国家越来越依赖双边解决方案来解决包括知识产权在内的贸易问题。源于 WTO 多边解决方案的不完善，因而已经让位于 Berne – plus、TRIPS – plus⑭，甚至让位于通过自由贸易协定谈判达成

---

　　⑬　论坛的转移包括三种策略：将议程从一个组织转移到另一个组织、放弃一个组织以及在多个组织中追求相同的议程。参见 John Braithwaite and Peter Drahos, Global Business Regulation（Cambridge University Press, 2000）, at 564. 有关从一个组织转移到另一个组织参见 Laurence R. Helfer, Regime Shifting: The TRIPS Agreement and New Dynamics of International Intellectual Property Lawmaking, 29 Yale Journal of International Law, 1（2004）（以 TRIPS 和粮食、农业、公共卫生、生物多样性和人权为例，描述从 WIPO 到其他机构的制度变迁）, at 42 n. 186；Peter K. Yu, Currents and Crosscurrents in the International Intellectual Property Regime, 38 Loyola of Los Angeles Law Review, 323（2004）（该文描述了从多边到双边的体制转变，以及 WTO 和 WIPO 之间的转变）, at 408 – 417. 参见 Peter Drahos, An Alternative Framework for the Global Regulation of Intellectual Property Rights, 21 Austrian Journal of Development Studies 1（2005）（关于从 UNCTAD 向 WIPO 的转变）, at 7.

　　⑬　参见 Viviana Munoz Tellez, The Changing Global Governance of Intellectual Property Enforcement: New Challenges for Developing Countries, In Xuan Li and Carlos M. Correa（eds. ）, Intellectual Property and Enforcement（Edward Elgar, 2009）, at 6.

　　⑭　参见 Laurence R. Helfer, Regime Shifting: The TRIPS Agreement and New Dynamics of International Intellectual Property Lawmaking, 29 Yale Journal of International Law, 1（2004）, at 3 – 4.

　　⑭　"TRIPS – plus"通常称为"自由贸易协定"，是指双边协议或区域多边协议，其最低标准超过 TRIPS 的标准。例如参见, Frederick M. Abbott, The Cycle of Action and Reaction: Developments and Trends in Intellectual Property and Health, in Negotiating Health: Intellectual Property and Access to Medicines（Pedro Roffe et al. , eds. ）（Earthscan, 2006）, at 31 – 33.

的 US – plus⑭知识产权标准。⑭ 总之，正如彼得·德拉霍斯所解释的那样，TRIPS 的非歧视性最惠国原则已经成为具有市场规模的发达国家集团中权利人的棘手问题。⑭ 因此，从发展的角度看，专利和创新规则的制定比以往任何时候都更加以权力为基础，具有位阶性和争议性。

对 WIPO 在专利和创新政策方面的市场规模倾向性的第三个解释与这一事实有关，即许多发展中国家不得不面临在跨国和国际层面的政策协调、日益增长的复杂性和决策场所分散等问题。这就是所谓的贫穷国家"知识陷阱"的一部分。因此，这些国家因违反联合国机构和 WTO 的知识强度要求而受到惩罚。⑭

这三种解释都支持这样的结论，即 WIPO 以及其他联合国层面的机构构成了专利和创新相关规则制定挑战的一部分。在此背景下，正如我们现在将要讨论的那样，TRIPS 自然而然地处于贸易创新与专利相关法规之间的平衡关系之中。

1.1.2.3 贸易创新与专利监管的权衡

在成立 WTO 和制定 TRIPS 之前，如 WIPO 和 UNCTAD 等联合国机构未能对各国创新政策差异给予实质性的关注。因此自然而然的是，TRIPS 在通过时被限定为对 WTO 所有成员实行统一的知识产权政策，这反映了新古典主义的经济增长模式。⑭

从发展中国家的角度来看，强制性采用 TRIPS 标准给发达国家造成了两个相关的外生成本，即获取新技术和知识的成本以及更高的专利使用费成本。⑭

---

⑭ 例如参见，Frederick M. Abbott, Intellectual Property Provisions of Bilateral and Regional Trade Agreements in Light of US. Federal Law, 1 (International Centre for Trade and Sustainable Development, Issue Paper No. 12, Feb. 2006), available at www. unctad. org/en/docs/iteipc20064_en. pdf (describing several examples of US – plus standards adopted by other countries), at 9, 11.

⑭ 参见 Daniel Gervais, TRIPS and Development, 95, In Sage Handbook on Intellectual Property (SAGE Publications Ltd, 2014) (Matthew David and Debora Halbert, eds.), at 107.

⑭ Peter Drahos, An Alternative Framework for the Global Regulation of Intellectual Property Rights, 21 Austrian Journal of Development Studies, 1 (2005), at 7.

⑭ 参见 Margaret Chon, Denis Borges Barbosa and Andrés Moncayo von Hase, Slouching Toward Development in International Intellectual Property, Michigan State Law Review, 71 (2007), at 89 referring to Sylvia Ostry, After Doha: Fearful New World?, Bridges, Aug. 2006, at 3, available at www. ictsd. org/monthly/bridges/BRIDGES 10 – 5. pdf. 关于 WTO, 参见 Gregory Shaffer, Can WTO Technical Assistance and Capacity Building Serve Developing Countries?, Wisconsin International Law Journal, vol. 23, 643 (2006) (与发达国家不同的是，其执行经常需要发展中国家建立全新的监管机构和制度), at 645.

⑭ 参见 Benoliel and Salama, Toward an Intellectual Property Bargaining Theory: The Post – WTO Era, at 278; Michael Blakeney, The International Protection of Industrial Property: From the Paris Convention to the TRIPS Agreement 16 (2003), available at www. wipo. int/export/sites/www/arab/en/meetings/2003/ip_cai_1/pdf/wipo_ip_cai_1_03_2. pdf.

⑭ 参见 Christopher S. Gibson, Globalization and the Technology Standards Game: Balancing Concerns of Protectionism and Intellectual Property in International Standards, 22 Berkeley Technology Law Journal, 1403, 1406 (2007).

TRIPS 将国际知识产权保护作为短期和长期经济增长的中心支柱，有效地忽略了国家集团间的差异。这一论点支持了发达国家提出的两项长期的新古典主义外生经济激励措施。[148] 第一项激励措施，是承诺在技术转让领域作出积极努力——这是对发展中国家作为受让方的一种应激性创新政策的典型形式。[149] 第二项激励措施确保的是农产品贸易。[150] 事实证明，这两项由附加协议支撑的激励措施对发展中国家最终默许 TRIPS 发挥了关键作用。[151] 如前所述，这两项激励措施还隐含地遵循了索洛的新古典主义经济增长模型，该模型是早些时候由经济学家 David Cass[152] 和 Tjalling Koopmans[153] 提出的。无论是这些激励措施还是 TRIPS 的总体监管设置，都不包括为区分国家集群或基于创新考虑的其他方式的非线性经济增长所作的任何实质性努力。

因此，尽管 TRIPS 具有强烈的创新含意，但它主要被视为一种与贸易有关的折中方案。[154] 因此，WTO 乌拉圭回合多边贸易谈判取得了成功，而此前 WIPO

---

[148] 例如参见，Carolyn Deere，Developing Countries in the Global IP System，in The Implementation Game：The TRIPS Agreement and the Global Politics of Intellectual Property Reform in Developing Countries（Oxford University Press，2009）34，at 51；Peter Yu，Toward a Nonzero – Sum Approach to Resolving Global Intellectual Property Disputes：What We Can Learn from Mediators，Business Strategists，and International Relations Theorists，70 University of Cincinnati Law Review，569（2001），at 635.

[149] 参见 Laurence R. Helfer，Regime Shifting：The TRIPS Agreement and New Dynamics of International Intellectual Property Lawmaking，29 Yale Journal of International Law，1（2004），at 2；Carlos M. Correa，Intellectual Property Rights，the WTO and Developing Countries：The TRIPS Agreement and Policy Options，18（2000）（聚焦于发展中国家对增加技术转让作为经济增长手段的关注）。

[150] Laurence R. Helfer，Regime Shifting：The TRIPS Agreement and New Dynamics of International Intellectual Property Lawmaking，29 Yale Journal of International Law，1（2004），at 22；Clete D. Johnson，A Barren Harvest for the Developing World？Presidential "Trade Promotion Authority" and the Unfulfilled Promise of Agriculture Negotiations in the Doha Round，32 Georgia Journal of International and Comparative Law，437（2004），at 464 – 465.

[151] Johnson，同上，at 467 – 468。

[152] Cass，脚注 30，同上。

[153] Koopmans，脚注 31，at 226 – 228.

[154] 参见 Jayashree Watal，Intellectual Property Rights in the WTO and Developing Countries（Springer）20（2001）［该文解释：发达国家如何同意根据纺织品和服装协定（ATC）逐步取消纺织品和服装最敏感项目的配额，以换取发展中国家接受并逐步采用其认为最重要的与专利有关商品的药品专利］。另见 Frederick M. Abbott，The WTO TRIPS Agreement and Global Economic Development，in Public Policy and Global Technological Integration 39（Frederick M. Abbott and David J. Gerber，eds.），Springer（1997），at 39 – 40；Carolyn Deere，Developing Countries in the Global IP System，in The Implementation Game：The TRIPS Agreement and the Global Politics of Intellectual Property Reform in Developing Countries 34，（Oxford University Press，2009），at 2；Charles S. Levy，Implementing TRIPS – A Test of Political Will，31 Law and Policy in International Business，789（2000）（该文认为 TRIPS 为贸易相关背景下的历史性突破），at 789 – 790；Robert Weissman，A Long，Strange TRIPS：The Pharmaceutical Industry Drive to Harmonize Global Intellectual Property Rules，and the Remaining WTO Legal Alternatives Available to Third World Countries，17 University of Pennsylvania Journal of International Law，1079（1996）（该文阐明了知识产权是如何成为自由贸易议程中的核心内容的），at 1096.

的谈判，尤其是关于发展中国家的谈判都失败了。● 该轮谈判之所以成功是因为它是以一项一揽子经济协议的形式提出的，也就是 Donald Harris 教授所说的"加附条约"。● 此类协议源于发展依赖理论，即发展中国家被明确认为依赖于发达国家，而更自由的贸易据说导致了边缘化国家的贫困。● TRIPS 与贸易有关的立场将进一步解释其外生经济与更可衡量和更周密阐述的专利和创新相关规则的脱节。

接受 TRIPS 反映了发达国家和发展中国家都存在基于市场规模的不平等的谈判能力。因此，发达国家和发展中国家之间的谈判情势使得富裕的发达国家获得更强有力的知识产权保护，同时减少对外国直接投资的限制。● 作为回报，较不发达国家享受了较低的纺织品和农业关税以及防止单方面制裁的保护。●

概言之，由于 TRIPS 特别地混淆了外生经济贸易规则和实质国家平等的国际知识产权概念，它从未真正坚持一种内生经济增长模式。

推动 TRIPS 的发展中国家将"固有的不对称和不平衡"称为 WTO 贸易体系和包括 TRIPS 本身在内的乌拉圭回合协定中的一种贸易限制。在 2001 年的卡塔尔多哈举行的 WTO 第四次部长级会议上，这种对抗性做法也几乎是显而

● 例如参见，Ruth L. Gana（Okediji），The Myth of Development，The Progress of Rights：Human Rights to Intellectual Property and Development，18 Law and Policy，315（1996），at 334；Donald P. Harris，Carrying a Good Joke Too Far：TRIPS and Treaties of Adhesion，27 University of Pennsylvania Journal of International Law，681（2006），at 724 – 725；Jerome H. Reichman，The TRIPS Component of the GATT's Uruguay Round：Comparative Prospects for Intellectual Property Owners in an Integrated World Market，4 Fordham Intellectual Property，Media & Entertainment Law Journal，171（1993）（该文对比如起草 TRIPS 削弱 WTO 权威的政治发展提出了争议），at 179 – 180.

● Harris，同上，at 724.

● 例如参见，Raul Prebisch，International Trade and Payments in an Era of Coexistence：Commercial Policy in the Underdeveloped Countries，49 American Economic Review，251（1959）（该文举例说明"边缘"发展中国家对增加自由贸易的抵制），at 251 – 252. 有关开创性的拉丁美洲观点，参见 Fernando Henrique Cardoso and Enzo Faletto，Dependency and Development in Latin America，149 – 171（Marjory Mattingly Uriquidi，trans.）（University of California Press，1979）（该文描述了拉丁美洲民族主义和民粹主义政治议程之间的紧张关系及其对相关国际贸易政策的影响）.

● 参见 Jayashree Watal，Intellectual Property Rights in the WTO and Developing Countries（Springer 2001），at 20；另见 Frederick M. Abbott，The WTO TRIPS Agreement and Global Economic Development，in Public Policy and Global Technological Integration（Frederick M. Abbott and David J. Gerber，eds.）（Springer，1997）39，at 39 – 40，42.

● 参见 Jayashree Watal，Intellectual Property Rights in the WTO and Developing Countries，（Springer，2001）（该文描述了美国和其他发达国家在广泛采用 TRIPS 之前以强制性解决程序予以实施制裁），at 20 – 22.

易见的。⑯ 尽管 77 国集团和中国在贸易问题上的持久对峙自此被载入史册,⑯ 但多哈回合仍应被视为创新政策中的一个响应式例外。

最后,TRIPS 还包括两个特别的例外情形。第一个是 TRIPS 第 65 条给予欠发达国家和转型期国家 5 年的过渡期。⑯ 第二个,也是更值得注意的,TRIPS 第 66 条为最不发达国家规定了 11 年的过渡期。⑯ 然而,这种有限的平等主义辩证法被视为仅仅是在这些处境不利的国家建立"健全和可行的技术基础"的一种手段。⑯

1.1.2.4　技术援助和能力建设的价值

技术援助和能力建设在整个联合国机构层面都引起了长期争议。⑯ 乍看上去,加强联合国(特别是 WIPO)的技术援助和能力建设,似乎是必然的和符合程序的。然而,与 WTO 签署技术援助"合作协定"的第一个组织便是WIPO。⑯ 此外,当发展中国家同意参加多哈贸易谈判时,它们得到了来自WTO 秘书处提供能力建设技术援助的承诺。这项援助的目的是便利它们参与谈判,并最终融入贸易体系。因此,多哈部长宣言将更多的文本用于能力建

---

⑯　参见 World Trade Organization, Declaration of the Group of 77 and China on the Fourth WTO Ministerial Conference at Doha, Qatar, WT/L/424 (Oct. 22, 2001), available at www. wto. org/english/thewto_e/minist_e/min01_ e/proposals_e/wt_l_424. pdf.

⑯　参见 Inge Govaere and Paul Demaret, The TRIPS Agreement: A Response to Global Regulatory Competition or an Exercise in Global Regulatory Coercion?, in Regulatory Competition and Economic Integration: Comparative Perspectives (Oxford University Press, 2001) (Daniel C. Esty and Damien Geradin, eds.), at 364, 368 - 369.

⑯　Agreement on Trade - Related Aspects of Intellectual Property Rights art. 65 (1) - (3), Marrakesh Agreement Establishing the World Trade Organization, Annex 1C, 1869 U. N. T. S. 299 (Apr. 15, 1994), available at www. wto. org/english/docs_e/legal_e/27 - trips. pdf.

⑯　同上, at art. 66 (1); Benoliel and Salama, 脚注14, at 360.

⑯　Agreement on Trade - Related Aspects of Intellectual Property Rights, 脚注60, art. 66 (2) (要求发达国家提供商业激励措施以鼓励其向最不发达国家转让技术).

⑯　Gregory Shaffer, Can WTO Technical Assistance and Capacity Building Serve Developing Countries?, Wisconsin International Law Journal, vol. 23, 643 (2006), at 643; Peter Morgan, Technical Assistance: Correcting the Precedents, 2 Development Policy Journal, 1, (2002) (自 20 世纪 40 年代以来, 首次提出"技术援助"的问题), at 1 - 2.

⑯　Comm. on Trade & Dev. , Note by Secretariat, A New Strategy for WTO Technical Cooperation: Technical Cooperation for Capacity - building, Growth and Integration, WT/COMTD/W/90 (Sept. 21, 2001), at para. 6 n. 5. 同样地, WTO 早期的能力建设计划一贯提到"技术任务", 以帮助发展中国家在"海关估价、贸易救济、TRIPS 以及关税表的转换等领域"调整其政策以适应 WTO 协定. 参见 WTO Comm. On Trade & Dev. , Note by the Secretariat, Report on Technical Assistance 2000, WT/COMTD/W/83 (May 2, 2001), at 31.

设，而不是贸易或技术转让等问题。❻ 2003 年世界贸易报告也宣布"多哈部长宣言标志着 GATT/WTO 在技术援助和能力建设方面的新动向"。❻

尽管有这种支持，技术援助仍然是发展中国家对联合国层面机构组织的主要不满之一。在专利和创新相关规则制定受到挑战的背景下，这种不满对 WIPO 表现得最为明显。❻ 与 WIPO 相同，这种政策当然是为了教育和提高大多数发展中国家使用知识产权的能力，并且这些政策当然由 WIPO 的培训学院不断推进。❼ 与 WTO 情况一样，提供技术援助也符合 WIPO 的发展议程。❼

对发展中国家反对发达经济体的霸权的批评实质并不意味着不承认技术援助的必要性，事实上恰恰相反。由于技术援助所起的中心作用，WIPO 委托一个新设外部审查小组，将其影响深远的 2011 年报告命名为《WIPO 在发展合作领域的技术援助》（*WIPO Technical Assistance in the Area of Cooperation for Development*）。❼ 该外部审查小组确认，所有内部评估的重点通常都放在短期结果上，不会产生长期或累积性的影响。以培训领域为例，尽管 WIPO 的培训活动似乎受到发展中国家的高度赞赏，但是该报告发现，这些活动对发展的影响没有得到很好的解释或监测。❼ 批评关注的是这方面受到的不成比例的关注，会

---

❻　参见 WTO, Ministerial Declaration of 20 November 2001 WT/MIN（01）/DEC/1, 41 I. L. M. 746（2002）, para. 38 – 41.

❻　参见 WTO, World Trade Report 2003（2003）（adding that "technology transfer had never been included explicitly on the GATT/WTO agenda before"）, at 164.

❻　Mr. Geoffrey Onyeama, Deputy Director General, Cooperation for Development, interview on October 15, 2014, in reference to WIPO, Development Agenda（2007）, Recommendation 1（WIPO 的技术援助，应以发展为导向、以需求为驱动和透明化，同时考虑到发展中国家，特别是最不发达国家的优先事项和特殊需要）。

❼　参见 Director General Report on Implementation of the Development Agenda, Committee on Development and Intellectual Property（CDIP）Thirteenth Session, CDIP/13/2, Geneva, May 19 to 23, 2014（March 3, 2014）, at 19. 有关 WIPO 学院训练活动的概述参见 the 2014 WIPO Academy Education and Training Programs Portfolio. Document available at www. wipo. int/edocs/pubdocs/en/training/467/wipo_pub_467_2014. pdf. 详情可参见 2013 年 WIPO 年度统计报告，Document available at www. wipo. int/export/sites/www/academy/en/about/pdf/academy_statistics_2013. pdf.

❼　参见 WIPO, Development Agenda, Recommendation 3（关于"增加对 WIPO 技术援助方案的人力和财政拨款，以促进面向发展的知识产权文化"）。另见 Director General Report on Implementation of the Development Agenda, Committee on Development and Intellectual Property（CDIP）Thirteenth Session, CDIP/13/2, Geneva, May 19 to 23, 2014（March 3, 2014）, at 2 – 3, Sec. 7 – 9.

❼　该报告向秘书处提出了许多改进其技术援助的建议。参见 Carolyn Deere Birkbeck and Santiago Roca, An External Review of WIPO Technical Assistance in the Area of Cooperation for Development（August 31, 2011）, at www. wipo. int/edocs/mdocs/mdocs/en/wipo_ip_dev_ge_11/wipo_ip_dev_ge_11_ref_2_deere. pdf.

❼　同上（报告建议 WIPO 应"对其发展合作活动的总体目的有足够明确和广泛的理解"）, at iv.

损害其他不太短期的政策。对于那些被视为监管接受者的发展中国家而言，它因而被认为是一种"追赶"外生经济政策的典范。[⑰]

就 WTO 而言，对技术援助努力的批评促使 WTO 在 2001 年宣布一种新的做法。[⑱] WTO 明确的目标是使技术援助更多以需求为导向，通过多哈信托基金加强金融稳定，并提高 WTO 秘书处在其职权范围内交付满足发展中国家需求的产品的能力。[⑲] 对 WTO 的 2003 年技术援助计划的审计同样批评 WTO 执行计划缺乏连贯性，认为秘书处主要是对临时请求情形作出回应。[⑳] 为回应这些批评，WTO 秘书处作出了近乎"西西弗斯式的努力"（Sisyphean effort），并启动了另一项 2004 年计划，即更加"注重质量，旨在形成长期的、可持续的、人力的和制度性的能力"。[㉑] 在整个联合国，技术援助和能力建设仍对专利和与创新有关的规则制定提出挑战。或许并不奇怪的是，诸如基思·马斯库斯和杰罗姆·雷奇曼等学者所指出的：也许是残酷的，WIPO 的战略是否真正有利于创新（以及这些利益流向哪些国家）似乎"对政策的执行没有多大意义"。[㉒]

1.2　走向非线性的创新专利政策

只要联合国机构选择更微妙的针对具体国家的专利和创新规则，一项可周延的理论设置便将是可取的。首先，许多学者已经认识到，有效的创新战略需

[⑰]　同上（关于技术援助，第 28 条提议指出："报告建议的重点应放在发展合作活动的长期或累积影响上，而不是短期项目上"），at 11. 参见 WIPO's Secretariat response, at WIPO, Update on the Management Response to the External Review of WIPO Technical Assistance in the Area of Cooperation for Development, CDIP/16/6（September 2015）（WIPO 已将其技术援助和能力建设活动的重点转向长期可持续的项目），at 11.

[⑱]　Comm. on Trade & Dev., Note by Secretariat, A New Strategy For WTO Technical Cooperation: Technical Cooperation for Capacity – building, Growth and Integration, WT/COMTD/W/90（Sept. 21, 2001）

[⑲]　同上。

[⑳]　参见 Comm. on Trade and Dev, Note by Secretariat, Coordinated WTO Secretariat Annual Technical Assistance Plan 2003, WT/COMTD/W/104（Oct. 3, 2002）, at para. 16.

[㉑]　参见 Comm. on Trade & Dev., Technical Assistance and Training Plan 2004, WT/COMTD/W/119/Rev. 3（Feb. 18, 2004）, at para. 7. 对 WTO 长期技术援助目标的支持另见 Henri Bernard Solignac Lecomte, Building Capacity to Trade: A Road Map for Development Partners: Insights from Africa and the Caribbean 7（European Centre for Dev. Pol'y Mgmt Discussion Paper 33, 2001）, available at www.ecdpm.org（There can only be one ultimate objective: to empower developing countries in the multilateral trade system）, 同上。

[㉒]　参见 Keith E. Maskus and Jerome H. Reichman（eds.）, International Public Goods and Transfer of Technology Under a Globalized Intellectual Property Regime（Cambridge University Press, 2005）, at 18 and Fn. 54 and sources therein.

要多层次支持政策之间的协调。❸ 这一核心内容的实现与研究活动转化为专利强度的回报率相对应。理论上，对收益率的研究有两种形式：一种研究聚焦于私人回报率，即从个人研究项目流向直接参与的组织的研究投资回报率；另一种研究则考察了研究的社会回报率，即"对整个社会产生的收益"。❸

两种研究形式差异的出现是因为一个具体研究项目（甚至是基于单个公司的创新）的收益通常并不局限于单个公司。也就是说，一项基础研究的科学收益可能被不止一家公司所使用。例如，复制新产品的模仿者就不承担原始研究的费用。通过投资基础研究降低开发新技术或新产品的成本，公共资助的项目实际上产生了更广泛的社会效益。因此，对私人研发回报率的估计往往远低于对社会研发的回报率。

即使从社会的角度来看，研发的经济收益也不同于其社会收益、环境收益或文化收益。然而，经济收益和非经济收益之间仍然存在模糊的界限。❸ 创新源于知识的创造性应用，但其根本条件必然是复杂的：许多创新不容易被政策改变，有些创新是文化进化过程的结果，这些已经超出了短期决策的范围。❸

例如，如果一种新的医疗方法改善了健康状况，并减少了因治疗某种特定疾病而被耽误的工作日，那么这些收益应该被视为经济效益还是社会效益？鉴于这种不确定性，"经济"可能是一个相当宽泛的术语。此外，我们此处的检验仅以直接有用的知识形式涉及经济收益。然而，其他不太直接的经济收益肯定体现在福利经济学总体经济层面上的幸福或福利方面。

在此背景下，与 20 世纪 70 年代重要的创新理论相比，在 20 世纪 90 年代

❸ 参见 Sanjaya Lall and Morris Teubal, Market Stimulating Technology Policies in Developing Countries: A Framework with Examples from East Asia, World Development, 26 (8), 1369 (1998)（具体的组合因国家背景和政策制定者的能力而异）, at 1370; Bengt – Åke Lundvall and Susana Borrás, The Globalizing Learning Economy: Implications for Technology Policy, Final Report under the TSER Programme, EU Commission (1997); Dani Rodrik, One Economics, Many Recipes: Globalization, Institutions and Economic Growth (Princeton University Press, 2007); Isabel Maria Bodas Freitas and Nick von Tunzelmann, Mapping Public Support for Innovation: A Comparison of Policy Alignment in the UK and France, Research Policy, 37 (9), 1446 (2008).

❸ Keith Smith, Economic Returns to R&D: Method, Results, and Challenges, Science Policy Support Group Review Paper No. 3, London (1991), at. 4.

❸ 例如参见, Hiroyuki Odagiri, Akira Goto, Atsushi Sunami, and Richard R. Nelson (eds.), Intellectual Property Rights, Development and Catch Up (Oxford University Press, 2010), at 417 – 430; more generally, see David S. Landes, The Wealth and Poverty of Nations: Why Some Are So Rich and Some So Poor (W. W. Norton, 1998)（描述了对世界各国经济发展产生重大而复杂影响的众多气候、历史和文化环境）。

❸ 同上。

中期消亡的华盛顿共识要晚一些。[⑱] 到 20 世纪 90 年代的中期，像 David Mowery 和 Nathan Rosenberg 在 10 多年前便已预言在技术、科学或市场中创新因果关系的新古典线性模型的消亡。[⑮] 正如 David Mowery 和 Nathan Rosenberg 在其 1991 年的专著《技术和追求经济增长》（*Technology and the Pursuit of Economic Growth*）中进一步解释的那样，经济学对理解技术和经济增长的贡献一直受到新古典经济学所采用的理论框架的限制。[⑯] 创新因果关系应被以下认识所取代，即由于创新是内生的和非线性的，它涉及新知识和新需求的复杂的和国别的混合，准确地说是技术、企业和时机的混合。[⑯]

此类研究，特别是上述科学政策研究，主要涉及工业创新成败的决定因素。因此，这些研究很少涉及创新活动本身的速度和方向的决定因素。[⑱]

一种新批评起源于进化经济学，目前代表着对早期新古典主义理论和假设的背离。[⑱] 这一理论是基于熊彼特的观点，即经济世界是一个明显具有动态性和进化性的不平衡链条。然而，该论点认为发明是一个内生过程，而不是作用于经济计划的外生力量。正如其早期的两位倡导者 Sidney Winter 和 Richard Nelson 在 1982 年的《经济变化的进化论》（*An Evolutionary Theory of Economic Change*）中所提出的理论一样，对新古典经济学关注线性增长因果关系而非创

[⑱] 例如参见，John Weeks and Howard Stein, Washington Consensus, in The Elgar Companion to Development Studies（David Alexander Clark, ed.）（Edward Elgar Publishing, 2006）（20 世纪 80 年代初至 90 年代中期，在国际发展政策中处于霸权地位的共识受到持续的攻击），at 676.

[⑮] 例如参见，David Mowery and Nathan Rosenberg, The Influence of Market Demand Upon Innovation: A Critical Review of Some Recent Empirical Studies, 8 Research Policy, 102（1979）（在批评对需求侧创新政策考虑的不平衡关注时，作者指出："在总体水平较低的情况下，几乎没有考虑到对行业和企业特定创新产出，以及对于解释产业、企业和国家之间差异的力量的研究。"），at 103.

[⑯] 参见 David C. Mowery and Nathan Rosenberg, Technology and the Pursuit of Economic Growth（Cambridge University Press, 1991）（用于分析研发和创新的新古典经济学框架对发达工业经济体研究体系的制度结构几乎没有任何说明），at 4; see also ibid.（得出类似的结论），at 16, 96.

[⑯] 一般参见 Gerhard Mensch, Stalemate in Technology: Innovations Overcome the Depression（Ballinger Publishing Company, 1979）（对于线性创新的批评将以 20 世纪 60 年代英国的计算机为例，认为创新过程的线性表示并没有得到很好的线性解释）；Sci. Pol'y Research Unit, Report on Project SAPPHO 1971（详细研究了化学制品和科学仪器这两个以科学为基础的行业创新管理，认为区分创新是获得商业成功的要素）。另见 Slavo Radoševic and Esin Yoruk, SAPPHO Revisited: Factors of Innovation Success in Knowledge-Intensive Enterprises in Central and Eastern Europe（DRUID WorkingPaper No. 12 – 11），available at www3. druId. dk/wp/20120011. pdf.

[⑱] 线性模型的最后一击是它无法解释为何日本在技术方面如此成功，尽管与英国公司相比日本缺乏世界级的科学基础。一般参见 Dianna Hicks, T. Ishizuka, and S. Sweet, Japanese Corporations, Scientific Research and Globalization, 23 Research Policy（1994）（反对日本公司是世界科学的"搭便车者"，因为它们的科学主要依赖日本，而不是外国资源），at 4.

[⑱] 参见 Léger and Swaminathan, 脚注 53, 同上。

新的批评为创新理论的采用提供了一个新的背景。[190] 进化经济学模型包含了变量之间的交互作用，这与任何单一变量在解释创新和扩散过程中可能产生的影响相反。可以说，这些模型最终可能承受新的联合国层面创新国家集群的动态影响，而不是单一或线性创新模型。

值得注意的是，美国政府后来在其 2008 年的美国总统科学技术顾问委员会（PCAST）的报告中也承认，对非线性或至少是线性程度最低的创新理论和政策的整体需求日益增长。[191] 这些发现最近在发展中国家学术界关于非线性创新因果关系的不断增长的文献中得到了体现。[192]

在非线性创新分析的基础上，经济合作与发展组织（OECD）和欧盟内部开始将一种独特的理论转变为政策。这就是国家创新系统理论。[193] 这一开创性的理论解释道：创新和技术发展是各种国家机构（包括企业、大学和政府研究机构）[194] 之间一系列复杂的国内关系的结果。地理测量与创新过程本身的系

---

[190] 有关新古典经济增长理论过于泛化的批评参见 Ricardo Hausmann, Dani Rodrik, and Andrés Velasco, Getting the Diagnosis Right: A New Approach to Economic Reform, 43 Finance and Development, 12 (2006); Ricardo Hausmann, Dani Rodrik, and Andrés Velasco, Growth Diagnostics, in The Washington Consensus Reconsidered: Toward a New Global Governance (Narcís Serra and Joseph Stiglitz, eds.) (Oxford University Press, 2008); Dani Rodrik, The New Development Economics: We Shall Experiment, But How Shall We Learn?, Harvard University, John F. Kennedy School of Government Faculty Research Working Papers Series, Paper No. RWP08 – 055 (2008) (该文阐述道：新发展经济已成为国家特有), at 24 – 28.

[191] 参见 President's Council of Advisors on Science and Technology, University – Private Sector Research Partnerships in the Innovation Ecosystem, 1 – 2, 7, 31 (2008) (承认从线性创新范例向非线性或更低线性程度的范式转变).

[192] 例如参见, Nikos C. Varsakelis, The Impact of Patent Protection, Economy Openness and National Culture on R&D Investment: A Cross – Country Empirical Investigation 30 Research Policy, 1059 (2001) (通过发展中国家和工业化国家组成的小组，发现民族文化是研发强度的决定因素); 一般参见 Oscar Alfranca and Wallace E. Huffman, Aggregate Private R&D Investments in Agriculture: The Role of Incentives, Public Policies, and Institutions, 52 Economic Development and Cultural Change, 1 (2003) (该文表明欧盟国家的私人农业研发投资也对制度环境的品质作出了回应，重点是官僚主义、合同执行和知识产权保护), at 1 – 22; UNESCO Institute for Statistics, Measuring R&D: Challenges Faced by Developing Countries, UIS/TD/10 – 08 (2008), available at www. uis. unesco. org/Library/Documents/tech%205 – eng. pdf.

[193] 有关主要学术贡献一般参见 Bengt – Åke Lundvall, Product Innovation and User – Producer Interaction, in 31 Industrial Development Research Series (1985), at 28 – 29. 一般参见 National System of Innovation: Towards a Theory of Innovation and Interactive Learning (Bengt – Åke Lundvall, ed.) (Anthem Press, 1993); National Innovation System: A Comparative Analysis (Richard R. Nelson, ed.) (Oxford University Press, 1993); Pari Patel and Keith Pavitt, The Nature and Economic Importance of National Innovation Systems, STI Review 14, (1994). 总体概述参见 OECD, Innovation and the Development Agenda, 脚注 120, at 57 [补充说，国家创新体系理论（NIS）的要素与结构主义观点有着密切的相似性，该理论强调"发展既不是线性的，也不是连续的，而是一个特定的（历史的）文化和社会经济背景形成的独特过程"].

[194] 参见 Lundvall, 同上 (在国家创新体系中纳入要素和关系，这些要素和关系在生产、传播和使用新的、经济上有用的知识方面相互作用).

统性结合，导致了一种新的区域创新系统方法的出现。❺ 这种系统可以被视为一种聚集或区域集群，尽管它也包括这些区域内的支持机构和组织。❻

国家创新体系由丹麦著名经济学家 Bengt – Åke Lundvall 提出，最初被 Chris Freeman 用于解释发展中国家的崛起。Freeman 最初的案例研究集中在 20 世纪七八十年代的日本创新企业，当时日本还是一个发展中国家。如上所述，这一理论逐渐成为 OECD 和欧盟的核心政策概念。作为一种典型的非线性内生创新型经济增长理论，它的研究重心已经转移到了正规的研发体系及其技术教育上，并带有针对具体国家的政策导向。❼

现在可能从实证和概念上对国家与国家集团之间的非线性创新进行实质性证实，重点是发达国家与发展中国家之间的差距。关于专利倾向性，本书基于单位国内研发总支出（GERD）产出的专利数量分析促进了这一发展。在这方面，应特别提到联合国教科文组织在 2011 年完成的一个史无前例的、具有重大意义的国家小组数据集。以前很少报告能综合研发增长指标和相关科技统计系统的发展中国家，这为编制高度详细的标准化国家面板数据作出了巨大贡献，这些数据集可以用来代替以前较少涉及研发的数据集和/或较不发达国家的科技统计系统。❽

---

❺　例如参见，Philip Cooke, Regional Innovation Systems, Clusters, and the Knowledge Economy, Industrial and Corporate Change, 10（4），945（2001）（结论认为，与美国相比，欧洲的创新差距在于欧洲地区企业层面的市场失灵）；David Doloreux, What We Should Know about Regional Systems of Innovation, Technology in Society, 24, 243（2002）. 对于空间分析和创新理论的其他贡献，另见 Thomas Brenner and Tom Broekel, Methodological Issues in Measuring Innovation Performance of Spatial Units, Papers in Evolutionary Economic Geography, No. 04 – 2009, Urban & Regional Research Centre Utrecht, Utrecht University（2009）；J. Vernon Henderson, Ari Kuncoro, and Matthew Turner, Industrial Development in Cities, The Journal of Political Economy, 103, 1067（1995）.

❻　参见 Bjørn T. Asheim and Meric S. Gertler, The Geography of Innovation – Regional Innovation Systems, in The Oxford Handbook of Innovation, 291（Jess Fagerberg, D. C. Mowery, Richard R. Nelson, eds.）（Oxford University Press, 2006）；Bjørn T. Asheimand Arne Isaksen, Regional Innovation Systems：The Integration of Local "Sticky" and Global "Ubiquitous" Knowledge, Journal of Technology Transfer, 27, 77（2002）.

❼　这一理论的重大突破是被称为技术经济计划（TEP）的一项为期三年的工作计划，它最终形成了 TEP 报告。这一理论后来也在 OECD 随后的政策研究中得到贯彻，例如 1994 年的就业研究和政策建议，1996 年的技术、生产力和创造就业机会报告以及 1998 年的技术、生产力和创造就业机会：最佳政策做法。参见 Lynn K. Mytelka and Keith Smith, Innovation Theory and Innovation Policy：Bridging the Gap 12 – 17（2001）.

❽　参见 UNESCO Institute for Statistics, Measuring R&D：Challenges Faced by Developing Countries, UIS/TD/10 – 08（2008），available at www. uis. unesco. org/Library/Documents/tech%205 – eng. pdf.

结　论

从对整个联合国和 WTO 使用的知识产权、贸易和发展指数的粗略审查可以明显看出，没有一种单一的基于创新的增长理论盛行。一方面，诸如 WIPO 发展议程之类的发展设置明确要求 WIPO 努力制定"考虑到不同的发展水平"[199]的专利和创新相关的规则，同时支持成员方根据其于"特定国家或地区"[200]的条件加强国家政策，以反映"发展中国家的优先事项和特殊需求"[201]。另一方面，WIPO 的规则制定偏好与 WTO 非常相似，仍然被广泛认为是基于平等国家的家长作风而偏袒发达国家。[202] 1996 年旨在更新 WIPO 条约以适应数字时代的外交会议[203]或更近期的促进专利协调的实体专利法条约，[204] 都只强调了 WIPO 规则制定倾向的复杂性。

自此，联合国官员、各国政府、非政府组织和这一领域的研究人员关于专利和创新相关规则的各个方面必须以更独特的、针对特定国家的理解为指导。这些理解将涉及医药专利、植物遗传学或软件保护等方面。作为国内相关创新的表征，将国家划分为专利倾向或专利抵制国家所采用的方法需要进行更详细的、经验的和概念上的审查。这也是本书试图解决的核心任务。

---

[199]　WIPO, The Development Agenda, Cluster B: Norm – Setting, Flexibilities, Public Policy and Public Domain, Sec. 1 and Sec. 15.

[200]　WIPO, The Development Agenda, Id, Cluster A: Technical Assistance and Capacity Building（WIPO 应为技术援助考虑到成员国的不同发展水平。在这方面，技术援助方案的设计、执行机制和评估程序应针对具体国家），at Sec. 1.

[201]　同上。

[202]　参见 Joseph E. Stiglitz and Andrew Charlton, Fair Trade for All: How Trade can Promote Development（Oxford University Press, 2005），at 82（讨论 WTO 乌拉圭回合谈判中臭名昭著的"绿室"方法和发展中国家在 WTO 内面临的持续障碍）；Geoffrey Yu, The Structure and Process of Negotiations at the World Intellectual Property Organization, 82 Chicago Kent Law Review, 1445（2007）；Coenraad Visser, The Policy – Making Dynamics in Intergovernmental Organizations, 82 Chicago – Kent Law Review, 1457（2007），at 1459.

[203]　参见 Pamela Samuelson, The US Digital Agenda at WIPO, 37 Virginia Journal of International Law, 369（1997）（批评 WIPO 筹备的 1996 年 12 月的外交会议，该会议旨在根据美国的数字版权模式将 WIPO 的条约更新到数字时代），at 374.

[204]　参见 Jerome H. Reichman and Rochelle Cooper Dreyfuss, Harmonization without Consensus: Critical Reflections on Drafting a Substantive Patent Law Treaty, 57 Duke Law Journal, 85（2007）（描述了 WIPO 通过自我推动实体专利法条约实现专利法统一的努力），at 92 – 103. 该条约最初的目的是限制发展中国家灵活地制定本国专利法，以缩小可授予专利客体的范围，对可专利的创造发明设置高门槛，限制专利持有人的专有权，并实施强制许可。

第 2 章
俱乐部收敛、联盟和创新差距

引　言

内生增长经济学仍然是一项挑战，在多国集团（country - group）层面更是如此。[1] 关于内生增长理论与多国集团俱乐部收敛关系的早期论述，主要集中在对工资、国内生产总值和其他宏观经济收入相关指标的典型俱乐部收敛的理解上。[2] 人们对国家集团或俱乐部在国内技术创造方面收敛的原因了解甚少，对如何通过向发展中国家转让技术实现技术传播从而达到俱乐部收敛的了解也并不多。[3] 最后，少有人注意到从概念上去解释多国集团集群中确定技术创造的方式。[4]

在创新和专利相关政策的实践背景下，仅有少数以冲突解决为导向的官方

---

[1]　参见 Ron Martin and Peter Sunley, Slow Convergence? The New Endogenous Growth Theory and Regional Development, Economic Geography, vol. 74 (3), 201 (1988)（在实证层面予以评价），at 220. 另见以后的讨论。

[2]　例如，另见, Dan Ben - David, Convergence Clubs and Subsistence Economies, Journal of Development Economics, vol. 55 (1), 155 (1988)（该文概括道：世界上大多数国家集团的收入差距已经扩大。"俱乐部收敛"在收入曲线的两端更为普遍), at 167.

[3]　参见 Ron Martin and Peter Sunley, 脚注 1, at 210, referring to David M. Gould and Roy J. Ruffin, What Determines Economic Growth? Federal Bank of Dallas Economic Review, 2：25, 40 (1993); Robert J. Barro and Xavier Sala - i - Martin, Convergence Across States and Regions, Brookings Papers on Economic Activity, 2：107, 58 (1991). 相应地，这种技术的扩散要求落后的新兴经济体拥有适当的基础设施或条件来适用或吸收技术创新。参见（支持经济模式）Stilianos Alexiadis, Convergence Clubs and Spatial Externalities, Advances in Spatial Science (Springer - Verlag, 2013), at 61 and Sec. 4. 5. 有关该观点两种最早的也是最具影响力的论述参见 George H. Borts and Jerome L. Stein, Economic Growth in a Free Market (Columbia University Press, 1964)（该文提供了美国区域发展的经典研究); Jeffrey G. Williamson, Regional Inequalities and the Process of National Development, Economic Development and Cultural Change Quarterly Journal of Economics, 13 (1), 84 (1965)（工业发达国家地区收入差距演变的分析）。

[4]　参见 Stilianos Alexiadis, 同上, at 61 and Sec. 4. 5.

联盟的出现。❺ 作为例外，存在超出本章范围的两种结构上的制度选择。第一种选择是由公民社会团体和运动（包括许多政府和个人）组成的松散组织，在标志性运动［如获取知识（A2K）或广泛的开源运动中］所倡导的广泛平等主义在原则上趋同。这种以问题为导向的联盟，其第二种选择是过度泛化的区域联盟集团，比如非洲集团或欧盟。然而，这些泛化的区域集团实际上不利于更准确地划分以问题为导向的创新和知识产权相关政策的国家，如下面的实证讨论将予以阐明。

尽管如此，在其他与经济增长有关的政策中，各国之间事实上的异质性在WTO等各种联盟中普遍存在。尤其是，当WTO权力失衡时，发展中国家首先选择成立国家联盟作为非正式回应。针对存在理论不足的创新与知识产权相关的少数联盟，本章提供了独特的集群分析。在内生增长理论的框架下，它衡量的是国家联盟在多重创新型增长均衡中的最优收敛，而不是单一的"一刀切"机制。这种衡量是基于各国的专利倾向性与GERD强度率，即所谓的"专利强度"，来作为其国内创新的表征。

以下对专利强度的衡量有两个政策和理论来源。第一个来源，WIPO停止了每年统计专利强度的工作，这些工作分别通过国内生产总值中的居民专利申请量、人口中的居民专利申请量以及最终的研发支出予以衡量。❻ WIPO试图说明的专利强度是否已成为或即将成为一个集合性的知识产权政策的标准，这一点仍然值得怀疑。本书后续提及的专利活动的第二个来源，属于理论层面，它与 Ed Mansfield 对专利倾向性的定义有关，即事实上已获得专利

---

❺　参见 Peter K. Yu, Building Intellectual Property Coalitions for Development, in Implementing the World Intellectual Property Organization's Development Agenda 79, （Jeremy de Beer, ed. , Wilfrid Laurier University Press, CIGI, IDRC, 2009）, at 84; John S. Odell and Susan K. Sell, Reframing the Issue: The WTO Coalition on Intellectual Property and Public Health 85, in Negotiating Trade （John S. Odell, ed. ） （Cambridge University Press, 2006） （2001 年 TRIPS 与公共健康多哈宣言的发展中国家联盟）, at 104; Peter Drahos, Developing Countries and International Intellectual Property Standards – Setting, 5 Journal of World Intellectual Property, 765 （2002） （该文建议印度、巴西、尼日利亚和中国组成一个"发展中国家四国小组"，即一个负责关键谈判的领导工作组）, at 780; Gunnar Sjostedt, Negotiating the Uruguay Round of the General Agreement on Tariffs and Trade, in International Multilateral Negotiation: Approaches to the Management of Complexity 44 （I. William Zartman, ed. ） （Jossey – Bass Publishers, 1994） （有关联盟策略导致在乌拉圭回合期间 TRIPS 的谈判）, at 44 – 54.

❻　例如参见, WIPO, World Patent Report: A Statistical Review – 2008 edition, at www. wipo. int/ip-stats/en/statistics/patents/wipo_pub_931. html; WIPO, WIPO Patent Report: Statistics on Worldwide Patent Activities （2007）, at 18 – 23.

的可专利发明的百分比。❼ 正如 Schere 所说，20 世纪 80 年代初，人们对专利倾向性知之甚少。❽ 此后，越来越多针对专利发明的研究分析专利在多大程度上提供了创新活动的可靠指标。最近七项研究表明，专利倾向性与专利/GERD 指标之间存在正相关关系。❾ 然而，所有这些研究都是基于对发达国家公司或行业层面的面板数据的调查。❿ 在基本避免了对国家和国家集团分析的情况下，在这些有限的参数范围内，专利文献的倾向性集中在以下方面：行业之间的差异、⓫ 机构类型和研究类型⓬或基于专利制度"实力"的

---

❼ Edwin Deering Mansfield, Patents and Innovation: An Empirical study, Management Science, 32, 173 (1986). 每个公司层面的定义代表一个创新公司部门在规定的时间段内至少申请一项专利的百分比。参见 Isabelle Kabla, The patent as indicator of innovation, INSEE Studies Economic Statistics, 1, 56 (1996); 参见 Georg Licht and Konrad Zoz, Patents and R&D: an econometric investigation using applications for German, European, and US patents by German companies, ZEW Discussion Paper, 96 – 99, Zentrum fur Europaische Wirtschaftsforschung, Mannheim (1996).

❽ 参见 Frederic M. Scherer, The Propensity to Patent, International Journal of Industrial Organization, 1, 107 (1983) (工业领域的专利数量和质量可能取决于时机、一项技术获得专利保护的难易程度以及企业决策者对从专利权中获得认知的不同看法), at 107 – 108.

❾ Jérôme Danguy, Gaétan de Rassenfosse and Bruno van Pottelsberghe de la Potterie, The R&D – Patent Relationship: An Industry Perspective, ECARES working paper 2010 – 038 (September 2010); Emmanuel Duguet and Isabelle Kabla, Appropriation strategy and the motivations to use the patent system: an econometric analysis at the firm level, Ann. INSEE (2010); Wesley M. Cohen, Richard R. Nelson, John P. Walsh, Protecting Their Intellectual Assets: Appropriability Conditions and Why US Manufacturing Firms Patent (or Not), NBER Working Paper No. 7552 Issued in February 2000; Edwin Deering Mansfield, 脚注 7; Christopher Thomas Taylor, Z. A. Silberston and Aubrey Silberston, The Economic Impact of the Patent System: a Study of the British Experience, Cambridge University Press (1973). 举例来说，迄今为止，美国最大的调查是在 1996 年由 Cohen、Nelson 和 Walsh 针对 1065 个美国制造业研究实验室进行的调查，提出了创新的初步专利倾向率并按研发支出加权。他们的报告指出，1991 ~ 1993 年，51.5% 的产品创新和 33.0% 的工艺创新申请了专利。参见 Wesley M. Cohen, Richard R. Nelson and John Walsh, Appropriability Conditions and Why Firms Patent and Why they do not in the American Manufacturing Sector, Paper presented to the Conference on New S and T Indicators for the Knowledge Based Economy, OECD, Paris, June 19 – 21 (1996).

❿ 参见 Jérôme Danguy, Gaétan de Rassenfosse and Bruno van Pottelsberghe de la Potterie, 脚注 9; IiroMäkinen, The Propensity to Patent: An Empirical Analysis at the Innovation Level, ETLA – The Research Institute of the Finnish Economy (2007) (file with author), at 2.

⓫ 例如参见, Wesley M. Cohen, Richard R. Nelson and John Walsh, 脚注 9; Bronwyn H. Hall and Rosemarie Ham Ziedonis, The Patent Paradox Revisited: An Empirical Study of Patenting in the US Semiconductor Industry, 1979 – 1995, Rand Journal of Economics, vol. 32 (1), 101 (2001); James Bessen and Robert M. Hunt, An Empirical Look at Software Patents, Journal of Economics & Management Strategy, Wiley Blackwell, vol. 16 (1), 157 (2007).

⓬ 参见 Carine Peeters and Bruno Van Pottelsberghe, Economics and Management Perspectives on Innovation and Intellectual Property Rights (Palgrave Macmillan, 2006); Michele Cincera, Firms' Productivity Growth and R&D Spillovers: An Analysis of Alternative Technological Proximity Measures, Economics of Innovation and New Technology, Taylor and Francis Journals, vol. 14 (8), 657 (2005).

"专利权"指数。[13] 在一定程度上，专利倾向性理论内部的异质性也导致了宏观经济学的相关分析。后一种分析几乎完全集中在发达国家之间的差异上。[14]

有关收敛的文献提供了额外的、具有开创性的观点。这一观点被称为"俱乐部收敛"。[15] 顾名思义，该观点认为只有具有类似结构特征和初始条件的国家才会收敛。

因此，一个以创新为增长导向的假说可能是，OECD 中较为富裕的国家可能形成一个俱乐部，发展中国家也可能形成另一个俱乐部，而不发达国家可能形成第三个俱乐部。或者，不同的俱乐部收敛集团可能表示出一些国家和国家集团在创新和相关专利政策上有所收敛，或者应该这样收敛。

本章首先在内生增长理论和聚类分析的基础上提出了一个积极的理论框架。其次，对 1996~2013 年 79 个国家进行了年度时间序列集群实证分析。在对专利强度的内涵进行分析时，该分析将以专利强度相似的国家群体作为其国内创新的表征。该模型描绘了世界经济中两大专利强度差距和收敛模式：第一个差距模式是指在专利强度能力方面，中等"追赶者"国家集群与较强"领导者"之间的巨大差距；第二个差距模式是指弱势"边缘化"集群与"追赶

---

[13] 参见 Walter G. Park, International Patent Protection: 1960 – 2005, Research Policy, 37, 761 (2008); Juan Carlos Ginarte and Walter Park, Determinants of Patent Rights: Cross National Study, Research Policy, 26 (1997) (Ginarte and Park compute an index of patent strength, also known as the IPI index, or intellectual property index); Josh Lerner, Patent Protection and Innovation Over 150 Years, NBER Working Paper No. 8977 (2002) (该文研究了 1960~1990 年许多国家的专利法，同时思考法律的五个组成部分，即保护期限、覆盖范围、加入国际专利公约的情况、保护丧失的规定和执行措施)。该文的理论工作来自 1997 年 Ginart 和 Park，以及 2008 年的 Walter G. Park 出版的 110 个国家的最新版本。2002 年，Lerner 将这一方法扩展到 60 个国家，将"强"专利制度定义为基本上对申请人友好的专利制度。

[14] 例如参见, Jonathan Eaton and Samuel Kortum, Josh Lerner, International Patenting and the European Patent Office: A Quantitative Assessment, Patents, Innovation and Economic Performance: OECD Conference Proceedings (2004) (发达经济体单独分析欧洲专利模式); Laura Bottazzi and Giovanni Peri, The International Dynamics of R&D and Innovation in the Short and in the Long Run, NBER Working Paper No. 11524 (July 2005) at www. nber. org/papers/w11524. pdf? new_window = 1 (根据 OECD 成员国专利申请者的测量来评估研发就业与知识创造之间的关系); Jeffrey L. Furman, Michael E. Porter and Scott Stern, The Determinants of National Innovative Capacity, Research Policy, 31: 899 (2002) (该文引入一个基于国家创新能力概念的新框架，即一个国家长期生产和商业化创新技术流的能力。这项调查使用了从 1973 年到 1996 年的 17 个 OECD 国家的样本). 在研究与专利倾向有关的指示时，关注发达国家的情况很少有适用限制的例外。例如参见, David Matthew Waguespack, Jóhanna Kristín Birnir, and Jeff Schroeder, Technological Development and Political Stability: Patenting in Latin America and the Caribbean, Research Policy 34: 1570 (2005) (考虑到拉丁美洲国家的专利倾向是否具有政治稳定性), at 1572.

[15] 例如参见, Fabio Canova and Albert Marcet, The Poor Stay Poor: Non – Convergence Across Countries and Regions, Discussion Paper 1265, London: Centre for Economic Policy Research (1995); Oded Galor, Convergence? Inferences from Theoretical Models, The Economic Journal, 106, 1056 (1996).

者"之间同样显著的差距。除了这三个集群和国际货币基金组织标注的经济类型之间的关系，上述分析进一步否定了集群与许多其他政策导向指标之间的任何明显的关系。

最后一节（第2.3节）包含许多理论意义的影响。这些影响需要额外实证研究，以解释关于国家集团收敛率变化和剩余逆转的差异。迄今为止，很少有人解释内部俱乐部收敛发展缓慢或根本不存在的原因，特别是在发达的经济体以及新兴国家和其他发展中国家。

2.1　专利俱乐部收敛：积极框架

2.1.1　创新型增长的收敛

越来越多的证据表明，发展中国家不仅在吸引外国直接投资、贸易和技术的倾向上存在差异，而且在创新能力上也存在差异。[16] 此外，越来越多的证据显示，发展中国家在利用知识产权作为促进国内创新工具的能力方面存在差异。[17] 当把所有这些证据放在传统的世界银行主导的、相当僵化的南北国家集

---

[16]　特别参见，UK Commission on Intellectual Property Rights，UK Intellectual Property Rights Report，Integrating Intellectual Property Rights and Development Policy（London September 2002）（因此，发展中国家远非同质化这一事实不言而喻，但往往被遗忘。它们不仅科学技术能力不同，而且社会和经济结构不同，以及收入和财富存在不平等）at 2 – 3. 另见 Daniel Benoliel and Bruno M. Salama，Toward an Intellectual Property Bargaining Theory：The Post – WTO Era，32 University of Pennsylvania Journal of International Law，265（2010）（分析发展中国家间的异质性，即所谓的"发展中的不平等原则"），at 275 – 290.

[17]　参见 Jose Groizard，Technology Trade，The Journal of Development Studies，Taylor and Francis Journals，vol. 45（9），1526（2009）（使用1970 ~ 1995 年80 个国家的面板数据，同时发现知识产权较强的国家，外国直接投资更高。另外，作者发现知识产权与人力资本指标之间存在负相关关系。早期的研究结果同样模棱两可）. While some works，for example Sunil Kanwar and Robert Evenson，Does Intellectual Property Protection Spur Technological Change?，55 Oxford Economic Papers，235（2003），generally find a positive effect，Yongmin Chen and Thitima Puttitanun，Intellectual Property Rights and Innovation in Developing Countries，78 Journal of Development Economics，474（2005）. 说明较低的知识产权可以促进模仿，而另外，发展中国家的创新与加强知识产权保护成正比。进一步参见 Rod Falvey，Neil Foster and David Greenaway，Intellectual Property Rights and Economic Growth，Review of Development Economics，10（4），700（2006）[作者利用79 个国家和四个分时期（1975 ~ 1979 年、1980 ~ 1984 年、1985 ~ 1989 年和1990 ~ 1994 年）的面板数据，发现了无论是低收入国家还是高收入国家（没有中等收入国家），知识产权与经济增长之间存在积极影响的证据。后者认为，知识产权与低收入国家经济增长之间的积极关系不能用促进研发和创新的潜力来解释，而是可以用这样一种观点来解释：加强知识产权保护可以促进高收入国家的进口和内部外国直接投资，而不会对以模仿为基础的民族工业产生负面影响]。另见 Rod Falvey，Neil Foster and David Greenaway，Trade，Imitative Ability and Intellectual Property Rights，Review World Economics，145（3），373（2009）（利用1970 ~ 1999 年69 个发达国家和发展中国家的面板数据，作者发现知识产权研发关系取决于进口国的发展水平、模仿能力和市场规模）。

团二分法或其某些变体的背景下时，人们都会感到震惊。[18] 这种创新政策的制定不断凸显一种不对称性，即人们观念中生产创新产品和技术的北方国家与消费这些产品和技术的南方国家之间的不对称性。[19]

可以肯定的是，一些联合国机构没有就此事作出明确的理论选择。WIPO传统上没有或至少还没有实施第 1 章第 1.1.2 节所述的针对发展中国家的全面创新政策。这一挑战在组建 WTO 和签订 TRIPS 之前以及过程中尤为明显。[20] 因此，在通过 TRIPS 时，它只包括对所有 WTO 成员的扁平的知识产权政策，这是很自然的。它与早先世界银行主导的"美国治下的和平"（Pax – Americana）新古典主义经济增长模式相一致。[21] 因此，正如在该组织的典型发展纲领中所看到的那样，到今天为止，WIPO 在这个问题上仍然不一致也就不足为奇了。[22]

简言之，区分发展中国家创新驱动型增长两种观点的一个简单方法是，问"贫穷经济体是否正在赶上那些已经在创新方面领先（因此更富有）的国家?"或者，"它们是否陷入了与创新相关的贫困陷阱?"[23]

关于这两个资本主义空间经济问题的讨论，传统上一直被关于区域发展预

---

[18]　例如参见, Carlos M. Correa, Intellectual Property Rights, the WTO and Developing Countries: The TRIPS Agreement and Policy Options (Zed Books, 2000)（该文描述了南北国家技术创新和消费的不对称分布）, at 5 – 6; Paul Krugman, A Model of Technology Transfer, and the World Distribution of Income, 87 Journal of Political Economy, 253（1979）（该文从创新的北方和不创新的南方为视角分析 TRIPS）, at 254 – 255. 另见第 2.1.2 节的讨论。

[19]　同上。

[20]　有关官方调查参见 World Intellectual Property Organization（WIPO, 1985）, and the United Nations Department of Economic and Social Affairs（UNCTAD, 1974）. 有关理论和实证研究参见 Helge E. Grundmann, Foreign Patent Monopolies in Developing Countries: An Empirical Analysis, 12 Journal of Development Studies, 186（1976）; Jorge M. Katz, Patents, the Paris Convention and Less Developed Countries, Discussion Paper no. 190, at 24 – 27（Yale Univ. Economic Growth Center, Nov. 1973）; Douglas F. Greer, The Case against Patent Systems in Less – Developed Countries, 8 Journal of International Law and Ecomics, 223（1973）; Constantine Vaitsos, Patent Revisited: Their Function in Developing Countries, 9 Journal of Development Studies, 71, 89 – 90（1972）.

[21]　参见 Daniel Benoliel and Bruno M. Salama, 脚注 16, at 278; Michael Blakeney, The International Protection of Industrial Property: From the Paris Convention to the TRIPS Agreement, WIPO National Seminar on Intellectual Property, 2003, WIPO/IP/CAI/1/03/2, at 16.

[22]　例如参见, WIPO, The 45 Adopted Recommendations under the WIPO Development Agenda, Cluster F: Other Issues（提议 45: 特别是针对更广泛的社会利益的执法和知识产权问题，认为"保护和执行知识产权应有助于促进技术创新和技术转让和传播"）, at www. wipo. int/ip – development/en/agenda/recommendations. html. 因此，"新古典经济学""技术转移"和相互竞争的内生环境"社会利益"同时存在，这意味着关于创新驱动增长的问题上存在许多理论上的不一致，参见下文的讨论。

[23]　参见 Danny T. Quah, Empirics for Economic Growth and Convergence, LSE Economics Department and CEP – Center for Economic Performance, Discussion Paper No. 253（July 1995）（该文抛出一个关于广义经济增长的相似问题）, at 1.

期长期轨迹的两种对立观点所主导。❷ 第一种观点植根于新古典均衡经济学，认为如果市场过程的功能不存在核心障碍，贫穷经济体会在一开始就赶上富裕经济体。随着时间的推移，一个一体化的国民经济会存在导致区域收入相关指标普遍收敛的强大压力。区域或其他国家集团的差异只能是一种短期状态，因为这种差异将引发价格、工资、资本和劳动力的自我纠正运动，从而恢复区域趋同的趋势。

关于贫穷经济体可能"迎头赶上"的趋同假说产生了大量的实证文献，但迄今为止，这些文献几乎没有在更详细的国家集团层面上讨论发展中国家的创新或与知识产权相关的经济增长。❷ 相反，文献中所涵盖的最流行的例子与欧盟富国和穷国之间的收入趋同有关；与工业的工厂和企业规模、同一国家内不同地区（州、省、区或市）的经济活动、共同贸易区内各国的资产回报率和通货膨胀率、不同群体的政治态度以及不同行业、职业和地域的工资水平有关。❷

关于人均收入趋同的假设也为创新驱动增长分析提供了一个深刻、可能鼓舞人心的实证证据。在地理上分离的贫穷和富裕经济体中，从如德国统一或单

---

❷　早先关于国家或国家集团收敛的说法大多归因于对工资、国内生产总值和其他宏观经济收入相关指标收敛的理解。正如本文所考虑的那样，很少有人能解释国内技术创新的收敛现象。参见 Dan Ben – David，脚注 2，at 167；Ron Martin and Peter Sunley，脚注 1，at 2012.

❷　参见 Jérôme Vandenbussche, Philippe Aghion, and Costas Meghir, Growth, Distance to Frontier and Composition of Human Capital, Journal of Economic Growth, 11 (2), 97 (2006)（作者在 1960 ~ 2000 年，利用一个由 19 个 OECD 成员国组成的小组，同时使用内生增长模型，展示了一个国家在经历经济增长的过程中，如何越来越依赖创新），at 21 – 30. For additional general discussion of the argument, see Emmanuel Hassan, Ohid Yaqub and Stephanie Diepeveen, Intellectual Property and Developing Countries：A Review of the Literature, Rand Europe (2010), at 17. See also the discussion in Section 2. 3.

❷　参见 Dan Ben – David，脚注 2，at 167；Stilianos Alexiadis，脚注 3，at 61 and Sec. 4. 5（一种支持经济模型）；Danny T. Quah，脚注 23，1 – 2，referring to Zvi Eckstein and Jonathan Eaton, Cities and Growth：Theory and Evidence from France and Japan, Working paper, Economics Department, Tel – Aviv University, September (1994)；Joan – María Esteban and Debraj Ray, On the Measurement of Polarization, Econometrica, 62 (4), 819 (1994)；Joep Konings, Gross Job Flows and Wage Determination in the UK：Evidence from Firm – Level Data. PhD thesis, LSE, London (1994)；Reinout Koopmans and Ana R. Lamo, Cross – Sectional Firm Dynamics：Theory and Empirical Results from the Chemical Sector, Working paper, Economics Department, LSE, London, April (1994)；Danny T. Quah, Convergence across Europe, Working paper, Economics Department, LSE, London, June (1994)；Danny T. Quah, One Business Cycle and One Trend from (Many,) Many Disaggregates, European Economic Review, 38 (3/4), 605 (1994)；Ron Martin and Peter Sunley，脚注 1，at 210，referring to David M. Gould and Roy J. Ruffin，脚注 3；Robert J. Barro and Xavier Sala – i – Martin，脚注 3. 关于这一观点最早的最有影响力的两个评论参见 George H. Bortsand Jerome L. Stein，脚注 3（提供了美国区域发展的经典研究），and Jeffrey G. Williamson，脚注 3（该文针对先进工业国家在收入差异变革予以分析）。

个国家和整个欧盟的区域再分配的影响来看，所有这些似乎都以每年2%的稳定速度向彼此靠拢。[27]

同时，有关收敛的文献还提供了另一种理解。顾名思义，俱乐部收敛理论[28]假设只有结构特征相似、初始条件足够相似的国家才会彼此收敛。因此，一个潜在的创新驱动型增长假说可能表明，OECD中富裕国家可能形成一个收敛俱乐部，发展中国家可能形成另一个收敛俱乐部，而不发达国家可能形成第三个收敛俱乐部。或者，不同的俱乐部收敛集团可能会展示出各国及其集团如何在创新驱动的增长上收敛（或者应该这样做）。

为了说明一个与收入有关的关于俱乐部收敛的重要发现，许多经济学家现在拒绝了上述三个俱乐部之间任何实质性收敛的想法。[29] 他们进一步预测，未来几年，不同国家集团或俱乐部之间的广泛不平等可能继续存在，甚至还会加剧，因此，跨国收入分配仍将两极分化。[30]

因此，俱乐部收敛理论可归因于第二种方法，即所谓的"区域差异"。在这种情况下，穷国可能仍然陷入一个典型的贫困陷阱。换言之，无论是基于创新还是其他增长相关指标的区域增长，都没有理由必然导致收敛，即使从长期来看也是如此。相反，"区域差异"可以说是最有可能的结果。Perroux 提出的区域增长模型可以作为一个例子，[31] 以及紧随其后的 Myrdal[32] 和 Kaldor[33]，确实预测了区域收入将趋于分化。我们得知，如果放任市场力量自行发挥作用，市场力量将在空间上变得不均衡，规模经济和集聚经济将导致资本、劳动力和产出在某些地区的集中，而牺牲其他地区的利益。因此发现不平衡的区域发展是可以自我纠正的，但只是在收敛俱乐部内，而不是在它们之间。

---

[27] 参见 Xavier Sala – i – Martin, The Classical Approach to Convergence Analysis, The Economic Journal 106（July 1996）1019, at 1028; Martin Larch, Regional Cross Section Growth Dynamics in the European Community, Working paper, European Institute, LSE, London, June（1994）; Danny T. Quah, 脚注 23.

[28] 例如参见, Fabio Canova and Albert Marcet, 脚注 15; Oded Galor, 脚注 15.

[29] 同上。

[30] 同上。

[31] 参见 François Perroux, Economic Space: Theory and Applications, Quarterly Journal of Economics, 64, 89 – 104; François Perroux, Note sur la Notion des 'Poles du Croissance', Economie Appliquee, 1 and 2, 307 – 320.

[32] Gunnar Myrdal, Economic Theory and Under – Developed Regions（Taylor & Francis, 1957）.

[33] Nicholas Kaldor, The Case for Regional Policies, Scottish Journal of Political Economy, November（1070）337 – 348; Nicholas Kaldor, The Role of Increasing Returns, Technical Progress and Cumulative Causation in the Theory of International Trade and Economic Growth, Economie Appliquee, 34 Reprinted in The Essential Kaldor（F. Targetti and A. Thirlwall, eds.）（Holmes and Meier, 1981）, 327.

另一个具有开创性的理论改革被称为"条件性收敛"。[34] 因为收敛取决于每个经济体的不同结构特征，例如其偏好、技术，人口增长率或政府政策——不同的结构特征意味着不同的国家将有不同的稳态相对收入或创新能力。因此，人们预测一个经济体的增长将是它与自身稳定状态之间相割裂的函数。[35] 为了检验条件性收敛，有必要将每个经济体的状态保持为常数。

2.1.2　联盟和俱乐部收敛

当今世界各国在经济增长上的异质性表现为联盟过多。[36] 在国际论坛没有重大信息不对称和实质性交易成本的情况下，收敛俱乐部和联盟可以有效地相互关联。事实上，国家联盟正迅速成为发展中国家应对 WTO 权力失衡的首选方式。[37] 因此，这种联盟影响到贸易治理和与 WTO 有关的体制改革。[38] 迄今为

---

[34]　更多参见 Ron Martin and Peter Sunley，脚注 1，at 207 – 208；Xavier Sala – iMartin，脚注 27，at 1026 – 1027；Robert J. Barro and Xavier Sala – i – Martin，Convergence，Journal of Political Economy，100，223（1992）；N. Gregory Mankiw，David Romer，David N. Weil，A Contribution to the Empirics of Economic Growth，Quarterly Journal of Economics，107，407（1992）.

[35]　更多参见 Ron Martin and Peter Sunley，脚注 1，at 207 – 208.

[36]　参见 Sonia E. Rolland，Developing Country Coalitions at the WTO：In Search of Legal Support，Harvard International Law Journal，vol. 48（2），483（2007），at 483.

[37]　在 WTO 和 GATT 上关于发展中国家主导联盟的背景参见 the seminal work of Amrita Narlikar，International Trade and Developing Countries：Bargaining Coalitions in the GATT and WTO（Routledge，RIPE Studies in Global Political Economy，2003）（该文提供了 GATT 和 WTO 背景下发展中国家联盟的历史模型）。另见 Vicente Paolo B. Yu Ⅲ，Unity in Diversity：Governance Adaptation in Multilateral Trade Institutions Through South – South Coalition – building，Research papers 17（South Centre，July 2008），at 28，33 – 34；Sonia E. Roll and，脚注 36（该文强调发展中国家主导的联盟正在开始改变 WTO 的动态），at 483；Negotiating Trade：Developing Countries in the WTO and NAFTA（John Odell，ed.）（Cambridge University Press，2006）；Jerome Prieur and Omar R. Serrano，Coalitions of Developing Countries in the WTO：Why Regionalism Matters？Paper Presented at the WTO Seminar at the Department of Political Science at the Graduate Institute of International Studies in Geneva，May 2006；Constantine Michalopoulos，The Participation of the Developing Countries in the WTO，Policy Research Working Paper，World Bank，Washington，DC（1999），at 17（same）. 关于知识产权联盟的文献另见 Peter K. Yu，脚注 5. at 84；John S. Odell and Susan K. Sell，脚注 5，at 104；Peter Drahos，脚注 5，at 780；Gunnar Sjostedt，脚注 5. 在 WTO 成立初期，曾有人试图召集一个由发展中国家组成的总体集团以对付发达国家，特别是 1964 年贸发会议第一次会议期间，发展中国家与 77 国集团组成的松散的联盟。这些尝试后来被放弃，原因很明显，不同的利益和机构能力对这样一个集团构成了越来越大的挑战。例如参见，Constantine Michalopoulos，ibid. ；Matthew David and Debora Halbert，IP and Development 89，in Sage Handbook on Intellectual Property（Matthew David and Debora Halbert，eds.）（SAGE Publications Ltd. ，2014），at 89. 在前 WTO 时代，GATT 中的由发展中国家主导的联盟只得到有限的学术关注，而且在很大程度上被认为是无效的。参见 Amrita Narlikar，Bargaining over the Doha Development Agenda：Coalitions in the World Trade Organization，Serie LATN Papers，Nª 34（2005）（hereinafter，Amrita Narlikar，Bargaining over the Doha）（发展中国家即使在联盟中运作，也在关贸总协定中袖手旁观，而选择在相互减免中搭便车），at 2. Narlikar adds that this neglect lay partly in the

---

止，在 112 个自称为"发展中国家"的成员中，有 99 个国家（占这类国家的 88.39%）属于一个或多个仅由发展中国家组成的集团或联盟的成员。**❸**

事实一再证明，对于市场规模小、外交资源有限的发展中国家来说，联盟是它们提高谈判地位的唯一手段。在以协商一致为基础的多数主义机构中，**❹** 共同捍卫谈判立场可能会促使一项提案更快合法化。这就解释了为什么即使是拥有大市场的发达国家也会在 WTO 中寻找盟友。

在 1999 年西雅图部长级会议筹备期间及之后的时间里，发展中国家领导的新型联盟首次出现。这些联盟包括从 20 世纪 90 年代末的志同道合的集团**❹** 到后坎昆时期以议题为导向的 20 国集团（G20）等。在其他情况下，联盟表现为以区域为基础的集团**❹**，如非洲集团；或表现为具有某些发展特点的集团，如最不发达国家。**❹**此外，区域集团以及最不发达国家仍然是许多发展中国家基于联盟采取行动的核心对象。

与此同时，以问题为导向的非正式团体或联盟，如 G20、G33 和 NAMA –

（接上注）fact that coalitionsin the GATT were informal and harder to trace. 同上，at 2，一般另见 Diana Tussie, The Less Developed Countries and the World Trading System: A Challenge to the GATT, London: Francis Pinter, 1987; John Whalley, ed., Developing Countries and the World Trading System, Vols. 1 and 2, (Macmillan, 1989); Diana Tussie and David Glover, eds., Developing Countries in World Trade: Policies and Bargaining Strategies (Lynne Rienner, 1995). 进一步讨论参见 Daniel Benoliel, Patent Convergence Club Among Nations, Marquette Intellectual Property Law Review, 18 (2), 297 (2014), 303 – 308.

❸ 参见 Mayur Patel, New Faces in the Green Room: Developing Country Coalitions and Decision – Making in the WTO, GEG Working Paper Series, 2007/WP33; Faizel Ismail, Reforming the World Trade Organization: Developing Countries in the Doha Round, Geneva: CUTS International and Friedrich Ebert Stifung (FES) (2009); Debra P. Steger, The Future of the WTO: The Case of Institutional Reforms, Journal of International Economic Law, 12 (4), 803 (2009).

❸ 参见 Vicente Paolo B. Yu Ⅲ，脚注 37，at 28.

❹ Amrita Narlikar, Bargaining over the Doha，脚注 37，at 3.

❹ 有关讨论志同道合者的起源、谈判策略和结果参见 Amrita Narlikar and John Odell, The Strict Distributive Strategy for a Bargaining Coalition: The Like Minded Group in the World Trade Organization, 1998 – 2001, in Negotiating Trade: Developing Countries in the WTO and NAFTA (John Odell, ed.) (Cambridge University Press, 2006).

❹ Jerome Prieur and Omar R. Serrano，脚注 37，at 5 – 7; Sisule F. Musungu, Susan Villanueva, Roxana Blasetti, Utilizing TRIPS Flexibilities for Public Health Protection Through South – South Regional Frameworks (South Center, 2004)（利用 TRIPS 灵活的区域性办法使处境相似的国家能够共同解决其制约因素），at xiv. Musungu et al. 就与知识产权有关的政策提出两种区域合作模式，即（a）协调，但拉丁美洲和加勒比区域的区域经济共同体最常见的做法是不协调的；和（b）没有协调的一致性，在非洲主要以 OAPI 和 ARIPO 的形式出现。同上，at 50 –55. 在知识产权背景下区域类联盟可能的支持参见 Peter K. Yu，脚注 5（区域或促进发展论坛是协调欠发达国家在公共卫生、知识产权和国际贸易领域努力的特别有效的手段），at 90.

❹ Jerome Prieur and Omar R. Serrano，脚注 37，at 34.

11,[44] 也正成为发展中国家采取以团体为基础的行动的关键手段。截至 2009 年底，已有 67 个发展中国家（占发展中 WTO 成员的 58.77%）加入了一个或多个以问题为导向的非正式发展中国家联盟，61 个发展中国家是一个区域集团的成员国。[45]

在以美国为首的许多反对派的背景下，联盟的建设努力无疑起到了一定的作用。自 2003 年在坎昆举行的 WTO 第五届部长级会议（坎昆部长级会议）失败以来，最明显的是，美国在很大程度上采取了一种分而治之的战略——旨在边缘化发展中国家的联盟建设。因此，美国奖励那些愿意与其合作的国家，同时破坏巴西、印度和其他 G20 成员国为欠发达国家建立统一谈判阵线的努力。[46]

20 国集团是 GATT 谈判前阶段发展起来的发展中国家联盟的最重要例子,[47] 它完全由发展中国家组成（后称"20 国集团+"）。[48] 此联盟的出现在 WTO 坎昆首脑会议之前，出于试图阻止美国与欧盟的联合提议。[49] 在这过程中，它赞成与发达国家就服务业列入乌拉圭回合议程的问题进行谈判。该集团最终与 9 个发达国家集团（G9）[50] 合并组成了"牛奶咖啡"（Café au Lait）

---

[44]　A Group of 11 Developing Countries Working Toward Strengthening NAMA. 参见 Faizel Ismail, The G20 and NAMA 11: The Role of Developing Countries in the WTO Doha Round, 1 Indian Journal of International Economic Law, 80（2008），at 11 - 14.

[45]　这一数字包括 35 名同时是一个或多个以问题为导向的群体成员，以及 37 名是一个或多个具有共同特征的群体成员。参见 Vicente Paolo B. Yu Ⅲ，脚注 37，at 28.

[46]　参见 Peter K. Yu，脚注 5，at 84；Peter K. Yu, The Middle Intellectual Property Powers, Drake University Legal Studies, Research Paper Series, Research Paper No. 12 - 28, at 18, referring to Former World Bank President and US Trade Representative Robert B. Zoellick's wordings on the fifth WTO Ministerial Conference in Cancún（Cancún Ministerial）in 2003 at Robert B. Zoellick, America will not wait（September21, 2003）（随着 WTO 成员对未来的思考，美国不会等待：我们将与有能力的国家走向自由贸易），at www. fordschool. umich. edu/rsie/acit/TopicsDocuments/Zoellick030921. pdf. 与此同时，作为欧洲与日本结盟的一部分，美国国内私人实体在行业层面威胁或采取单边制裁。例如参见, Ruth L. Okediji, Public Welfare and the Role of the WTO: Reconsidering the TRIPS Agreement, 17 Emory International Law Review, 819（2003），at 844 - 846（该文涉及制药行业的情形）；Susan Sell, Private Power, Public Law: The Globalization of Intellectual Property Rights（Cambridge University Press, 2003）.

[47]　Composed of Bangladesh, Chile, Colombia, Ivory Coast, Hong Kong（China）, Indonesia, Jamaica, Korea, Malaysia, Mexico, Pakistan, Philippines, Romania, Singapore, Sri Lanka, Thailand, Turkey, Uruguay, Zambia, and Zaire（now DR Congo）.

[48]　See Jerome Prieur and Omar R. Serrano，脚注 24（阿根廷、玻利维亚、巴西、智利、中国、哥伦比亚、哥斯达黎加、古巴、厄瓜多尔、萨尔瓦多、危地马拉、印度、墨西哥、巴基斯坦、巴拉圭、秘鲁、菲律宾、南非、泰国和委内瑞拉。随着埃及和肯尼亚的加入，该集团获得了 G22 的名称），at 8.

[49]　同上, at 8.

[50]　G9 是由澳大利亚、奥地利、加拿大、芬兰、冰岛、新西兰、挪威、瑞典和瑞士组成。

集团，并且最终提出了谈判建议，为埃斯特角宣言和乌拉圭回合的开始奠定了基础。[51]

20 国集团的例子还说明了另一个原因：即使在明确的收敛国家名单发生变化的情况下，俱乐部的收敛仍然是以其核心成员为基础的。举例来说，随着 20 国集团联盟成员在不同时期发生变化，它形成了一个核心集团，即 G3 + 3，[52]包括三个最大的成员国——巴西、中国和印度以及三个重要的中型国家——智利、南非和阿根廷。[53]

并非所有联盟都得以盛行。例如，在 1982～1986 年乌拉圭回合谈判前期成立的一个称为 10 国集团的发展中国家联盟。[54]以巴西和印度为首的这一联盟反对发起新一轮贸易谈判，而且更加强烈反对将服务业纳入 GATT 内的任何贸易谈判。[55]10 国集团同样反对将 TRIPS 或者《与贸易有关的投资措施协定》(TRIMS) 纳入谈判范围。它们拒绝在任何这些问题上作出妥协，除非它们提出的停止和取消非关税壁垒的要求得到满足。然而，该集团的一些诉求最终也只能落空。[56]

在创新驱动增长和知识产权政策的背景下，WTO 成员的其他理论性不足的以问题为导向的联盟也会经常出现。[57]其中包括"联合提案（知识产权）"

---

[51] See Vicente Paolo B. Yu Ⅲ，脚注 37，at 26 referring to World Bank，The Trading System and Developing Countries，pp. 489－490，at http：//siteresources. worldbank. org/INTTRADERESEARCH/Resources/Part_7. pdf.

[52] 参见 Jerome Prieur and Omar R. Serrano，脚注 37，at 8.

[53] 同上。

[54] 参见 Vicente Paolo B. Yu Ⅲ，脚注 37（adding that these included Argentina，Brazil，Cuba，Egypt，India，Nicaragua，Nigeria，Peru，Tanzania，and Yugoslavia），at 26.

[55] 参见 Vicente Paolo B. Yu Ⅲ，脚注 37，at 26，referring to Sylvia Ostry，The Uruguay Round North－South Bargain：Implications for Future Negotiations in The Political Economy of International Trade Law：Essays in Honor of Robert E. Hudec（Daniel L. M. Kennedy and James D. Southwick，eds. ）（Cambridge University Press，2002）285，at 289；World Bank，The Trading System and Developing Countries，available at http：//siteresources. worldbank. org/INTTRADERESEARCH/Resources/Part_7. pdf，at 489.

[56] Amrita Narlikar，Bargaining over the Doha，脚注 37，at 6－7. 该文补充道：在这种宏大的地位下，该联盟还是拒绝与任何其他联盟合作，并拒绝了其他发展中国家提出的参与共同研究新方案或起草联合提案的提议。同上。

[57] 目前，包括政府和个人在内的众多民间团体和运动，是在正义、自由和经济发展等平等主义原则的基础上汇聚在一起，这仍然是另一个可供选择的分析框架，其中包括获取知识运动、开源运动等。参见 Jack Balkin，What is Access to Knowledge?（April 21，2006），Balkanizction，at http：//balkin. blogspot. co. it/2006/04/what－is－access－to－knowledge. html（on Aik）；Gaelle Krikorian and Amy Kapczynski（eds. ），Access to Knowledge in the Age of Intellectual Properly（Zone Books，2010）（same）；R. E. wyllys，Overview of the Open_Source Movement，The University of Texas at Austin Gracluate School of Lilrary & Information Science（2000）（on the open source movement）.

联盟❸，该联盟发起了一项呼吁建立地理标志（GI）数据库和登记册的提案，❹其邻国 W52 联盟❺发起了一项关于地理标志"模式"提案的谈判。除了这些和少数类似的例子，各国很少在创新驱动的增长和 TRIPS 相关问题上共同努力，将其作为过于宽泛的区域集团的一部分。这包括 42 个非洲集团成员国❻、31 个亚洲发展中国家❼、世界上 50 个最贫穷的国家（也就是所谓的"最不发达国家"）❽，当然还有 28 个欧盟成员国。❾

最后，联盟的用途往往是多样的。在这种情况下，结构合理的联盟应优化相互冲突的利益，或以其他方式在其成员国之间有效分配政治红利。然而，到目前为止，典型的"一刀切"式的叙述不断地给专业的特定联盟的前景蒙上阴影。当今的三个联盟说明了成员在创新和专利相关利益上的联合是多么的粗糙。

第一个如此有争议的联盟出现在 2011 年建立国际知识产权执法标准的多国条约《反假冒贸易协定》（ACTA）前后。❺澳大利亚、加拿大、欧盟、日本、摩洛哥、墨西哥、新西兰、新加坡、韩国、瑞士和美国就 ACTA 进行了谈判。在这 11 个谈判方中，除了瑞士和 5 个欧盟成员国（塞浦路斯、爱沙尼亚、德国、荷兰和斯洛伐克）之外，其他国家都已经签署该协议。❻如本章所示，在创新和专利相关政策的背景下，欧盟在创新和专利活动产出方面存在严重的不平衡，这一事实没有文献予以相关支持。墨西哥和摩洛哥是 ACTA 的另外两

---

❸ WTO 20 个成员，包括阿根廷、澳大利亚、加拿大、智利、哥斯达黎加、多米尼加共和国、厄瓜多尔、萨尔瓦多、危地马拉、洪都拉斯、以色列、日本、韩国、墨西哥、新西兰、尼加拉瓜、巴拉圭、中国台湾。参见 Groups in the WTO（updated March 2, 2013），at www. wto. org/english/tratop_e/dda_e/negotiating_groups_e. pdf, at 6.

❹ 同上。

❺ A group of 109 WTO members. The list includes as groups：the EU, ACP, and African Group. 参见 Groups in the WTO, 脚注 45, at 5.

❻ 参见 African group, www. wto. org/english/tratop_e/trips_e/trips_groups_e. htm.

❼ 参见 Asian developing members, www. wto. org/english/tratop_e/trips_e/trips_groups_e. htm.

❽ 参见 LDC members, www. wto. org/english/tratop_e/trips_e/trips_groups_e. htm.

❾ 参见 EU members：www. wto. org/english/tratop_e/trips_e/trips_groups_e. htm.

❺ 参见 Peter Yu, The ACTA/TPP Country Clubs 258, In Dana Beldiman（ed.）, Access to Information and Knowledge：21st Century Challenges in Intellectual Property and Knowledge Governance（Edward Elgar, 2014）；Daniel Gervais, Country Club, Empiricism, Blogs and Innovation：The Future of International Intellectual Property Norm Making in the Wake of ACTA 323, in Trade Governance in the Digital Age（Mira Burri and Thomas Cottier, eds.）（Cambridge University Press, 2012）（以 ACTA 为例，它是志同道合的联盟，而不是地理或区域联盟），at 323 – 325.

❻ Ministry of Foreign Affairs of Japan, Signing Ceremony of the EU for the Anti – Counterfeiting Trade Agreement（ACTA）（Outline）（January 26, 2012）.

个签署国，它们与属于创新和专利倾向型国家集团的成员国之间的关系也不一致，下文将会讨论这两个问题。

另一个同样有争议的联盟是由 P4（即新西兰、新加坡、智利和文莱）牵头并签订的跨太平洋战略经济伙伴关系协定（TPP）。❻ 智利、新西兰、新加坡和文莱在 2005 年签署了 TPP 协定。2010 年 3 月在新西兰惠灵顿举行的第八轮 ACTA 谈判前不久，澳大利亚、秘鲁、越南、美国和 TPP 现有成员国就扩大协议展开了谈判。马来西亚、墨西哥、加拿大和日本后来也加入了谈判。❻ 在另一个不成熟的创新和与专利有关的联盟人为缩短发展鸿沟的例子中，TPP 成员国断然同意加强和发展现有的 TRIPS 权利和义务。换句话说，它们拒绝确保 2001 年美国贸易代表办公室报告着重认为的 "TPP 国家间知识产权的有效和平衡方法"。❻

第三个例子是由欧盟和美国提议的跨大西洋贸易和投资伙伴关系（TTIP），它旨在鼓励贸易和经济增长。美国政府认为 TTIP 是 TPP 的一个邻接协议。❼ 与 TPP 和其他双边和区域贸易协定类似，该谈判协定包括保护和执行知识产权的规定。❼ 然而，与 TPP 或 ACTA 类似，欧盟成员国内部在创新和专利相关政策上的严重分歧，迄今还没有得到严格遵守的记录。

总的来说，过去和现在的创新和与专利有关的联盟尽管可能存在利益冲突，但它们又系统地将自己组织起来。从理论上讲，谈判联盟在一个范围内是一致的，一方是集团型联盟，另一方是以问题为导向的联盟。❼ 这两者在两个

---

❻ Peter Yu, Déjà Vu in the International Intellectual Property Regime 113, in Sage Handbook on Intellectual Property (Matthew David and Debora Halbert, eds.) (2014), at 119; Meredith K. Lewis, Expanding the P‑4 Trade Agreement into a Broader Trans Pacific Partnership: Implications, Risks and Opportunities, Asian Journal of the WTO and International Health Law and Policy, vol. 4 (2), 401 (2009), at 403‑404; Deborah K. Elms, The Trans‑Pacific Partnership Trade Negotiations: Some Outstanding Issues for the Final Stretch, Asian Journal of the WTO and International Health Law and Policy, vol. 8 (2), 379 (2013), at 386‑387.

❻ Peter Yu, 同上, at 119.

❻ 参见 Office of the US Trade Representative report as of November 2011. 在 2013 年 8 月被维基解密 (Wikileaks) 泄密前, TPP 一直不为公众所知, 几乎没有持续的公众监督。参见 James Love, KEI Analysis of Wikileaks Leak of TPPIPR Text, from August 30, 2013, available at www. keionline. org/node/1825 (2013).

❼ Daniel R. Russel, Transatlantic Interests In Asia, United States Department of State (January 13, 2014), at https://2009‑2017. state. gov/p/eap/rls/rm/2014/01/219881. htm.

❼ 参见 Joe Kaeser, Why a US‑European Trade Deal Is a Win‑Win, The Wall Street Journal (February 2, 2014) (西门子公司 CEO 提出的主张, 即 TTIP 将通过改进知识产权保护等措施, 增强美国和欧盟的全球竞争力).

❼ Amrita Narlikar, Bargaining over the Doha, 脚注 37, at 5.

重要方面存在差异，这也解释了为什么创新和与专利相关的政策联盟至少在理论上更有效。首先，集团型联盟通过一系列理念和身份约束成员国，这些理念和身份超越了直接的工具。顾名思义，以问题为导向的联盟是通过一个更有针对性和工具性的目标联系在一起的，而不是一个过度一般化的发展目标。❼

另外，还可以提供第二种考虑，即以支持在创新和专利相关政策方面向以问题为导向的联盟过渡。一方面，集团型联盟通常把志同道合的国家聚集在一起，如欧盟或最不发达国家（LDCs），它们在问题和时间上采取相同的立场。另一方面，基于问题的联盟往往在实现具体目标后便消失。集团型联盟成功地解决了最小外部权重的问题，但它们也存在分裂的风险，因为它们缺乏内部一致性。❼ 相比之下，以问题为导向的联盟具有内部一致性，但当涉及多个部门利益集团的大型多样化经济体时，很难保持这种一致性。❼ 同样，这些联盟如果专注于创新驱动增长和知识产权政策，至少在理论上会有更好的持久的机会。简言之，以发展中国家为首的围绕创新或专利政策的联盟尤其倾向于一体化。因此，当以问题为导向的联盟比集团型联盟更可取时，这些国家不妨考虑一下以问题为导向的联盟。❼ 同样，这种联盟不应过于具体，以避免因相互竞争的利益而解体的风险。❼

2.1.3　增长理论与创新驱动增长的收敛

另外还有一个基础性问题仍待解决，即以问题为导向的联盟的理论正当性依据是什么？在更宽泛的增长理论背景下，内生增长理论和新增长经验论自然占主导地位。在新古典经济增长背景下，增长理论更倾向于由众多国家集团或集团组成的多重经济增长均衡，❼ 而不是单一的国际均衡。❼

正如迄今所解释的那样，最近的讨论主要集中在国家间人均收入和产出指标的长期收敛。同样，以下的集群分析是基于 1996～2013 年 79 个国

---

❼　同上。

❼　同上。

❼　同上。

❼　参见 Colleen Hamilton and John Whalley, Coalitions in the Uruguay Round, Weltwirtschaftliches Archiv, 125（3）, 1989, at 547－556；Narlikar, Bargaining over the Doha, note 37 above, at 5.

❼　Hamilton and Whalley, 同上。

❼　内生增长假设认为，新古典主义生产函数（衡量国家间以收入为导向的指标）中隐含的资本回报递减，导致预测资本回报率（以及增长率）在资本存量很小时非常大，反之亦然。参见 Xavier Sala－i－Martin, 脚注 27, at 1025；Danny T. Quah, 脚注 23, at 1.

❼　这场主要是实证辩论促进了内生增长理论的发展，这一理论试图超越传统的新古典主义理论，将那些被新古典主义增长模型贬为外生因素的因素——特别是技术变革和人力资本——视为内生因素。

家的年度数据序列，并且重点关注的是创新驱动的经济增长。在美国专利商标局（USPTO）和欧洲专利局（EPO）以专利按发明人国家搜索类别作为最新技术表征的情况下，通过衡量 GERD 发布的专利率来评估与国家创新之间的联系。此外，它还解释了以国家的 GERD 强度衡量的研发供给总量和比率的公式。两者之间的比率，即专利倾向和 GERD 强度，共同预示了其中的集群。直到最近，联合国教科文组织统计研究所 2011 年公布了涵盖所有国家全部或部分的高度详细的与研发有关的数据集，才使统计分析成为可能。

下述集群分析有助于对 TRIPS 以及 WIPO 系统性地回避与知识产权相关的政策描述作出批评。[80] TRIPS 显然只包括对 WTO 所有成员方几乎一成不变的知识产权和相关的创新政策。[81] 在这种背景下，TRIPS 将国际知识产权保护作为短期和长期经济增长的核心支柱，实际上忽略了国家集团在创新驱动增长和相关专利政策方面的差异。

这一论点支持发达国家提供的两种长期的新古典外生经济激励（措施）。[82] 第一种激励措施承诺在技术转让领域作出积极努力，它是面向整个发展中国家的创新政策的典型和反思性形式。[83] 第二种激励措施是保证农产品贸易。[84] 这些激励措施加上附属协议的支持，对于发展中国家最终默许 TRIPS 至关重要。[85] 这两种激励措施也都完全遵循了 Solow 的新古典增长模型，该模型早些

---

[80]　官方调查参见 World Intellectual Property Organization（WIPO, 1985），脚注 20, and the United Nations Department of Economic and Social Affairs（UNCTAD, 1974），脚注20。理论和实证研究参见 Helge E. Grundmann，脚注20；Jorge M. Katz，脚注20, at 24 – 27；Douglas F. Greer，脚注20；Constantine Vaitsos，脚注20, at 89 – 90.

[81]　参见 Daniel Benoliel and Bruno M. Salama，脚注16, at 278；Michael Blakeney，脚注21, at 16.

[82]　例如参见, Carolyn Deere, The Implementation Game: The TRIPS Agreement and the Global Politics of Intellectual Property Reform in Developing Countries（Oxford University Press, 2009），at 5, 51；Peter Yu, Toward a Nonzero – Sum Approach to Resolving Global Intellectual Relations Theorists, 70 University of Cincinnati Law Review, 569（2001）635 and sources therein；参见 Christine Thelen, Carrots and Sticks: Evaluatingthe Tools for Securing Successful TRIPS Implementation, Temple Journal of Science, Technology & Environmental Law, vol. XXIV, 519（2006）（讨论在 TRIPS 框架内为发展中国家量身定做的四种激励机制，即创造短期和长期经济增长、技术援助和额外的遵守规则），at 528 – 533.

[83]　Laurence R. Helfer, Regime Shifting: The TRIPS Agreement and New Dynamics of International Intellectual Property Lawmaking, 29 Yale Journal International Law. 1,（2004），at 2；Carlos M. Correa，脚注18（关注发展中国家所切的以增加技术转让作为手段实现经济增长），at 18；有关发展中国家所关心的大范围的长期经济增长问题另见 Christine Thelen，脚注82, at 528 – 529.

[84]　参见 Laurence R. Helfer，脚注83, at 76；Clete D. Johnson, A Barren Harvest for the Developing World? Presidential "Trade Promotion Authority" and the Unfulfilled Promise of Agriculture Negotiations in the Doha Round, 32 The Georgia Journal of International and Comparative Law 437（2004），at 464 – 565.

[85]　同上。

时候是由经济学家 Cass❽、Koopmans❽ 和其他贡献者❽提出的。

具体来说，在技术转让方面的第一个技术激励仍然存在困境。❽ 最初，它的目的是充当趋同的（推动）力量，因为正如哈佛大学经济历史学家 Alexander Gerschenkron 在 1962 年最初提出的那样，技术落后者拥有"后发优势"。❾在后来的文献中，Gerschenkron 提出了一个开创性的想法，该想法被新古典主义经济学家和政策制定者在制定 TRIPS 时所采纳。

正如 Gerschenkron 所解释的那样，处于技术前沿的经济体（主要是发达国家）和落后的发展中国家之间的"技术差距"为后者提供了巨大的经济增长机会。❾ 自 Gerschenkron 以来，几乎所有考虑到技术转让的国际收入差异理论都表明，所有国家具有相同的长期增长率。❾

作为国内创新的表征，世界各国在专利强度上的俱乐部收敛与否，验证了这些新古典经济学增长理论家的批评。当然，这些批评涉及这些理论家难以解

❽ David Cass, Optimum growth in an aggregative model of capital accumulation, Review of Economic Studies, 32, 233 (1965), at 233 – 240.

❽ Tjalling Koopmans, On the concept of optimal economic growth, in (Study Week on the) Econometric Approach to Development Planning, chapter 4, 225 (1965), at 226 – 228.

❽ 早期贡献参见 Frank P. Ramsey, A Mathematical Theory of Saving, Economic Journal, vol. 38, (1928) 543 – 559; Robert M. Solow, A Contribution to the Theory of Economic Growth, Quarterly Journal of Economics, vol. 70, (1956) 65; Trevor W. Swan, Economic growth and capital accumulation, Economic Record, vol. 32, no. 63, 334 (1956).

❽ WIPO 的 2007 年发展议程显著地说明了该组织对新古典经济学相关政策的普遍而含蓄的倾向，技术转让就是典型的例子。参见 WIPO，脚注 22，The 45 Adopted Recommendations under the WIPO Development Agenda, Cluster C:, Cluster C: Technology Transfer, Information and Communication Technologies (ICT) and Access to Knowledge（提议第 28 条："探讨成员国，特别是发达国家为促进向发展中国家转让和传播技术而可采取的与知识产权有关的扶持性政策和措施。"）（另见提议第 31 条："采取成员国商定的有助于向发展中国家转让技术的举措，例如要求 WIPO 为更好地获取公开的专利信息提供便利。"）同上。

❾ 参见 Alexander Gerschenkon, Economic Backwardness in Historical Perspective (Belknap Press, 1962); Alexander Gerschenkron, Economic Backwardness in Historical Perspective, in The Progress of Underdeveloped Areas (Bert F. Hoselitz, ed.) (University of Chicago Press, 1971).

❾ Alexander Gerschenkon, 同上。

❾ 例如参见, Susanto Basu and David N. Weil, Appropriate Technology and Growth, Quarterly Journal of Economics, 113, 1025 – 1154 (1998)（将这一概念应用于技术领先的富裕国家）; Daron Acemoglu, and Fabrizio Zilibotti, Productivity Differences, Quarterly Journal of Economics, 116, 563 – 606 (2001) (same); Stephen L. Parente and Edward C. Prescott, Technology Adoption and Growth, Journal of Political Economy, 102, 298 (1994)（将这一概念应用于技术转让可能被当地特殊利益集团阻止的国家）; Stephen L. Parente and Edward C. Prescott, Monopoly Rights: A Barrier to Riches, American Economic Review, 89, 1216 (1999) (same); Daron Acemoglu, Philippe Aghion, and Fabrizio Zilibotti, Distance to Frontier, Selection and Economic Growth, unpublished, MIT (2002)（指拥有不允许充分利用技术转让的机构的国家）。

释的问题，即贫穷国家的增长率在近两个世纪以来一直显著低于世界其他地区。[93] 作为一项政策考量，对典型专利强度进行新的集群分析，可能最终导致创新和专利相关政策的调整。

2.2 实证分析

2.2.1 方 法

2.2.1.1 数据选择

以下分析的主要目的是根据专利和 GERD 数据对国家进行集群划分。用于集群分类的每个国家的概况包括涵盖 1996 ~ 2013 年的时间序列。第一个时间序列是 USPTO 和 EPO 授权专利的比例除以过去每一年的 GERD，以说明该国的专利倾向。这个时间序列表示的是定义的年份 $t+1$ 年的专利数量除以 t 年的 GERD 所对应的比率。第二个时间序列是每个国家每年的 GERD，详见附录 A。附录 A 中的日期选择方法用于本书的所有实证分析。

2.2.1.2 集群分析

在这两个时间序列中，80 个国家的经验分布是以年为单位绘制的方框图。基于这些图，百慕大因一个非常低的 GERD 值和少量专利而处于一个异常值。因此，删除了与百慕大对应的数据，最终数据包括 79 个国家。[94] 分析的详细技术细节见附录 B。

---

[93] 例如参见，Peter Howitt and David Mayer - Foulkes，R&D，Implementation and Stagnation：A Schumpeterian Theory of Convergence Clubs，Journal of Money，Credit and Banking，37（1），147 – 177（2005）.

[94] 由于专利数量是一个计数变量，其方差与均值无关。因此，没有采用对比率应用集群算法，而是采用了比率平方根。相似地，GERD 数据的对数变换得以计算。使用这两个系列而不仅仅是比率数据的原因是，因大量的专利和相对较小的 GERD 值导致比率可能很高。通过使用这两个系列，这些情况下的差异得以考虑。用于集群的 KML 库同时使用了这两种方法。参见 Christophe Genolini，Xavier Alacoque，Mariane Sentenac，and Catherine Arnaud，kmland kml3d：R Packages to Cluster Longitudinal Data，Journal of Statistical Software，65（4），1（2015）. 由于这两个系列的规模不同，所以每个系列分别进行规模变换。因此，不要使用原始数据 Y_{ctj}，其中 c 表示国家，j 表示比率的平方根或者 log GERD 级数，t 表示年份，$Z_{ctj} = \dfrac{Y_{ctj} - \bar{Y}_{..j}}{s_{..j}}$ 的采用，其中 $\bar{Y}_{..j}$ 为序列 j 所有数据的总均值，$s_{..j}$ 为序列 j 所有数据的标准差。那么，对于间距（不相似）度量，使用闵可夫斯基间距（the Miukowski diztauce），定义为 $d（Z_1，Z_2）= \sqrt{\sum_{j,X}\left[Z_{1tj} - Z_{2tj}\right]^2}$。

2.2.2　研究结果

2.2.2.1　GERD 强度集群的专利倾向性

发现三个包括 21 个国家和地区的属于"领导者"的集群、32 个国家和地区的"追赶者"集群以及 26 个国家和地区处于"边缘化"的集群。

图 2.1 显示每个国家标准对数 GERD 平均值和专利总数除以上一年的 GERD 比率标准平方根均值。这种方式持续了多年。

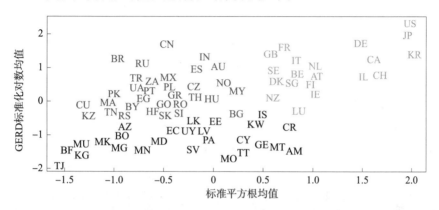

图 2.1　按国家和地区集群划分 1996~2013 年单位 GERD 产出专利数的标准平方根均值和 GERD 标准化对数均值

如图 2.1 所示，被列为领导者的 21 个国家/地区是那些拥有大量以 GERD 获取专利和 GERD 值高的国家（如美国、德国、日本和韩国）。该集群中有 32 个国家/地区被标记为追赶者，这些国家是通过 GERD 获取少量专利的国家，尽管它们的 GERD 值并不低（例如中国、罗马尼亚和俄罗斯）。该组中被标记为深色属边缘化的 26 个国家/地区是那些同时拥有通过 GERD 获取少量专利以及 GERD 值低的国家（例如塔吉克斯坦、布基纳法索和蒙古）。图 2.2 提供了聚类分析树枝关系图的可视化的代表，并显示三个组的选择。

这些发现显示了专利倾向性和 GERD 强度两个统计数据的不连续性：第一个是将典型的中间追赶者集群与强势领导者集群分开的巨大差距，而第二个是将弱势边缘化集群与追赶者分开的差距。

虽然从经验上看，这些国家集群在专利倾向性上分裂，但它们的特征与 Aghion、Howitt 和 Mayer - Foulkes 的模型以及 Fulvio 得出的经验结果所确定的"创新""模仿"和"停滞"群体的特征大致相似。Castellacci 提供了广泛的技术倾向性并导出三个集群分析。[95]

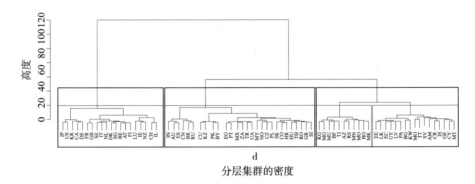

d
分层集群的密度

图 2.2 聚类分析树状分布

研究结果表明，对于领导者收敛俱乐部来说，即使在 OECD 35 个国家和地区中，或截至 2012 年 7 月 16 日国际货币基金组织列出的类似 32 个发达经济体中，[96] 国家在专利倾向性上的收敛并不明显。相反，有证据显示，一些 OECD 经济体之间存在俱乐部收敛。与 Canova 于 2004 年得出的有关收入率的经济增长俱乐部收敛的调查结果相似，OECD 最初分类的追赶者与剩下的 20 个领导者不同。后者是指在整个时期内形成的唯一和持久的收敛俱乐部。[97] 因此，这些发现与如表 2.1 所示的每一组国家收入有关的经济增长的证据相矛盾，特别是与随后的 Barro 的研究。他在 1991 年出版的书中指出，在近 40 年

---

[95] 有关最新研究另见 Fulvio Castellacci, Convergence and Divergence among Technology Clubs, DRUID Working Paper No. 06 – 21 1（2006）（支持以不同技术发展水平和不同技术动态为特征的国家俱乐部存在的观点），at 1；Philippe Aghion, Peter Howitt, and David Mayer – Foulkes, The Effect of Financial Development on Convergence：Theory and Evidence, The Quarterly Journal of Economics, MIT Press, vol. 120,（1）173, 2005 January（证据显示，任何一个金融发展水平超过某个临界水平的国家都将向世界技术前沿的增长率收敛，而所有其他国家的长期增长率都将非常低）。

[96] International Monetary Fund（IMF）, Data and Statistics（2012）, at www. imf. org/external/data. htm. 不巧的是，这本书的集群分析在 2016 年 4 月国际货币基金组织最新发达经济体名单公布之前完成。International Monetary Fund（IMF）, IMF Advanced Economics List, World Economic Outlook,（April 2016）, at 148. 截至 2012 年 7 月 16 日，发达经济体包括澳大利亚、奥地利、比利时、加拿大、塞浦路斯、捷克共和国、丹麦、芬兰、法国、德国、希腊、中国香港、冰岛、爱尔兰、以色列、意大利、日本、韩国、卢森堡、马耳他、荷兰、新西兰、挪威、葡萄牙、新加坡、斯洛伐克共和国、斯洛文尼亚、西班牙、瑞典、瑞士、中国台湾、英国和美国。到 2016 年，六个新加入的发达经济体（爱沙尼亚、拉脱维亚、立陶宛、中国澳门、波多黎各、圣马力诺）中，集群分析删掉了中国澳门和拉脱维亚（以下称为"新兴经济体"）。

[97] Compare：Fabio Canova, Testing for Convergence Clubs in Income Per Capita：A Predictive Density Approach, International Economic Review, vol. 45（1）（2004）. 有关早期相似主张参见 Xavier Sala – i – Martin, 脚注 27, at 1029.

（1950～1988 年）的时间里，收敛仅限于 OECD 的国家，而 OECD 与欠发达国家之间几乎没有收敛。[98]

表 2.1　1996～2013 年按集群和其他国家/地区组指标分列的国家/地区

样本	国家/地区	代码	集群	地理区域 （世界银行，2016）	收入组 （世界银行，2016）	洲	经济类型 （国际货币基金组织，2015）
1	奥地利	AT	1	欧洲和中亚	a	1	1
2	比利时	BE	1	欧洲和中亚	a	1	1
3	加拿大	CA	1	北美	a	1	1
4	瑞士	CH	1	欧洲和中亚	a	2	1
5	德国	DE	1	欧洲和中亚	a	2	1
6	丹麦	DK	1	欧洲和中亚	a	2	1
7	芬兰	FI	1	欧洲和中亚	a	1	1
8	法国	FR	1	欧洲和中亚	a	1	1
9	英国	GB	1	欧洲和中亚	a	1	1
10	爱尔兰	IE	1	欧洲和中亚	a	1	1
11	以色列	IL	1	中东和北非	a	3	1
12	意大利	IT	1	欧洲和中亚	a	1	1
13	日本	JP	1	东亚及太平洋地区	a	3	1
14	韩国	KR	1	东亚及太平洋地区	a	3	1
15	卢森堡	LU	1	欧洲和中亚	a	2	1
16	荷兰	NL	1	欧洲和中亚	a	2	1
17	新西兰	NZ	1	东亚及太平洋地区	a	4	1
18	瑞典	SE	1	欧洲和中亚	a	2	1
19	新加坡	SG	1	东亚及太平洋地区	a	3	1
20	美国	US	1	北美	a	1	1

---

[98]　例如参见，Robert J. Barro, Economic Growth in a Cross‐section of Countries, The Quarterly Journal of Economics, vol. 106, No. 2. （May, 1991）407. 另见 Xavier Sala‐i‐Martin，脚注 27；Steve Dowrick and Norman Gemmell, Industrialization, Catching Up and Economic Growth: A Comparative Study Across the World's Capitalist Countries, The Economic Journal 101, 263 – 275（1991）；Steve Dowrick and Duc‐Tho Nguyen, OECD Comparative Economic Growth: Catch Up and Convergence, American Economic Review, 79（1989）1010.

样本	国家/地区	代码	集群	地理区域 （世界银行，2016）	收入组 （世界银行，2016）	洲	经济类型 （国际货币基金组织，2015）
21	澳大利亚	AU	2	东亚及太平洋地区	a	4	1
22	捷克	CZ	2	欧洲和中亚	a	2	1
23	西班牙	ES	2	欧洲和中亚	a	1	1
24	希腊	GR	2	欧洲和中亚	a	1	1
25	挪威	NO	2	欧洲和中亚	a	2	1
26	葡萄牙	PT	2	欧洲和中亚	a	2	1
27	斯洛文尼亚	SI	2	欧洲和中亚	a	2	1
28	斯洛伐克	SK	2	欧洲和中亚	a	2	1
29	保加利亚	BG	2	欧洲和中亚	b	2	2
30	巴西	BR	2	拉丁美洲和加勒比地区	b	1	2
31	中国	CN	2	东亚及太平洋地区	b	3	2
32	匈牙利	HU	2	欧洲和中亚	a	1	2
33	印度	IN	2	南亚	c	3	2
34	墨西哥	MX	2	拉丁美洲和加勒比地区	b	1	2
35	马来西亚	MY	2	东亚及太平洋地区	b	3	2
36	巴基斯坦	PK	2	南亚	c	3	2
37	波兰	PL	2	欧洲和中亚	a	2	2
38	罗马尼亚	RO	2	欧洲和中亚	b	2	2
39	俄罗斯	RU	2	欧洲和中亚	b	3	2
40	泰国	TH	2	东亚及太平洋地区	b	3	2
41	土耳其	TR	2	欧洲和中亚	b	2	2
42	乌克兰	UA	2	欧洲和中亚	c	3	2
43	南非	ZA	2	撒哈拉以南非洲	b	4	2
44	白俄罗斯	BY	2	欧洲和中亚	b	3	3
45	哥伦比亚	CO	2	拉丁美洲和加勒比地区	b	1	2
46	古巴	CU	2	拉丁美洲和加勒比地区	b	1	3
47	埃及	EG	2	中东和北非	c	4	3
48	克罗地亚	HR	2	欧洲和中亚	a	1	3
49	哈萨克斯坦	KZ	2	欧洲和中亚	b	3	3

样本	国家/地区	代码	集群	地理区域 （世界银行，2016）	收入组 （世界银行，2016）	洲	经济类型 （国际货币基金组织，2015）
50	摩洛哥	MA	2	中东和北非	c	4	3
51	塞尔维亚	RS	2	欧洲和中亚	b	2	3
52	突尼斯	TN	2	中东和北非	c	4	3
53	亚美尼亚	AM	3	欧洲和中亚	c	3	3
54	阿塞拜疆	AZ	3	欧洲和中亚	b	3	3
55	布基纳法索	BF	3	撒哈拉以南非洲	d	4	3
56	玻利维亚	BO	3	拉丁美洲和加勒比地区	c	1	3
57	哥斯达黎加	CR	3	拉丁美洲和加勒比地区	b	1	3
58	塞浦路斯	CY	3	欧洲和中亚	a	2	1
59	冰岛	IS	3	欧洲和中亚	a	1	1
60	马耳他	MT	3	中东和北非	a	2	1
61	爱沙尼亚	EE	3	欧洲和中亚	a	2	2
62	拉脱维亚	LV	3	欧洲和中亚	a	2	2
63	厄瓜多尔	EC	3	拉丁美洲和加勒比地区	b	1	3
64	乔治亚州	GE	3	欧洲和中亚	b	3	3
65	吉尔吉斯斯坦	KG	3	欧洲和中亚	c	3	3
66	科威特	KW	3	中东和北非	a	3	3
67	斯里兰卡	LK	3	南亚	c	3	3
68	摩尔多瓦	MD	3	欧洲和中亚	c	3	3
69	马达加斯加	MG	3	撒哈拉以南非洲	d	4	3
70	马其顿	MK	3	欧洲和中亚	b	2	3
71	蒙古	MN	3	东亚及太平洋地区	c	3	3
72	毛里求斯	MU	3	撒哈拉以南非洲	b	4	3
73	巴拿马	PA	3	拉丁美洲和加勒比地区	b	1	3
74	萨尔瓦多	SV	3	拉丁美洲和加勒比地区	c	1	3
75	塔吉克斯坦	TJ	3	欧洲和中亚	c	3	3
76	特立尼达和多巴哥	TT	3	拉丁美洲和加勒比地区	a	1	3

续表

样本	国家/地区	代码	集群	地理区域 （世界银行，2016）	收入组 （世界银行，2016）	洲	经济类型 （国际货币基金组织，2015）
77	乌拉圭	UY	3	拉丁美洲和加勒比地区	a	1	3

说明：

集群：1 领导者；2 追赶者；3 边缘化国家；

洲：1 美洲；2 欧洲；3 亚洲；4 其他；

收入组：a 高收入；b 中等偏上收入；c 中等偏下收入；d 低收入；

经济类型：1 发达经济体；2 新兴经济体；3 不包括新兴经济体的其他发展中国家。

2.2.2.2 专利活动强度指标与集群的关系

继图 2.1 之后，专利集群的特征说明了进一步评估每个集群与 WIPO 专利活动强度指标之间可能存在关系的必要性。[99] 本书共研究了六组关系指标。第一组关系是本书的专利集群与国际货币基金组织定义的经济类型之间的关系：发达经济体、新兴经济体和其他发展中国家（不包括新兴经济体）。研究的第二组关系是集群与国家收入组之间的关系，世界银行将国家分为高收入国家、中上收入国家、中下收入国家和低收入国家。第三组可能的关系是集群和地理区域之间的关系。世界银行将国家分为七个地区：东亚及太平洋、欧洲和中亚、拉丁美洲和加勒比、中东和北非、北美、南亚和撒哈拉以南非洲。第四组关系指标涉及提交给 USPTO 或者 EPO（合并简称为 UE）的专利中授权专利的百分比。该分析只涉及 2001 年以后的数据，因为在 USPTO 中关于未获批准的申请的可用信息只适用于那些年限。需要考虑的第五组关系指标是 USPTO 或 EPO 或根据 PCT 只向 PCT（而非 UE）提交的专利的百分比。需要研究的第六组关系指标是集群与专利族规模之间的关系。在几个国家申请的一组专利通过一个或几个共同的优先权申请相互关联，通常被称为专利族。专利的价值被认为与寻求专利保护的司法管辖区的数量有关，而大型国际专利族被认为特别有价值。

2.2.2.2.1 经济类型

在国际货币基金组织的经济类型中，有三类国家被认为具有关联性：发达经济体、新兴经济体和其他发展中国家（不包括新兴经济体）的默认组。在150 多个发展中国家中，25 个新兴经济体（除一个以外）共占发展中国家国

---

[99] 参见 WIPO，World Intellectual Property Indicators 2015 (2015)，at 29.

内生产总值的 90% 左右。[100] 截至 2015 年 10 月[101]，国际货币基金组织的 23 个新兴经济体被认为属于欠发达经济体，目前被视为发展中国家有创新意义的温床。[102] 从政治经济的角度来看，据说新兴经济体还承担着改善获得世界知识产出的机会从而领导其他发展中国家的政治意愿。[103] 此外，它们的宏观经济有助于提高它们挑战发达国家的能力。[104]

另一个尽管是非正式的但具有比较性的国家集团分类标准是按照国内生产总值计算，新兴工业化国家（NICs）在发展中国家名单上名列首位。[105] 本质上，新兴工业化国家与其他发展中国家的不同之处在于，它们拥有大型且相对多样化的国内经济。这一事实使它们获得了战略和快速增长市场的地位，而跨国公司通常无法避免在这些市场进行投资或交易。[106] 因此，新兴产业投资在流

---

[100] 参见 World Bank, The Growth Report Strategies for Sustained Growth and Inclusive Development, Commission on Growth and Development, Conference Edition (2008), at https：//openknowledge. worldbank. org/bitstream/handle/10986/6507/449860PUB0Box3101OFFICIAL0USE0ONLY1. pdf? sequence = 1&isAllowed = y（补充：10 个最大的发展中国家占发展中国家国内生产总值的 70% 左右），at 111.

[101] 各种信息都将国家列为新兴经济体。虽然目前还没有达成一致的参数将这些国家归类为新兴经济体，但是 IMF 名单可能是最具影响力的一个信息来源。See IMF, World Economic Outlook Adjusting to Lower Commodity Prices (October 2015)（名单包括：孟加拉国、巴西、保加利亚、智利、中国、哥伦比亚、匈牙利、印度、印度尼西亚、马来西亚、墨西哥、巴基斯坦、秘鲁、菲律宾、波兰、罗马尼亚、俄罗斯、南非、泰国、土耳其、乌克兰和委内瑞拉），at 149. 哥伦比亚并非总被视为一个新兴经济体，此处被视为另一个发展中国家。

[102] Grace Segran, As Innovation Drives Growth in Emerging Markets, Western Economies need to Adapt (2011), at http：//knowledge. insead. edu/innovation – emerging – markets – 110112. cfm? vid = 515; Subhash Chandra Jain, Emerging Economies and the Transformation of International Business (Edward Elgar Publishing, 2006)；类似地，阿姆斯登在《其他国家的崛起》一书中指出了 11 个拥有丰富制造经验的国家和地区：中国、印度尼西亚、印度、韩国、马来西亚、泰国、阿根廷、巴西、智利、墨西哥和土耳其。参见 Alice H. Amsden, The Rise of "The Rest"：Challenges to the West from Late – Industrializing Economics (Oxford University Press, 2001).

[103] 例如参见，Rochelle C. Dreyfuss, The Role of India, China, Brazil and the Emerging Economics in Establishing Access Norms for Intellectual Property and Intellectual Property Lawmaking, IILJ Working Paper 2009/5, at 1.

[104] 参见 Rochelle C. Dreyfuss, Intellectual Property Lawmaking, Global Governance and Emerging Economics, 53 in Patent Law in Global Perspective (Ruth L. Okediji and Margo A. Bagley, eds.) (Oxford University Press, 2014)（强调新兴经济体可以改善合作，也可以处理代表发展中国家相互重叠的利益），at 83, fn. 166, and sources therein.

[105] 关于 9 个新兴工业化国家的比较分析：Anis Chowdhury and Iyanatul Islam, The Newly Industrializing Economics of East Asia (Routledge, 1997), at 4. 另见 Nigel Grimwade, International Trade：New Patterns of Trade, Production and Investment (Routledge, 1989), at 312. 相应的，NIC 往往比其他发展中国家而不是发达国家更先进。由于没有官方或无可争议的标准来定义 NIC，每个作者都根据自己的标准和方法设置一个国家的列表。

[106] 比如说，中国的手机用户数量已经与整个欧洲持平，即 5 亿人次。参见 Technology in Emerging Economics, The Economist (US Edition) February 9, 2008.

向发展中国家的外国直接投资中占有不成比例的大份额。[106] 一种流行的分类方法是将新兴工业化国家限制在巴西、墨西哥、南非、中国、印度、马来西亚、菲律宾、泰国和土耳其。[107] 与新兴经济体类别相比，新兴经济体更拥有政治意愿来改善获得世界知识产出的机会，从而领导其余发展中国家。[108]

收敛分析方法确定了三种类型。在领导者集群中，所有 21 个国家都被列为发达经济体。在由 32 个国家组成的追赶者集群中，大多数国家（15 个）被列为新兴经济体，8 个被列为发达经济体，9 个被列为其他发展中国家。最后，在由 26 个国家组成的边缘化集群中，大多数（20 个国家）被列为其他发展中国家，4 个被列为发达国家，2 个被列为新兴经济体。

图 2.3 显示与表 2.1 相关的每个国家/地区的 GERD 标准对数均值和专利总数除以上一年的 GERD 比率标准平方根均值。此计算方法持续了多年。图 2.1 和表 2.1 之间的比较可显示经济分类和集群之间的紧密关系。

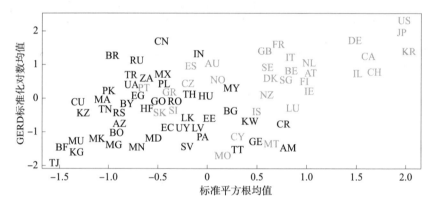

图 2.3　按经济类型划分的单位 GERD 产出专利数的
标准平方根均值和 GERD 标准化对数均值

为了进一步了解这三个集群的特征而采用分类与回归树（CART）算法，以集群识别为因变量（分类变量），以经济类型和在 UE 的专利百分比为两个输入变量。图 2.4 显示了两个输入变量之间的关系，即经济类型和 UE 提交的

[106]　反过来，其余发展中国家在外国直接投资中所占比例要小得多。例如参见，Ilene Grabel, International Private Capital Flows and Developing Countries, in Rethinking Development Economics, ed. Ha – Joon Chang（Anthem Press, 2003）, at 327 – 328.

[107]　David Waugh, Geography, An Integrated Approach（Nelson Thornes Ltd. , 3rd edn. , 2000）; and N. Gregory Mankiw, Principles of Economics（South – Western College Pub. , 4th edn. , 2007）.

[108]　Rochelle C. Dreyfuss, The Role of India, China, Brazil and the Emerging Economics in Establishing Access Norms for Intellectual Property and Intellectual Property Lawmaking, IILJ Working Paper 2009/5, at 1.

专利的占比。

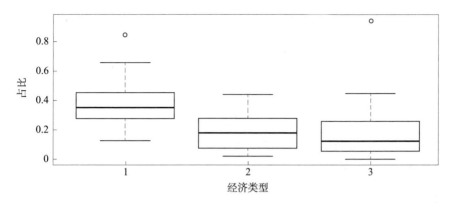

图 2.4 1996～2013 年经济类型与 UE 申请之间的关系

　　利用 CART 算法得到描述了集群识别和经济之间关系的四组相似国家/地区（分类树中的分支）。在两个分支中，CART 将 26 个国家归为追赶者集群（标记为 2），但是，事实上其中 22 个国家确实属于这一类，3 个属于边缘化集群（标记为 1），1 个属于领导者（标记为 3）（也适用于其他发展中国家）。CART 将 29 个国家列为第 1 组，事实上有 20 个国家确实列入了这一组，而有 9 个国家列入了第 2 组。这一页包括所有其他发展中国家（标记为 3）。CART 将 24 个国家归类为第 3 组，事实上 20 个国家确实属于这一组，3 个属于第 1 组，1 个属于第 2 组。附录 C 作为附加内容，经济类型分类本质上类似于专利集群结构。

　　2.2.2.2.2　收入组

　　第二组研究的关系是集群和国家收入组之间的关系，后者根据世界银行的划分将国家分为高收入、中上收入、中下收入和低收入国家。❿ 表 2.2 和表 2.3 显示了按收入分类的国家分布情况。表 2.2 涉及国家样本，而表 2.3 涉及所有国家。如表所示，我们的数据包括高收入类别代表性过高和低收入类别代表性偏低。

　　简言之，低收入被标为"d"；中低收入被标为"c"；中上收入被标为"b"；高收入被标为"a"。表 2.4 反映了收入水平与经济类型之间的强烈

---

　　❿　世界银行对 2017 财年的人均国民总收入进行了定义：（1）根据世界银行 Atlas 方法，2015 年人均国民总收入为 1025 美元或更少的为低收入经济体；（2）人均国民总收入在 1026 美元至 4035 美元之间的为中等偏下收入经济体；（3）人均国民总收入在 4036 美元至 12475 美元之间的为中等偏上收入经济体；（4）人均国民总收入在 12476 美元或以上的为高收入经济体。At https：//datahelpdesk. world-bank. org/knowledgebase/articles/906519 - world - bank - country - and - lending - groups（July 2016）.

关联。

使用与之前相同的输入变量再次应用 CART 算法，即 UE 中的经济类型和授权率。收入组也被添加为输入变量。但是，添加这个变量并没有改变回归树，而是得到了与不包括收入时相同的树。

图 2.5 和图 2.6 中的曲线描述了两个变量按收入组划分的 GERD 标准化对数的均值和专利占 GERD 比率的标准平方根均值的时间变化。4 条曲线中的每一条对应于同一收入类别的国家。我们可以看到，除低收入国家外，所有国家的专利率都呈现出随时间稳定增长的趋势，但专利率与专利率之比没有实质性的变化。

表 2.2　79 个国家的收入组

收入组别	频率	比例/%	累积频率	累积比例/%
高收入	41	51.90	41	51.90
低收入	2	2.53	43	54.43
中低收入	14	17.72	57	72.15
中高收入	22	27.85	79	100.00

表 2.3　所有国家的收入组

收入组别	频率	比例/%	累积频率	累积比例/%
高收入	79	36.24	79	36.24
低收入	31	14.22	110	50.46
中低收入	52	23.85	162	74.31
其他	1	0.46	163	74.77
中高分类	55	25.23	218	100.00

表 2.4　收入组与经济类型的比较

收入组别	经济类型			
频率	第 1 组	第 2 组	第 3 组	总数
a	33	4	4	41
b	0	10	12	22
c	0	3	11	14
d	0	0	2	2
总数	33	17	29	79

2.2.2.2.3　地理区域

第三组可能的关系是集群和地理区域之间的关系。如前所述，世界银行按七个区域将国家分为：东亚及太平洋、欧洲和中亚、拉丁美洲和加勒比、中东和北非、北美、南亚和撒哈拉以南非洲。❶ 按这一分类的地理区域包括所有收入水平的经济体。与"经济体"可互换使用的"国家"一词并不具有政治独立性，而是指权力机构报道独立的社会或经济统计数据时的任何领土，如表2.5所示。❷

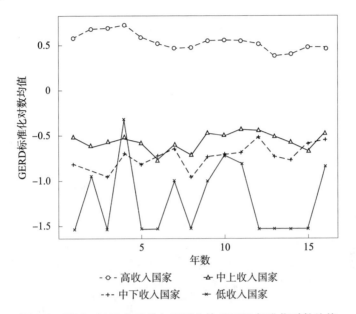

图 2.5　1996~2013 年按收入组划分的 GERD 标准化对数均值

如图 2.5 所示，上述经济类型分类与专利集群结构的相似程度远高于地理区域分类。图 2.7 和图 2.8 中的曲线分别显示了两个变量标准平方根比率GERD 和标准对数 GERD 平均值的时间变化。7 条曲线中的每一条对应于同一区域的国家。

表 2.5　集群与地理区域的比较　　　　单位：个

集群	东亚及太平洋地区	欧洲和中亚	拉丁美洲和加勒比地区
1	2	11	7
2	4	18	4
3	5	13	0

---

❶ 参见 World Bank, Country and Lending Groups, at https: //datahelpdesk. worldbank. org/knowledgebase/articles/906519 – world – bank – country – and – lending – groups（July 2016）。

❷ 同上，在 2016 年被列为高收入国家的阿根廷目前尚未被归类，还有待于修订后国民账户统计数据的发布。

续表

集群	中东和北非	北美	南亚	撒哈拉以南非洲
1	2	0	1	3
2	3	0	2	1
3	1	2	0	0

如图 2.6 所示，上述经济类型分类与专利集群结构的相似程度远高于收入组或地理区域分类。

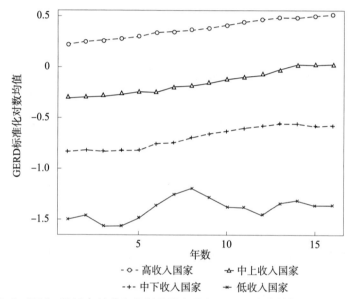

图 2.6　1996～2013 年按收入组划分的专利占 GERD 比率的标准平方根均值

可以看出，除撒哈拉以南非洲国家外，所有国家的 GERD 随时间呈稳定但缓慢增长的趋势，但其专利占 GERD 的比例没有实质性变化；除北美国家外，美国专利占 GERD 的比例随时间呈下降趋势。

2.2.2.2.4　专利授权率

评估的第四项指标涉及提交给 UE 的专利中授权专利的百分比。该分析仅涉及 2001 年之后的数据，因为 USPTO 的未批准申请的统计数据仅在 2001 年之后才可获得。专利授权率在这里与专利集群相关，应以 USPTO 或 EPO 调整后的专利数量来衡量。

下面的图 2.9 和图 2.10 显示了 USPTO 或 EPO 专利申请中授权的专利百分比的方框图。图 2.9 显示了按集群划分的百分比，图 2.10 显示了按经济类型划分的百分比。

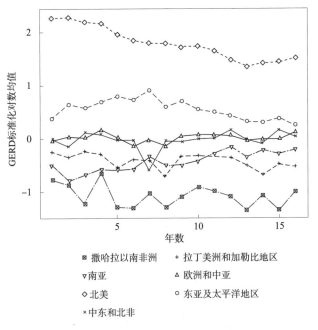

图 2.7　1996～2013 年按收入组划分的专利占 GERD 比率标准平方根均值

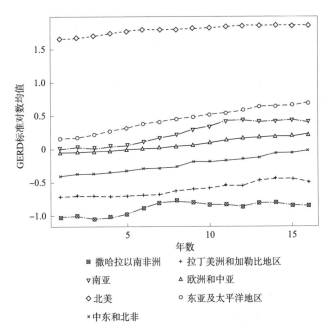

图 2.8　1996～2013 年按收入组划分的 GERD 标准对数均值

两个箱型图（box plots）之间的相似性反映了按集群分类和按经济类型分类之间的相似性。这些图显示，三个集群（或经济类型）在其分布中心（中介）上没有差异，尽管可以看到分散性存在一些变化。当 Kruskal – Wallis 非参数方差分析用于检验三个集群的中位数相等性时，授权专利百分比的 P 值为 0.7，经济类型的 P 值为 0.4。

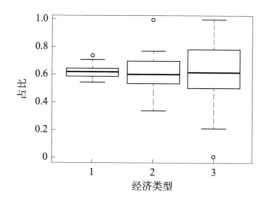

图 2.9 仅按集群应用于 UE 的专利授权率

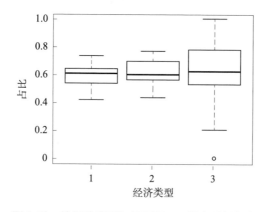

图 2.10 按经济类型仅适用于 UE 的专利授权率

2.2.2.2.5 仅基于专利合作条约（PCT）途径提交的专利

下一个考虑方面是通过 PCT 途径（而不是 UE）的专利申请在 USPTO、EPO 或者 PCT 所有申请中所占的百分比。

然而，应当注意的是，"最近的数据"可能具有误导性，因为可能有优质专利在通过 PCT 系统申请后尚未提交给 USPTO 或 EPO。图 2.11 和图 2.12 分别按集群和经济类型显示了在所有提交给 USPTO、EPO 或 PCT 的申请中，仅提交给 PCT（而不是后来提交给 UE）的专利百分比的箱型图。

如边缘化集群（标记为 3）所示，这些值非常小，但比率中值（the median ratio values）与其他两个集群的值没有实质性差异，而它们的差异体现在可变性上。❸研究结果显示，领导者集群（标记为 1）和追赶者集群（标记为 2）的比率中值存在显著差异（*P* = 0.0016），发达经济体（标记为 1）和其他发展中国家（不包括新兴经济体）（标记为 3）的经济类型比率中值差异显著（*P* = 0.01）。这些结果，特别是图 2.11 中关于专利集群的结果，证实了专利申请人在 USPTO 和 EPO 完成专利审查的趋势，主要是在边缘化和追赶者集群中。这意味着就平均值而言，专利申请人对其发明在边缘化集群和追赶者集群中的技术和经济价值的信任度相对较低。

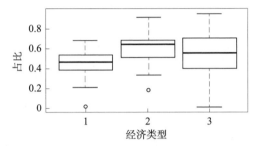

图 2.11　按集群仅向 PCT（而非 UE）提交的专利率

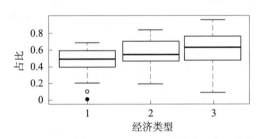

图 2.12　按经济类型仅提交给 PCT（而非 UE）的专利率

2.2.2.2.6　专利族规模

要研究的第六组也是最后一项指标是集群与专利族规模之间的关系。在几个国家申请的一组专利，通过一个或多个共同的优先权相互关联而被称为"专利族"（patent family）。专利的价值被认为与申请专利保护的司法管辖区的数量有关，而大的专利族被认为特别有价值。❹在这种情况下，如果申请人认

---

❸　采用 Kruskal - Wallis 方差分析法进行检验，然后将适用于独立样本多样性比较的 Dunn 检验来进行两两比较。

❹　Dietmar Harhoff, Frederic M. Scherer and Katrin Vopel, Citations, Family Size, Opposition and the Value of Patent Rights, Research Policy, 32 (8), 1343 (2003).

为这种成本效益高，他们可能愿意接受额外费用和时间上的延迟，以便在其他国家获得保护。

现有数据显示的是分别向 USPTO 和 EPO 申请专利的专利族规模。由于同一专利可能同时在 USPTO 和 EPO 申请注册，简单合并这两个记录会出错。因此，需要分别计算 2002～2011 年 USPTO 和 EPO 的平均专利族规模。然后，每一个平均数都由各自的专利族数加权。图 2.13 和图 2.14 分别按集群和经济类型显示了专利族规模的箱型图。

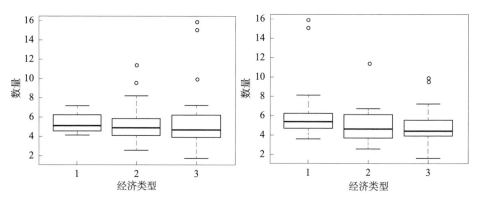

<table>
<tr><td>**图 2.13　按集群划分的
UE 族群规模平均值**</td><td>**图 2.14　按经济类型划分的
UE 族群规模平均值**</td></tr>
</table>

应用 Kruskal – Wallis 方差分析法，然后进行配对比较，使用 Dunn 检验对独立样本进行多重比较。结果显示，第 2 组和第 3 组之间的中值无显著差异（$P = 0.4$），发达经济体和其他发展中国家经济类型之间比率中值的临界点也有显著差异（分别标记为 1 和 3）（$P = 0.06$）。

2.2.2.3　集群间和集群内的收敛

为了检验其中由 79 个国家（即集群间）构成的三个集群之间关系的稳定性，首先需要对俱乐部收敛性进行分析。为此目的，部分数据对所有先前集群分析需要重复进行。首先，集群分析前三年（1997～1999 年）以及后三年（2008～2010 年）。1996 年和 2006 年这三年的极端情况没有包括在这三年组中，因为与这些年相对应的数据非常稀少。基于所有方法的结果都是相同的，只有一个小的例外。根据该系列最后一部分的分类，阿塞拜疆属于边缘化集群，它是国际货币基金组织标记的新兴经济体国家集团分类的一部分。在另外两种情形中（仅限于所有年份和早期年份），阿塞拜疆属于 1 类经济体，它被列为其他发展中国家之一（不包括新兴经济体）。

接下来是一个内部（即集群内）俱乐部收敛性检查。剩下的关注点与每个集群内随时间的变化有关，这取决于两个决定性变量，即专利占 GERD 的标准平方根比（占专利倾向的比例），以及跨集群的标准对数 GERD。如图 2.15 和图 2.16 所示，所有三个集群的 GERD 均随时间而增加。然而，这与专利占 GERD 的比率下降相匹配，在这里被标记为专利倾向性，尽管没有与其他两个集群发生显著的收敛。

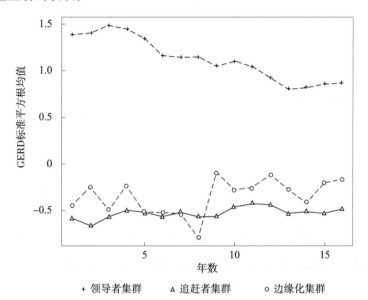

图 2.15　1996~2013 年按集群划分专利占 GERD 比率标准平方根均值

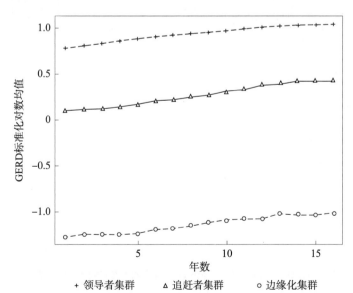

图 2.16　1996~2013 年按集群划分的 GERD 标准化对数均值

同样，图 2.17 和图 2.18 按照类似的经济类型国家集团分类显示了上述两个方面随时间的变化。不出所料，因为集群模式与按经济类型分类非常相似，后两种情况与前两种类似。

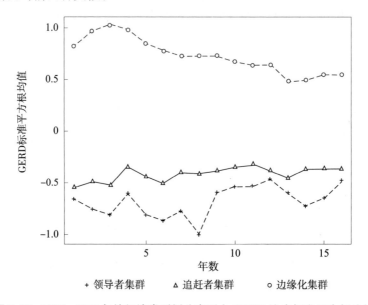

图 2.17　1996～2013 年按经济类型划分专利占 GERD 比率标准平方根均值

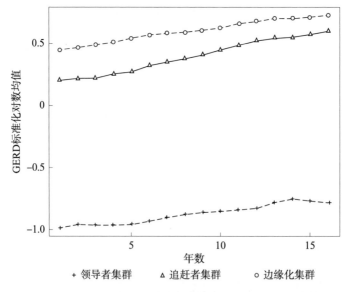

图 2.18　1996～2013 年按经济类型划分的 GERD 标准化对数均值

附录 B 中的 CART 输出所呈现的内容进一步增强了这些关系。总之，较低的追赶者和边缘化集群与领导者集群之间的差距随着边际收益的均匀下降而缓慢、平稳地减小；与前一类集群相比，专利倾向性的收敛表现出缓慢、平稳的上升。收敛性上升的典型表现形式是，较富有的领导者集群成员专利倾向性方面的表现，较贫穷的俱乐部成员（在我们的例子中属于追赶者和边缘化集群）正在慢慢赶上。[15] 按经济类型划分的专利倾向性也有类似的情况，较贫穷的新兴经济体和其他发展中国家（不包括新兴经济体）正慢慢向发达经济体靠拢。

最后，图 2.1 和图 2.3 中与 GERD 相关的调查结果表明，通过跨国公司和外国政府的干预，全球研发投资和可能的外国直接投资实现的路径，边缘化和追赶者集群以及各自的经济集团也实现了向领导者集群或发达经济国家集团缓慢而稳定地向上收敛。

这些发现可以被仔细考虑作为对 Chang 先生的开创性著作《踢开阶梯》（*Kick Away the Ladder*）的回应。其他人也同样警告说，TRIPS 和其他与 WTO 贸易有关的协议可能助长了南北创新差距模式的扩大。[16] 因此，这一基本的实证发现与关于通过"追赶"效应拉动其他国家的"追赶"文献相一致。在某种程度上与基于收入的增长类似，这一发现与 Baumol 和 Wolff 利用 72 个国家的数据相一致。这些数据表明，中等收入国家（抽样中 72 个国家中的 17 个）增长最快，主要与新兴经济体集群相对应，而贫穷国家总是与其他国家不同。[17]

此外，本节关于专利收敛倾向性的研究结果与近期联合国在创新区域收敛问题上的部分立场是一致的。在贸易和发展会议 2005 年的世界投资报告中，作者确实警告说，参与全球创新网络的发展中国家和那些没有参与的发展中国

---

[15]　参见 Dan Ben - David，脚注 2，159.

[16]　自 TRIPS 实施后差距进一步扩大，参见 Ha - Joon Chang, Kicking Away the Ladder: Policies and Institutions for Economic Development in Historical Perspective (Anthem Press, 2003)（认为 TRIPS 可能会扩大技术最先进国家和最不发达国家之间的差距）；Christopher T. May, The Information Society: A Skeptical View (Polity Press, 2002)（presenting the same argument）.

[17]　参见 William J. Baumol and Edward N. Wolff, Productivity Growth, Convergence, and Welfare: Reply, The American Economic Review, 78 (5) (1988), 1155（发现最贫穷的国家已经与其他国家集团脱节）. 有关中等收入国家以收入为导向的俱乐部收敛的早期调查结果参见 Hollis Chenery and Moshe Syrquin, Typical Patterns of Transformation, in (Hollis Chenery, Sherman Robinson, and Moshe Syrquin, eds.), Industrialization and Growth: A Comparative Study (Oxford University Press, 1986)（结合几个国家的时间序列和截面数据，同时发现较贫穷国家之间的差异和相对富裕国家之间的收敛）；Thorkil Kristensen, Development in Rich and Poor Countries (Praeger, 1982)（仅关注截面，就按照 1974 年的收入水平对各国进行分组，发现 1970 ~ 1979 年的增长率与其收入水平之间呈驼峰形关系，中等收入群体的增长率高于富裕和贫穷群体）.

家之间的技术差距正在扩大。贸易和发展会议的报告与上述有关新兴经济体的发现密切相关，因为它强调了这样一个事实，即发展中国家，特别是亚洲的发展中国家，在吸引跨国公司在研发方面的投资方面正变得越来越成功。总的来说，贸易和发展会议的研究结果暂时支持了这样一种主张，即研发能力较弱、可能被排除在新兴经济体之外的发展中国家，如果它们要从这种趋势中受益，就必须采取适当的政策。[118] 为说明这一点，贸易和发展会议的报告发现，在所调查的跨国公司中，超过 60% 的公司计划扩大在中国的研究活动。在印度，这个数字是 29.5%。[119] 然而，相比之下，除了巴西、墨西哥、摩洛哥和南非，很少有这样的公司计划增加在非洲或拉丁美洲的研发。[120] 因为我们分析中的边缘化集群不包括最不发达国家和大多数非洲国家，所以后续调查结果与我们的分析不太相关。尽管如此，贸易和发展会议的这些重要但不完整的调查结果，对于中等收入或新兴经济体与弱小的发展中国家之间在总体创新方面可能存在的俱乐部分歧更为重要，而不仅仅限于专利倾向性的狭隘语境。

2.3 理论意义的影响

核心的实证研究结果在一定程度上与关于通过技术"追赶"效应拉动其他国家追赶的研究相对应。哈佛大学经济学家 Jérôme Vandenbussche 等人在最近发表的一篇具有开创性的文章中评价道，这种对发展中国家前沿领域的"追赶"效应的强度实际上随着国内技术创新水平的降低而降低。[121] 因此，据推测，随着一个国家越来越接近技术前沿，国内公司的技术创造变得越来越重要。换句话说，因为追赶可能转化为越来越小的技术改进，而这种技术改进的实现是通过保护增长的专利行为。[122]

然而，到目前为止，这种内生增长分析仍然是公认的理论。在我们的案例中，主要在国家层面，它的有效性具有重要意义。[123] 证据表明，内生增长理论所强调的关键因素——保证增加回报、人力资本和国内技术创造——发展不均

---

[118] United Nations Conference on Trade and Development（UNCTAD），World Investment Report 2005, New York and Geneva, United Nations（2005），at 40, 147.

[119] 同上，at 119.

[120] 同上，at 40, 147.

[121] 参见 Jérôme Vandenbussche, Philippe Aghion and Costas Meghir, 脚注 25, at 21－30. 进一步讨论参见 Emmanuel Hassan, Ohid Yaqub and Stephanie Diepeveen, 脚注 25, at 17.

[122] 参见 Emmanuel Hassan, Ohid Yaqub and Stephanie Diepeveen, 同上，at 17. The present paper leaves the latter argument concerning incremental patenting outside the scope of this paper.

[123] 参见 Ron Martin and Peter Sunley, 脚注 1, at 220.

衡，可能在本地和区域上有所区别。^⑫ 然而，如前所述，较早的内生增长理论与国家集团之间的俱乐部收敛的关系，当然主要有助于理解典型的俱乐部收敛的工资、GDP 和其他宏观经济收入相关指标。^⑫

目前尚不清楚为什么国家集团或俱乐部之间在国内最先进的技术创造方面存在内生性收敛。同样，对于后者是如何实现的，我们也知之甚少。^⑫ 此外，很少有人从概念上解释如何确定国家集团集群的技术创造。^⑫

事实上，本文关于俱乐部收敛的唯一确定结论否定了发达经济体和新兴经济体之间的区域差异。换言之，集群之间在创新上存在缓慢的集群收敛，那些不是新兴经济体的发展中国家尤其如此，其通过专利倾向性和 GERD 强度率来衡量。^⑫

尽管目前缺乏关于确切增长模式的经验，即外生或内生的增长模式，但正如前面所说，市场力量在其相对国家集团向更高的专利倾向和 GERD 强度发展的过程中可能未能使三个专利集群失衡。

最后，我们必须考虑这样一种可能性：从长期来看，发达经济体和新兴经济体的可比专利倾向率作为国内创新率的代表，可能会导致俱乐部分化。在经济一体化进程中，国家间可能存在深层次的不兼容性，这种差异可能存在，而不是收敛。

结　论

基于 1996~2013 年对全球 79 个创新国家/地区的调查，集群分析提供了三个实证结果。第一个核心发现确定了三个与创新相关的集群俱乐部（以下简称"专利集群"），它们的专利倾向性和 GERD 强度率（以下简称"专利强

---

⑫　例如参见，Ron Martin and Peter Sunley，同上。

⑫　例如参见，Dan Ben - David，脚注 2（结论是"世界上大多数国家集团内部的收入差距已经扩大。'俱乐部收敛'在收入曲线的两端更为普遍。"），at 167.

⑫　参见 Ron Martin and Peter Sunley，脚注 11，at 210，referring to David M. Gouldand Roy J. Ruffin，脚注 3；R. J. Barro and Xavier Sala - i - Martin，脚注 13. 这种技术的扩散要求落后的新兴经济体拥有适当的基础设施或条件来采用或吸收技术创新。参见 Stilianos Alexiadis，脚注 3，at 61 and Sec. 4. 5（有关支撑性的经济模型）。关于这一观点最早的、最有影响力的评论参见 George H. Borts and Jerome L. Stein，脚注 3（提供了一个美国区域发展的经典研究）；J. G. Williamson，脚注 3（工业发达国家区域收入差异化的演进分析）。

⑫　参见 Stilianos Alexiadis，脚注 3，at 61 and Sec. 4. 5（for a supportive economic model）.

⑫　关于比较收入的相关结论参见 Ron Martin and Peter Sunley，脚注 1，at 210（参考 Perroux [1950，1955]、Myrdal [1957] 和 Kaldor [1970，1981] 的研究所预测的，地区收入将趋向于分化，因为如果任由他们自己的手段，市场力量在空间上是不平衡的）。

度")显著不同。集群分析表明，在创新型国家和创新型经济体中存在两大差距：一是中间集群的"追赶者"与较强的"领导者"之间存在较大差距；类似地，二是较弱的"边缘化"集群与追赶者俱乐部之间的显著差距。

第一个结论还提供了许多其他观点。首先，每个集群和其他 6 个与专利活动相关的典型专利活动强度指标之间的关系，具有重要的政策导向意义。正如我们所看到的，三组的分组与所研究的指标之间的唯一重要关系是在经济类别方面。这些被国际货币基金组织定义为发达经济体、新兴经济体和其他发展中国家（不包括新兴经济体）。所有其他的关系被认为在统计上是无关紧要的。世界银行的收入群体和地理区域也被认为与集群无关。同样，在预测一个或多个集群专利模式时，授权专利的百分比，即提交给 UE 的专利百分比，也被认为不具有重要作用。最后，UE 或根据 PCT 单独向 PCT（而非 UE）提交的专利的百分比，以及集群与专利族群规模之间的关系，都不是重要的政策杠杆。

此外，第一项调查结果显示，在 35 个 OECD 国家中，领导者集群包括 21 个国家，其余多数属于追赶者（如澳大利亚、挪威或西班牙），少数甚至属于边缘化集群（塞浦路斯和冰岛）。因此，这一分析有效地将 OECD 国家分成了数量大致一样的两部分，而 OECD 国家的专利权内部分歧仍然没有得到解释。如上所述，类似的发现也适用于其他国家集团，尤其是欧盟，其成员分处在三个专利集群。

这一分析支持了第二项结论，即三个集群及其之间的收敛性。结果表明，除阿塞拜疆外，其他两种情况（所有年份和仅早期年份）的集群结果保持一致。这些结果与"南北分水岭"或"南北分水岭的变化"随着 TRIPS 的实施而逐渐减少的观点不一致。

接着，对俱乐部收敛性的内在关系进行研究。如图 2.7 和图 2.8 所示，所有三个集群的 GERD 都随着时间的推移而增加。然而，与此相匹配的是，在领导者集群中，尽管没有与其他两个集群发生显著的收敛，但是专利与 GERD（这里定义为专利倾向）的占比有所下降。类似的经济类型国家组分类显示了随时间变化的类似结果。如前所述，由于集群模式和按经济类型分类之间的关联，后两个点与前两个点相似并不奇怪。结果表明，相对于前一类集群，低跟随者（the lower follower）和边缘集群之间的专利倾向缓慢而稳定地向上趋同；与领先集群相比，低跟随者和边缘集群之间的专利倾向缓慢而稳定地向上趋同，但其边际收益均呈下降趋势。

最后，与 GERD 相关的研究结果进一步证明如何通过全球研发投资以及跨国公司和国外政府的干预实现可能的外国直接投资，追赶者集群与边缘化集群以及各自的经济集团也见证了一个缓慢而稳定的向上收敛于领导者集群或发达经济国家集团的现象。这些发现与最近的分析一致，几乎完全集中在内生增长理论以及与收入相关的指标上。他们认为，与 Martin 和 Sunley 的传统新古典模型不同，区域收敛速度通常也要慢得多。

这一分析在理论上产生了许多影响，主要是需要进一步解释区域收敛速度的变化和逆转的其余复杂因素。这种差异源于这样一个事实，即目前仍没有多少证据可以解释内部俱乐部收敛的缓慢或消失，尤其是在发达经济体，但在新兴经济体也不例外。从政治角度来看，目前尚不清楚不匹配的国家能在多大程度上加入新的联盟，因为许多国家在加入 WTO 的谈判立场中可能保留着利益冲突。

目前，在广泛的政策层面，促进专利申请的立法诱使企业要么申请更高比例的专利，要么加大对创新的投资。然而，即便是这一相当基本的提议，也需要进一步巩固。Falvey 和其他经济学家认为，强大的知识产权对最富裕和最贫穷的国家都有利，但可能对新兴经济体等中等收入国家并非如此。[129]

这种支持专利的政策确实具有超出本书范围的复杂含义。[130] 正如 Arundel 和 Kabla 所补充的那样，旨在降低专利申请成本的政策反而可能会导致在某些部门专利倾向速度由慢变快，而对大多数已经获得专利的公司或部门的创新几乎没有影响。[131] 否则，这些变化可能导致发达经济体和新兴经济体的专利质量未经实证核实的下降。[132]

最后一点是关于法律的秩序，这是另一个受专利活动影响的领域。TRIPS 和其他 WTO 条约所提供的法治正统观念，肯定不是 Ha – Joon Chang 所说的"无知的学术觉醒"的产物。[133] 相反，它代表了对法律的兴趣，主要是对世界

---

[129] 参见 Falvey, Foster and Greenaway, 脚注 17.

[130] 参见 Anthony Arundel and Isabelle Kabla, What percentage of innovations are patented? Empirical estimates for European firms, Research Policy 27, 127 (1998), at 128.

[131] 同上。

[132] 很明显，参见 OECD Science, Technology and Industry Scoreboard 2011: Innovation and Growth in Knowledge Economics (2011) (提供了一项新的创新指数，显示专利质量平均下降了 20%), at Part 6: Competing in the Global Economy; WIPO, Standing Committee on the Law of Patents, Quality of Patents: Comments Received from Members and Observers of the Standing Committee on the Law of Patents (scp), Seventeenth Session, Geneva, December 5 to 9, 2011, SCP/17/INF/2, October 20, 2011 (得出结论认为，各国专利质量因国情和发展水平而异), at 2.

[133] Compare: Ha – Joon Chang, Understanding the Relationship between Institutions and Economic Development: Some Key Theoretical Issues 1 (UN World Institute for Development Economics Research, Discussion Paper No. 2006/05, 2006), available at www. wider. unu. edu/publications/working – papers/discussion – papers/2006/en_GB/dp2006 –05/ (通过强调世界银行作用，针对后华盛顿共识政策中法律相关规则进行批判)。

银行领导的早期新自由主义政策的批评和失败的回应，也是对 WTO 主导的侧重于技术转让的外源性增长政策的批评，其与外国直接投资相关的政策代表了以创新为基础的经济增长模式。从本文中专利倾向性与创新划分所赋予的非线性来看，虽然 TRIPS 要求知识产权保护的协调，但这种协调既不明确，也没有经验依据，对南方来说也不够充分。其结果是，后者较低的专利倾向率与当前总体上"一刀切"的创新和专利相关政策仍然不一致。

附录A　专利和国内研发总支出（GERD）数据

A.1　专利数据

将重点放在 UE 专利申请率上，而不是把发达经济体和新兴经济体的国家专利制度集合起来，其背后的理由有两方面。首先，这些国家，特别是发展中国家，没有相同的专利标准。❿ 其次，这些国家的专利授权比例也可能有实质性差异。❿

现有的专利数据包括截至 2013 年的已授权专利以及截至 2015 年的已授权专利。例如，在 2012 年，哈萨克斯坦申请人向 USPTO 提交了 7 项专利，其中只有 3 项是在接下来的几年（到 2015 年）取得的。由于剩余的 4 项专利中的一些很可能在 2015 年之后被授权，即专利审查授权的滞后导致用 3 项来代表哈萨克斯坦已授权专利的数量将会被低估。

选择由 USPTO 授权专利是相关研发输出质量保证的有效表征。对此的解释是，专利质量存在很大偏差，大多数专利产生的价值很低或根本没有价值，只有少数专利具有较高的经济价值。迄今为止，专利统计研究很少对专利计数方法的结果或数据来源的质量敏感性进行完全测试。❿ 在改进质量方法中，最先进的技术已经成功地获得了专利，而不仅仅处于专利申请阶段。这种方法的选择与对一种可能性的担心有关，即一定数量的创新活动不会开始或以其他方式结束专利程序。❿ 只有完成专利审查程序的技术才算作已授权

---

❿　例如参见，Dominique Guellec and Bruno van Pottelsberghe de la Potterie, The Impact of Public R&D Expenditure on Business R&D, OECD Science, Technology and Industry Working Papers 2000/4, OECD Publishing（2000）.

❿　同上。

❿　参见 OECD（2011），Science, Technology and Industry Scoreboard（September 20, 2011）；Danguy, de Rassenfosse and van Pottelsberghe de la Potterie, 脚注 9.

❿　例如参见，Bronwyn H. Hall, Adam B. Jaffe, and Manuel Trajtenberg, The NBER Patent Citations Data File：Lessons, Insights and Methodological Tools, NBER Working Paper No. 849（2001），at 4.

专利。因此，将专利申请作为定性创新的指标来衡量是专利统计的一个局限。[138]

专利统计文献中的另一种方法与该研究的巨大数据范围无关，并且已经部分化解这一定性带来的挑战。该方法提出，与其试图通过估算专利生产函数来推断专利活动，还不如直接询问企业其通常的专利创新比例来收集数据。[139] 这种方法允许估计专利倾向性，这种估计与专利倾向性的理论定义非常一致，即专利倾向性是将已授权专利作为创新的一部分。

然而，发展中国家本身在专利申请计量方面还面临另外两个方法上的挑战。第一种是利用专利倾向性比率来衡量专利申请的创新百分比。[140] 特别是在发展中国家，无论是在国际层面，还是在 USPTO 或 EPO 层面，许多专利申请往往不会被授权。因此，本研究倾向于采用上述方法定义专利倾向性，作为实际获得专利的可专利化发明的百分比。[141]

关于专利数据计数方法的另一个挑战涉及 USPTO 数据集合的特殊性。它坚持认为专利是按发明人的国家/地区名称搜索类别进行分析的。这些类别包含授权专利时发明人居住的国家/地区。[142] 发明人的国家/地区名称检索类别表示某一国家/地区的当地实验室和劳动力的创造性。这种计数方法有三个重要的优点。第一，它取代了"专利附属公司"或"所有人"这两个主要代表来自发达经济体跨国企业专利活动的另类搜

---

[138] 专利统计文献会不定期地考虑这一局限性。最早的也是最重要的贡献参见 Zvi Griliches，Patent statistcs as economic indicators：a survey，Journal of Economic Literature 28，1661 – 1707（1990）；See also Daniele Archibugi and Mario Pianta，Measuring Technological Change through Patents and Innovation Surveys，Technovation，16，451（1996）.

[139] Van Montfort Kleinknecht 和 Brouwer 提出用衡量创新支出（包括非研发支出）、已知创新产品的销售（模仿的指标）或竞争对手之前未引入的被称为"真"创新指标的其他创新（可解释为指标）的专利/研发率分析"真正的"创新。参见 Alfred Kleinknecht，Kees van Montfort and Erik Brouwer，The Non – trivial Choice between Innovation Indicators，Economics of Innovation and New Technology，11，109（2002）（分析了五个替代性创新指标：研发、专利申请、创新支出总额以及荷兰用于衡量模仿产品和创新产品的销售额份额），at 113 – 114.

[140] 例如参见，Cohen，Nelson，and Walsh，脚注 9；Arundel and Kabla，脚注 130；Emmanuel Duguet，and Isabelle Kabla，Appropriation Strategy and the Motivations to use the Patent System：An Econometric Analysis at the Firm Level in French Manufacturing，Annales D'Économie et de Statistique，49/50，289 – 327（1998）；Edwin Deering Mansfield，脚注 7.

[141] Edwin Deering Mansfield，同上。

[142] United States Patent and Trademark Office（USPTO）（2012），Patent Full – Text and Image Database – Tips on Fielded Searching［Inventor Country（ICN）］，at www. uspto. gov/patft/help/helpflds. htm# Inventor_Country.

索类别。[143] 第二，发明人的国家/地区名称搜索类别旨在将发展中国家国内专利相关的交易成本降至最低。第三，在共同发明的情况下，列出所有共同发明者。[144] 事实上，通过发明者国家/地区搜索类别呈现的解决方案可以解释单独或共同发明。

另一个挑战在于度量问题。专利局很少公布实际专利授权比例。为了说明这一点，EPO 公布了某一年授权专利的数量与占比，作为同一年包括驳回申请、撤回申请以及授权等行为总数的一部分。2007～2008 年 EPO 官方专利授权比例约为 50%，而 Lazaridis 和 Van Pottelsberghe[145] 采用的队列研究方法提出的专利授权比例在整个 20 世纪 90 年代为 60%～65%。[146] 因此，以专利授权比例作为指标充其量是对专利局在专利汇总过程中严格程度的偏见性的估值。[147] 此外，关于错误授权专利的第一类错误和错误驳回专利申请的第二类错误的资料很少或根本没有。Van Pottelsberghe 补充道，错误授权专利比被错误驳回专利更为普遍，这是极有可能的。[148]

总的来说，本章的分析包括了与这种低估现象有关的两种修正方法。下面将通过对每种方法的描述来比较。正如我们将要看到的那样，两种方法产生的修正估计基本相同，从而加强了研究结果的有效性。

第一种方法采用了 WIPO 的数据，这些数据是分别针对 UE 专利授权的滞后期。因此，为了比较这两种方法，每个专利局都要分别考虑这两种方法。只是在每一年和每一个国家的最后阶段，汇总这两个专利局对应的专利。

---

[143]　OECD, Patent Statistics Manual (2009), at www. oecdbookshop. org/en/browse/titledetail/? ISB = 9789264056442；Emmanuel Hassan, Ohid Yaqub, and Stephanie Diepeveen, Intellectual Property and Developing Countries：A review of the literature (2010), 脚注 9；Anna Bergek and Maria Bruzelius (2005), Patents with Inventors from Different Countries：Exploring Some Methodological Issues through a Case Study, presented at the DRUID conference, Copenhagen, 27－29 June.

[144]　OECD, Patent Statistics Manual (2009), at www. oecdbookshop. org/en/browse/titledetail/? ISB = 9789264056442.

[145]　参见 George Lazaridis and Bruno Van Pottelsberghe, The Rigor of EPO's Patentability Criteria：An Insight into the "Induced Withdrawals", CEB Working Paper N° 07/007 (April 2007).

[146]　尽管自 20 世纪 80 年代中期以来，专利申请量显著增加，但 EPO 的授权率仍然稳定在 65% 左右。参见 Bruno van Pottelsberghe de la Potterie, The Quality Factor in Patent Systems, ECARES working paper 2010－027 (2010), at 9.

[147]　参见 Bruno van Pottelsberghe de la Potterie, 同上, at 9；George Lazaridis and Bruno van Pottelsberghe de la Potterie, 脚注 145 (showing that 35% to 40% of all withdrawals take place before the request for examination).

[148]　参见 Bruno van Pottelsberghe de la Potterie, 同上, at 9；Geroge Lazaridis and Bruno van Pottelsberghe de la Potterie, 脚注 145.

A.1.1 未决时间估算：两种方法

方法 1：基于 WIPO

WIPO 的未决时间是指专利局处理申请并决定是驳回申请还是授权专利所需的时间，这在 USPTO 和 EPO 的图形中都有表示。❹ 图 A.1 和图 A.2 显示了申请后几年内授权专利的百分比。这些图是各专利局自己报告的未决时间的分布情况。WIPO 的 2013 年世界知识产权指标报告解释说，"未决时间仅计算授权专利的时间，不包括已撤销、撤回或驳回专利的未决时间。"❺ 三条曲线分别代表 1993～1995 年、2001～2003 年和 2009～2011 年。❺

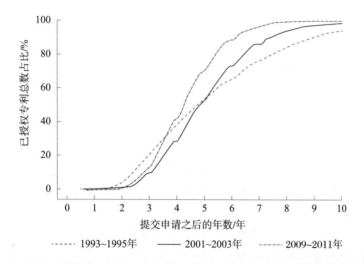

图 A.1   1993～1995 年、2001～2003 年、2009～2011 年 EPO 专利未决时间对比

---

❹ 参见 WIPO, World Intellectual Property Indicators（2013），at 87 – 88, and figure A.9.2 therein, titled "Distribution of pendency time for the top five offices."

❺ 同上，at 87.

❺ 假设专利在每年进行统一注册，并且认为最近的、标记为"– · –"的曲线是最相关的，可以作为校正的基础。以 2012 年向 USPTO 申请注册的专利为例，截至 2015 年底，注册至批准的时间平均不得超过 3.5 年。根据"– · –"的曲线，在这样一个时间间隔内，通常只有 52% 申请会被授权。然后再回到我们之前所举的例子，一个国家在 2012 年注册了 7 项专利，而其中只有 3 项是在随后的几年内（截至 2015 年）被授权的，但是预估的最终授权专利的正确数量为 6 项（3/0.52 = 5.77）。根据方法 1，我将 52% 作为相关修正百分比。同样，2012 年美国发明家在美国注册并于 2015 年授权的专利数量为 36354 件。因此，修正后为 36354/0.52 = 69911.54。

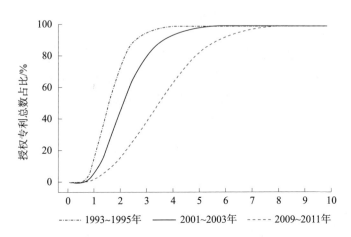

图 A. 2　**1993 ~ 1995 年、2001 ~ 2003 年和 2009 ~ 2011 年 USPTO 专利未决时间**

　　这种方法的缺点是对所有国家都适用同样的修正方法，但是，这种方法只有在不同国家之间的未决时间没有差异时才是合理的。此外，不同技术之间所需未决时间也可能存在差异。此外，虽然修正方法是基于最新曲线，但这种分布可能已经改变。当然，这种方法是有用的，以便将其校正结果与通过下一个推荐方法获得的结果进行比较。

　　方法 2：基于估算

　　假设在提交的专利申请中，授权专利的百分比在最近几年保持相对稳定。2007 年和 2008 年 USPTO 的专利授权比例被认为代表了接下来几年的专利授权率。同样，2004 年和 2005 年 EPO 专利授权比例代表了随后几年的专利授权率。❶ 与前一种方法一样，这一方法也同样适用于所有国家。但是，对于不同的国家，采用不同的修正系数，可以很容易地对该方法进行修正。这种灵活性是最终首选这种方法的主要原因。❶ 如表 A. 1 所示，两种方法的校正系数非常

---

　　❶　之所以选择这些年份，是因为它们在时间序列中相距足够远，因此不会错过时间较长而悬而未决的专利。在那些年里，几乎 100% 的注册专利已经被授权。根据过去的数据，值得注意的是，与 USPTO 相比，在 EPO 注册的审批时间通常更长。因此，两个专利局都选择了不同的年份作为代表。

　　❶　根据以往记录，USPTO 2007 ~ 2008 年的平均专利受理率为：（0.64665 + 0.66634）/2 = 0.65650，EPO 2004 ~ 2005 年的平均专利受理率为（0.47549 + 0.46020）/2 = 0.46785。对于每一年，所获的观察百分比除以预期百分比的比率（在 USPTO 注册的为 0.65650，在 EPO 注册的为 0.46785）。因此，以 2012 年为例，USPTO 授权专利的比例仅为 0.336，仅为预期的 51%。我指的是目前方法的修正率为 51%。因此，需要修正的是将未修正的准予数字除以 0.51。0.51 = 观察授权率/预期授权率；修正的授权次数 = 未修正的授权次数 × 预期授权率/观察未修正的授权率（观察授权率 = 登记的次数 × 预期授权率）。综上所述，当考虑到所有国家时，修正的授权数是根据以往记录，预期授权率的注册次数。USPTO 的 2007 ~ 2008 年和 EPO 的 2004 ~ 2005 年被定义为参考年。

接近，表 A.1 显示了两种方法各自对应的校正百分比。

这两种方法之间唯一的显著差异的年份是 2013 年，这是该系列的最后一年。⑮ 因此，该年将不被纳入其中。

A.1.2 数据池

加上两个专利局的专利数量会导致数字的夸大，因为有些专利是同时向两个专利局申请注册的。可获得的数据是 USPTO 和 EPO 公布的名单，以及每项专利只列入一次的专利汇总名单。表 A.2 显示了 USPTO 以及 EPO 所列的重叠部分（分别标记为 US 和 EP）。汇总的数据被标记为 UE：

EP_UE 指定了在 EPO 中注册的专利在集合列表中所占的比例；

EP_UE_only 指定了在集合列表中仅在 EPO 中注册的专利的比例；

US_US 指定了在 USPTO 中注册的专利在汇总列表中所占的比例；

US_UE_only 规定了在 USPTO 注册的专利在汇总列表中的比例。

根据定义，EP 是在 EPO 申请注册的专利在集合列表中所占的比例，加上仅在 USPTO 申请注册的专利在集合列表中所占的比例加起来就是 1。同样，在合并列表中，仅在 EPO 中注册的专利的比例加上在 USPTO 中注册的专利在合并列表中的比例总计为 1。如表 A.2 所示，在这几年里有非常小的变化，大多数专利是在 USPTO 注册的。

表 A.1 两种方法之间的依赖时间比较（2002～2013 年）

提交时间	方法 1 美国	方法 2 美国	方法 1 欧洲	方法 2 欧洲
2002	100	114	100	111
2003	100	108	100	105
2004	100	103	100	102
2005	100	98	100	98
2006	100	97	93	91
2007	100	98	88	87
2008	100	101	80	82
2009	100	100	72	72
2010	90	93	60	59
2011	78	79	48	46
2012	54	51	30	24
2013	30	19	12	2

⑮ 这并不奇怪，因为 2013 年是该系列的最后一年，也是离 2015 年最近的一年。

表 A.2　专利数据池：USPTO 和 EPO（1996～2013 年）

样本	最早提交时间	EP_UE	EP_UE_only	US_UE	US_UE_only
1	1996	0.31036	0.10200	0.89800	0.68964
2	1997	0.30547	0.10878	0.89122	0.69453
3	1998	0.30023	0.11339	0.88661	0.69977
4	1999	0.29966	0.11635	0.88365	0.70034
5	2000	0.26933	0.08627	0.91373	0.73067
6	2001	0.24037	0.08002	0.91998	0.75963
7	2002	0.23215	0.08174	0.91826	0.76785
8	2003	0.23279	0.08584	0.91416	0.76721
9	2004	0.22933	0.08650	0.91350	0.77067
10	2005	0.21673	0.08769	0.91231	0.78327
11	2006	0.21593	0.09168	0.90832	0.78407
12	2007	0.21456	0.09537	0.90463	0.78544
13	2008	0.20409	0.09796	0.90204	0.79591
14	2009	0.21819	0.10305	0.89695	0.78181
15	2010	0.21273	0.09605	0.90395	0.78727
16	2011	0.20969	0.09417	0.90583	0.79031
17	2012	0.19953	0.08884	0.91116	0.80047
18	2013	0.19166	0.08540	0.91460	0.80834

　　然后计算最后的校正数。2004～2005 年数据文件（UE）中授权专利的百分比被视为预期授权率，标记为：修正授权数 = 注册数 × 预期授权率。因此，总体专利清单的预期授权率为（0.666 + 0.634）/2 = 0.65。

　　表 A.3 显示通过将该方法应用于 UE 数据而获得的专利授权比例的综合百分比。

表 A.3　综合专利授权率（百分比）（2002～2013 年）

最早提交时间	授权比例/%	最早提交时间	授权比例/%
2002	0.73388	2008	0.64500
2003	0.69997	2009	0.63343
2004	0.66627	2010	0.58959
2005	0.63428	2011	0.50195
2006	0.62539	2012	0.32527
2007	0.62968	2013	0.11423

实际上，在 2004～2005 年，每年每个国家都会根据其授权率进行修正。当修正后的数字超过了记录为授权的数字时，不适应修正办法。

A. 2　GERD 数据

1996～2013 年购买力平价（Purchasing Power Parity，PPP）年度数据以美元表示，并保持在 2005 年的不变值。❺ 这些数据来自联合国教科文组织的科技数据库。❻ 购买力平价货币转换在很大程度上消除了国家和国家集团之间价格水平的差异。❼ 表 A. 4 列出了所有国家的汇总数据。

应该回顾的是，统计分析是基于每个国家 1996～2011 年的年度比率，反映了下一年授权专利的数量除以当年的 GERD。表 A. 5 显示了每个国家每年的可用 GERD 数据；X 表示可用数据。由于缺少数据，必须进行插补。由于分析所需数据仅在 2011 年之前可用，因此在估算过程中使用了 2012 年和 2013 年的数据。然而，有些国家的数据极为稀少，无法作出可靠的估计，因此必须删除这些国家。

表 A. 4　1996～2013 年描述性统计

年份	数值	平均值	标准差	最小值	最大值
1996	51	11812390. 92	36094833. 86	1944. 00	237217325
1997	67	9539274. 34	33502305. 28	1348. 00	250814421
1998	63	10429529. 75	36237651. 23	9993. 00	264715164
1999	65	10850977. 05	37798730. 86	4867. 00	282110915
2000	68	11394739. 88	39549524. 78	8609. 00	302755131
2001	76	10714758. 57	38254758. 15	319. 00	307788767
2002	87	9520059. 64	35640207. 94	946. 00	302759910
2003	85	10137120. 47	37135676. 17	1515. 00	311647193
2004	86	10594317. 02	37576153. 14	2046. 00	315474390
2005	85	11140212. 58	39656811. 49	3970. 00	328128000
2006	80	12739460. 75	42918277. 87	5118. 00	342796382
2007	91	11716484. 33	42608475. 90	6980. 00	359414718
2008	92	12551853. 97	44579360. 22	449. 00	377452983

❺　United Nations Educational, Scientific and Cultural Organization (UNESCO), Glossary – 63 terms for science & technology, at http：//uis. unesco. org/en/glossary. As the UNESCO report explains, this methodology was adapted from OECD (2002), Frascati Manual, §423.

❻　United Nations Educational, Scientific and Cultural Organization (UNESCO) Science & Technology (S&T) database at http：//data. uis. unesco. org/.

❼　同上。

续表

年份	数值	平均值	标准差	最小值	最大值
2009	91	12714229.59	45356711.71	409.000	373469274
2010	89	13595106.34	46844065.38	7287.00	372233631
2011	87	14675900.25	49708819.86	534.00	382105683
2012	74	17326387.59	56901633.48	6953.00	396710307
2013	61	14265624.72	42318754.30	6629.00	287444867

尽管 GERD 数据具有多重纵向数据的结构，但各国的估算是独立于其他国家数据进行的。其原因是，分析的主要目的是根据国家的纵向数据确定国家组。使用横截面数据进行插补可能会导致错误地夸大国家之间的相似性。所使用的两种单一的插补程序，均取自专门研究单变量时间序列插补库。[159] 这些是卡尔曼平滑（Kalman smoothing）的缺失值插补，使用纳卡曼函数（na. kalman function），以及通过插值的缺失值插补。使用两种不同的方法可以在下一阶段验证基于估算数据得出的集群结果。

表 A.5　1996～2013 年各国研发支出总额（GERD）

组别	1996	1997	1998	1999	2000	2001	2002	2003	2004	2005	2006	2007	2008	2009	2010	2011	2012	2013	频率
1	X	X	X	X	X	X	X	X	X	X	X	X	X	X	X	X	X	X	29
2	X	X	X	X	X	X	X	X	X	X	X	X	X	X	X	X	X	.	4
3	X	X	X	X	X	X	X	X	X	X	X	X	X	X	X	X	.	.	2
4	X	X	X	X	X	X	X	X	X	.	.	.	.	.	.	.	.	X	1
5	X	X	X	X	X	X	X	.	.	.	.	.	.	X	.	.	.	.	1
6	X	X	X	X	X	.	X	.	.	X	X	X	X	X	X	X	.	.	1
7	X	X	X	X	X	.	.	X	X	.	X	X	X	X	X	X	.	.	1
8	X	X	X	X	.	X	X	X	X	X	X	X	X	X	X	X	X	X	1
9	X	X	X	X	.	X	X	X	X	X	X	X	X	X	X	X	X	X	1
10	X	X	X	.	.	X	X	X	X	.	X	X	X	X	X	X	.	.	1
11	X	X	.	X	X	X	X	X	X	X	X	X	.	X	.	X	X	X	1
12	X	X	.	.	X	X	X	X	X	X	X	X	X	X	X	X	X	X	1

[159]　参见 Steffen Moritz, Impute TS: Time Series Missing Value Imputation, R package version 1.5, at https://CRAN. R - project. org/package = imputeTS（2016）.

续表

组别	1996	1997	1998	1999	2000	2001	2002	2003	2004	2005	2006	2007	2008	2009	2010	2011	2012	2013	频率
13	X	X	.	.	.	X	X	X	X	X	.	X	X	X	.	.	.	.	1
14	X	X	.	.	.	.	X	X	X	X	.	.	X	.	.	.	.	.	1
15	X	X	.	.	.	.	.	X	X	X	X	X	X	X	X	X	X	X	1
16	X	.	X	.	X	.	X	.	X	.	X	.	X	X	X	X	X	.	1
17	X	.	.	.	X	.	X	.	X	.	X	.	X	.	X	X	.	.	1
18	X	.	.	.	X	.	.	.	X	.	.	.	X	.	X	.	.	.	1
19	X	.	.	.	X	.	.	.	.	X	.	.	X	.	.	.	X	.	1
20	.	X	X	X	X	X	X	X	X	X	X	X	X	X	X	X	X	X	7
21	.	X	X	X	X	X	X	X	X	X	X	X	X	X	X	X	.	.	2
22	.	X	X	X	X	X	X	X	X	.	.	.	.	.	.	.	X	.	1
23	.	X	X	X	X	X	X	X	.	X	X	X	X	X	.	.	X	.	1
24	.	X	X	X	X	X	X	X	.	.	.	X	.	.	.	X	.	X	1
25	.	X	.	X	.	X	X	X	X	.	.	.	.	.	.	X	.	.	1
26	.	X	.	X	.	.	X	X	X	.	X	X	X	X	X	X	X	X	2
27	.	X	.	X	.	.	X	.	.	X	.	.	X	.	.	.	X	.	1
28	.	X	.	.	X	.	.	X	X	X	X	X	X	X	X	X	X	X	1
29	.	X	.	.	.	.	.	.	.	.	.	X	X	X	X	X	X	X	1
30	.	.	X	X	X	X	X	X	X	.	.	.	.	.	.	.	.	.	2
31	.	.	X	X	X	X	.	.	.	.	.	.	.	.	.	.	.	.	1
32	.	.	X	.	.	X	X	X	.	.	.	X	.	.	.	X	.	.	1
33	.	.	X	.	.	.	.	.	.	.	X	X	X	X	X	X	X	.	1
34	.	.	X	X	X	X	X	X	X	X	X	X	X	X	X	X	X	.	1
35	.	.	.	X	X	X	X	X	X	X	X	X	X	X	X	X	X	.	1
36	.	.	.	.	X	.	.	X	X	X	X	X	X	X	X	X	X	.	1
37	.	.	.	.	.	X	X	X	X	X	X	X	X	X	X	X	X	X	2
38	.	.	.	.	.	.	X	X	X	X	X	X	X	X	X	X	X	.	1
39	.	.	.	.	.	.	.	X	X	X	X	X	X	X	X	X	X	.	1

A. 3　JPO 和 SIPO 数据暂缺

专利的价值与专利保护的地理范围有关系，是以可寻求专利保护的司法管辖区的数量来衡量。⑮ 然而，在关注主要专利局的同时，日本和中国的专利申请数据没有被包括在分析中。每一年专利局都会记录发明者的国家是已知的还是未知的。图 A. 3 描述了五个专利局，即 JPO、SIPO、EPO、USPTO 和 PCT 专利申请的年度覆盖范围。申请年度和授权专利的覆盖范围定义为已知发明人国家的申请（年度 - 专利局组合）比例（计算为申请数量减去未知发明人国家的申请数量），除以年度 - 专利局组合申请总数。

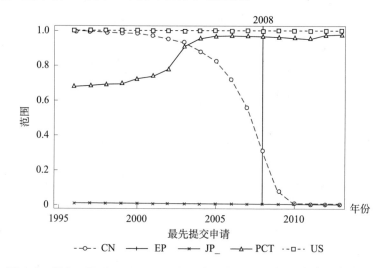

图 A. 3　JPO、SIPO、EPO、USPTO 和 PCT 1996～2013 年专利申请范围

如图 A. 3 所示，USPTO 和 EPO 都显示出高覆盖率，PCT 自 2004 年以来也显示出高覆盖率。在 2002 年之前，USPTO 的高覆盖率可能会产生误导，因为在 2001 年 3 月之前没有关于未批准申请的官方信息。

JPO 的覆盖率几乎为零，而 SIPO 的覆盖率则急剧下降接近于零。该数据分析了专利与各国参数之间的关系。因此，在不知道发明者国家的情况下，数据是无用的。

A. 4　数据方法和解释

本书中使用的方法遵循 OECD 于两份正式统计手册所提出的概念和评论：2002 年 GERD 相关统计的《弗拉斯卡蒂手册》（*Frascati Manual*）⑯ 和 2005 年

---

⑮　参见 Jean O. Lanjouw, Ariel Pakes, and Jonathan Putnam, How to Count Patents and Value Intellectual Property: The Uses of Patent Renewal and Application Data, Journal of Industrial Economics, 46 (4), 404 (1998). 与之相关的是，大型国际专利族群被认为特别有价值。参见 Dietmar Harhoff, Frederic M. Scherer, and Katrin Vopel, 脚注 114.

⑯　OECD (2002), Proposed Standard Practice for Surveys on Research and Experimental Development (Paris: OECD) (*Frascati Manual*).

关于创新相关统计的经济合作组织/欧盟统计局《奥斯陆手册》（OECD/Eurostat *Oslo Manual*）。[161] 原则上，这两本手册都强调需要超越利益相关者、角色扮演者和决策者的规范定位，并采纳实证分析法。在过去的 50 年里，OECD《弗拉斯卡蒂手册》已成为 OECD 成员国和相关观察国研发和 GERD 国际可比测量的金标准。[162] 本标准参考两个附加手册。第一个是联合国教科文组织第 5 号技术文件，题为《衡量研发：发展中国家面临的挑战》（2010 年）。[163] 该手册提供了一些与发展中国家有关的方法学挑战方面的指导，而《弗拉斯卡蒂手册》对这些挑战的阐述可能不够清楚。第二个是 OECD 的《2009 年专利统计手册》[164]，该手册为专利统计的用户和生产者提供了汇编和分析此类数据的基本准则。这两本手册都确认《弗拉斯卡蒂手册》是最广泛接受的研发和 GERD 相关调查的国际标准惯例。[165]

附录 B　集群过程：技术描述

B.1　估算

将集群分析方法适用于估算数据（imputed data）。正如上文所述，两个单一的插补程序均来自专门研究单变量时间序列插补的插补库（*impute TS R library*）。[166] 这些是卡尔曼平滑方法的缺失值插补，以及通过使用纳卡曼函数插值的缺失值插补，可以在下一阶段根据估算数据对集群结果进行验证。

B.2　集群分析

B.2.1　评估集群趋势

第一步是检查数据集是否可集群。利用 *factoextra* R 库的 *get - clust - tend-*

[161]　OECD and Eurostat（2005），Oslo Manual：Guidelines for Collecting and Interpreting Innovation Data（Paris：OECD）（Oslo Manual）.

[162]　一般参见 Benoît Godin, On the Origins of Bibliometrics, Scientometrics, 68（1）109 – 133（2006）.

[163]　United Nations Educational, Scientific and Cultural Organization（UNESCO）（2010），Technical Paper No. 5, Measuring R&D：Challenges Faced by Developing Countries, 同上。

[164]　OECD, Patent Statistics Manual（2009），at：www.oecdbookshop.org/en/browse/titledetail/?ISB = 9789264056442.

[165]　United Nations Educational, Scientific and Cultural Organization（UNESCO）（2010），Technical Paper No. 5, 脚注163。本章坚持这些方法，同时需要使用统计分析系统（SAS）软件进行一系列统计分析。

[166]　参见 Steffen Moritz, 脚注158.

ency 函数估计霍普金斯统计量。[166] 结果为 0. 23，低于 0. 5 的临界值，由此得出数据集是可集群的。

B. 2. 2 *集群方法*

在现有的大量集群方法中，k – 均值集群和层次集群是目前最流行的两种。这两种方法都被应用于我们的研究中。k – 均值方法的目的是将点划分为 k 个组，使得点到指定簇中心的平方和最小化。Ward 层次集群法是一种最小方差的集群方法，其目标是定位球形集群。利用 stats R 库的 k – 均值 R 函数实现 k – 均值方法，利用 stats R 库的 *hclust* R 函数实现 Ward 集群方法。[168] 图 B. 1 显示了组内平方和与 k – 均值集群数的比较。

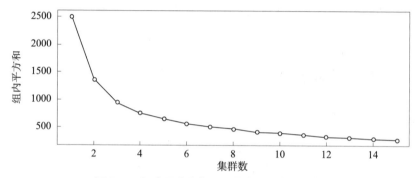

图 B. 1　组内平方和与 k – 均值集群数的比较

B. 3　最佳集群的确定

没有一种最佳集群确定的方法被认为是最优的，[169] 所有建议的指标都不完全令人满意。[170] 通过使用对最佳集群给出相同结果的几个标准，得到一致的答案，即存在正确的集群。对两种集群方法进行可视化检验。第一种方法是测量组的平方和与 k – 均值的簇数之和，并寻找一个拐点。第二种集群方法使用层次集群分析树状图。基于 k – 均值集群和层次集群两种集群方法的结果，应用

[166]　Alboukadel Kassambara and Fabian Mundt, Factoextra：Extract and Visualize the Results of Multivariate Data Analyses, R package version 1. 0. 3. www. sthda. com/english/rpkgs/factoextra （2016）.

[168]　参见 R Core Team, R：A Language and Environment for Statistical Computing, R Foundation for Statistical Computing, Vienna, Austria, at：www. R – project. org/ （2016）.

[169]　参见 Brian S. Everitt, Sabine Landau, Morven Leese, and Daniel Stahl, Cluster Analysis （Arnold, 5th edn. , 2011）; Glenn W. Milligan and Martha C. Cooper, An Examination of Procedures for Determining the Number of Clusters in a Data Set, Psychometrika, 50 （2）, 159 （1985）.

[170]　Yosung Shim, Ji – won Chung and In – chan Choi, A Comparison Study of Cluster Validity Indices using a Nonhierarchical Clustering Algorithm, Proceedings – International Conference on Computational Intelligence for Modeling, Control and Automation, CIMCA 2005 and International Conference on Intelligent Agents, Web Technologies and Internet, vol. 1, 199 （2005）.

NbClust 函数给出了评价最优集群数的指标。[171] 下面介绍这两种方法的结果。

B. 3. 1　k – 均值

根据 NbClust 的数据，9 个指数中的大多数都认为三个是最佳的集群数。[172] 因此，根据多数法则，最佳集群数是 3。图 B. 2 显示了这些结果。

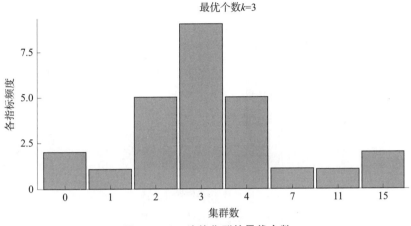

图 B. 2　k – 均值集群的最优个数

B. 3. 2　层次集群

根据 NbClust 的数据，9 个指数中的大多数认为 3 是最佳的集群数。[173] 综上所述，根据多数法则，层次集群的最佳集群数是 3。图 B. 3 用这种集群方法显示了这些结果。

B. 4　内部集群验证

根据所使用的两种集群方法（k – 均值法和 Ward 最小方差法的层次集群分析法）分别识别出三个集群。然后使用轮廓分析进行内部集群验证。此技术提供了一个简洁的图形表示，说明每个对象在其集群中的状况。为每个对象获得的轮廓值是衡量其自身集群（内聚）与其他集群（分离）的相似程度的指标。轮廓值的范围从 – 1 到 1，其中较高的值表示对象与自身集群匹配良好，

---

[171]　参见 Malika Charrad, Nadia Ghazzali, Véronique Boiteau, and Azam Niknafs, NbClust: An R Package for Determining the Relevant Number of Clusters in a Data Set, Journal of Statistical Software, vol. 61 (6) (2014).

[172]　其他基于 k – 均值的建议如下：（1）5 提出 2 为最佳集群数；（2）5 提出 4 为最佳集群数；（3）1 提出 7 为最佳集群数；（4）1 提出 11 为最佳集群数；（5）2 提出 15 为最佳集群数。

[173]　其他基于等级集群的建议如下：（1）2 提出 0 为最佳集群数；（2）1 提出 1 为最佳集群数；（3）4 提出 2 为最佳集群数；（4）1 提出 4 为最佳集群数；（5）2 提出 5 为最佳集群数；（6）1 提出 6 为最佳集群数；（7）2 提出 8 为最佳集群数；（8）1 提出 13 为最佳集群数；（9）2 提出 14 为最佳集群数；（10）1 提出 15 为最佳集群数（假设 0 作为集群最佳值）。

与相邻集群匹配较差。❶

在图 B.4 和图 B.5 中，左侧对应于用 k – 均值方法获得的结构，右侧对应于分层方法。在每个集群旁边显示对象的数量，即国家及其国家的平均轮廓值。

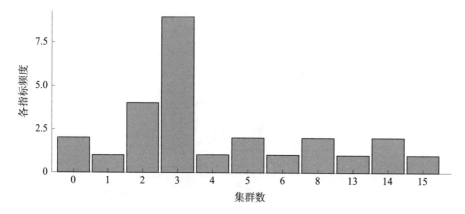

图 B.3　层次集群的最优集群数

如图 B.4 所示，第一个集群（深灰色，上部形式）包括两种集群方法中剪影值均为负值的国家。基于轮廓值，对集群结构进行了少量的修改。每一个具有负轮廓值的国家 i 的位置被其邻国集群所取代，即不包含其国家 i 的集群，其国家和 i 之间的平均差异最小。图 B.5 描述了修改后的集群验证。经过修改后，两种集群方法得到的集群结果是一致的，从而通过专利倾向性和 GERD 强度对三种集群结果进行了验证。

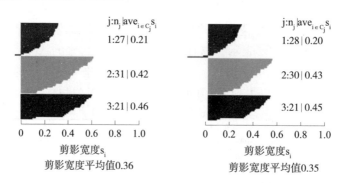

图 B.4　集群验证（通过 k – 均值和层次集群）

---

❶　参见 Peter J. Rousseeuw, Silhouettes: A Graphical Aid to the Interpretation and Validation of Cluster Analysis, Journal of Computational and Applied Mathematics, 20, 53 (1987).

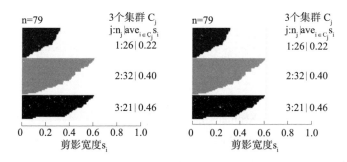

图 B.5　无负值的集群验证（通过 k – 均值和层次集群）

B.5　表征集群结构：应用 CART 算法

为了更准确地表征集群结构，利用 *rpart* R 库的 *rpart* 函数，并采用 CART 算法。[165] 作为每个国家的一项输入，在创建群集时使用了两个变量，即标准对数 GERD 平均值和标准平方根平均值。

如图 B.6 清晰所示，26 个国家的边缘化集群以低 GERD 值为特征，而其他两个集群之间的判别变量是 GERD 专利比率，32 个国家的追赶者集群低，21 个国家的领导者集群高。[167]

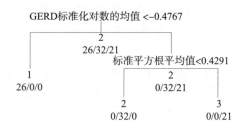

图 B.6　按标准平方根平均值（专利 GERD）和
GERD 标准化对数的均值对集群进行分类

[165]　Terry Therneau, Beth Atkinson, and Brian Ripley, rpart：Recursive Partitioning and Regression Trees（2015）（基于通过插入估算数据的 R 包变体集群方法）。

[167]　集群过程的同一阶段是通过插入估算数据进行的，就像我们用卡尔曼平滑算法（Kalmansmooth）对输入数据进行的那样。为了简洁起见，我们将只显示部分结果，因为它们与先前获得的结果基本相同，这些结果是基于卡尔曼平滑算法的插补数据。根据 NbClust 的 k – means，在所有指数中，11 个中的大多数提出 3 个是最好的集群数。根据 NbClust 的分层集群法，在所有的指数中，10 个中的大多数提出 3 个是最好的集群数。k – 均值法和基于两种插补方法的层次法形成了完全相同的集群。

附录 C 专利关系、活动强度指标和集群

说明

Code	Country code（国家代码）
AdEco	Economy category（经济类型）
Cont	Continent（洲）
Cluster_km_3b	Patenting cluster（according to k – means）（根据 k – 均值的专利集群）
Mean_Sp2g_k	Mean of the standardized square root of the ratio：number of patents divided by the GERD of previous year（均值标准平方根占比：专利数量除以前一年的 GERD）
Mean_SGerd_k	Mean standardized log GERD（GERD 均值标准对数）
S_p2gg_pr. country	Country name（国名）
M_p_UE_all	Patent grant rate in the UE（in %）（UE 专利授权比例）

归类在边缘化集群（标注 1）和其他发展中国家（标注 3）的 20 个国家见表 C.1，被错误归类为边缘化集群的 9 个国家（标注 1）和其他发展中国家（标注 3）见表 C.2。

表 C.1 归类在边缘化集群（标注 1）和其他发展中国家（标注 3）的 20 个国家

	代码	登记备案	经济类型	洲	专利集群	均值标准平方根占比	GERD 均值标准对数	国家
1	AM	0.231932773	3	3	1	0.74696787	– 1.4433210	亚美尼亚
4	AZ	0.087438424	3	3	1	– 0.89018495	– 0.7678047	阿塞拜疆
6	BF	0.000000000	3	4	1	– 1.44239905	– 1.4551008	布吉纳法索
9	BO	0.291666667	3	1	1	– 0.94033977	– 0.9712226	玻利维亚
16	CR	0.443243243	3	1	1	0.75471921	– 0.7582162	哥斯达黎加
22	EC	0.220000000	3	1	1	– 0.34012915	– 0.8866879	厄瓜多尔
29	GE	0.069078599	3	3	1	0.48537778	– 1.3405683	乔治亚州
40	KG	0.000000000	3	3	1	– 1.32010556	– 1.5628973	吉尔吉斯斯坦
42	KW	0.941722973	3	3	1	0.45116926	– 0.5940816	科威特
44	LK	0.219219219	3	3	1	– 0.24866899	– 0.7187510	斯里兰卡
48	MD	0.004172235	3	3	1	– 0.51556321	– 1.2026794	摩尔多瓦
49	MG	0.333333333	3	4	1	– 0.98802348	– 1.3270258	马达加斯加

续表

	代码	登记备案	经济类型	洲	专利集群	均值标准平方根占比	GERD 均值标准对数	国家
50	MK	0.055555556	3	2	1	− 1.09065542	− 1.2495002	马其顿
51	MN	0.118055556	3	3	1	− 0.68363196	− 1.4160180	蒙古
54	MU	0.111111111	3	4	1	− 1.31369244	− 1.2722990	毛里求斯
60	PA	0.422222222	3	1	1	− 0.08207209	− 0.9833690	巴拿马
71	SV	0.250000000	3	1	1	− 0.19455517	− 1.3966584	萨尔瓦多
73	TJ	0.000000000	3	3	1	− 1.53309083	− 1.9253368	塔吉克斯坦
76	TT	0.326388889	3	1	1	0.30250112	− 1.5416874	特立尼达和多巴哥
79	UY	0.221951219	3	1	1	− 0.25427328	− 0.8250091	乌拉圭

表 C. 2　被错误归类为边缘化集群的 9 个国家（标注 1）和其他发展中国家（标注 3）

	代码	UE 专利授权比例	经济类型	洲	专利集群	均值标准平方根占比	GERD 均值标准对数	国家
11	BY	0.04885535	3	3	2	− 0.8168995	− 0.17840076	白俄罗斯
15	CO	0.12382519	3	1	2	− 0.5140681	− 0.16100282	哥伦比亚
17	CU	0.02013557	3	1	2	− 1.3076374	− 0.15048139	古巴
24	EG	0.25906433	3	4	2	− 0.6963779	0.14921245	埃及
32	HR	0.08803908	3	1	2	− 0.5412137	− 0.21722531	克罗地亚
43	KZ	0.02227361	3	3	2	− 1.2638272	− 0.34096013	哈萨克斯坦
47	MA	0.10639666	3	4	2	− 1.0416434	− 0.07411728	摩洛哥
65	RS	0.05256036	3	2	2	− 0.9068045	− 0.39896955	塞尔维亚
74	TN	0.22366071	3	4	2	− 1.0007306	− 0.27712597	突尼斯

表 C. 3 列出了 17 个国家，都是新兴经济体国家（标注 2），其中 15 个被正确归类在追赶者集群（标注 2）中。

表 C. 3　15 个被正确归类在追赶者集群的国家

	代码	UE 专利授权比例	经济类型	洲	专利集群	均值标准平方根占比	GERD 均值标准对数	国家
7	BG	0.20134576	2	2	2	0.25051118	− 0.40236267	保加利亚
10	BR	0.28289032	2	1	2	− 0.98224745	1.25917901	巴西
14	CN	0.10502239	2	3	2	− 0.48031173	1.71291054	中国
33	HU	0.17779260	2	1	2	− 0.10665264	0.15861754	匈牙利

	代码	UE 专利授权比例	经济类型	洲	专利集群	均值标准平方根占比	GERD 均值标准对数	国家
36	IN	0.44423206	2	3	2	− 0.08011805	1.28825128	印度
55	MX	0.18505081	2	1	2	− 0.46591631	0.64751157	墨西哥
56	MY	0.29613267	2	3	2	0.25562197	0.34759064	马来西亚
61	PK	0.23863636	2	3	2	− 1.00082915	0.14682725	巴基斯坦
62	PL	0.07777716	2	2	2	− 0.44983002	0.49294284	波兰
64	RO	0.06993718	2	2	2	− 0.36638629	− 0.02800305	罗马尼亚
66	RU	0.01481855	2	3	2	− 0.72234888	1.16920086	俄罗斯
72	TH	0.42360905	2	3	2	− 0.17709976	0.14584301	泰国
75	TR	0.11333315	2	2	2	− 0.76283492	0.59920174	土耳其
77	UA	0.02365113	2	3	2	− 0.71073732	0.41382451	乌克兰
80	ZA	0.15842491	2	4	2	− 0.61214936	0.50788007	南非

表 C.4 包括两个新兴经济体国家（标注 2），在追赶者集群中它们被错误地分类（标注 1），而实际上它们应在追赶者集群（标注 2）中所示。

表 C.4　两个被错误归类的新兴经济体国家

	代码	UE 专利授权比例	经济类型	洲	专利集群	均值标准平方根占比	GERD 均值标准对数	国家
23	EE	0.3082933	2	2	1	0.003956716	− 0.6845334	爱沙尼亚
46	LV	0.0720624	2	2	1	− 0.211877559	− 0.8483230	拉脱维亚

表 C.5 包括 9 个国家，都是发达经济体（标注 1），但专利授权率在 UE 中的百分比较低。其中 7 个国家被正确归类在追赶者集群（标记 2）中。

表 C.5　被正确归类在追赶者集群的发达经济体

	代码	UE 专利授权比例	经济类型	洲	专利集群	均值标准平方根占比	GERD 均值标准对数	国家
19	CZ	0.2307749	1	2	2	− 0.20531707	0.3961222	捷克
25	ES	0.2534840	1	1	2	− 0.14153728	1.0201479	西班牙
30	GR	0.2055182	1	1	2	− 0.39235625	0.1655359	希腊
58	NO	0.2780320	1	2	2	0.09034316	0.5197102	挪威
63	PT	0.1772633	1	2	2	− 0.67253554	0.2963512	葡萄牙
69	SI	0.1514822	1	2	2	− 0.35861486	− 0.1398156	斯洛文尼亚
70	SK	0.1446864	1	2	2	− 0.52103835	− 0.2493788	斯洛伐克

表 C.6 包括一个发达经济体（标注 1）的塞浦路斯，在 UE 的专利授权率低。它被错误地归类在领导者集群中（标注 1），而实际上是处于边缘化集群（标注 3）中。

表 C.6　被错误归类在领导者集群的发达经济体

	代码	UE 专利授权比例	经济类型	洲	专利集群	均值标准平方根占比	GERD 均值标准对数	国家
18	CY	0.2744361	1	2	1	0.3202078	− 1.125948	塞浦路斯

表 C.7 包括一个发达经济体（标注 1）的韩国，在 UE 的专利授权率很低。它被错误地分类在追赶者集群（标注 2），但实际上是在领导者集群（标注 3）。

表 C.7　被错误归类在追赶者集群的发达经济体

	代码	UE 专利授权比例	经济类型	洲	专利集群	均值标准平方根占比	GERD 均值标准对数	国家
41	KR	0.1208257	1	3	3	2.011998	1.376326	韩国

表 C.8 包括 24 个国家，都是发达经济体（标注 1），在全球专利授权率较高。这些国家中有 20 个被正确归类在领导者集群（标注 3）中。

表 C.8　被正确归类在领导者集群的发达经济体

	代码	UE 专利授权比例	经济类型	洲	专利集群	均值标准平方根占比	GERD 均值标准对数	国家
2	AT	0.3885877	1	1	3	1.0194936	0.74657069	奥地利
5	BE	0.4598161	1	1	3	0.8570452	0.76956422	比利时
12	CA	0.6066608	1	1	3	1.6042957	1.24434680	加拿大
13	CH	0.4534808	1	2	3	1.6658175	0.83602265	瑞士
20	DE	0.3154631	1	2	3	1.4725198	1.71296686	德国
21	DK	0.3466832	1	1	3	0.6726657	0.61003559	丹麦
26	FI	0.3572485	1	1	3	0.9901177	0.68249303	芬兰
27	FR	0.3032434	1	1	3	0.6757233	1.50820562	法国
28	GB	0.3300398	1	1	3	0.6113102	1.44014903	英国
34	IE	0.4316739	1	1	3	1.0087690	0.26698334	爱尔兰
35	IL	0.5643077	1	3	3	1.4891059	0.76973806	以色列
38	IT	0.4737708	1	1	3	0.8252644	1.19343163	意大利
39	JP	0.5330784	1	3	3	1.9399828	1.96365730	日本

续表

	代码	UE 专利授权比例	经济类型	洲	专利集群	均值标准平方根占比	GERD 均值标准对数	国家
45	LU	0.5187700	1	2	3	0.8369549	− 0.27176384	卢森堡
57	NL	0.3119621	1	2	3	1.0102601	0.97803037	荷兰
59	NZ	0.2852241	1	4	3	0.6191730	0.06344327	新西兰
67	SE	0.3212841	1	2	3	0.6026290	0.96088605	瑞典
68	SG	0.4521211	1	3	3	0.7745592	0.61815809	新加坡
78	US	0.8464213	1	1	3	1.9769280	2.35782183	美国

表 C. 9 中还包括三个被错误归类在领导者集群（标注 3）中，但实际上属于边缘化集群（标注 1）的国家。

表 C. 9　被错误归类在领导者集群的国家

	代码	UE 专利授权比例	经济类型	洲	专利集群	均值标准平方根占比	GERD 均值标准对数	国家
37	IS	0.3571303	1	1	1	0.4856342	− 0.5510799	冰岛
53	MT	0.4423913	1	2	1	0.5651882	− 1.3490090	马耳他

表 C. 10 包括一个发达经济体（标注 1）的澳大利亚，它拥有较高的专利授权率。它被错误地归类在领导者集群（标注 3）中，尽管它实际上位于追赶者集群（标注 2）中。

表 C. 10　被错误归类在领导者集群的国家

	代码	UE 专利授权比例	经济类型	洲	专利集群	均值标准平方根占比	GERD 均值标准对数	国家
3	AU	0.3119423	1	4	2	0.03969361	1.02928	澳大利亚

以下表 C. 11 ~ 表 C. 13 有助于厘清经济类型与集群结构之间的关系。

i）发达经济体

表 C. 11　发达经济体

	代码	UE 专利授权比例	经济类型	洲	专利集群	均值标准平方根占比	GERD 均值标准对数	国家
18	CY	0.274436090	1	2	1	0.320207786	− 1.12594827	塞浦路斯
37	IS	0.357130313	1	1	1	0.485634195	− 0.55107987	冰岛
53	MT	0.442391304	1	2	1	0.565188226	− 1.34900901	马耳他

续表

	代码	UE 专利授权比例	经济类型	洲	专利集群	均值标准平方根占比	GERD 均值标准对数	国家
3	AU	0.311942286	1	4	2	0.039693607	1.02928025	澳大利亚
19	CZ	0.230774880	1	2	2	−0.205317070	0.39612216	捷克
25	ES	0.253483971	1	1	2	−0.141537285	1.02014792	西班牙
30	GR	0.205518200	1	1	2	−0.392356249	0.16553586	希腊
58	NO	0.278032010	1	2	2	0.090343158	0.51971020	挪威
63	PT	0.177263287	1	2	2	−0.672535537	0.29635120	葡萄牙
69	SI	0.151482227	1	2	2	−0.358614859	−0.13981561	斯洛文尼亚
70	SK	0.144686411	1	2	2	−0.521038355	−0.24937875	斯洛伐克
2	AT	0.388587732	1	1	3	1.019493647	0.74657069	奥地利
5	BE	0.459816101	1	1	3	0.857045164	0.76956422	比利时
12	CA	0.606660788	1	1	3	1.604295665	1.24434680	加拿大
13	CH	0.453480826	1	2	3	1.665817498	0.83602265	瑞士
20	DE	0.315463125	1	2	3	1.472519840	1.71296686	德国
21	DK	0.346683187	1	2	3	0.672665693	0.61003559	丹麦
26	FI	0.357248528	1	1	3	0.990117700	0.68249303	芬兰
27	FR	0.303243390	1	1	3	0.675723269	1.50820562	法国
28	GB	0.330039847	1	1	3	0.611310227	1.44014903	英国
34	IE	0.431673878	1	1	3	1.008768971	0.26698334	爱尔兰
35	IL	0.564307719	1	3	3	1.489105941	0.76973806	以色列
38	IT	0.473770817	1	1	3	0.825264410	1.19343163	意大利
39	JP	0.533078417	1	3	3	1.939982834	1.96365730	日本
41	KR	0.120825730	1	3	3	2.011997570	1.37632556	韩国
45	LU	0.518770007	1	2	3	0.836954950	−0.27176384	卢森堡
57	NL	0.311962146	1	2	3	1.010260093	0.97803037	荷兰
59	NZ	0.285224103	1	4	3	0.619173038	0.06344327	新西兰
67	SE	0.321284118	1	2	3	0.602628971	0.96088605	瑞典
68	SG	0.452121107	1	3	3	0.774559174	0.61815809	新加坡
78	US	0.846421297	1	1	3	1.976928004	2.35782183	美国

ii) 新兴经济体

表 C.12   新兴经济体

	代码	UE 专利授权比例	经济类型	洲	专利集群	均值标准平方根占比	GERD 均值标准对数	国家
23	EE	0.308293269	2	2	1	0.003956716	−0.68453340	爱沙尼亚
46	LV	0.072062402	2	2	1	−0.211877559	−0.84832296	拉脱维亚
7	BG	0.201345756	2	2	2	0.250511185	−0.40236267	保加利亚
10	BR	0.282890325	2	1	2	−0.982247450	1.25917901	巴西
14	CN	0.105022395	2	3	2	−0.480311732	1.71291054	中国
33	HU	0.177792596	2	1	2	−0.106652644	0.15861754	匈牙利
36	IN	0.444232059	2	3	2	−0.080118048	1.28825128	印度
56	MY	0.296132666	2	3	2	0.255621973	0.34759064	马来西亚
61	PK	0.238636364	2	3	2	−1.000829150	0.14682725	巴基斯坦
62	PL	0.077777161	2	2	2	−0.449830016	0.49294284	波兰
64	RO	0.069937177	2	2	2	−0.366386287	−0.02800305	罗马尼亚
66	RU	0.014818552	2	3	2	−0.722348879	1.16920086	俄罗斯
72	TH	0.423609046	2	3	2	−0.177099760	0.14584301	泰国
75	TR	0.113333153	2	2	2	−0.762834917	0.59920174	土耳其
77	UA	0.023651129	2	3	2	−0.710737322	0.41382451	乌克兰
80	ZA	0.158424908	2	4	2	−0.612149360	0.50788007	南非

iii) 其他发达国家

表 C.13   其他发达国家

	代码	UE 专利授权比例	经济类型	洲	专利集群	均值标准平方根占比	GERD 均值标准对数	国家
1	AM	0.231932773	3	3	1	0.746967867	−1.44332098	亚美尼亚
4	AZ	0.087438424	3	3	1	−0.890184954	−0.76780467	阿塞拜疆
6	BF	0.000000000	3	4	1	−1.442399046	−1.45510077	布基纳法索
9	BO	0.291666667	3	1	1	−0.940339765	−0.97122264	玻利维亚
16	CR	0.443243243	3	1	1	0.754719213	−0.75821618	哥斯达黎加
22	EC	0.220000000	3	1	1	−0.340129145	−0.88668792	厄瓜多尔
29	GE	0.069078599	3	3	1	0.485377779	−1.34056832	乔治亚州
40	KG	0.000000000	3	3	1	−1.320105557	−1.56289728	吉尔吉斯斯坦
42	KW	0.941722973	3	3	1	0.451169255	−0.59408156	科威特

续表

	代码	UE 专利授权比例	经济类型	洲	专利集群	均值标准平方根占比	GERD 均值标准对数	国家
44	LK	0.219219219	3	3	1	−0.248668990	−0.71875103	斯里兰卡
48	MD	0.004172235	3	3	1	−0.515563210	−1.20267944	摩尔多瓦
49	MG	0.333333333	3	4	1	−0.988023484	−1.32702578	马达加斯加
50	MK	0.055555556	3	2	1	−1.090655421	−1.24950020	马其顿
51	MN	0.118055556	3	3	1	−0.683631956	−1.41601800	蒙古
54	MU	0.111111111	3	4	1	−1.313692437	−1.27229896	毛里求斯
60	PA	0.422222222	3	1	1	−0.082072088	−0.98336900	巴拿马
71	SV	0.250000000	3	1	1	−0.194555169	−1.39665839	萨尔瓦多
73	TJ	0.000000000	3	3	1	−1.533090827	−1.92533682	塔吉克斯坦
76	TT	0.326388889	3	1	1	0.302501123	−1.54168740	特立尼达和多巴哥
79	UY	0.221951219	3	1	1	−0.254273281	−0.82500908	乌拉圭
11	BY	0.048855355	3	3	2	−0.816899509	−0.17840076	白俄罗斯
15	CO	0.123825188	3	1	2	−0.514068105	−0.16100282	哥伦比亚
17	CU	0.020135566	3	1	2	−1.307637355	−0.15048139	古巴
24	EG	0.259064328	3	4	2	−0.696377950	0.14921245	埃及
32	HR	0.088039084	3	1	2	−0.541213679	−0.21722531	克罗地亚
43	KZ	0.022273613	3	3	2	−1.263827163	−0.34096013	哈萨克斯坦
47	MA	0.106396657	3	4	2	−1.041643388	−0.07411728	摩洛哥
65	RS	0.052560363	3	2	2	−0.906804494	−0.39896955	塞尔维亚
74	TN	0.223660714	3	4	2	−1.000730621	−0.27712597	突尼斯

　　对以前报告的所有结果进行宏观审查，得出了关于集群结构和每个集群中国家特征之间关系的见解。

第3章
机构、GERD 强度和专利集群

引 言

  本章就制度对各国专利强度的主要影响进行了实证和理论批判。迄今为止，基于创新的经济增长理论一直强调跨国公司应在全球范围内推动研发，特别是国际化研发。❶ 这种研发活动也与更高的专利活动收益率密切相关，是由可比较的国家专利倾向性比率来衡量的。但总体而言，目前支持这一方法的文献将对象集中于发达国家。因此，关于这一现象的大量科学研究清楚地反映了发达国家的经验。不足为奇的是，其中一些研究表明，创新活动国际化程度越来越高主要是通过这些国家跨国公司的研发活动来实现的。❷ 跨越发展鸿沟，许多其他例子强化了这样一种印象：新兴经济体的国际化研发和专利倾向性是一种主要的制度选择。例如，摩托罗拉于 1993 年在中国开设了第一个外资研发室、通用电气在印度的研发活动涉及飞机发动机、耐用消费品和医疗设备等多个领域，以及如雅培、赛诺菲、葛兰素史克、西普拉和辉瑞等制造公司在印

---

❶ 例如参见，Frieder Meyer – Krahmer and Guido Reger, New perspectives on the innovation strategies of multinational enterprises: Lessons for technology policy in Europe, Research Policy, vol. 28, 751 (1999), at 758 – 763. 另见下文讨论。

❷ OECD, Compendium of Patent Statistics, Economic Analysis and Statistics Division of the OECD Directorate for Science, Technology and Industry (2004); Daniele Archibugi and Alberto Coco, The Globalization of Technology and the European Innovation System, IEEE Working Paper DT09/2001. No (2001); Parimal Patel and Modesto Vega, Patterns of internationalization of corporate technology: location vs. home country advantages, Research Policy, vol. 28, No. 145 – 155 (1999); Alexander Gerybadze and Guido Reger, Globalization of R&D: Recent changes in the management of innovation intransnational corporations, Research Policy, vol. 28, No. 2 – 3 (special issue) 251 (1999); Parimal Patel, Localized Production of Technology for Global Markets, Cambridge Journal of Economics, vol. 19 (1), 141 (1991).

度开展临床研究活动。❸

尽管在大多数情况下是模糊不清的，但不出所料，这也是近年来联合国各机构的政策。值得注意的是，这一观点在 2005 年联合国千年项目❹、WIPO❺甚至联合国非洲经济委员会❻的想法中都有提及。

植根于发展依赖理论，认为发展中国家完全依赖发达国家的 TRIPS 包含一项隐含的承诺，即在专利活动支持下，企业部门在促进国内创新方面应发挥促进"贸易更加自由"的主导作用。在这方面，TRIPS 以此作为持续回应世界银行和贸发会议将技术转让列为发展中国家基于创新实现经济增长的一种反应形式。❼ 因此，与其依靠当地技术能力（有明显的局限性）促进发展中国家的国内创新，还不如接受创新，至多对创新加以调整。❽ 从今以后，商业部门的目的是促进以技术为基础的贸易。

然而，更细化的研究表明，正如联合国的国际研发所持观点设想的那样，跨国公司和整个商业部门在促进发展中国家的国际化创新方面的作用并没有达

---

❸ 例如参见，IBEF – India Brand Equity Foundation, Pharmaceutical Companies in India, at：www. ibef. org/industry/pharmaceutical – india/showcase. 另见 The Rise of Indian Multinationals：Perspectives on Indian Outward Foreign Direct Investment（Karl Sauvant, Jaya Pradhan, Ayesha Chatterjee, and Brian Harley, eds.）（Palgrave Macmillan, 2010）, at 15 – 17（on the rise of India MNCs against the backdrop of foreign MNEs operating in India）.

❹ United Nations Millennium Project, Innovation：Applying Knowledge in Development, London：Task Force on Science, Technology and Innovation, Earthscan（2005）（私营部门的繁荣程度从根本上取决于充足的基础设施、人力资本和研发水平。通过支持高等教育和研发经费，政府通过提高技术奠定了经济增长的基础）, at 123.

❺ WIPO, Economic Aspects of Intellectual Property in Countries with Economics in Transition, Ver. 1, the Division for Certain Countries in Europe and Asia, WIPO（2012）（hereinafter WIPO, Economic Aspects）（主要关注发展中国家，同时再次强调研发是衡量创新过程有效性的最重要的经济指标）, at 22. 另见 Recommendation no. 26 of the WIPO, 45 Adopted Recommendations under the WIPO Development Agenda（2007）（herein after, WIPO Development Agenda）（鼓励成员国，特别是发达国家的成员国，促进其科研机构与发展中国家的合作与交流，对最不发达国家而言更是如此。）.

❻ 参见 United Nations Millennium Project, ibid.（强调创新和潜在投资需求作为经济转型的基础）. But see for critique, e. g., Rasigan Maharajh and Erika Kraemer – Mbula, Innovation Strategies in Developing Countries, in Innovation and the Development Agenda（Erika Kraemer – Mbula and Watu Wamae, eds.）（OECD, 2009）, at 136; Andreanne Léger and Sushmita Swaminathan, Innovation Theories：Relevance and Implications for Developing Country Innovation, German Institute for Economic Research（DIW）Discussion paper 743（November 2007）.

❼ 参见 World Bank, Innovation Policy：A Guide for Developing Countries（2010）, at 116; UNCTAD and ICTSD（International Centre for Trade and Sustainable Development）, Intellectual Property Rights：Implications for Development, Intellectual Property Rights and Sustainable Development Series Policy Discussion Paper, ICTSD, Geneva（2003）.

❽ 同上。

到这些高期望。

为了检验这一论点，本章对跨越发展鸿沟的三个专利集群进行了比较，分析了国内外政府和商业部门之间的统计关联，并将专利强度作为国内创新的重要表征。本章研究遵循制度性智识，因此，任何有效的创新战略都需要多层次制度政策的协调。[9] 人们关注的焦点是这些机构执行者在促进各国国内创新的专利活动方面所起的作用。下面的实证讨论进一步分析了与 GERD 相关的变量，即按业绩划分的涉及商业部门、政府部门、非政府部门和高等教育部门的GERD 和按资金来源划分的来自海外融资 GERD。[10]

联合国教科文组织于 2010 年发布的关于发展中国家的第 5 号技术文件报告[11]已经提供了一个替代方案。正如该报告所指出的，发展中国家的创新系统和相关的研发或 GERD 测量系统在各国，特别是在发展中国家，表现出广泛的多样性。报告指出，这种差异可能包括不定期吸收研发人员，以及测量研发强度的不平衡经验倾向。[12]

---

❾　参见 Isabel MariaBodas Freitas and Nick von Tunzelmann，Alignment of Innovation Policy Objectives：A Demand Side Perspective，DRUID Working Paper No. 13 – 02 （2008）；Sanjaya Lall and Morris Teubal，Market – stimulating technology policies in developing countries：A framework with examples from East Asia，World Development，Elsevier，vol. 26 （8），1369 （1998） （for the context of East Asia）；Bengt – Åke Lund-vall and Susana Borrás，The globalizing learning economy：Implications for innovation policies，Science Re-search Development，European Commission （1997）. 在发展中国家，这些干预的层次结构需要调整和协调以减轻贫困。在其开创性著作《金融金字塔底层数十亿穷人中增长最快的市场建模》（*Modeling the fastest growing markets among the billions of poor people at the bottom of the financial pyramid*）一书中，C. K. Prahalad 以分配正义并且可实现盈利的政策构建创新的模型，同时特别坚持机构和政府的中心作用。Coimbatore Krishnarao Prahalad，The Fortune at the Bottom of the Pyramid：Eradicating Poverty through Profits （Wharton School Publishing，2005），at 81，84. 另见 Rasigan Maharajh and Erika Kraemer – Mbula，脚注 6，at 142. See previous discussion in Daniel Benoliel，The Impact of Institutions on Patent Propensity Across Countries，Boston University International Law Journal，vol. 33 （1），129 （2015），134 – 147 （发达经济体和新兴经济体之间的差异）.

❿　本章分析使用了联合国教科文组织科学技术 （S&T） 统计报告，参考表 27：按绩效部门划分的 GERD、表 28：按资金来源划分的 GERD。请参见 http：//stats. uis. unesco. org/unesco/ReportFolders/ReportFolders. aspx。表 27 不包括海外实体的业绩数据。因此，国内外业务部门的总和仅出现在表 28中。另见 Adapted from OECD，Frascati Manual：Proposed Standard Practice for Surveys on Research and Ex-perimental Development （2002） （hereinafter，OECD，Frascati Manual） （for source of funds），§ 423.

⓫　United Nations Educational，Scientific and Cultural Organization （UNESCO） （2010），Technical Pa-per No. 5，（hereinafter，UNESCO，Technical Paper 5）.

⓬　同上。

3.1 基于创新的增长和制度分析

在过去 20 年里，OECD 成员国见证了企业研发日益增强的影响。总的来说，海外或源自海外的研发（主要是与跨国企业相关的研发）保持稳定，而公共研发则有所减少。[13]

在研究发展中国家时，这种关于发达经济体的模式不太明显。就发展中国家，特别是新兴经济体而言，很少以基于结果的分析模式来评估创新和与专利有关的政策，包括回顾性研究。本节整合了促进专利活动的各类机构的现有分析，包括政府部门、当地商业部门以及跨国公司研发绩效和融资的国际化形式。

3.1.1 跨国公司

政府与私营企业历来是研发资金来源的两个独立融资机构。近年来，第三个资金来源在一些国家已变得重要，即投资于国内研发的海外资金。作为例证，OECD 的一份报告指出，在 1995～2004 年，西欧跨国公司在本国以外的研发支出比例从 26% 增加到 44%。[14] 同样地，在 1995～2004 年，日本跨国公司在本国以外的研发支出比例从 5% 上升到 11%，北美跨国公司从 23% 上升到 32%。[15] 随之而来的是，这些跨国公司在发展中国家的投资增长，尤其是在巴西、印度和中国。[16] 高盛（Goldman Sachs）在 2010 年发布的一份报告中明确了目前和未来中国、印度和巴西的研发设施范围。[17] 报告中还提到包括福特、IBM、辉瑞、微软、英特尔、思科和波音等金融机构在内的跨国公司。[18] 第四个资金来源是一系列非政府部门，包括慈善信托基金，其中一些基金是在工业

---

[13] 例如参见，Dominique Guellec and Bruno Van Pottelsberghe de la Potterie, The Impact of Public R&D Expenditure on Business R&D, Economics of Innovation and New Technology, vol. 12（3）（2003），at 228; and see previous discussion in Daniel Benoliel, The Impact of Institutions on Patent Propensity Across Countries, Boston University International Law Journal, vol. 33（1），129（2015），at 134 – 147.

[14] 参见 OECD/OCDE, Background report to the Conference on internationalization of R&D, Brussels（March 2005）.

[15] 同上。

[16] 参见 Goldman Sachs Group, The new geography of global innovation, Global Markets Institute report, September 20, 2010（2010），at 8.

[17] 同上。

[18] 同上，at 6.

上获得成功后由富有的个人设立的。[19]

创新理论中的核心理论性理念促进了跨国公司在促进创新方面的核心作用。[20] 早在 1957 年，剑桥大学经济学家 Nicholas Kaldor 就提出了关于通过创新实现经济增长的最初论点。正如卡尔多的理论所说，技术采用率的不同解释了各国发展阶段的差异。[21] 其根本思想是，投资和学习是相互关联的，它们发生的速度决定技术进步的程度。[22] 为了确定所有国家技术变革的速度和方向，需要对研发进行投资。[23]

20 世纪 90 年代，研发活动国际化程度显著提高。[24] 在 1995 年发表的一项被广泛引用的关于国际研发溢出对一国贸易相关的全要素生产率（TFP）影响的研究中，[25] Coe 和 Helpman 进一步强调了外国研发资本存量的重要性。[26] 他们再次将重点放在发达国家，用一国全要素生产率相对于研发资本存量的弹性来衡量研发资本存量的重要性。他们的证据表明，生产率和研发资本存量之间存在密切的联系。一个国家的全要素生产率不仅取决于其自身的研发资本存

[19]　参见 Christine Greenhalgh and Mark Rogers, Innovation, Intellectual Property and Economic Growth (Princeton University Press, 2010), at 89.

[20]　For UNESCO S&T, 脚注 10（利用统计模型分析国外研发经费的数据和指标）, at Section 3.3, referring to OECD Frascati Manual, 脚注 10, §229. In the context of R&D statistics within the UNESCO data set analyzed in the empirical model in Section 3.3, "境外" 是指 "位于一国疆界以外的一切机构和个人，但国内实体经营的车辆、船舶、航空器、空间卫星以及该实体取得的实验场地除外"，此外，还包括："所有国际组织（工商企业除外）在一国境内的设施和业务。" 进一步讨论参见 the OECD, Frascati Manual, at 72 - 73. Such funding sources include overseas business enterprise, other national governments, private non - profit, higher education, and overseas international organizations.

[21]　Nicholas Kaldor, A Model of Economic Growth, Economic Journal, Dec. 1957, 591 (1957). 后来，后一种分析用泛化的专利统计方法予以衡量。为了说明这一点，最近斯坦福大学 Charles Jones 和 Paul Romer 举例说明专利统计数据在卡尔多增长理论中的应用。参见 Charles I. Jones and Paul M. Romer, The New Kaldor Facts: Ideas, Institutions, Population, and Human Capital, NBER Working Paper Series (2009)（提供跨国专利统计数据来衡量国际思想的流动，并将贸易和外国直接投资作为经济增长的关键因素）, at 8.

[22]　Kaldor, 脚注 21.

[23]　同上。

[24]　Rajneesh Narula and Antonello Zanfei, Globalization of Innovation: The Role of Multinational Enterprises, Chapter 12 in The Oxford Handbook of Innovation (Jan Fagerberg and David Mowery, eds.)（Oxford University Press, 2005）; Wolfgang Keller, International Technology Diffusion, Journal of Economic Literature, 42, 3 (2004).

[25]　全要素生产率是国内研发资本存量的函数，也是国外研发资本存量的一个指标，所有的研发资本指标都是从企业部门的研发活动中构建出来的。参见 David T. Coe and Elhanan Helpman, International R&D Spillovers, European Economic Review, vol. 39, 859 (1995).

[26]　正如他们所解释的，外国研发对国内生产率的影响越大，国内进口占 GDP 的比例越大。参见 Coe and Helpman, 同上（据估计，七国集团的研发自身回报率为 123%，其他 15 个国家为 85%。同样重要的是，七国集团 32% 的溢出收益意味着七国集团国家研发收益的 1/4 来自其贸易伙伴）, at 874.

量，而且正如该理论所指出的，还取决于其贸易伙伴的研发资本存量。[27] 简单地说，七国集团（G7）国家研发投资报酬总额的大约 1/4 来自其贸易伙伴。[28] 尽管这一观点有点脆弱，但学者们通过类比提出，在较小的发展中国家，外国研发资本存量可能至少与国内研发资本存量同等重要。[29] 相比之下，在较大的七国集团国家，国内研发资本存量可能更重要。[30]

　　迄今为止，基于创新的经济增长文献强调，研发（尤其是国际化研发）应该由全球的跨国公司来推动。[31] 然而纵观全局，当前的文献只关注发达国家。这并不奇怪，因为关于这一现象的大量科学研究显然融合了大多数发达经济体的经验，或者其中一些研究表明创新活动日益国际化，主要是跨国公司在这些国家的研发活动。[32] 在实践中，许多例子加深了人们的印象，即国际化研发在新兴经济体取得了成功。然而，更细化的研究表明，跨国公司在促进发展中国家创新方面的作用，以及联合国在这方面的整个发言权，似乎未能满足三个关键方面的高期望。首先，跨国公司目前在发展中国家，特别是新兴经济体的投资低于预期。由于缺乏联合国层面或者其他有关这一主题的最新核心研

---

[27]　同上，875.

[28]　同上，874.

[29]　同上，861. 对他们结果的批评参见 Keller，脚注 24 [casting doubt on the trade - related of Coe and Helpman's finding in David T. Coe and Elhanan Helpman, International R&D Spillovers, European Economic Review, 39：859 - 887（1995），关于国外研发溢出效应，通过证明当溢出结构中的权重是随机的而不是基于进口份额时，可以获得显著的国外研发溢出]；Frank R. Lichtenberg, and Bruno van Pottelsberghe de la Potterie, International R&D Spillovers：A Comment. European Economic Review, 42（8）：1483（1998）（批评了 Coe 和 Helpman 用国外研发来源的进口占进口总额的比例来衡量国外研发存量，这些数据和建议的汇总易受影响。这并不是用输出国的国内生产总值使从受援国进口的商品正常化）；Brunovan Pottelsberghe and Frank R. Lichtenberg, Does foreign direct investment transfer technology across borders? Review of Economics and Statistics, 83（3），490（2001）（对外直接投资作为国际研发溢出渠道的低估提供了证据）；Chihwa Kao, Min - Hsien Chiang, and Bangtian Chen, International R&D Spillovers：An Application of Estimation and Inference in Panel Cointegration, Oxford Bulleting of Economic and Statistics, 61（S1）：691 - 709（1999）[通过使用不同的实证方法找到全要素生产率和研发变量之间的协整关系，并使用恰当的面板数据予以协整检验（cointegration test）。当他们用动态普通最小平方（DOLS）估计量（与普通估计量不同，在小样本下没有偏差）重新评估 Coe 和 Helpman 规范时，它们不再对与贸易相关的外国研发溢出产生显著影响]。

[30]　参见 Coe and Helpman，脚注 25 above, at 861. 对他们结果的批评参见 Keller，脚注 24；Frank R. Lichtenberg and Bruno van Pottelsberghe de la Potterie, International R&D Spillovers：A Comment. European Economic Review, 42：1483（1998）；Bruno van Pottelsberghe and Frank R. Lichtenberg, Does Foreign Direct Investment Transfer Technology Across Borders? Review of Economics and Statistics, 83，490（2001）；Kao, Chiang and Chen，脚注 29.

[31]　Frieder Meyer - Krahmer and Guido Reger，脚注 1.

[32]　OECD，脚注 2；Daniele Archibugi and Alberto Coco，脚注 2；Alexander Gerybadze and Guido Reger，脚注 2；Parimal Patel，脚注 2.

究，2005 年贸发会议具有开创性意义的《世界投资报告》提供了一个相对较
新的例证。该报告显示，只有中国、韩国和巴西（按降序排列），接近或超过
了 2002 年（联合国技术合作委员会报告中最近一年）50 亿美元的 GERD 总
额。❸ 从新兴经济体的角度来看，这些结果同样令人失望，它们进一步导致了
被视为成功的国际化研发过程。正如加州大学伯克利分校经济学家 Bronwyn
Hall 进一步描述的那样，这种国际化研发过程是在 1999 年和 2005 年这两个不
同的时期进行测算的。该测算涉及约 40 个大的 OECD 和非 OECD 经济体。❹

　　然而，第一，即使在印度、墨西哥和俄罗斯等大型新兴经济体，跨国公司
在研发上的投资也远低于 50 亿美元。相对贫穷的欧洲东南部新兴经济体和苏
联的独立国家联合体（独联体）提供了一个更为明显的例子，这些国家的跨
国公司投资少得多。❸ 这一现实进一步解释了为什么在千禧年 USPTO 授权专利
给 25 个选定的发展中经济体的大多数专利很少由外国子公司拥有。❸ 相反，
它们归国内企业所有，有时还归公共机构所有。❸

　　第二，跨国公司的国际化研发模式普遍未能达到促进发展中国家创新的预
期。这一论点涉及的是来自发展中国家，尤其是新兴经济体的跨国公司的边际
数量。贸发会议于 2005 年发布的投资报告再次显示，在 700 家最大的研发支
出公司中，80% 以上来自 5 个发达经济体：美国、日本、德国、英国和法国
（降序排列）。前 700 家中只有 1% 来自发展中国家、欧洲东南部和独联体。❸

---

　　❸　参见 UNCTAD, World Investment Report（Geneva, 2005），at 119 – 120, and see table Ⅲ. 1 therein.
　　❹　正如 Hall 所解释的，在这些时期，关于 GDP 分布和研发绩效的两个基本事实是显而易见的。
（1999 年和 2005 年的基尼系数分别为 0.78 和 0.75，而这两年的国内生产总值为 0.69）随着时间的推
移，研发的集中度越来越低，即使是在这短短的 6 年里，与 GDP 的集中度相比，后者基本上保持不变。
这一变化虽然看起来很小，但反映了同一时期发生的研发国际化。参见 Bronwyn H. Hall, The Interna-
tionalization of R&D, UC Berkeley and University of Maastricht（March 2010），at 3, referring to and Figure
"Concentration of R&D and GDP," at 22 and figure 1. 另见 Greenhalgh and Rogers, 脚注 19, at 344.
　　❸　UNCTAD, World Investment Report（Geneva, 2005），at xxvi.
　　❸　同上，at 134（for date collected for the years 2001 – 2003），在表 Ⅳ. 11 中，分别指南非、埃及、
肯尼亚、韩国、中国、新加坡、印度、马来西亚、土耳其、泰国、菲律宾、沙特阿拉伯、印度尼西亚、
巴西、墨西哥、阿根廷、巴哈马、百慕大、古巴、智利、俄罗斯、乌克兰和保加利亚。只有在保加利
亚和巴西，外国子公司在所有转让专利中占 20% 以上。在印度和古巴，公共研究机构所占的比例是这
些国家中最大的（分别为 68% 和 84%）。新加坡、俄罗斯和乌克兰的公共研究机构也占据了 USPTO 所
授权专利中的大部分。
　　❸　同上。
　　❸　同上，参见表 Ⅳ. 2. 货币基金组织的国际收支手册（1993 年第 5 版）和 OECD 外国直接投资
基准定义（1995 年第 3 版）为汇编外国直接投资流动提供了商定的准则。最大的跨国公司在地理区域
上仍然集中在几个母国。美国以 25 个席位占据了榜首。5 个实体和新加坡仍然是最重要的本土经济体，
分别有 10 家和 9 家入围，有 8 家进入前 50 名。中国台湾地区成为中国国内经济的第三大跨国公司名
单，这个排名很大程度上归功于它的电子产品公司。参见 UNCTAD, 脚注 33, at 16 – 17.

— 108 —

在发展中国家的跨国公司名单❸❾中，几乎所有的公司都来自亚洲，特别是韩国和中国。❹⓪

第三个相关的结论是，对于 700 家最大的研发支出公司来说，大多数是集中在相对较少的行业，提供的创新多样化也很少，因此新兴经济体大量创新活动的适应性也很弱。在 2003 年，其中一半以上只存在于信息技术硬件行业、汽车行业和制药/生物技术这三个行业。❹❶ 当然，这并未表明将这种工业集中在整个新兴经济体集团中是可取的，或者说是令人满意的。

总之，在新兴经济体专利倾向性比例的高收益支持下，跨国公司在促进创新方面的作用是有争议的。正如贸发会议 2005 年投资报告本身所表明的，到 2005 年，只有少数发展中国家和转型期经济体参与了研发国际化进程。❹❷ 此外，跨国公司给那些将专利倾向性作为国内有意义的创新表征的国家贡献了相对较高的边际增长率，这一点仍然值得怀疑。第 3.3 节中的实证分析为这些国家在面对发达经济体可能相反的现实时表现出的不信任提供了有力的支持。

3.1.2　商业部门

制度性分析方法强调促进创新过程中的第二个工业部门，即商业部门。❹❸ 与发达国家相比，无论其在发展中国家的具体情况如何，毫无疑问，任何缩小了南北差距的国家集团中，商业部门在专利强度方面仍具有极大的影响。在不完善的替代方案的制度领域，问题仍然是：与政府部门和跨国公司相比，在三个专利集群中，商业部门在促进基于国内创新的典型专利活动方面的相对作用是什么？对这一问题的回答与专利强度的影响有关，而专利强度正是三个专利集群国内创新的表征。

尽管 TRIPS 具有深刻的创新含义，但它仍然是关于商业部门作用的一个有用支撑点。植根于依赖性发展理论，即发展中国家被认为完全依赖于发达国

---

❸❾　同上，参见表 IV.1. Several countries have moved up the ranks since the late 1990s. 同上。

❹⓪　同上，参见表 IV.2. On balance, only one MNC comes from Africa and two are from Latin America.

❹❶　同上，参见表 IV.3.

❹❷　参见 UNCTAD，脚注 33（adding that the fact that some are now perceived as attractive locations for highly complex R&D indicates permit countries to develop the capabilities that are needed to connect with the global R&D systems of TNCs），at Overview at XXIV.

❹❸　For UNESCO S&T，脚注 10，data and indicators for Business enterprise intramural expenditure on R&D（BERD），analyzed in the statistical model in Part Ⅲ，see：http：//uis. unesco. org/en/glossary，referring to OECD，Frascati Manual，脚注 10，§163. 在研发统计中，商业部门包括："主要活动是市场生产商品或服务（高等教育除外）并出售给主要为其服务的非营利机构的所有公司、组织和机构。"同上，进一步讨论参见 OECD，Frascati Manual，at 54 – 56.

家，TRIPS 早已作为一项与贸易有关的妥协被广泛接受。❹ 甚至比跨国公司的国际化研发更为自由的自由贸易被认为是导致贫困国家处于"边缘"的原因。❺ 然而，TRIPS 关于"更自由贸易"的理想承诺也可能削弱了商业部门在直接促进创新活动方面的作用。究其原因，是因为 TRIPS 与世界银行、贸发会议一样，将技术转让列为以创新为经济增长基础的发展中国家的一种反应形式。❻ 因此，与其通过发展当地的技术能力来促进国内创新，不如接受创新并使之更好地调整。❼ 从今往后，商业部门的目的是促进以技术为基础的贸易。在提高发展中国家专利产量的基础上加强国内创新的势头得到初步遏制。

在把加强发展中国家创新体制作为一项政策加以关注的背景下，WIPO 似乎走得更远。尽管似乎错过了 2007 年发展议程坚持以创新为体制的机会，但是 WIPO 以非限定的方式在其他地方直接参与了。WIPO 于 2012 年发布国家经济转型期知识产权的经济方面的报告中，详细列出了发展中国家创新活动过程中的主要因素。❽ 该因素清单的第一项反映了一个重要的体制选择，即商业部门对发展中国家创新活动的参与不足。❾ 报告指出需要建立公私伙伴关系，❿ 但这样做并没有特别选择为政府部门在发展中国家开展创新活动甚或提供资金方面保留单独的直接监管作用。总的结论是，企业研发的影响大多大于公共研

---

❹　参见 Jayashree Watal, Intellectual Property Rights in the WTO and Developing Countries（Kluwer, 2001）（解释发达国家是如何同意逐步取消其在纺织品和服装等最敏感物品上的配额，以换取发展中国家逐步接受并采用被美国视为最重要的专利产品的药品），at 20. 另见 Frederick M. Abbott, The WTO TRIPS Agreement and Global Economic Development, in Public Policy and Global Technological Integration, 39（Frederick M. Abbott and David J. Gerber, eds.）（Springer, 1997）, at 39 - 40. 另见 Charles S. Levy, Implementing TRIPS - A Test of Political Will, 31 Law and Policy in International Business, 789（2000）, at 790.

❺　例如参见, Raul Prebisch, International Trade and Payments in an Era of Coexistence: Commercial Policy in the Underdeveloped Countries, 49 American Economic Review, 251（1959）（举例说明发展中的"边缘"国家对增加贸易自由的抵制）, at 251 - 252. 关于拉丁美洲方面的讨论参见 Fernando Henrique Cardoso and Enzo Faletto, Dependency and Development in Latin America（University of California Press, 1979）（描述了拉丁美洲民族主义和民粹主义政治议程之间的紧张关系及其对相关国际贸易政策的影响）, at 149 - 171.

❻　参见 World Bank, 脚注 7, at 116; UNCTAD and ICTSD, 脚注 7.

❼　同上。

❽　参见 WIPO Development Agenda, 脚注 5, at 9.

❾　同上，声明的第一项提议："商界在创新政策制定和实施（包括在创新项目的资助）方面参与度不高。"

❿　同上（第二项提议是："公私伙伴之间关系发展缓慢。"）同样，报告的第五项提议指出："公共和私人研究中心之间的互动程度不够。"

发的影响，因为公共研发被认为"需要很长时间才能实现"。⑤ 尽管 WIPO 倾向于将企业凌驾于政府之上来作为发展中国家的制度选择，但是此种选择的未来政策挑战是显而易见的。根据 TRIPS 辩证逻辑的要求，加大对贸易和资本流动的开放不应被视为降低地方创新努力的必要性。⑫ 相反，自由化和相关开放市场环境是发展中国家的商业部门获得成为或保持竞争力所需的技术和创新能力的必要条件。⑬

在创新型经济增长文献中，可以看到更为准确、反对偏见的制度选择。在这一理论层面上，在发达国家企业研发对生产率的影响进行了深入的研究。这项调查涉及所有综合层面，包括业务部门、企业、行业和国家层面。然而，正如上文所述的那样，大多数实证分析相当有预见性地侧重于发达经济体，特别是美国。所有这些研究不仅证实了企业研发的重要性，还证实了与企业研发相关的产出弹性估值从 10% 到 30% 不等的企业研发回报率。⑭ 经济学家 Luc Soete 和 Parimal Patel 对 5 个国家进行了最早的、在主要层面上的面板数据分析，证实了商业部门研发对创新型经济增长的影响。⑮ 后来，哥伦比亚大学经济学家 Frank Lichtenberg 开创了使用大型国家数据集分析的先河，他通过对 53 个国家的横面数据来证实与企业相关的研发对劳动生产率的影响。⑯ 不久之后，经济学家 David Coe、Elhanan Helpman 和 Walter Park 率先将大型国家数据与长期系

⑤　参见 WIPO，World Intellectual Property Report 2011（公共研发的贡献也需要很长时间才能实现），at 142.

⑫　参见 UNCTAD，脚注 33，at Overview at XXV.

⑬　同上。

⑭　参见 Dominique Guellec and Bruno Van Pottelsberghe de la Potterie，脚注 13（根据 1980 年至 1998 年期间由 16 个主要 OECD 国家组成的专家组提供的面板数据集的估计值表明，在这些国家，国内企业部门、政府和外国研发部门对多因素生产率增长的产出贡献很大），at 229，一般参考 Ishaq Nadiri, Innovations and Technological Spillovers，NBER Working Paper Series，4423，Cambridge，MA（1993）. 这种巨大的差异自然源自在计量经济学规范、数据来源、经济单位数量、研发计量方法等方面存在研究差异。同样，如 Griliches 和 Mairesse 所揭示的，美国制造业公司对私人研发的回报率在 20%～40%。参见 Zvi Griliches and Jacques Mairesse，R&D and Productivity Growth：Comparing Japanese and US Manufacturing Firms，in Productivity Growth in Japan and United States（Charles R. Hulten，ed.）（University of Chicago Press，1991）（日本商业部门的回报率也在 30%～40%）. Hall 和 Mairesse 指出，20 世纪 80 年代法国公司的回报率在 22%～34%。参见 Bronwyn Hall and Jacques Mairesse，Exploring the relationship between R&D and productivity in French manufacturing firms. Journal of Econometrics，65，263（1995）. Harhoff 认为，从 1979 年到 1989 年，德国公司的回报率约为 20%。参见 Dietmar Harhoff，R&D and Productivity in German Manufacturing Firms，Economics of Innovation and New Technology，6：22（1998）.

⑮　Luc Soete and Parimal Patel，Recherche – Développement，Importations Technologiqueset Croissance Economique，Revue Economique，vol. 36，pp. 975 – 1000（1985）.

⑯　Frank R. Lichtenberg，R&D Investment and International Productivity Differences，in Economic Growth in the World Economy（Horst Siebert，ed.）（Mohr，1993），at 47 – 68.

列数据相结合。[57] 这些面板数据的分析都一致认为，企业研发的"社会性"回报对提高生产率意义重大。[58] Park 在对 10 个 OECD 成员进行的小组数据分析中，将商业部门研发与公共部门研发进行了比较，得出结论是，如果将商业研发纳入解释变量，公共研发将失去对生产率增长的重大影响。[59]

大约在同一时间，Bronwyn Hall 采用了一种单独的市场价值方法来评估 1973～1991 年[60]美国制造业公司的研发回报率。对于一个完整的样本，研发支出与股票市场价值呈显著的正相关。事实上，报告显示的当前研发支出与研发股的关联性强于前者（通过将过去的研发贬值15%计算），这表明股市认为当前研发是未来表现的更好指标。Hall 的最终结论认为，该关联性的规模表明，研发的回报率是正常投资的 2～3 倍。[61] 最后，在2006 年，Bronwyn Hall 和 Raffaele Oriani 将他们的分析和基本结论扩展至 1989～1998 年法国、德国、意大利、英国和美国的商业部门。[62]

围绕商业研发对生产力影响的研究产生了积极的综合性结果。不过，令人遗憾的是，无论新兴经济体、东南欧等国家的国内创新是否主要以专利为基础，这些调查结果都不包括发展中国家和发达国家之间的比较。[63] 事实上，正如贸发会议在 2005 年世界投资报告中明确指出的那样，后一类发展中国家在商业部门研发中所占的份额在 1996 年仅为 5.4%，在 2002 年为 7.1%。[64] 本章研究表明，以创新为基础的经济增长体现了这些国家通过专利集群对政府研发

---

[57] Namely, 22 industrialized countries from 1970 to 1990 for Coe and Helpman and 10 OECD countries from 1970 to 1987 for Park.

[58] David T. Coe and Elhanan Helpman，脚注 25（G7 国家国内研发对生产率增长的贡献和影响显著高于其他发达国家）；Walter G. Park，International R&D spillovers and OECD economic growth，Economic Inquiry，vol. 33，571（1995）.

[59] 参见 Ishaq Nadiri and Theofanis P. Mamuneas，The Effects of Public Infrastructure and R&D Capital on the Cost Structure and Performance of US Manufacturing Industries，Review of Economics and Statistics，vol. 76，22 - 37（1994）；Walter G. Park，同上。

[60] Bronwyn Hall，The stock market valuation of R&D investment during the 1980s，American Economic Review 83（2），259（1993）.

[61] 同上；Bronwyn Hall，Industrial research during the 1980s: did the rate of return fall? Brookings Papers on Economic Activity Microeconomics（2）: 289 - 344（1993）（这意味着由于个人电脑革命的开始，计算机/电子行业的回报出现了短暂的下降）。

[62] Bronwyn Hall and Raffaele Oriani，Does the market value R&D investment by European firms? Evidence from a panel of manufacturing firms in France，Germany and Italy，International Journal of Industrial Organization，24，971（2006）.

[63] 参见 UNCTAD，脚注 33，at 106. 独联体国家也被称为俄罗斯联邦，在其 15 个成员国中包括 9 个苏联集团成员，包括亚美尼亚、阿塞拜疆、白俄罗斯、哈萨克斯坦、吉尔吉斯斯坦、摩尔多瓦、俄罗斯、塔吉克斯坦和乌兹别克斯坦。at www. cisstat. com/eng/cis. htm.

[64] UNCTAD，脚注 33，at 106.

的更大依赖。已故的 Alice Amsden 进一步证实了这一观点。正如她在其开创性的著作《其余国家的崛起》（*the Rise of "the Rest"*）中所解释的，根据"二战"后发展中国家广泛的国家经验，以市场形式存在的机构在发展的早期阶段基本上还处于初级阶段。[65] 因此，受保护产权的配置是朝着更深入和更理想的市场结构迈进的组成部分。[66] 与目前 TRIPS 关于发展中国家经济增长的贸易叙述一样，因为这些技术逐渐赋予了以创新为基础的市场力量，因此这种叙述也鼓励创造对特定公司具有扭曲性（价格超过边际成本）作用的专有技术。[67]

3.1.3　政府部门

最后，制度分析确定了促进创新的第三个工业部门，即政府部门。[68] 与商业部门或跨国公司研发对创新影响的研究相比，很少有研究考察替代性的政府部门研发对促进国内一般创新，特别是专利活动的影响。[69] 只有少数公共研究中的部分内容予以实证分析。James Adams 主要关注发达经济体，特别是美国，他发现以大量的学术科学论文为代表的基础知识存量，对美国制造业的生产率增长有显著贡献。[70] 另一项由 Erik Poole 和 Jean - Thomas Bernard 进行的重要研究，他们对加拿大以军事创新为主题予以考察，并提出证据表明，与国防相关的创新存量在 1961 ~ 1985 年对 4 个行业的多因素生产率增长具有显著的负面影响。[71] 一方面，Ishaq Nadiri 和 Theofanis Mamnant 正式将公共研发存量和公共

---

[65]　参见 Alice H. Amsden, The Rise of "The Rest"：Challenges to the West from Late Industrializing Economies（Oxford University Press, 2001），at 286 – 287.

[66]　同上。

[67]　同上。

[68]　在第 3.3 节的统计模型中，对联合国教科文组织科学技术数据和指标进行了分析，see http：// uis. unesco. org/en/glossary, referring to OECD；Frascati Manual，脚注 10，at §184. 政府内部研发支出或政府部门的研发支出包括所有部门、办公室和其他机构，这些部门、办事处和其他机构提供但通常不向社区出售除高等教育以外的其他公共服务——这些服务无法以其他方式方便和经济地提供，以及那些管理国家和社会经济政策的人。国营企业包括在工商企业部门中由政府控制并主要由政府提供资金，但不由高等教育部门管理的非营利机构。

[69]　关于 20 世纪美国的历史性解释一般参见，David C. Mowery and Nathan Rosenberg, Technology and the Pursuit of Economic Growth（Cambridge University Press, 1989）. 关于具体部门和行业的贡献参见 Richard R. Nelson, Government and Technical Progress：A Cross - Industry Analysis, Pergamon, New York（1982）. 关于冷战后环境对政府支持的影响，特别是在美国，参见 Linda R. Cohen and Roger G. Noll, The Technology Pork Barrel, The Brookings Institution Press, Washington, DC（1997）.

[70]　James Adams, Fundamental Stocks of Knowledge and Productivity Growth, Journal of Political Economy, vol. 98, 673（1990）.

[71]　Erik Poole and Jean - Thomas Bernard, Defense Innovation Stock and Total Factor Productivity Growth, Canadian Journal of Economics, vol. 25, 438（1992）.

基础设施存量作为美国制造业活动成本结构的决定因素。[72] 他们的研究结果证实，公共研发资本对工业活动具有重要影响，并与可观的"社会"回报率相关。另一方面，Walter Park 指出，如果将企业研发纳入解释变量，公共研发对生产率增长的显著影响将会消失。该调查结果是基于 10 个 OECD 成员的面板数据分析得出的。如前所述，这一重要发现并没有超越发达经济体的界限。同样，早期关于政府工业研发支出产生的负生产率增长回报的研究结果来自计量经济学研究，特别是哈佛大学经济学家 Zvi Griliches[73]、Eric Bartelsman[74]、Frank Lichtenberg 和 Donald Siegel[75] 的开创性工作。许多其他学者也发现联邦政府资助的研发的系数接近于零，且在统计上并不显著。[76] 必须再次强调的是，这些研究都没有遇到将其证据与发展中国家特别是新兴经济体的证据进行比较的挑战。正如 Amsden 对在"二战"后发展这一大背景下所作的解释那样，处于发展初期的国家的相互控制机制把与政府干预有关的无能转变为公共利益，"正如'看不见的手'市场驱动的控制机制将市场力量的混乱和自私转化为普遍的幸福感一样。"[77] 在这一早期历史时期，政府的作用主要是被动的，其方向是为事后形式的技术转让争取最佳条件，同时慢慢增加对研发和正规教育的投资。[78] Amsden 分析了巴西、阿根廷、印度和墨西哥以及韩国的转型情况，并解释道：在战后时期开始出现的明显差异是由于向主动创新政策转变所致。[79] 工业化的历史确定了许多新兴经济体开始开发被视为可持续增长的国家的企业先决条件的新技术。[80]

根据 Gerschenkron 的经济落后和赶超程序理论，任何一个经历工业化的国

[72] Ishaq Nadiri and Theofanis P. Mamuneas，脚注 59.

[73] 参见 Zvi Griliches, R&D and productivity: Econometric results and measurement issues, in (Paul Stoneman, ed.), The Handbook of the Economics of Innovation and Technological Change (Blackwell, 1995); Zvi Griliches and Frank R. Lichtenberg, R&D and productivity growth at the industry level: is there still a relationship? in R&D, Patents and Productivity (Zvi Griliches, ed.) (University of Chicago Press, 1984).

[74] Eric J. Bartelsman, Federally Sponsored R&D and Productivity Growth, Federal Reserve Economics Discussion Paper No. 121, Federal Reserve Board of Governors, Washington, DC (1990).

[75] Frank Lichtenberg and Donald Siegel, The impact of R&D investment on productivity – new evidence using linked R&D – LRD data, Economic Inquiry, 29, 203 (1991).

[76] 参见 Paul A. David, Bronwyn H. Hall, and Andrew A. Toole, Is Public R&D a Complement or Substitute for Private R&D? A Review of the Econometric Evidence, Research Policy, vol. 29 (4 – 5), 497 (2000), at 498 (adding additional sources).

[77] 参见 Alice H. Amsden, The Rise of "The Rest": Challenges to the West from Late Industrializing Economics (Oxford University Press, 2001), at 8.

[78] 同上，239.

[79] 同上，240 – 245.

[80] 同上。

家在工业化开始时，都会根据其"经济落后程度"有不同的实践。[81] 因此，一个国家工业化越晚，其政府的经济干预就越大。[82] 政府干预措施的增加，是因为据称生产方法变得更加具有资本倾向。随着时间的推移，更大的绝对资本要求带来了新的制度安排，这需要政府在经济增长中发挥更大的干预作用。[83]

Gerschenkron 关于追赶灵活性的概念有助于我们进行一系列的案例研究。在一个极端方面，我们发现政治学家 Eswaran Sridharan 所定义的由国家推动的巴西电子产业案例。在这个国家，几乎所有的研发工作最初都来自州政府企业和国有企业。直到很久以后，巴西的电子产业才见证了跨国公司在创新领域的研发，这是为获得此类投资而面临的巨大政策压力的结果。[84] 然而，正如 Gerschenkron 认为的那样，发展中国家的经济落后程度差别很大，政府干预发展中国家的经济发展也是如此。以马来西亚为例，政府主导和以创新为基础的保护已经超过 20 年仍然没有实现对经济的促进增长，马来西亚国际贸易和工业部长最近承认，以"国家汽车"为重点的扩大当地汽车工业的公共努力未能产生预期的结果。[85] 第三个主要例子是印度的太空计划。自 20 世纪 50 年代以来，这项昂贵的计划得到了大量补贴，但尚未取得任何商业成功。[86] 正如 Gerschenkron 所预测的那样，与世界技术前沿的距离和政府干预的程度并不一定以一种统一的方式在一个后来的发展中国家中起作用。[87] 尽管如此，创新型经济工业化的新尝试是否会继续在政府干预方面发挥明确作用，其基础是专利活

---

[81]　Gerschenkron 对"经济落后"并无明确界定，但他将其与人均收入、社会间接资本额、识字率、储蓄率和技术水平联系起来。由于这些因素之间存在许多正相关，所以通常用人均收入来表示。See Alexander Gerschenkron, Economic Backwardness in Historical Perspective (Harvard University Press, 1962)，他的分析是对统一发展阶段理论的一种回应，如 Walt Whitman Rostow 的《经济增长的阶段：非共有主义宣言》(*The Stages of Economic Growth*: *A Non Communist Manifesto*)（剑桥大学出版社，1960 年版）。

[82]　参见 Gerschenkron, Economic Backwardness in Historical Perspective (1962).

[83]　同上。

[84]　参见 Eswaran Sridharan, The Political Economy of Industrial Promotion: Indian, Brazilian, and Korean Electronics in Comparative Perspective 1969 – 1994（分析印度、巴西和韩国的政治经济和国家在电子工业中的作用），at 89.

[85]　Tilman Altenburg, Building Inclusive Innovation in Developing Countries: Challenges for IS research, in Handbook of Innovation Systems and Developing Countries (Bengt – Åke Lundvall et al. , eds.) (Elgar, 2009), at 38.

[86]　同上，referring to Angathevar Baskaran, From Science to Commerce: The Evolution of Space Development Policy and Technology Accumulation in India, Technology in Society, 27 (2), 155 – 179 (2005).

[87]　参见 Alice H. Amsden, The Rise of "The Rest": Challenges to the West from Late Industrializing Economies (Oxford University Press, 2001), at 286. Amsden 补充道，与国家在促进经济增长方面的作用相对下降相比，外国公司的作用可能有所增加。因此，如前所述，这一重要问题不在本章强调创新型经济增长的范围之内。Amsden 进一步提出了一个完整的论断：一个国家工业化的时间越晚，其主要制造企业被外资拥有的可能性就越大。

动或其他形式的对国内创新的专利保护，这显然还有待观察。❽

3.2 实证分析

3.2.1 方 法

本章中的实证分析评估了三个专利集群的专利倾向性比率（以 GERD 强度评估专利倾向性）与资助和实施 GERD 的机构或部门之间可能存在的统计联系。

我们分析了两个与研发相关的指标：按绩效部门划分的 GERD 和按融资部门划分的 GERD。❽ 这两个联合国教科文组织公开的科技数据集被纳入以下 5 个绩效部门之一的部门性全球需求分析支出的年度时间序列中：企业❾、政府部门❾、高等教育部门❾、非政府部门❾和海外部门❾，但对此并没有具体说明。❾

---

❽ 参见 Amsden，The Rise of "The Rest"：Challenges to the West from Late – Industrializing Economies，at 285.

❽ This analysis uses the UNESCO S&T，脚注 10.

❾ 在 GERD 数据统计中，企业部门包括"主要活动是以具有经济意义的价格向公众出售商品或服务（高等教育除外）的所有公司、组织和机构"，还包括"主要为他们服务的非政府部门"。最后，"这一部门的核心是私营企业，也包括国有企业。"参见 UNESCO S&T glossary，at http：//data. uis. unesco. org/. See also OECD Frascati Manual：Proposed Standard Practice for Surveys on Research and Experimental Development（2002），§163.

❾ 政府部门的定义是：提供但通常不向社会出售除高等教育以外的公共服务的所有部门、办事处和其他机构，这些服务不能以其他方式方便和经济地提供，以及那些管理国家和社会经济政策的人。国营企业包括在工商企业部门中。此外，它还包括："由政府控制和主要资助，但不由高等教育部门管理的非营利机构。"参见 UNESCO S&T glossary，ibid. See also：OECD，Frascati Manual，同上，at §184.

❾ 高等教育的定义是"所有大学、理工学院和其他高等教育机构，无论其资金来源或法律地位如何。"它还包括"所有研究机构，由高等教育机构直接控制、管理或与高等教育机构有联系的实验站和医院。"参见 UNESCO S&T glossary，同上，另见 OECD，Frascati Manual，同上，at §206.

❾ 在 GERD 数据统计中，非政府部门包括"为住户（即普通公众）服务的非市场、私营非营利机构"以及"私人个人或者家庭。"参见 UNESCO S&T glossary，脚注 90. 另见 OECD，Frascati Manual，脚注 90，§194.

❾ 在 GERD 数据统计中，海外是指"位于一国边界之外的所有机构和个人；国内实体运营的车辆、船舶、飞机和空间卫星以及这些实体获得的实验场除外。"它还包括"所有国际组织（商业组织除外企业）以及一国境内的设施和业务。"参见 UNESCO S&T glossary，同上另见 OECD，Frascati Manual，同上，at §229.

❾ 最后一类中包含的 GERD 百分比可以忽略不计，因此下面的分析与前四类相关。

在分析之前，对每个国家的每个分析系列分别进行插补，如附录 A 所述。❾❻

利用回归模型研究了时间和聚类效应对各 GERD 组成的影响。为了满足因变量的正态性假设要求，对每个部门内的每个集群和年份进行了 Box – Cox 转换的适用性检验。结果表明，平方根是最优变换，因此应用了这一方法。时间被建模为一个分类变量，交互项包含允许集群之间的不同的时间效应，或者说，不同时间之间的集群效应。❾❼

3.2.2　调查结果

3.2.2.1　按部门划分的 GERD 绩效专利集群

图 3.1 显示了 2000 ~ 2009 年每个国家政府部门的平均 GERD，以及商业部门的平均 GERD。如图 3.1 所示，一方面，在大多数领导者集群的国家中，政府在 GERD 绩效中所占的份额相对较小，而主要贡献来自商业部门。另一方面，在另外两组中，观察到国家之间的差异。例如，在追赶者集群中，印度在政府部门具有很大的占比，而马来西亚在商业部门表现出巨大的 GERD 绩效占比。

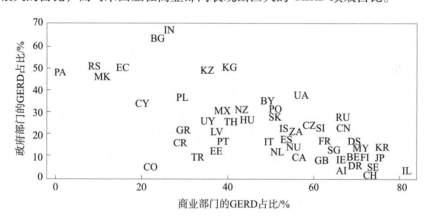

图 3.1　政府部门与商业部门的 GERD 绩效平均值

---

❾❻　利用 MASS R 库的 Box – Cox 函数得到最优的 eBox – Cox 功率变换。参见 William N. Venables and Brian D. Ripley，Modern Applied Statistics with S（4th edn.）（Springer，2002）。该函数表示最高对数似然值的幂（lambda）95% 的置信区间。对于每个 GERD 的绩效数据，需要分别分析每个集群在每一章的最佳 Box – Cox 转换。幂值为 0.5 CH（如平方根转换）被包含在所有年份和所有 GERD 组成部分的集群的所有置信区间。因此，使用平方根转换来分析数据。

❾❼　采用 SAS 混合程序的过程可以对不同的协方差结构进行建模。CSH（异质复合对称性）选项用于考虑不同时间的不同方差和来自同一国家的观测值之间的恒定相关性（一个国家的观测值之间的恒定相关相当于包括一个国家的随机效应）。最后，组选项被用来考虑三个专利集群之间在协方差参数（the covariance pavameters）上的差异。

图 3.2 以分别标注为集群 1～3 的领导者、追赶者和边缘化集群的各部门GERD 平均值分布条形图。回归方程见本章附录 D。

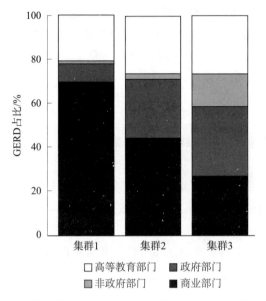

图 3.2 按绩效部门和集群类型划分的 GERD 平均值对比

附录 D 中的回归模型得出了许多结论。首先，三个集群之间商业部门的GERD 绩效存在显著差异。但是，在政府部门，只有领导者集群与其他两个集群之间存在显著差异，而追赶者集群与边缘化集群之间没有统计上的显著差异。

这些统计明显支持这样的结论，即在三个集群中，按降序排列，由商业部门的 GERD 绩效明显普遍存在。政府部门 GERD 绩效的统计明显支持这样一个结论，即在属于领导者的国家中，政府的作用较小，而在其他两个集群中，政府在 GERD 绩效和创新方面的作用大得多。

3.2.2.2 按融资部门划分的 GERD 专利集群

图 3.3 所示的分析涉及按融资部门划分的集群与 GERD 之间的关系。除了上述部门，还包括来自海外部门的资金，分别参考了领导者、追赶者和边缘化的专利集群后，条形图描述了每个部门集群 1～3 的 GERD 平均值分布。

附录 D 中的回归结果也支持许多结论。首先，对于由商业部门融资的GERD 占比，三个集群之间存在显著差异。这意味着，商业部门的存在与专利集群的类型十分一致，进一步证实了私营部门在促进国内创新方面的重要作用。其次，在政府财政方面的 GERD 占比，领导者集群与其他两个集群存在显著差异。然而，追赶者和边缘化集群之间没有统计学上的显著差异。最后，回归模型表明，三个集群对来自海外融资的 GERD 占比没有显著差异。这些结果可以在综合讨论中加以解释。

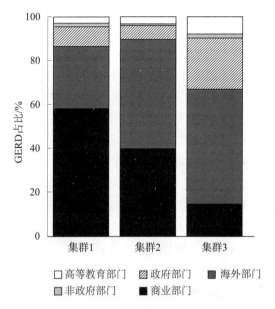

图 3.3 按融资部门和集群类型划分的 GERD 平均值对比

3.2.2.3 实验结果的解释

如前所述，在解释三个集群在全球反倾销执行和融资方面专利强度下降的原因时，这些结论与 Kahn、Blankley 和 Molotja[98] 的早期证据以及联合国教科文组织第 5 号技术文件《衡量研发：发展中国家面临的挑战》（*Measuring R&D：Challenges Faced by Developing Countries*）是一致的。[99] 根据这些资料来源，与公共部门相比，中等收入国家或新兴经济体的商业部门既为 GERD 提供资金，又开展与 GERD 相关的创新活动。[100] 这些调查结果可能进一步符合联合国教科

---

[98] Michael Kahn，William Blankley，and Neo Molotja，Measuring R&D in South Africa and in Selected SADC Countries：Issues in Implementing Frascati Manual Based Surveys，Working Paper prepared for the UIS，Montreal（2008）.

[99] United Nations Educational，Scientific and Cultural Organization（UNESCO）（2010），Technical Paper No. 5，Measuring R&D：Challenges Faced by Developing Countries（主要迎合本地市场的商业企业所面临的竞争压力可能会降低，这些商业型企业使系统研发成为例外而非常规），at 7.

[100] Michael Kahn，William Blankley，and Neo Molotja，Measuring R&D in South Africa and in Selected SADC Countries：Issues in Implementing Frascati Manual Based Surveys，Working Paper prepared for the UIS，Montreal（2008）；United Nations Educational，Scientific and Cultural Organization（UNESCO）（2010），Technical Paper No. 5，Measuring R&D：Challenges Faced by Developing Countries.

文组织 2010 年第 5 号技术文件的要求，该文件主张新兴经济体商业部门中与 GERD 有关的创新活动是临时委托的，目的是处理生产问题，使其处于非规律性、非正式性且难以追寻的情形。

最后，这些结论与 WIPO 的 2011 年世界知识产权报告不谋而合。该报告指出，事实上，在许多中低收入经济体中，政府而非大学是主要的研发参与者，工业对科学研究的贡献微乎其微。[100] 如 WIPO 的报告所示，在有数据可查的中等收入国家，政府平均资助占研发总额的 53%。[101] 随着一个国家收入水平的降低，政府拨款接近 100%，特别是农业和卫生部门的研发。在阿根廷、玻利维亚、巴西、印度、秘鲁和罗马尼亚，公共部门研发的比例经常超过研发总额的 70%。[102] 例如，从能够获取的数据角度分析，公共部门在 2010 年为布基纳法索的研发提供了 100% 的资金。[104] 在有关公共研发存在无可反驳的建设性影响的结果方面，企业和行业层面的计量经济研究提供的资料较少。[105] 具体而言，并不认为公共研发对经济增长有直接的贡献，它是通过增加非政府部门研发的动机来产生间接的影响。换句话说，非政府部门"挤入"研发是随着公共研发提高私人研发的回报而发生的。[106] 然而，这些报告忽略了三个专利集群之间存在显著不同的机构融资率和绩效的问题。从这个意义上说，次优政策的影响是具有重大制度性的影响，它反复验证了一个未经证实的南北差距的存在。

是什么解释了商业部门在促进发展中国家创新方面的重大争议呢？从已故 Alice Amsden 的著作中，包括她对《其余国家的崛起》中后工业化经济体的详尽历史描述中，对这一现象我们可能会有所启发。Amsden 将"后工业化经济体"定义为来自亚洲"四小龙"和众多新兴经济体那样的新来者，或者如其所指的其余国家（the rest）。正如她所解释的，"其余国家"的政府以一种深

---

[100] 参见 World Intellectual Property Report 2011，脚注 51，at 140 – 141 and 表 4.1：基础研究主要由公共部门承担。

[101] 同上。

[102] 马来西亚、中国、菲律宾和泰国是例外，在这些国家，无论是研发资金还是绩效，商业部门的份额都是最大的。参见 World Intellectual Property Report 2011，at 140 – 141.

[104] 同上，更具体地说，WIPO 报告显示，在有数据可查的低收入和中等收入国家中，公共研究也承担大部分基础研发。参见 World Intellectual Property Report 2011，at 141（举个例子，中国接近 100%，墨西哥接近 90%，智利和俄罗斯约 80%，南非约 75%）。

[105] 参见 World Intellectual Property Report 2011，at 142（公共研发的贡献也需要很长时间才能实现）。

[106] 有关研究文献的概述，参见 Paul A. David and Bronwyn H. Hall，Property and the Pursuit of Knowledge：IPR Issues Affecting Scientific Research，Research Policy，35，767（2006），767 – 771. 反过来，一些公共研发如果不专注于基础研究（商业化前），可能会排挤私人研发。

思熟虑和深刻的方式干预市场（实质上，这比商业部门更为有效）。其主要原因是，它们的经济缺乏知识资产，特别是通常与商业部门有关的知识产权。Amsden 解释道，缺乏知识产权，削弱了典型的"其余国家"在世界市场价格上的竞争能力，甚至在现代劳动倾向型产业中也是如此。[107]

因此，Amsden 遵循的是知识的轨迹，这种轨迹越来越关注创新经济学中不确定性和多样性的制度原因。这门课程成为经济学在理解非市场机构在经济增长中作用转变上的一部分。这一转变的根源在于 Simon 在组织方面的研究与卡内基梅隆大学的行为学派及经济学家 Cyert、March[108] 和 Simon[109] 的开创性研究，以及 Levinthal 和 March 在 20 世纪 80 年代初就非市场机构在促进经济增长方面所作的贡献。[110]

如前所述，鉴于缺乏在知识产权背景下更好的激励措施，政府在发展中国家融资和实施创新方面的主导作用是次优的结果。这些国家中，政府的政治干预确实主导了频繁出现的宏观经济效率缺陷的设定，其动机主要是政府可在创新产业中寻租。因此，许多创新都是在知识产权的背景下培育出来的。在发展中国家，以知识产权为主导的经济激励体系转化为由国家垄断带来的临时经济市场集中。

政府政治意愿在促进经济增长方面的作用与 Pierre Schlag[111] 和 Curtis Mihaupt 等早期的发展经济学著作产生了共鸣。[112] 在发展中国家，政府支持的经济壁垒明显提供了比知识产权更高的投资回报。这种替代激励机制与现行的双边和多边知识产权协定并存。这种增长也见证了取代私法、合同法和财产法作为替代最优解决方案的政府征用的增加。与 Schlag 的解释一致的是，每当这些

[107]　参见 Amsden, The Rise of "The Rest," at 284.

[108]　Richard M. Cyert and James G. March, A Behavioral Theory of the Firm (Prentice - Hall, 1963).

[109]　James G. March and Herbert A. Simon, Organizations (Wiley, 1958).

[110]　Daniel Levinthal and James G. March, A Model of Adaptive Organizational Search, Journal of Economic Behavior and Organization, 2, 307 - 333 (1981). 从一开始，制度理论家大多致力于资本主义发达国家。在 Ronald Coase 于 1937 年提出的交易成本概念的基础上，制度理论家们在解释发达国家非市场机构在经济增长中的作用方面取得了很大进展。值得注意的是，这些包括 Douglas North 的《制度变迁与经济绩效》，以及已故的 Oliver Williamson 在其 1975 年出版的《市场与层次结构，分析与反托拉斯的影响：产业组织经济学研究》。对制度在促进经济增长中作用的后期延伸可见奥利弗·威廉森其于 1985 年出版的《资本主义的经济制度》。

[111]　Pierre Schlag, An Appreciative Comment on Coase's The Problem of Social Cost: A View from the Left, Wisconsin Law Review, 919 (1986).

[112]　Gilson Ronald J., Curtis J. Milhaupt, Economically Benevolent Dictators: Lessons for Developing Democracies, American Journal of Comparative Law (2011), vol. 59, Issue 01, pp. 227 - 288; Curtis Milhaupt and Katharina Pistor, Law and Capitalism - What Corporate Crises Reveal about Legal Systems and Economic Development around the World (Chicago University Press, 2008).

政府短视时，它们可能会因为对创新活动的监管征用而陷入危机；否则，政府可能不会每次都认为这样的行动在政治上不合时宜，就像它们常常为了成为以创新为基础的商品国际出口商而采取的行动一样。[13]

毫无疑问，政治决策和政治拉动的现象主要出现在发达国家。电子领域，特别是半导体和计算机领域，便是在"二战"后前20年所形成的这方面的一个重要例证。在这一时期，政府主导的军事与航天项目作为一种有影响力的机制在运作，通过不断向研发提供财政援助，并确保公共采购来实现既定的技术目标。[14] 一个较早的例子是，合成化学在德国的出现是在后俾斯麦时代确保德国金融体系自力更生的政治愿望使然。[15] 在航空航天或者制药等一些高科技领域，实验数据正在逐步积累，表明政府持续的高水平政治拉动形成国家监管。发达国家和发展中国家的许多例子都证明了这一点。[16]

发展中国家创新活动"政治拉动"的理论性被低估，而这些国家中的政治因果关系却又往往居于主导地位，这可能确实与当代国家机构、政府的官僚作风缓慢变化有关。继 Christopher Freeman 之后，减缓创新的国家机构以行动迟缓著称。尽管宏观经济环境和政府政策发生了变化，但 Freeman 计算得出政府的创新政策可以持续一个世纪。[17]

总之，与追赶者和边缘化专利集群相关的国家有力地说明这样一个问题，即作为国内创新的表征，商业部门与专利倾向性以及 GERD 强度的增加呈次优

---

[13] Schlag, 脚注 111.

[14] 参见 Giovanni Dosi, Institutional Factors and Market Mechanisms in the Innovative Process, SERC, University of Sussex, mimeo (1979); Giovanni Dosi, Institutions and Markets in a Dynamic World, the Manchester School, 56 (2), 119 – 146 (1988); Giovanni Dosi, The Nature of the Innovation Process, Chapter 10 in Technical Change and Economic Theory (Giovanni Dosi, Christopher Freeman, Richard Nelson, Gerarld Silverberg, and Luc Soete, eds.) (LEM Book Series, 1988).

[15] 一般参见 Christopher Freeman, Technology Policy and Economic Performance, London: Pinter (1987); Vivien M. Walsh, J. F. Townsend, B. G. Achilladelis and C. Freeman, Trends in Invention and Innovation in the Chemical Industry, Report to SSRC, SPRU, University of Sussex, mimeo (1979).

[16] Thomas Lacy Glenn, Implicit Industrial Policy: The Triumph of Britain and the Failure of France in Global Pharmaceuticals, Industrial and Corporate Change, 1 (2), 451 (1994).

[17] Christopher Freeman, Technology Policy and Economic Performance (Pinter, 1987). 关于后续采用的经济增长文献参见 Michael Porter, The Competitive Advantage of Nations (Free Press, 1990); Richard R. Nelson, National Innovation Systems: A Comparative Analysis (Oxford University Press, 1993); Richard R. Nelson, The Co-evolution of Technology, Industrial Structure and Supporting Institutions, Industrial and Corporate Change, 3 (1) 47 – 63 (1994). 关于扩张国家创新制度理论的背景参见 Bengt – Åke Lundvall, Product Innovation and User – Producer Interaction, Serie om industriel odvikling, 31 (1985); Bengt – Åke Lundvall, Innovation as an Interactive Process: From User – Producer Interaction to the National System of Innovation, chapter 18 in G. Dosi et al. (1988); Bengt – Åke Lundvall (ed.), National Innovation Systems: Toward a Theory of Innovation and Interactive Learning (Pinter, 1992).

相关。如前所述，这些调查结果与贸发会议和 WIPO 已经收集的、极为初步的调查结果相一致。此外，这些证据支持对这些国家创新活动中存在的过度的政府政治拉动予以判断。在本书所采用的实证理论推理的范围内，该假设不同于发展中国家对新爱国主义和寻租文学的批判性研究。对后一种方法的实证规范性评价认为，国家大多遵循其货币和政治利益，表现出掠夺行为。[⑱] 简言之，目前的研究结果并不是关于法律应该如何激励创新，而只是试图表明干预有什么效果。

另一个问题，仍然是该如何解释政府部门融资 GERD 与其绩效和专利强度之间的关系。尽管这个问题显然需要更多的实证证据，但 WIPO 针对发达经济体的部分调查结果提供了一些有说服力的线索。WIPO 于 2011 年的数据显示，在高收入经济体中，公共部门承担着 20% ~ 45% 的年度研发总支出。更具体地说，政府通常为这些国家的低强度专利基础研究提供大部分资金。由于与实验或应用研究相比，基础研究支持的专利活动较少，发达经济体的政府可能会降低这些国家的平均专利倾向率。比如，就平均而言，在 2009 年发达经济体公共部门共承担了超过 3/4 的基础研究。[⑲]

侧重于全世界研发计量的贸发会议 2005 年度的投资报告亦有重要意义。尽管该报告在很大程度上忽略了中等收入和新兴经济体，但它提供了两个关于发展中国家的极具启发性的结论。这与按工业衡量的研发活动强度相对较低有关，也与这些国家与发达经济体相比研发质量较低有关，具体如下。

贸发会议的报告针对发展中国家比发达国家研发强度相对较低提供了一个重要的说明，从而解释了发展中国家专利倾向率较低的可能原因。如报告所示，大多数发展中经济体是以低强度研发的最简单技术开始现代制造业。[⑳] 这些技术包括纺织品、服装、食品加工和木制品。其中一些技术确实将规模扩大

　　[⑱] 例如参见，Tilman Altenburg, Building Inclusive Innovation in Developing Countries：Challenges for IS research, in Handbook of Innovation Systems and Developing Countries, at 33, referring to earlier work by Shmuel N. Eisenstadt, Traditional Patrimonialism and Modern Neo – Patrimonialism, London, Sage（1973）. 另见 Markus Loewe, Jonas Blume, Verena Schönleber, Stella Seibert, Johanna Speer, Christian Voss, The Impact of Favoritism on the Business Climate：A Study of Wasta in Jordan, DIE studies 30, Bonn（German Development Institute）（2007）. 另见 Curtis Milhaupt and Katharina Pistor, Law and Capitalism – What Corporate Crises Reveal about Legal Systems and Economic Development Around the World（Chicago University Press, 2008）.

　　[⑲] 参见 OECD, Research & Development Statistics. 根据所涉国家的不同，它在所有基础研究中所占比例约为 40%（韩国）至接近 100%（斯洛伐克）。参见 2011 年世界知识产权报告，第 140 页和图 4.1：主要由公共部门承担的基础研究。

　　[⑳] 参见 UNCTAD，脚注 33，at 108 – 109. 另见表Ⅲ.3：Classification of Manufacturing industries by R&D Capacity Index. 同上，at 102.

到了重工业，如金属、石油精炼和金属制品。[121] 然而，几乎没有任何此类附加技术能变成"中高型"技术的适格利用者，从而增加先进的中间产品和资本货物（如化学品、汽车和工业机械）。[122] 平均而言，只有少数这样的产业在高技术产业中发展出竞争能力，而这些产业的背后是专利倾向性的延伸和专利本身。与发达经济体类似，发展中国家的这些产业可能包括航空航天、微电子和制药。[123]

贸发会议的投资报告还提供了对广大发展中国家极具启发性的第二个结论。与发达经济体相比，这与发展中国家的研发质量相对较低有关。在拉丁美洲和加勒比地区，跨国公司迄今只拨出有限的研发资金。报告还指出，这些国家的外国直接投资很少用于研发倾向性活动，并主要局限于技术或产品以适应当地市场。以贸发会议的拉丁美洲为例，这一过程也被称为"热带化"（tropicalization）。拉丁美洲的例子进一步说明了外国子公司如何在巴西和墨西哥的企业研发中发挥相对较大的作用，在阿根廷的作用中等，在智利的作用较低。[124] 同样重要的是，发展中国家的这种低质量研发合理地解释了与领导者集群中的国家相比，属于追赶者和边缘化集群的国家专利倾向率相对较低的原因。

3.3 理论意义的影响

上述核心结论具有重要的理论层面的后果。我们想到了三个这样的核心结论。首先，人们仍然广泛关注专利活动带来的研发活动溢出效应或外部效应是否会影响国家集团的经济增长。通过南北分界线传播与 GERD 有关的知识，引入了吸收能力作为条件因子的概念。然而，到目前为止，实证研究仅仅调查了发达经济体之间是否存在研发溢出效应的问题。几乎没有或根本没有发现确定跨越发展鸿沟的研发溢出的范围和模式。Coe 和 Helpman 最显著地分析了 1970~1990 年 21 个 OECD 成员。[125] 他们相当有限的研究结果认为，发达国家之间的研发溢出效应越大，贸易开放程度越占上风。其他研究已经将这项工作

---

[121] 同上，at 102.

[122] 同上，at 108–109. 另见表Ⅲ.3：Classification of Manufacturing industries by R&D Capacity Index. 同上，at 102.

[123] 同上。

[124] 参见 UNCTAD，脚注 33，at 143，referring to Mario Cimoli, Networks, market structures and economic shocks: the structural changes of innovation systems in Latin America, Paper presented at the seminar on "Redes productivas e institucionales en America Latina," Buenos Aires, 9–12 April (2001).

[125] David Coe and Elhanan Helpman, International R&D Spillovers, European Economic Review, 39, 859–887 (1995).

扩展到两个❶或两个以上国家的数据集，并研究了影响研发溢出效应的其他因素，如 OECD 成员❷的教育水平或如前所述的发达经济体中的公共部门研发。❸

　　第二个理论意义的影响涉及发展中国家公私研发之间的关系。Blank 和 Stigler 从 1957 年开始以发达经济体作为研究基础对一系列数据予以考察，进而确定公共和私人研发投资之间的关系通常是具有互补性还是替代性。遵循这一传统，许多当代计量经济学研究证明，通过公共资助增加科学知识存量，有助于刺激私人研发投资的积极性和统计上显著的溢出效应。❹

　　同样的观点也适用于大量的案例研究，这些案例研究旨在说明政府资助的研究项目的压力和企业技术创新的风险。❺然而，仅仅包括自 20 世纪 60 年代中期以来在公私研发互补性问题上积累的支持和反对的研究结果数量，不太可能提供特别的信息。❻

　　就发展中国家而言，情况更是如此。由于后一种研究主要集中由美国联邦政府资助的学术机构或准学术性公共机构进行，它们对发展中国家公共资助研发的影响以及与发达国家的比较几乎没有直接关系。❼

---

❶　参见 Rachel Griffith，Elena Huergo，Jacques Mairesse，Bettina Peters，Innovation and productivity across four European countries，NBER Working Paper 12722（2006）（upholding substantial R&D spillovers from US manufacturing to UK firms where by the latter undertaking R&D in the United States appear to benefit the most）。

❷　参见 Hans－Jürgen Engelbrecht，International R&D Spillovers，Human Capital and Productivity in OECD economies：An Empirical Investigation，European Economic Review，41（8）：1479－1488（1997）。

❸　参见 Dominique Guellec and Bruno Van Pottelsberghe de la Potterie，From R&D to Productivity Growth：Do the Institutional Settings and the Source of Funds of R&D Matter?，Oxford Bulletin of Economics and Statistics，Department of Economics，University of Oxford，vol. 66（3），353－378，07（2004）。经济研究进一步考察了学术研究对与企业相关研发的特殊影响，这同样是在发达经济体的背景下进行的。有关发达经济体研发溢出效应的进一步研究，参见 Zvi. Griliches，R&D and the Productivity Slowdown，The American Economic Review，70（2），343－348（1980）；James D. Adams，脚注 70，发现基础研究对提高工业生产率有显著作用，尽管这种影响可能会推迟 20 年，at 673－702；Edwin Mansfield，Academic Research and Industrial Innovation：An Update of Empirical Findings. Research Policy，26（7－8），773－776（1998）（调查了随机选择的 76 家公司的研发实施情况，大约 10% 的产业创新依赖于 15 年前进行的学术研究）；Mosahid Khan and Kul B. Luintel，Basic，Applied and Experimental Knowledge and Productivity：Further Evidence，Economics Letters，111（1），71－74（2011）。

❹　David，Hall，and Toole，脚注 76，at 499 and sources therein.

❺　同上，referring to Albert N. Link and John T. Scott，Public Accountability：Evaluating Technology－Based Institutions（Kluwer Academic Publishers，1998）；National Research Council，Funding a Revolution：Government Support for Computing Research，Report of the NRC Computer Science and Telecommunications Board Committee on Innovations in Computing：Lessons from History. National Academy Press，Washington，DC（1999）。

❻　David，Hall，and Toole，脚注 76，at 500.

❼　同上，at 499.

第三个理论意义的问题是，发展经济学尚未考虑在生产前的发展活动中就有的研发活动与其他技术创新活动之间界限的特殊性。的确，这一区别在发达经济体中被认为难以适用。[133] 在技术倾向型行业，"研究"和"开发"之间的区别特别棘手，因为进行的大部分研发工作涉及私营和公共部门研究人员之间的密切互动，通常还包括与客户和供应商的密切合作。[134] 因此，令人遗憾的是，发展中国家面临的类似挑战仍然没有得到解决，尽管这可能影响这些国家的大部分专利倾向。

结 论

众所周知，创新和专利相关政策都蕴含制度的运用。然而，就发展中国家而言，联合国层面机构只是松散地关注机构在促进专利活动方面的作用。迄今为止，基于创新的经济增长理论一直强调跨国公司应如何促进研发，特别是国际化研发。这种研发活动还意味着，以可比的国家专利倾向率来衡量的话，专利活动的产量更高。然而，从整体上看，现有文献关注的是发达国家。在实践中，无数的例子给人留下了这样的印象：新兴经济体的国际化研发和专利倾向性已经取得了胜利。不足为奇的是，这也是近年来联合国层面不同机构的总政策，尽管在大多数情况下是含蓄的。值得注意的是，这一观点可以在 2005 年联合国千年项目及 WIPO 甚至联合国非洲经济委员会的观点中都有体现。TRIPS 根植于依赖性发展理论，根据这些理论，发展中国家普遍被认为依赖于发达国家。该协定间接承诺，在直接促进国内创新活动方面，商业部门应发挥"更自由的贸易"主导作用，以提高专利活动的收益率。这是因为 TRIPS 与世界银行和贸发会议一样，将技术转让列为发展中国家以创新为基础的经济增长的一种反应形式。因此，与其通过提升当地的技术能力来促进国内创新，不如接受创新，并至多加以调整。此后，商业部门旨在促进以技术为基础的贸易。

然而，仔细研究表明，跨国公司和整个商业部门并没有达到这些高期望。也就是说，正如联合国的国际化研发观所设想的那样，它们在促进发展中国家创新的国际化形式方面所起的作用并未达到预期。

---

[133] 参见 Alice Amsden and Ted Tschang, A new approach to assess the technological complexity of different categories of R&D（with examples from Singapore）, Research Policy, 32（4）, 553（2003）; Francisco Moris, R&D investments by US TNCs in emergingand developing markets in the 1990s, Background paper prepared for UNCTAD（Arlington, VA: US National Science Foundation）, mimeo（2005）. 另见 UNCTAD, 脚注 33, at 106.

[134] 同上。

在此背景下，通过对三个专利集群进行的比较，它们的差异接近南北分界线。分析表明，基于专利强度测量，政府和商业部门（国内外）之间可能存在统计联系。在此过程中，提供了两个与研发相关的指标：三类创新部门（即政府部门、企业部门和跨国企业的私人投资）的融资 GERD 和绩效。

在对发展中国家和发达国家目前的商业部门模式的批评中，这一分析提供了两个核心结论。首先，与领导者集群相比，低专利集群的专利强度相对较低，这表明，与公共部门相比，前者的商业部门融资和开展的 GERD 相关创新活动相对较少。这一假设可能证实了贸发会议 2005 年世界投资报告的主要结论。因此，中等收入和新兴经济体在全球商业研发支出中所占的份额（重点是发达经济体）低于研发支出总额。此外，这些发现与 WIPO 于 2011 年的创新报告不谋而合。正如 WIPO 的报告所显示的那样，政府而非大学往往是中低收入经济体的主要研发参与者，而工业往往对科学研究贡献甚微。

综上所述，在两个较低的集群中，专利强度相对较低似乎与政府对创新活动的"次优"政治拉动的次优过程有关。后者是由 WTO 特别是 TRIPS 所推动的知识产权监管框架的缺陷形式共同引导的。总体而言，较低的专利集群表明，作为国内创新的代表，商业部门如何与专利倾向率的增长呈次优相关。

此外，与领导者专利集群相比，该分析相对地估计了政府公共部门在较低专利集群融资和开展与 GERD 相关的创新活动方面的中心作用。人们普遍直白地认为，政府是良性机构，它们仅仅或主要是受利用社会福利的愿望驱使（即使它们有限的执行能力经常得到承认）。这一假设显然不同于对新世袭主义的研究，也不同于强调国家（特别是发展中国家）作为遵循其个人货币和政治利益并可能表现出掠夺行为的职能寻租。

附录 D 各部分的 GERD 绩效、融资和专利集群

D.1 部门绩效和专利集群：描述性统计

以下所描述的是部门与集群随时间的分布。

以下说明用于解释表 D.1 中的数据。

说明

Code：国家代码

r_cluster_km：（基于 k - 均值）专利集群

Country：国家

Business：商业［商业部门的 GERD 绩效占比］

Government：政府［政府部门的 GERD 绩效占比］

Private：非政府部门［非政府部门的 GERD 绩效占比］

表 D.1 按集群和商业统计的不同国家 GERD 绩效分布

序号	代码	集群	国家	商业/%	政府/%
1	AT	1	奥地利	68.113207	5.454131
2	AU	2	澳大利亚	55.286273	16.145006
3	BE	1	比利时	69.590000	7.650000
4	BG	2	保加利亚	24.330000	64.710000
5	BY	2	白俄罗斯	50.290000	33.560000
6	CA	1	加拿大	56.910000	9.980000
7	CH	1	瑞士	73.594909	1.054193
8	CN	2	中国	66.900000	23.770000
9	CO	2	哥伦比亚	22.890000	4.330000
10	CR	3	哥斯达黎加	30.040468	16.255507
11	CY	3	塞浦路斯	21.400000	33.470000
12	CZ	2	捷克	59.750000	22.990000
13	DE	1	德国	69.500000	13.880000
14	DK	1	丹麦	68.627578	6.725000
15	EC	3	厄瓜多尔	16.394038	49.989023
16	EE	3	爱沙尼亚	38.430000	13.920000
17	ES	2	西班牙	54.120000	16.810000
18	FI	1	芬兰	71.260000	9.490000
19	FR	1	法国	62.730000	16.700000
20	GB	1	英国	62.960000	10.110000
21	GR	2	希腊	30.991698	21.043766
23	HU	2	匈牙利	44.930000	26.680000
24	IE	1	爱尔兰	67.420000	7.280000
25	IL	1	以色列	81.380000	2.510000
26	IN	2	印度	27.120000	67.900000
27	IS	3	冰岛	54.014989	21.978340
28	IT	1	意大利	50.060000	16.500000

序号	代码	集群	国家	商业/%	政府/%
29	JP	1	日本	75.510000	8.960000
30	KG	3	吉尔吉斯斯坦	40.700000	50.260000
31	KR	1	韩国	75.800000	12.410000
32	KZ	2	哈萨克斯坦	36.538376	48.964439
33	LV	3	拉脱维亚	38.150000	21.570000
34	MK	3	马其顿	11.890000	48.070000
35	MX	2	墨西哥	39.430000	28.620000
36	MY	2	马来西亚	70.488414	13.102155
37	NL	1	荷兰	52.460000	12.640000
38	NO	2	挪威	55.089140	15.499863
39	NZ	1	新西兰	40.197971	28.187924
40	PA	3	巴拿马	1.107796	48.170000
41	PL	2	波兰	30.140000	36.710000
42	PT	2	葡萄牙	39.480000	14.600000
43	RO	2	罗马尼亚	51.480000	31.260000
44	RS	2	塞尔维亚	10.580000	49.160000
45	RU	2	俄罗斯	67.260000	26.640000
46	SE	1	瑞典	74.198304	3.919348
47	SG	1	新加坡	64.340000	11.520000
48	SI	2	斯洛文尼亚	61.270000	23.110000
49	SK	2	斯洛伐克	51.820000	30.170000
50	TH	2	泰国	41.026827	26.000000
51	TR	2	土耳其	33.950000	9.740000
52	UA	2	乌克兰	56.990000	37.180000
53	US	1	美国	70.290000	12.030000
54	UY	3	乌拉圭	37.561254	26.813545
55	ZA	2	南非	55.751387	21.419888

商业部门、政府部门、高等教育部门和非政府部门 2000～2009 年 GERD 绩效占比如图 D.1～图 D.4 所示。商业部门、政府和非政府部门的 GERD 平均值显示于以下 2000～2009 年的记录中（见表 D.2）。可以看到，在大多数国家非政府部门的贡献相对较低。例外的是，处于边缘化的如巴拿马、厄瓜多尔或哥伦比亚等国家，非政府部门对 GERD 绩效的贡献相对较大。

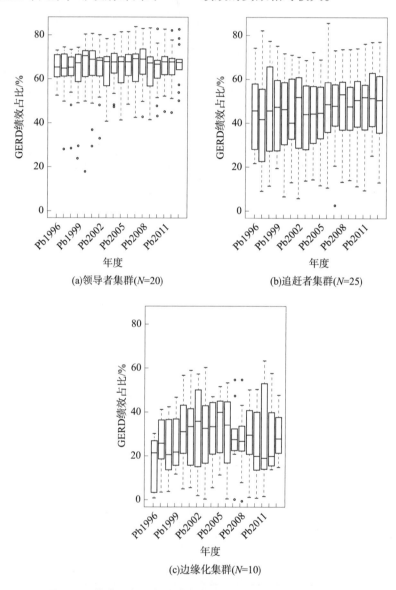

(a)领导者集群(*N*=20)   (b)追赶者集群(*N*=25)

(c)边缘化集群(*N*=10)

图 D.1　按商业部门划分的 2000～2009 年 GERD 绩效占比

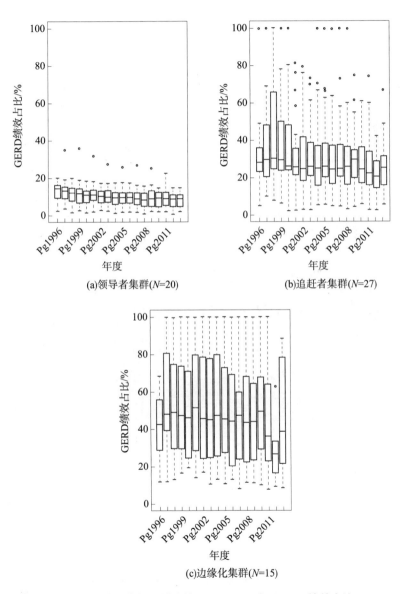

图 D. 2　按政府部门划分的 2000~2009 年 GERD 绩效占比

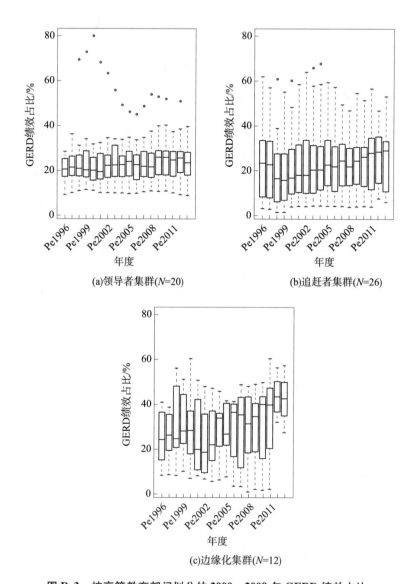

(a)领导者集群(*N*=20)

(b)追赶者集群(*N*=26)

(c)边缘化集群(*N*=12)

图 D. 3　按高等教育部门划分的 2000～2009 年 GERD 绩效占比

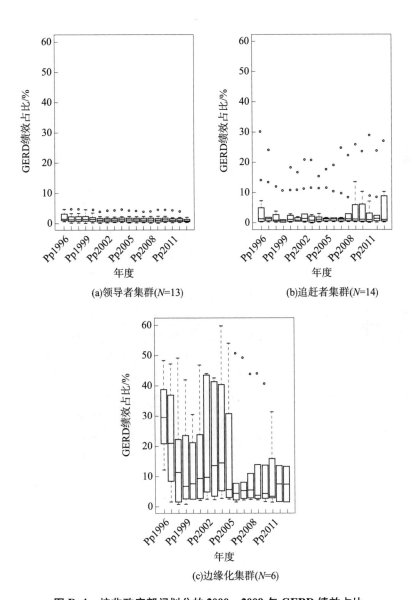

(a)领导者集群(*N*=13)

(b)追赶者集群(*N*=14)

(c)边缘化集群(*N*=6)

图 D. 4　按非政府部门划分的 2000～2009 年 GERD 绩效占比

表 D.2　政府、商业部门和非政府部门 GERD 平均值分布

序号	代码	商业/%	政府/%	非政府部门/%	集群
1	AT	68.113207	5.454131	0.3721859	1
2	AU	55.286273	16.145006	2.7901028	2
3	BE	69.590000	7.650000	1.2400000	1
4	BG	24.330000	64.710000	0.6143926	2
5	CA	56.910000	9.980000	0.4200000	1
6	CH	73.594909	1.054193	1.9710857	1
7	CO	22.890000	4.330000	20.0800000	2
8	CR	30.040468	16.255507	13.1770776	3
9	CY	21.400000	33.470000	8.7600000	3
10	CZ	59.750000	22.990000	0.4400000	2
11	DK	68.627578	6.725000	0.6051027	1
12	EC	16.394038	49.989023	21.0488334	3
13	EE	38.430000	13.920000	2.4300000	3
14	ES	54.120000	16.810000	0.3100000	2
15	FI	71.260000	9.490000	0.6000000	1
16	FR	62.730000	16.700000	1.2900000	1
17	GB	62.960000	10.110000	2.1000000	1
18	GR	30.991698	21.043766	0.9439609	2
19	IL	81.380000	2.510000	1.1000000	1
20	IS	54.014989	21.978340	2.4144479	3
21	JP	75.510000	8.960000	2.1700000	1
22	KR	75.800000	12.410000	1.3200000	1
23	KZ	36.538376	48.964439	2.5392866	2
24	MX	39.430000	28.620000	1.3600000	2
25	PA	1.107796	48.170000	44.2800000	3
26	PL	30.140000	36.710000	0.2400000	2
27	PT	39.480000	14.600000	10.4300000	2
28	RU	67.260000	26.640000	0.2300000	2
29	SE	74.198304	3.919348	0.2225000	1
30	SI	61.270000	23.110000	0.5900000	2
31	TH	41.026827	26.000000	1.9117397	2
32	US	70.290000	12.030000	4.2100000	1
33	ZA	55.751387	21.419888	1.2957242	2

表 D.3 ~ D.5 反映了按照集群划分的 GERD 数值的基本描述性统计。

表 D.3　领导者集群 GERD 描述性统计

部门	平均值	标准差	中间值	最小值	最大值	值域
商业	70.07	6.49	70.29	56.91	81.38	24.47
政府	8.23	4.33	8.96	1.05	16.70	15.65
非政府	1.36	1.08	1.24	0.22	4.21	3.99
高等教育	20.34	6.17	21.54	10.51	32.71	22.20

注：领导者集群（$N=13$）。

表 D.4　追赶者集群 GERD 描述性统计

部门	平均值	标准差	中间值	最小值	最大值	值域
商业	44.16	14.56	40.25	22.89	67.26	44.37
政府	26.58	15.16	23.05	4.33	64.71	60.38
非政府	3.13	5.54	1.12	0.23	20.08	19.85
高等教育	26.17	13.65	27.28	5.87	52.69	46.82

注：追赶者集群（$N=14$）。

表 D.5　边缘化集群 GERD 描述性统计

部门	平均值	标准差	中间值	最小值	最大值	值域
商业	26.90	18.35	25.72	1.11	54.01	52.91
政府	30.63	15.82	27.72	13.92	4 9.99	36.07
非政府	15.35	15.82	10.97	2.41	44.28	41.87
高等教育	26.43	16.56	28.92	7.11	45.25	38.14

注：边缘化集群（$N=6$）。

D.2　按融资部门划分的 GERD 与专利集群：描述性统计

下面的分析关乎集群和按照融资部门划分的 GERD 之间的关系。除上述部门外，还包括国外资金。图 D.5 ~ 图 D.9 描述每项资金来源和集群的长期分布。

图 D.5 ~ 图 D.9 显示按照商业部门、政府部门、海外部门、高等教育部门和非政府部门融资之间的集群来源所体现的 GERD 占比关系。表 D.6 显示不同集群的商业、政府、海外的融资 GERD 占比分布。正如我们所见，领导者集群国家的 GERD 大部分来自企业，只有一小部分来自政府。巴拿马与萨尔瓦多两国的企业贡献度极低。其中，巴拿马国家最大的融资部门来自国外。塞浦路斯国家的 GERD 大部分资金是由政府提供的，一些追赶者集群中的国家也是如此，比如保加利亚和俄罗斯。同样，我们展示了 2000～2009 年按政府、商业与海外为资金来源的集群的 GERD 占比。正如我们所见，在大多数国家中，国外部门的贡献相当低。巴拿马是个例外。下面的记录正好反映了所描述的数据。

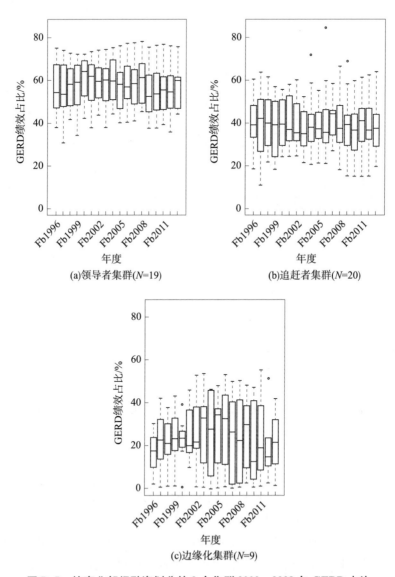

(a)领导者集群(*N*=19)

(b)追赶者集群(*N*=20)

(c)边缘化集群(*N*=9)

图 D.5　按商业部门融资划分的 3 个集群 2000～2009 年 GERD 占比

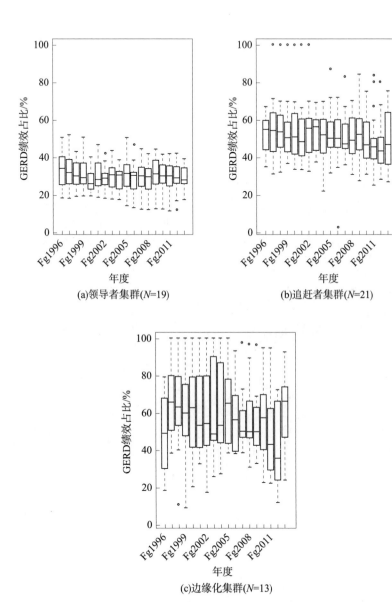

(a)领导者集群(*N*=19)

(b)追赶者集群(*N*=21)

(c)边缘化集群(*N*=13)

图 D.6　按政府部门融资划分的 3 个集群 2000~2009 年 GERD 绩效占比

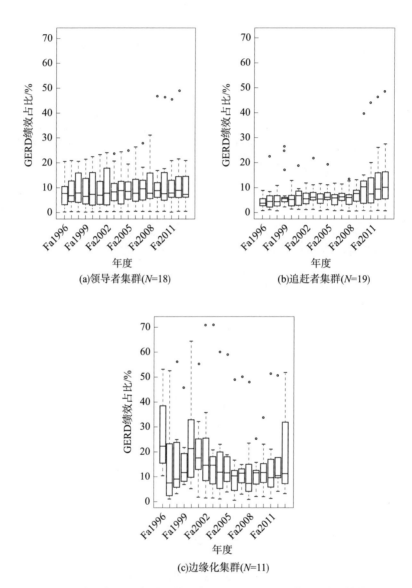

(a)领导者集群(*N*=18)　　　　(b)追赶者集群(*N*=19)

(c)边缘化集群(*N*=11)

图 D. 7　按海外部门融资划分的 3 个集群 2000～2009 年 GERD 绩效占比

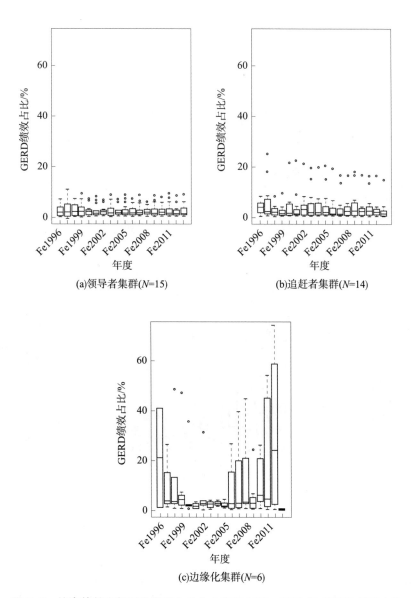

(a)领导者集群(*N*=15)

(b)追赶者集群(*N*=14)

(c)边缘化集群(*N*=6)

图 D. 8 按高等教育部门融资划分的 3 个集群 2000 ~ 2009 年 GERD 绩效占比

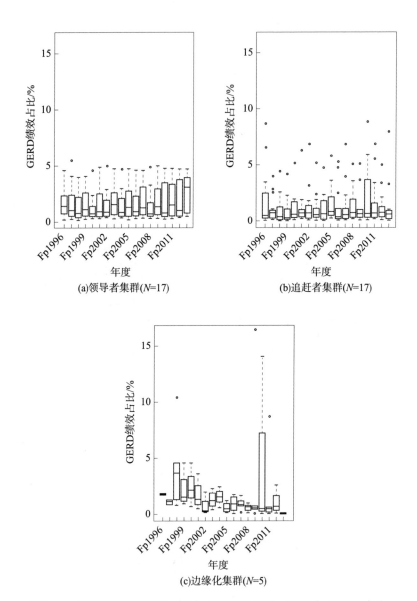

(a)领导者集群(*N*=17)

(b)追赶者集群(*N*=17)

(c)边缘化集群(*N*=5)

图 D.9   按非政府部门融资划分的 3 个集群 2000～2009 年 GERD 占比

表 D.6   不同集群的商业、政府、海外部门的融资 GERD 占比分布

序号	代码	商业/%	政府/%	海外/%	集群
1	AT	45.640000	34.93000	18.790000	1
2	BE	60.740000	23.38000	12.690000	1
3	BG	28.470000	64.21000	6.420000	2

序号	代码	商业/%	政府/%	海外/%	集群
4	BY	26. 620000	64. 35000	7. 910000	2
5	CA	49. 490000	31. 60000	9. 600000	1
6	CH	69. 073565	22. 93930	5. 317374	1
7	CU	31. 930000	61. 47000	6. 600000	2
8	CY	17. 160000	64. 90000	12. 680000	3
9	CZ	49. 090000	44. 13000	5. 400000	2
10	DE	66. 750000	29. 77000	3. 110000	1
11	DK	60. 678919	27. 20545	9. 089349	1
12	EE	35. 210000	49. 04000	13. 750000	3
13	ES	46. 950000	42. 06000	6. 110000	2
14	FI	68. 990000	25. 05000	4. 770000	1
15	FR	51. 990000	38. 44000	7. 660000	1
16	GB	44. 680000	31. 14000	18. 250000	1
17	GR	30. 390158	50. 65500	15. 796079	2
18	HU	39. 140000	49. 38000	10. 460000	2
19	IE	57. 600000	29. 72000	10. 830000	1
20	L	52. 350000	16. 42000	27. 350000	1
21	IS	47. 132951	39. 08460	13. 116609	3
22	IT	41. 617768	49. 70213	8. 129944	1
23	JP	75. 340000	17. 50000	0. 360000	1
24	KG	40. 593571	56. 21084	5. 681577	3
25	KR	73. 420000	24. 50000	0. 360000	1
26	KZ	43. 560492	43. 01114	2. 316720	2
27	LV	33. 620000	43. 79000	21. 650000	3
28	MX	37. 600000	54. 12000	1. 430000	2
29	MY	66. 617215	23. 41443	3. 309217	2
30	NL	47. 485484	39. 14000	10. 845743	1
31	NO	48. 052941	42. 68500	7. 763742	2
32	NZ	39. 110788	44. 49500	5. 744139	1
33	PA	1. 980000	38. 42000	55. 130000	3
34	PL	30. 960000	61. 16000	4. 910000	2
35	PT	37. 430000	54. 15000	4. 750000	2
36	RO	38. 020000	53. 85000	5. 730000	2

序号	代码	商业/%	政府/%	海外/%	集群
37	RU	30.530000	60.74000	8.180000	2
38	SE	64.814116	24.61943	7.385246	1
39	SG	55.850000	37.87000	5.410000	1
40	SI	57.190000	35.44000	6.860000	2
41	SK	42.450000	50.53000	6.430000	2
42	SV	4.083166	52.22667	11.803195	3
43	TH	39.286271	38.66500	2.237193	2
44	TR	42.920000	47.46000	0.950000	2
45	UY	40.821053	28.38739	2.871947	32

表 D.7 ~ 表 D.9 描述了按集群划分的 GERD 值的基本描述性统计。

表 D.7 领导者集群 GERD 描述性统计

部门	平均值	标准差	中间值	最小值	最大值	值域
商业	58.08	11.62	57.60	39.11	75.34	36.23
政府	28.38	8.43	25.05	16.42	44.50	28.08
海外	9.32	7.29	7.66	0.36	27.35	26.99
非政府	1.66	1.29	0.97	0.37	4.77	4.40
教育机构	2.61	2.71	1.40	0.21	8.60	8.39

注：领导者集群（$N = 13$）。

表 D.8 追赶者集群 GERD 描述性统计

部门	平均值	标准差	中间值	最小值	最大值	值域
商业	39.50	9.05	37.81	28.47	57.19	28.72
政府	50.16	9.45	52.25	35.44	64.21	28.77
海外	6.30	3.59	5.92	1.43	15.80	14.37
非政府	0.66	0.59	0.48	0.13	2.26	2.13
教育机构	3.07	4.16	1.69	0.43	15.04	14.61

注：追赶者集群（$N = 12$）。

表 D.9 边缘化集群 GERD 描述性统计

部门	平均值	标准差	中间值	最小值	最大值	值域
商业	14.61	15.29	10.62	1.98	35.21	33.23
政府	51.15	10.90	50.63	38.42	64.90	26.48
海外	23.34	21.21	13.21	11.80	55.13	43.33

续表

部门	平均值	标准差	中间值	最小值	最大值	值域
非政府	2.04	1.08	2.31	0.55	2.97	2.42
教育机构	7.91	11.48	2.54	1.46	25.10	23.64

注：边缘化集群（$N=4$）。

D.3　回归模型

为了阐明基于我们的回归模型的推理方法，本书给出了商业部门 GERD 绩效的平方根的详细结果。由于主要关注的只是集群之间的差异，因此只会对其他 GERD 组成部分显示这些差异。

D.3.1　按照商业部门划分的 GERD 绩效

固定效果的类型 3 测试如表 D.10 所示。

表 D.10　固定效果的类型 3 检验

效应	自由度数	Den DF	F 值	$Pr > F$
年数	15	780	2.78	0.0003
集群	2	52	21.12	<0.0001
交互作用	30	780	0.74	0.8450

三个集群均存在相同的时间效应，且在所有年份都存在相同的集群效应。即不存在显著的交互作用。集群效应和年效应的最小二乘均值（预测的总体边际）得以计算并列于表 D.11。

表 D.11　集群效应和年效应的最小二乘均值

效应	集群	年份	估值	标准误差	自由度	t 值	$Pr > |t|$
集群	1		7.9654	0.1739	52	45.81	<0.0001
集群	2		6.5858	0.2487	52	26.48	<0.0001
集群	3		4.8564	0.5539	52	8.77	<0.0001
年数		1996	6.1655	0.2228	780	27.67	<0.0001
年数		1997	6.1468	0.2297	780	26.76	<0.0001
年数		1998	6.1954	0.2199	780	28.18	<0.0001
年数		1999	6.2834	0.2143	780	29.32	<0.0001
年数		2000	6.3775	0.2464	780	25.88	<0.0001
年数		2001	6.5247	0.2322	780	28.10	<0.0001
年数		2002	6.4487	0.2597	780	24.83	<0.0001
年数		2003	6.4631	0.2634	780	24.54	<0.0001
年数		2004	6.5500	0.2274	780	28.80	<0.0001
年数		2005	6.6124	0.2105	780	31.41	<0.0001

续表

效应	集群	年份	估值	标准误差	自由度	t 值	Pr > |t|
年数		2006	6.6777	0.2260	780	29.54	< 0.0001
年数		2007	6.6575	0.2085	780	31.92	< 0.0001
年数		2008	6.5829	0.2301	780	28.61	< 0.0001
年数		2009	6.6308	0.2070	780	32.04	< 0.0001
年数		2010	6.5648	0.2360	780	27.81	< 0.0001
年数		2011	6.6261	0.2967	780	22.33	< 0.0001

使用 Bonferroni 的多重比较法对最小二乘均值进行比较。鉴于此，在所有三个群集之间观察到显著的差异，（但）只有很少的显著时间变化会被发现。在 1996～1997 年与 2006 年、2007 年之间存在变化。从统计学上看，后来的年数明显更大（见表 D.12）。

表 D.12　不同集群效应和年效应的最小二乘均值差异

效应	集群	年份	集群	年份	估值	校正概率
集群	1		2		1.3796	< 0.0001
集群	1		3		3.1091	< 0.0001
集群	2		3		1.7294	0.0189
年数		1996		1997	0.01876	1.0000
年数		1996		1998	− 0.02988	1.0000
年数		1996		1999	− 0.1179	1.0000
年数		1996		2000	− 0.2120	1.0000
年数		1996		2001	− 0.3592	1.0000
年数		1996		2002	− 0.2831	1.0000
年数		1996		2003	− 0.2976	1.0000
年数		1996		2004	− 0.3845	0.9337
年数		1996		2005	− 0.4469	0.1407
年数		1996		2006	− 0.5122	0.0423
年数		1996		2007	− 0.4920	0.0332
年数		1996		2008	− 0.4173	0.5024
年数		1996		2009	− 0.4653	0.0812
年数		1996		2010	− 0.3993	0.8838
年数		1996		2011	− 0.4606	1.0000
年数		1997		1998	− 0.04864	1.0000

效应	集群	年份	集群	年份	估值	校正概率
年数		1997		1999	−0.1367	1.0000
年数		1997		2000	−0.2307	1.0000
年数		1997		2001	−0.3779	1.0000
年数		1997		2002	−0.3019	1.0000
年数		1997		2003	−0.3164	1.0000
年数		1997		2004	−0.4032	0.7936
年数		1997		2005	−0.4656	0.1254
年数		1997		2006	−0.5310	0.0372
年数		1997		2007	−0.5107	0.0284
年数		1997		2008	−0.4361	0.4362
年数		1997		2009	−0.4841	0.0762
年数		1997		2010	−0.4181	0.7548
年数		1997		2011	−0.4794	1.0000
年数		1998		1999	−0.08803	1.0000
年数		1998		2000	−0.1821	1.0000
年数		1998		2001	−0.3293	1.0000
年数		1998		2002	−0.2533	1.0000
年数		1998		2003	−0.2677	1.0000
年数		1998		2004	−0.3546	1.0000
年数		1998		2005	−0.4170	0.2389
年数		1998		2006	−0.4823	0.0720
年数		1998		2007	−0.4621	0.0656
年数		1998		2008	−0.3875	0.7775
年数		1998		2009	−0.4354	0.1346
年数		1998		2010	−0.3694	1.0000
年数		1998		2011	−0.4307	1.0000
年数		1999		2000	−0.09405	1.0000
年数		1999		2001	−0.2412	1.0000
年数		1999		2002	−0.1652	1.0000
年数		1999		2003	−0.1797	1.0000
年数		1999		2004	−0.2666	1.0000
年数		1999		2005	−0.3289	1.0000

续表

效应	集群	年份	集群	年份	估值	校正概率
年数		1999		2006	− 0.3943	0.5611
年数		1999		2007	− 0.3741	0.5607
年数		1999		2008	− 0.2994	1.0000
年数		1999		2009	− 0.3474	0.9772
年数		1999		2010	− 0.2814	1.0000
年数		1999		2011	− 0.3427	1.0000
年数		2000		2001	− 0.1472	1.0000
年数		2000		2002	− 0.07117	1.0000
年数		2000		2003	− 0.08565	1.0000
年数		2000		2004	− 0.1725	1.0000
年数		2000		2005	− 0.2349	1.0000
年数		2000		2006	− 0.3002	1.0000
年数		2000		2007	− 0.2800	1.0000
年数		2000		2008	− 0.2054	1.0000
年数		2000		2009	− 0.2533	1.0000
年数		2000		2010	− 0.1874	1.0000
年数		2000		2011	− 0.2486	1.0000
年数		2001		2002	0.07602	1.0000
年数		2001		2003	0.06154	1.0000
年数		2001		2004	− 0.02532	1.0000
年数		2001		2005	− 0.08769	1.0000
年数		2001		2006	− 0.1530	1.0000
年数		2001		2007	− 0.1328	1.0000
年数		2001		2008	− 0.05818	1.0000
年数		2001		2009	− 0.1061	1.0000
年数		2001		2010	− 0.04017	1.0000
年数		2001		2011	− 0.1014	1.0000
年数		2002		2003	− 0.01448	1.0000
年数		2002		2004	− 0.1013	1.0000
年数		2002		2005	− 0.1637	1.0000
年数		2002		2006	− 0.2291	1.0000
年数		2002		2007	− 0.2088	1.0000

效应	集群	年份	集群	年份	估值	校正概率
年数		2002		2008	−0.1342	1.0000
年数		2002		2009	−0.1822	1.0000
年数		2002		2010	−0.1162	1.0000
年数		2002		2011	−0.1775	1.0000
年数		2003		2004	−0.08687	1.0000
年数		2003		2005	−0.1492	1.0000
年数		2003		2006	−0.2146	1.0000
年数		2003		2007	−0.1944	1.0000
年数		2003		2008	−0.1197	1.0000
年数		2003		2009	−0.1677	1.0000
年数		2003		2010	−0.1017	1.0000
年数		2003		2011	−0.1630	1.0000
年数		2004		2005	−0.06237	1.0000
年数		2004		2006	−0.1277	1.0000
年数		2004		2007	−0.1075	1.0000
年数		2004		2008	−0.03286	1.0000
年数		2004		2009	−0.08082	1.0000
年数		2004		2010	−0.01484	1.0000
年数		2004		2011	−0.07611	1.0000
年数		2005		2006	−0.06535	1.0000
年数		2005		2007	−0.04512	1.0000
年数		2005		2008	0.02951	1.0000
年数		2005		2009	−0.01844	1.0000
年数		2005		2010	0.04753	1.0000
年数		2005		2011	−0.01374	1.0000
年数		2006		2007	0.02023	1.0000
年数		2006		2008	0.09486	1.0000
年数		2006		2009	0.04691	1.0000
年数		2006		2010	0.1129	1.0000
年数		2006		2011	0.05161	1.0000
年数		2007		2008	0.07463	1.0000
年数		2007		2009	0.02668	1.0000

续表

效应	集群	年份	集群	年份	估值	校正概率
年数		2007		2010	0.09265	1.0000
年数		2007		2011	0.03138	1.0000
年数		2008		2009	− 0.04795	1.0000
年数		2008		2010	0.01802	1.0000
年数		2008		2011	− 0.04325	1.0000
年数		2009		2010	0.06597	1.0000
年数		2009		2011	0.004701	1.0000
年数		2010		2011	− 0.06127	1.0000

为了简洁起见，这里没有给出三个预估时间❶❽集群之间的相关性（分别为 0.9、0.8、0.8），只有很小的差异，但在方差上有一些差异。领导者组的方差比其他两个组的方差小。这些差异很容易在数据的图形显示中观察到（并排的箱型图）。

综上所述，三个产业集群的 GERD 表现存在显著差异（见表 D.13 ~ 表 D.16）。

表 D.13　固定效应类型 3 检验

效应	自由度数	Den DF	F 值	$Pr > F$
年数	15	780	2.78	0.0003
集群	2	52	21.12	< 0.0001
集群年数	30	780	0.74	0.8450

表 D.14　最小二乘均值

效应	集群	估值	标准误差	自由度	t 值	$Pr > \lvert t \rvert$
集群	1	7.9654	0.1739	52	45.81	< 0.0001
集群	2	6.5858	0.2487	52	26.48	< 0.0001
集群	3	4.8564	0.5539	52	8.77	< 0.0001

表 D.15　最小二乘均值差异

效应	集群	集群	估值	标准误差	自由度	t 值	$Pr > \lvert t \rvert$
集群	1	2	1.3796	0.3034	52	4.55	< 0.0001
集群	1	3	3.1091	0.5806	52	5.35	< 0.0001
集群	2	3	1.7294	0.6072	52	2.85	0.0063

---

❶❽ 协方差是指两个变量总体误差的方差。协方差矩阵是多维数据放在一起，其每个元素是各个向量元素之间的协方差，是从标量随机变量到高维度随机向量的自然推广。——译者注

表 D.16　最小二乘均值差异

效应	集群	集群	校正	校正概率
集群	1	2	Bonferroni	< 0.0001
集群	1	3	Bonferroni	< 0.0001
集群	2	3	Bonferroni	0.0189

D.3.2　按政府部门划分的 GERD 绩效

按政府部门划分的 GERD 绩效见表 D.17 ~ 表 D.20。

表 D.17　固定效应的类型 3 检验

效应	自由度数	Den DF	F 值	$Pr > F$
年数	15	885	7.39	< 0.0001
集群	2	59	33.72	< 0.0001
集群 × 年数	30	885	0.56	0.9741

表 D.18　最小二乘均值

效应	集群	估值	标准误差	自由度	t 值	$Pr > |t|$
集群	1	3.0607	0.2227	59	13.75	< 0.0001
集群	2	5.4571	0.3226	59	16.92	< 0.0001
集群	3	6.8187	0.5127	59	13.30	< 0.0001

表 D.19　最小二乘均值差异

效应	集群	集群	估值	标准误差	自由度	t 值	$Pr > |t|$
集群	1	2	− 2.3964	0.3920	59	− 6.11	< 0.0001
集群	1	3	− 3.7580	0.5589	59	− 6.72	< 0.0001
集群	2	3	− 1.3617	0.6057	59	− 2.25	0.0283

表 D.20　最小二乘均值差异

效应	集群	集群	校正	校正概率
集群	1	2	Bonferroni	< 0.0001
集群	1	3	Bonferroni	< 0.0001
集群	2	3	Bonferroni	0.0850

综上所述，在政府部门中，领导者集群与其他两个集群之间存在显著差异。然而，追赶者与边缘化集群之间在统计学上并不存在显著差异。

D.3.3 由商业部门资助的 GERD

由商业部门资助的 GERD 见表 D.21～表 D.24。

表 D.21 固定效应的类型 3 检验

效应	自由度数	Den DF	*F* 值	*Pr* > *F*
年数	15	675	0.89	0.5807
集群	2	45	19.94	<0.0001
集群×年数	30	675	0.46	0.9944

表 D.22 最小二乘均值

效应	集群	估值	标准误差	自由度	*t* 值	*Pr* > |*t*|
集群	1	7.4991	0.1690	45	44.37	<0.0001
集群	2	6.2108	0.1801	45	34.48	<0.0001
集群	3	4.4427	0.6781	45	6.55	<0.0001

表 D.23 最小二乘均值差异

效应	集群	集群	估值	标准误差	自由度	*t* 值	*Pr* > |*t*|
集群	1	2	1.2883	0.2470	45	5.22	<0.0001
集群	1	3	3.0564	0.6989	45	4.37	<0.0001
集群	2	3	1.7681	0.7017	45	2.52	0.0154

表 D.24 最小二乘均值差异

效应	集群	集群	校正	校正概率
集群	1	2	Bonferroni	<0.0001
集群	1	3	Bonferroni	<0.0002
集群	2	3	Bonferroni	0.0461

综上所述，在商业来源上三个集群融资的 GERD 存在显著差异。

D.3.4 由政府部门融资的 GERD

由政府部门融资的 GERD 见表 D.25～表 D.28。

表 D.25 固定效应的类型 3 检验

效应	自由度数	Den DF	*F* 值	*Pr* > *F*
年数	15	750	3.58	<0.0001
集群	2	50	23.89	<0.0001
集群×年数	30	750	0.60	0.9544

表 D. 26　最小二乘均值

效应	集群	估值	标准误差	自由度	t 值	$Pr > |t|$
集群	1	5. 5160	0. 1738	50	31. 73	<0. 0001
集群	2	7. 0893	0. 2000	50	35. 44	<0. 0001
集群	3	7. 6250	0. 3825	50	19. 94	<0. 0001

表 D. 27　最小二乘均值差异

效应	集群	集群	估值	标准误差	自由度	t 值	$Pr > |t|$
集群	1	2	− 1. 5733	0. 2650	50	− 5. 94	<0. 0001
集群	1	3	− 2. 1089	0. 4201	50	− 5. 02	<0. 0001
集群	2	3	− 0. 5356	0. 4316	50	− 1. 24	0. 2204

表 D. 28　最小二乘均值差异

效应	集群	集群	校正	校正概率
集群	1	2	Bonferroni	<0. 0001
集群	1	3	Bonferroni	<0. 0001
集群	2	3	Bonferroni	0. 6612

综上所述，与其他两个集群相比，领导者集群中由政府资助的 GERD 存在显著差异。无论如何，在追赶者和边缘化集群之间没有统计上的显著差异。

D. 3. 5　由国外融资的 GERD

由国外融资的 GERD 见表 D. 29 ~ 表 D. 32。

表 D. 29　固定效应的类型 3 检验

效应	自由度数	Den DF	F 值	$Pr > F$
年数	15	675	1. 41	0. 1365
集群	2	45	2. 57	0. 0881
集群 × 年数	30	675	1. 34	0. 1061

表 D. 30　最小二乘均值

效应	集群	估值	标准误差	自由度	t 值	$Pr > |t|$
集群	1	2. 7565	0. 2772	45	9. 95	<0. 0001
集群	2	2. 3053	0. 1738	45	13. 27	<0. 0001
集群	3	3. 3139	0. 4678	45	7. 08	<0. 0001

表 D.31   最小二乘均值差异

效应	集群	集群	估值	标准误差	自由度	t 值	$Pr > \lvert t \rvert$
集群	1	2	0.4512	0.3271	45	1.38	0.1747
集群	1	3	−0.5574	0.5437	45	−1.03	0.3108
集群	2	3	−1.0085	0.4990	45	−2.02	0.0492

表 D.32   最小二乘均值差异

效应	集群	集群	校正	校正概率
集群	1	2	Bonferroni	0.5240
集群	1	3	Bonferroni	0.9324
集群	2	3	Bonferroni	0.1477

综上所述，三个行业在国外资助的 GERD 方面没有显著差异。

第 4 章
基于类型、专利和创新划分的 GERD

引 言

随着各国寻求更接近技术前沿的专利政策，激励不同类型的研发需要不同的政策考量。虽然 OECD 成员从经济学、政治学、社会学和国际关系❶等多个学科对政策关联性进行了广泛的研究，但发展中国家对政策关联性的重视程度却要低得多。❷ 具体来说，发展中国家仍然没有系统了解基础研究是如何被纳入发展政策范畴的。❸ 在这种背景下，经济理论对有关研发类型管理的总体政策辩论具有两个主要作用，即基础研究对经济增长的作用和研发类型对国际溢出强度的不同影响。这两个主要作用可能都对专利政策具有重大的影响。

---

❶ 例如参见，Maja de Vibe, Ingeborg Hovland and John Young, Bridging Research and Policy: An Annotated Bibliography, ODI Working Paper No 174, ODI, London (2002)（涵盖一个总结了 100 个跨学科的研究行业差距的注释书）；Emma Crewe and John Young, Bridging Research and Policy: Context, Links and Evidence (2002); Mercedes Botto, Research and International Trade Policy Negotiations: Knowledge and Power in Latin America (Routledge/IDRC, 2009); Fred Carden, Knowledge to Policy: Making the Most of Development Research (Sage Publications, 2009). 另见 UNCTAD, Capacity building for academia in trade for development: A study on contributions to the development of human resources and to policy support for developing countries (2010), at 8 – 9. 世界各地的许多研究中心也在探讨这个问题。最引人注目的是国际环境与发展研究所（IIED）或海外发展研究所（ODI）的成果，它们自 1999 年以来一直在研究政策与研究之间的关联。ODI 建立了研究和政策发展（RAPID）计划，专门侧重于将研究纳入政策。应该提到的还有全球发展网络（GDN）、国际粮食政策研究所（IFPRI）以及英国国际开发部（DFID）或加拿大国际发展研究中心（IDRC）的贡献。这些机构显然从发展中国家的角度对这一问题作出了努力。

❷ 参见 Julius Court and John Young, Bridging research and policy in international development, in Global Knowledge Networks and International Development (Diane Stone with Simon Max well, eds.) (Routledge, 2005), chapter 5, at 1.

❸ 参见 Court and Young, 同上。

4.1　科学研究、经济增长和专利政策

4.1.1　专利在保障科学研究中的作用

　　首先，基础研究在很大程度上取决于其对经济增长的贡献。[4] 大量证据显示，基础研究被纳入研发驱动的经济增长模型。[5] 从 1967 年开始，[6] 当代理论仍然是基于康奈尔大学经济学家 Karl Shell 在技术知识方面的开创性研究足迹，Shell 教授将技术知识视为与当今基础研究概念密切相关的公共产品。20 世纪 90 年代，经济学家 Hiroshi Osano[7]、Jose bailen[8] 等人[9]紧随 Shell 的研究，构建

---

　　[4]　本文所用的"基础研究"一词在文献中以各种术语来指代，包括科学、基础科学、学术研究、大学研究和公共研究。参见 Hans Gersbach, Ulrich Schetter, and Maik Schneider, How Much Science? The 5 Ws (and 1 H) of Investing in Basic Research, CEPR Discussion Papers 10482, CEPR Discussion Papers (2015), at 2；Amnon J. Salter and Ben R. Martin, The Economic Benefits of Publicly Funded Basic Research: A Critical Review, Research Policy, 30 (3), 509 (2001)（关于基础科学术语的使用），at 526.

　　[5]　例如参见，Arnold Lutz G., Basic and applied research, Finanzarchiv, vol. 54, 169 (1997)；Guido Cozzi and Silvia Galli, Privatization of knowledge: Did the US get it right? MPRA Paper 29710 (2011)；Guido Cozzi and Silvia Galli, Science - based R&D in Schumpeterian Growth, Scottish Journal of Political Economy, 56, 474 (2009) (hereinafter, Cozzi and Galli, Science - based R&D)；Guido Cozzi and Silvia Galli, Upstream Innovation Protection: Common Law Evolution and the Dynamics of Wage Inequality, MPRA Paper 31902 (2011)；Hans Gersbach, Gerhard Sorger and Christian Amon, Hierarchical Growth: Basic and Applied Research, CER - ETH Working Papers 118, CER - ETH - Center of Economic Research at ETH Zürich (2009)；Amnon J. Salter and Ben R. Martin, 脚注 4（作者回顾并评估了在基础研究相关中有关经济效益的文献），at 509.

　　[6]　参见 Karl Shell, Toward a Theory of Inventive Activity and Capital Accumulation, American Economic Review, 56 (1/2), 62 (1966)；Karl Shell, A Model of Inventive Activity and Capital Accumulation, in Essays on the Theory of Optimal Economic Growth (Karl Shell, ed.) (MIT Press, 1967)（只注重基础研究，忽视了与民营企业应用研究的关系）。

　　[7]　Hiroshi Osano, Basic Research and Applied R&D in a Model of Endogenous Economic Growth, Osaka Economic Papers, 42 (1 - 2), 144 (1992)（结合基础研究和应用研究，同时评估其对生长的影响）. Osano 的模型同样不完整，因为它忽略了公共基础研发部门。

　　[8]　Jose Maria Bailén, Basic research, Product Innovation, and Growth, Economics Working Papers 88, Department of Economics and Business, Universitat Pompeu Fabra (1994)（与 Osano 的模式相结合的还有公共资助的基础研究）。

　　[9]　参见 Alessandra Pelloni, Public Financing of Education and Research in a Model of Endogenous Growth, Labour, 11 (3) 517 (1997)（分析政府在通过资助高等教育和科学研究创造增长条件方面的作用时，高等教育与科学研究可以完美替代）；Walter G. Park, A Theoretical Model of Government Research and Growth, Journal of Economic Behavior & Organization, 34 (1), 69 (1998)（分析在两个相同国家的增长模型中基础研究的跨国溢出效应，确定一国基础研究部门的有效规模与经济开放度之间的关系）。在 21 世纪前十年，更为复杂的模型接踵而至。例如参见，Maria Morales, Research Policy and Endogenous Growth, Spanish Economic Review, 6 (3): 179 (2004)（将 Osano 和 bailen 的方法结合起来置于一个纵向创新的内生增长模型中，并将私营企业和政府进行的基础研究和应用研究结合起来）；Maria Rosaria Carillo and Erasmo Papagni, Social Rewards in Science and Economic Growth, MPRA Paper 2776, University Library of Munich, Germany (2007)（仅限于各国技术水平相同情况下，将基础研究视为一项全球公益事业）。

经济增长理论中不同类型研究的模型。

然而，从发展中国家，特别是从新兴经济体及其被低估的专利强度的角度来看，这类研究限于三个方面。首先，几乎所有的研究都以发达国家为个案研究样本，而不是在跨越发展鸿沟的不同国家组之间提供全面和系统的比较。其次，不同形式经济效益的相对重要性研究会因科学领域、技术和工业部门不同而有所差异。鉴于基础研究与经济增长之间关系存在很大的异质性，因此，尚未建立关于基础研究经济效益性质的简单模型，而且这种模型也未必可行。❿ 最后，这些贡献大多集中在企业或国家层面的封闭经济体基础研究的最佳水平。⓫ 由于与国家集团集群分析根本没有对应关系，只是在与发达国家相比的情况下，单独列出使用受限的发展中国家。因此，基于各国的专利强度，哪种研发类型的创新增长率更高，目前还没有明确认知。

尽管有严格的测量方式的制约，但人们还是普遍认为，从总体上看，基础研究对经济增长具有积极而显著的影响。⓬ 因此，实证研究指出两项与增长有关的重要结论：基础研究投资的高社会回报率，⓭ 以及（更具体地说）对生产

---

❿　Amnon J. Salter and Ben R. Martin，脚注 4，at 526.

⓫　参见 Hans Gersbach and Maik T. Schneider，On the Global Supply of Basic Research，CER – ETH Economics working paper series 13/175，CER – ETH – Center of Economic Research（CER – ETH）at ETH Zürich（2013），at 4.

⓬　参见 Andrew A. Toole，The Impact of Public Basic Research on Industrial Innovation：Evidence from the Pharmaceutical Industry，Research Policy，41（1），1（2012）（考虑公共资助的基础研究对制药行业的影响。他的分析表明，公共基础研究极大地刺激了创新，这些公共投资的回报率高达 43%）；参见 Amnon J. Salter and Ben R. Martin，脚注 4［提供一份来自公共资助研发（主要是农业部门）的预估回报率汇总表。这些预估回报率大多在 30% 左右，甚至更高］。另见 Bronwyn Hall，Jacques Mairesse，and Pierre Mohnen，Measuring the Returns to R&D，Working Paper 15622，National Bureau of Economic Research（2009）（在总体上，调查了有关衡量研发回报的文献）；Richard C. Levin，Alvin K. Klevorick，Richard Nelson，and Sidney Winter，Appropriating the Returns from Industrial Research and Development，Brookings Papers on Economic Activity，3：1987 at 783（美国 650 家大型企业研发公司基本效益分析）。

⓭　参见 Amnon J. Salter and Ben R. Martin，脚注 4（providing a summary table from estimated rates of return to publicly funded R&D，mostly in the agricultural sector. Most of these estimated rates of return were around 30% or even higher）。参见 Bronwyn Hall，Jacques Mairesse，and Pierre Mohnen，脚注 12，for a survey of the literature measuring the returns to R&D in general.

力和基于国内生产总值增长的积极影响。**⑭** 在这两种情况下，基础研发可以产生经济增长，同时也可以作为许多专利政策考虑的基础因素。

专利法，特别是美国和欧洲的专利法，纳入了许多保护科学研究的政策，以防止不当的专利专有化。在这两个专利法体系中，研究中使用专利发明本身并不免除侵权责任。这就是说，三项主要政策更清楚地认识到发达国家对上述研究予以保护的理由。**⑮** 美国联邦最高法院**⑯**和欧洲专利公约（EPC）及其上诉委员会**⑰**都一贯重申，包括自然规律、自然现象和抽象概念的基本科学思想，不属于可申请专利的主题。这些排除的做法反映了一个基本概念，即授权专利仅仅是为了获得有用的结果，而不是为了独占类似于发现新的科学原理。**⑱**

---

⑭ 参见 Edwin Mansfield, Basic Research and Productivity Increase in Manufacturing, American Economic Review, 70 (5), 863 (1980)；Albert N. Link, Basic Research and Productivity Increase in Manufacturing：Additional Evidence, American Economic Review, 71 (5), 1111 (1981)；Zvi Griliches, Productivity, R&D, and basic research at the firm level in the 1970's, American Economic Review, 76 (1), 141 (1986)；James D. Adams, Fundamental Stocks of Knowledge and Productivity Growth, Journal of Political Economy, 98 (4), 673 (1990)；Fernand Martin, The Economic Impact of Canadian University R&D, Research Policy, 27 (7), 677 (1998)；Dominique Guellec and Bruno Van Pottelsberghe de la Potterie, From R&D to Productivity Growth：Do the Institutional Settings and the Source of Funds of R&D Matter? Oxford Bulletin of Economics and Statistics, 66 (3), 353 (2004)；Kul B. Luintel and Mosahid Khan, Basic, Applied and Experimental Knowledge and Productivity：Further Evidence, Economics Letters, 111 (1), 71 (2011)；Dirk Czarnitzki and Susanne Thorwarth, Productivity Effects of Basic Research in Low – Tech and High – Tech Industries, Research Policy, 41 (9), 1555 (2012). 然而，对研发投入和产出的衡量、简化生产函数的依赖以及逆向因果关系的可能性，存在许多批评。例如参见，Zvi Griliches, R&D and Productivity：The Econometric Evidence (University of Chicago Press, 1998)；参见 Amnon J. Salter and Ben R. Martin, 脚注4；Iain M. Cockburn, Rebecca M. Henderson, Publicly Funded Science and the Productivity of the Pharmaceutical Industry, in, Innovation Policy and the Economy, vol. 1, 1 (Adam B. Jaffe, Josh Lerner, and Scott Stern, eds.) (MIT Press, 2001)；BronwynHall, Jacques Mairesse, and Pierre Mohnen, 脚注12.

⑮ 直到最近，针对核心科学研究申请专利的第五个保障机制是美国心理步骤原则，它认为基于计算、公式或其他类型的科学相关算法的不可申请专利的主张。参见 Diamond v. Diehr, 450 US 175 (1981), at 195 – 196. 另见 Miriam Bitton, Patenting Abstractions, North Carolina Journal of Law and Technology, vol. 15 (2), 153 (2014) (强调最近的学说由于含糊不清和法院很少使用而消失), at 169 and discussion at 168 – 171, 同上。

⑯ 参见 Gottschalk v. Benson, 409 US 63 (1972), at 67；Funk Bros. Seed Co. v. Kalo Inoculant Co. , 333 US 127 (1948), at 130.

⑰ 关于欧洲的背景参见 EPC 第52 (2) (a) 条中有关科学研究的（可获得专利的发明）：(2) 以下特别不应被视为第1款所指的发明：(a) 发现、科学理论和数学方法。See also EPO Boards of Appeal decision T 388/04, OJ 1/2007, 16 ［委员会确认，根据 EPC 第52 条第 (2) 款和第 (3) 款，即使在暗示可能使用未指明的技术手段的情况下，不可申请专利的主题事项或活动仍然如此］, at headnote Ⅱ and reasons 3.

⑱ Gottschalk v. Benson, 脚注16.

第二项限制不正当科研专利的政策涉及所谓的以研究作为用途的专利豁免使用。美国的大学❶、大多数欧盟国家的大学❷以及 OECD 成员的大学❸（包括墨西哥❷和土耳其❸等新兴经济体）都使用这一豁免。❷ 这一例外更符合 TRIPS 关于最佳研究豁免政策的规定，无论是正式的还是非正式的。因此，传统上大学免于支付其在自己的研究中使用专利所需的费用。❷

这一豁免的合理性在于将大学定义为公益代理人。美国和其他发达国家每年都要进行大量的基础研究，而这些研究没有获得专利权。在很大程度上，在美国和其他新兴经济体，政府资助了大多数基础研究。到 2000 年，美国一半的基础研究由联邦政府资助，其余的 29% 由大学和其他非营利研究机构自己出资。❷ 然而，研究用途豁免的范围和地位因国家而异，常常成为政策辩论和诉讼的主题。❷

第三项限制基础科学发明下游研究的专利政策涉及美国专利法对专利研究工具（即在研究或实验室环境中使用发明）的专利保护。❷ 可以肯定的是，研

---

❶ 判例法显示，实验性使用抗辩可能限于纯的非商业性用途的研究情形中应用。参见 Roche Products v. Bolar Pharmaceutical Company，733 F. 2d 858（Fed. Cir.）. cert. denied，469 US 856（1984）（法院驳回了仿制药生产商提出的实验使用辩护应适用于其在专利期内使用专利药物进行临床实验的观点）. 国会通过专利法修正案废除了有关联邦巡回上诉法院在罗氏诉博拉尔案中关于专利药物临床试验的决定。经修订后，该法规明确允许根据管制药品生产、使用或销售的法律使用专利发明开发和提交信息。修正案并没有解决什么时候可以在这个非常狭窄的环境之外进行实验性用途辩护这一更广泛的问题。参见 Drug Price Competition and Patent Term Restoration Act of 1984，Public Law 98 - 417，codified in pertinent part at 35 USC § 271（e）. 另见 Rebecca Eisenberg，Intellectual Property Rights and the Dissemination of Research Tools in Molecular Biology：Summary of a Workshop Held at the National Academy of Sciences，February 15 - 16，1996.

❷ 大多数欧盟成员国都规定实施共同体专利公约第 27（b）条的法定豁免。参见 OECD，Research Use of Patented Knowledge：A Review by Chris Dent，Paul Jensen，Sophie Waller and Beth Webster，STI Working Paper 2006/2，at 17 - 18.

❸ OECD，脚注 25 描述了 OECD 国家在研究目的豁免方面的巨大差异，at 17 - 22.

❷ The Industrial Property Law（Mexico），Art 22.

❸ The Patents Decree Law（Turkey），Section 75.

❷ TRIPS 第 30 条（授权权利的例外情况）（要求对专利权的任何豁免都需满足某些要求）。

❷ OECD，Patents and Innovation Trends and Policy Challenges：Trends and Policy Challenges（2004）（hereinafter，OECD，Patents and Innovation），at 21.

❷ 参见 William M. Landes and Richard A. Posner，The Economic Structure of Intellectual Property Law（Harvard University Press，2003），at 306.

❷ OECD，脚注 25，at 21. 美国 Madey 诉 Duck 案缩限了实验豁免的范围。参见 Madey v. Duke，307 F 3d 1351（Fed. Cir. 2002）. 相反，德国法院对实验性使用豁免采取了"非常宽松"的态度。比如，德国最高法院在 Klinische Versuche Ⅰ 与 Klinische Versuche Ⅱ（临床试验Ⅰ和Ⅱ）的两项判决。参见 ACIP（2004）Issues Paper，4.

❷ 参见 Rebecca Eisenberg，脚注 19.

究工具并非完全被排除在专利保护之外，除非它们缺乏美国可申请专利的实用性。[29] 然而，实用性的要求可以理解为有许多经济性目的，其中之一是排除基础研究的专利。[30] 其合理性是，授权专利可以通过增加这些工具在应用研究中的使用成本，从而抑制扩散。作为回应，美国国立卫生研究院（NIH）支持一项政策，即不鼓励不必要的专利申请，并鼓励非独家许可。其他国家的资助机构和研究机构正在效仿这类准则。研究工具的授权是一个复杂而高成本的过程，亦如基础研究中推定专利授权那样的复杂而又高成本的本质。[31]

奖励制度包括用有声望的学术聘任、演讲费或奖金愿景来鼓励基础研究，而专利法则激励应用研究。[32] 此外，大学本身也在进行游说，这成为另一种寻求政府资助的形式。[33] 如果专利保护扩大到基础研究，政府将没有动力资助研究，税收也将同样降低，税收造成的分配扭曲将更小。然而，这些研究中很多都没有短期的商业应用价值，因此无法通过专利获得融资。[34]

4.1.2 基础研究资助的挑战

经济学理论见证了关于研发类型的第二大类研究文献，它再次超出了发展

---

[29] 在美国专利法中，美国法典第 35 编第 101 条"有用的发明"要求下的实质实用性免除了为确定或合理确认在"真实世界"使用背景进行研究的科学发明。2017 年专利审查程序手册（MPEP）实用要求申请符合性审查指南［R - 11. 2013］，"实质实用性"不包括：（A）基础研究，如研究所要求保护的产品本身的特性或材料所涉及的机制。"实质实用性"是指"申请必须证明一项发明按照其现有形式对公众有用，这并不是说，在进一步研究之后，它可能会在未来某个日期证明有用。"in re Fisher, 421F. 3d 1365, 76 USPQ2d 1225（Fed. Cir. 2005），at 1371. 欧盟专利法不把实用性本身作为可专利性的标准，即使有实用性，专利性也可能被排除在外。See T 388/04 of March 22, 2006 of the Boardsof Appeal of the EPC. 具体而言，欧洲专利法第 57 条（标题为工业应用）并未明确排除研究工具而使用专利，而只遵守更具体的行业适用性专利性要求规则。例如，1998 年 7 月 6 日欧洲议会和理事会关于生物技术发明法律保护的第 98/44/EC 号指令（说明在生物技术发明的范围内，没有功能指示的核酸序列是不可专利的）。at rec. 23.

[30] 参见 William M. Landes and Richard A. Posner，脚注 26，at 302.

[31] 同上，at 316, referring to Report of the National Institute of Health（NIH）Working Group on Research Tools, June 4 1998, at www. mmrrc. org/about/NIH_research_tools_policy/; Michael A. Heller and Rebecca S. Eisenberg, Can Patents Deter Innovation? The Anticommons in Biomedical Research, 280 Science 698（1998）. But see the contrary arguments, reflecting the industry view, in Richard A. Epstein, Steady the Course：Property Rights in Genetic Material（University of Chicago Law School, John M. Olin Law and Economics Working Paper No. 152［2d set. ］, June 2002）.

[32] 参见 William M. Landes and Richard A. Posner，脚注 26，at 306. 另见 Pamela Samuelson, Benson Revisited：The Case Against Patent Protection for Algorithms and Other Computer Program - Related Inventions, 39 Emory Law Journal, 1025（1990）（在普遍存在专利执行限制的心理过程背景下，批判了鼓励新心理过程发明的激励需求），at 1145.

[33] 参见 William M. Landes and Richard A. Posner，脚注 26，at 306.

[34] 同上。

经济学的范围。这主要集中在它们对创新过程的影响和对世界范围内国际溢出的强度。[35] 其主要结论有关于基础研究的商业部门补贴的次优效应。[36] 1959 年，Richard Nelson 发表了他的开创性论文《基础研究的简单经济学》（*The Simple Economics of Basic Research*）。在该论文中，他确立了这样一个概念：放任竞争市场自行决定将次优投资于基础研究，从而产生了对公共补贴的需求。[37] 在过去 30 年，Nelson 的观点得到了发展和修改，尤其是诺贝尔经济学奖获得者 Kenneth Arrow[38]、Harvey Averch[39] 等人[40]。最后，基础研究的公共资金原则上得到充分证实。[41]

从政策角度看，由于科学研究显示出公共利益的关键特征，因此出现了两个与融资有关的问题。首先，在经济发展过程中，政府应该在什么时候投资基础研究？其次，政府应该把这些投资的目标放在哪里？[42] 全世界政府一直在思考基础研究的投资额是多少？[43] 在 2015 年决定性的研究《有多少科学》（*How much Science?*）对此，苏黎世联邦理工学院研究人员 Hans Gersbach 等人的结论是，考虑到政府的动态参与和高风险价值，目前政府参与基础研发的不足令

---

[35] 参见 Hans Gersbach and Maik T. Schneider，脚注 11，at 4.

[36] Keith Pavitt, What Makes Basic Research Economically Useful?, Research Policy, 20 （1991），109，110.

[37] Nelson 教授解释道，这是因为一个以营利为目的的公司不可能确保从它赞助的基础科学中获得所有的好处，因为赞助公司的优势存在很大的不确定性，而且它在向后续模仿者索取补偿时也面临困难。参见 Richard R. Nelson, The Link between Science and Invention：The Case of the Transistor, in The Rate and Direction of Inventive Activity （Richard R. Nelson, ed.）（Princeton University Press, 1962）. Nelson 补充道，如果逐利的公司抵制风险，或者在决定资源分配时目光短浅，那么在基础研究上的私人支出将会更加次优。

[38] Kenneth Arrow, Economic Welfare and the Allocation of Resources for Invention, in The Rate and Direction of Inventive Activity （Richard R. Nelson, ed.）（Princeton University Press, 1962）.

[39] Harvey Allen Averch, A Strategic Analysis of Science and Technology Policy （John Hopkins Press, 1985）.

[40] 参见 John Kay and Chris Llewellyn Smith, Science Policy and Public Spending, Fiscal Studies, 6 （1985）14 – 23；Partha Dasgupta, The Economic Theory of Technology Policy：An Introduction, in Paul Stoneman and Partha Dasgupta, Economic Policy and Technological Performance （Cambridge University Press, 1987）；Paul Stoneman, The Economic Analysis of Technology Policy （Oxford University Press, 1987）；Paul Stonemanand John Vickers, The Assessment：The Economics of Technology Policy, Oxford Review of Economic Policy, 4 （1988），at i – xvi.

[41] 例如参见，Keith Pavitt，脚注 36，at 110.

[42] Hans Gersbach, Ulrich Schetter, and Maik Schneider，脚注 4，at 2 – 3. Gersbach 等人还讨论了以下两个问题：何时投资基础研究（第 6 节）以及在何处投资（第 7 节）。同上，后两种考虑不在本章的讨论范围之内。

[43] 同上。

人震惊。❹ 正如作者所建议的，这确实可能归因于这样一个事实：虽然基础研究对创新和专利强度的好处是多样的，但它们往往呈现时间上的滞后性和间接性。❺

在这种测量方法限制的背景下，过去的经验表明，科研资金的波动很大程度上是由外部的政治需求侧经济所决定的。例如，20世纪五六十年代的冷战时期，是科学研究经费大幅增长的时期。在这段时间里，人们相信对科学的投资会产生创新。❻ 新古典经济学认为，由于基础研究的独特性，非政府部门总是会因为市场失灵而投资不足，这是市场失灵的一种表现。❼

到20世纪60年代末，因为科学发展对环境和更广泛意义上的社会造成的一些负面影响开始显现，人们对科学所具有的不可避免的慈善潜力的信念开始受到挑战。❽ 在20世纪60年代末和70年代，许多国家政府减少在科学方面的开支。❾到了20世纪80年代，许多国家政府对基础研究的态度发生了重大变化。冷战结束后，为研究提供资金的军事奖励不再那么紧迫，人们更加注重对技术和经济竞争力的促进。与此同时，学术界基于对创新的研究也开始质疑科学与技术联系的简单线性模型。❺⓿ 这种变化从20世纪80年代开始一直持续到今天。

到了20世纪90年代，大多数欧洲国家已经进入了一个"稳定状态"的科学时代。❺❶ 在这个时代，科研资金无法跟上快速增长的研究成本。在美国，基础

---

❹　同上，at 3. 另见 Amnon J. Salter and Ben R. Martin，脚注4（目前，我们还没有强有力的、可靠的方法工具来确定地说明公众对科学的额外支持可能会带来什么好处，除了以确保有一个临界数量的研究活动属于必要支持的建议），at 529.

❺　Hans Gersbach, Ulrich Schetter, and Maik Schneider，脚注4，at 3.

❻　Philip Gummett, The Evolution of Science and Technology Policy：A UK Perspective, Science and Public Policy, 1（1991），at 18；Jane Calvert and Ben R. Martin, Changing Conceptions of Basic Research?, Background Document for the Workshop on Policy Relevance and Measurement of Basic Research Oslo, 29–30 October 2001, SPRU–Science and Technology Policy Research（September 2001），at 2.

❼　Jane Calvert and Ben R. Martin，同上，at 2.

❽　Jean–Jacques Salomon, Science Policy Studies and the Development of Science Policy, in Science, Technology and Society：A Cross Disciplinary Perspective（Ina Spiegel–Rösing and Derek de Solla Price, eds.）（Sage, 1977）.

❾　Aant Elzinga, Research, Bureaucracy and the Drift of Epistemic Criteria, in the University Research System：The Public Policies of the Home of Scientists（Björn Wittrock and Aant Elzinga, eds.）（Almqvist and Wiksell International, 1985），at 192.

❺⓿　David Mowery and Nathan Rosenberg, Technology and the Pursuit of Economic Growth（Cambridge University Press, 1989）；Christopher Freeman, The Economics of Industrial Innovation（Harmondsworth, 1974）.

❺❶　John Ziman, Prometheus Bound（Cambridge University Press, 1994）.

研究主要由联邦政府以及大学和学院进行，其中大约 80% 是由政府资助的。[52]

综上所述，从 20 世纪 50 年代到 21 世纪初，基础研究资助的历史表明，科学家在从事独立的纯科学研究时应该得到支持的观点已经发生了转变，他们的工作应该更加明确地面向社会和经济目标。

经过多次讨论，OECD 的《弗拉斯卡蒂手册》和 1996 年的美国国家科学基金会（NSF）的《科学与工程指标》都提到了研发的分类，并为基础研究、应用研究和实验发展提供了官方定义。[53] 这一分类也被纳入美国商法。例如，美国司法部 1980 年的反托拉斯准则对基础研究的定义存在些许争议，这为 1984 年的全国合作研究法（*National Cooperative Research Act*）奠定了基础（明确地指出基础研究活动是鼓励合作企业的正当理由之一）。此外，基础研究信贷被列入 1986 年税收改革法案的一部分，目的是鼓励对大学和非营利基础研究和实验的产业支持。[54]

4.2　按照研发类型划分的专利强度：基于政策考虑

不同的研发类型反映不同的专利强度。一般来说，研究类型越科学，商业化程度越低，申请专利的强度就越小。这一核心概念涉及上述三种研发类型：基础研究、应用研究和实验开发。自 20 世纪 60 年代初以来，这三大创新支柱的建模经历了很大的转变，美国国家科学基金会是对这类研究进行分类的最先进的监管机构。[55] 根据美国国家科学基金会 1955～1956 年的调查，认为基础研究的定义是：[56]　"基础研究——代表为提高科学知识而进行的原始调查的研究项目，

---

[52]　Guido Cozzi and Silvia Galli, Science – based R&D, 脚注 5.

[53]　Albert 教授增补道，美国国家科学基金会的分类进一步被工业行业所采纳。参见 Albert N. Link, On the classification of industrial R&D, Research Policy, Volume 25 (3) 397 (May 1996)（该文展示了对 101 名研发总监/经理的调查结果，其中显示 89 名受访者同意 NSF 的划分恰当地描述了他们的研发活动范围）, at 399.

[54]　同上, at 398.

[55]　同上，早期一项研究标志着"二战"后美国对基础研究大规模财政支持的腾飞，参见 Vannevar Bush, Science：The Endless Frontier, A Report to the President by Vannevar Bush, Director of the Office of Scientific Research and Development, July 1945 (United States Government Printing Office, Washington：1945)（将基础研究主要描述为"好奇心驱动"和"不考虑实际目的的执行"）, chapter 1.

[56]　National Science Foundation (NSF), 1959, Science and Engineering in American Industry：Final Report on a 1956 Survey, National Science Foundation report (Washington, DC). 对于先前的相同界定，参见 National Science Foundation (NSF), 1956, Science and Engineering in American Industry：Final Report on a 1953 – 1954 Survey, National Science Foundation report (Washington, DC). 1953 年，Dearborn 等人在行业访谈的基础上提出了基础研究的第一个定义。参见 De Witt C. Dearborn, Rose W. Kneznek, and Robert N. Anthony, Spending for industrial research, 1951 – 1952, Harvard University Graduate School of Business report (Cambridge, MA) (1953).

虽然这些项目可能涉及公司目前或潜在感兴趣的领域，但不具有特定的商业目标。"❺ 早在 1963 年 OECD 制定其定义时，美国国家科学基金会对此的定义是一个重要的参考资源，并规定在 OECD 于 2002 年出版的著名的《弗拉斯卡蒂手册》中。❺

《弗拉斯卡蒂手册》还将研发活动分为基础研究、应用研究和实验开发三大类。❺ 它将基础研究定义为"实验或理论工作，主要是为了获取新现象的基础知识和观察事实，没有任何特定的应用或用途。"一般来说，基础研究并不为具体的实际问题提供（潜在的商业）可申请专利的技术解决方案，而是提供解决核心科学问题所需的知识库。❻

基础研究通常有六个区别于其他类型的研发（为方便统称为"非基础研究"）的特征❻。第一，与非基础研究相比，基础研究成果处于萌芽状态，因为它们是早期发现，很少或根本没有商业用途。❻ 第二，基础研究建立并进一步发展先前（基础）研究提供的见解，因此被认为具有累积性。❻ 第三，在基础研究中新知识的产生及其在新产品和新工艺中的反映涉及重大的时间滞后，直到非基础研究发生。❻ 第四，与更确定的非基础研究相比，基础研究成果具有高度的不确定性。❻ 第五，基础研究和应用研究（与实验开发一起）通常有一个层次结构，前者为后者奠定了基础。❻ 第六，非基础研究不仅受益于基础研究，而且以双向溢出的方式刺激基础研究。❻ 从专利政策的角度比较专利强

---

　　❺　Science Foundation（NSF），1959，Science and engineering in American industry：final report on a 1956 survey，National Science Foundation report（Washington，DC），同上。

　　❺　OECD 的标准定义同样强调了操作因素的缺乏，指出"基础研究是实验性的或理论性的工作……没有任何特别的应用或用途。"参见 OECD，The Measurement of Scientific and Technological Activities：Standard Practice for Surveys of Research and Experimental Development（1994）（Frascati Manual 1993：OECD Publications），at 13.

　　❺　同上，at 30.

　　❻　Hans Gersbach，Ulrich Schetter and Maik Schneider，脚注 4，at 3. 弗拉斯卡蒂手册对基础研究的定义不同于巴斯德象限。参见 Donald Stokes，Pasteur's Quadrant：Basic Science and Technological Innovation，The Brookings Institution，Washington，DC（1997）. 这个术语是由普林斯顿大学 Donald Stokes 教授提出的。Donald Stokes 将一类科学研究方法描述为具有直接商业用途，弥合了基础研究和应用研究之间的差距。同上。

　　❻　Hans Gersbach，Ulrich Schetter and Maik Schneider，脚注 4，at 4.

　　❻　同上。

　　❻　同上。

　　❻　同上。

　　❻　同上。

　　❻　同上。

　　❻　同上。

度作为各国国内创新的代表，这六个特征中有两个是关键的，即研究的商业成果（特征 1）和基础研究和非基础研究之间的等级顺序（特征 5）。这两个特征还决定了三个专利集群的专利倾向性和专利强度的差异率，如下文所述。

4.2.1　研发的商业性和专利强度

基础研究的产出在性质上是新生的，缺乏直接的商业用途。[68] 在商业化之前，它通常需要通过应用研究加以改进。[69] 通过这些包括物理学和生命科学领域中 X 射线的基本研究发现遗传学中核糖核酸（RNA）干扰遗传学方法的发明或核物理学中核裂变方法的发明。[70] 所有这些发现随后都得到进一步开发和商业化，最终在某些行业产生了显著影响。[71]

不同于基础研究，应用研究着手对重要的实际问题"提供……完整的答案"，[72] 从而直接促进特定生产技术或产品的改进和发展。[73] 在传统意义上，应用研究被认为是由私营公司进行的，私营公司将基础研究成果转化为新产品的蓝图，使之商业化。[74] 上述基础研究虽然与专利强度关系不大，但在科学政策中起着核心作用。[75]

---

[68]　Hans Gersbach, Gerhard Sorger, and Christian Amon，脚注 5，at 5.

[69]　同上。

[70]　同上，at 5 and 附录的表 3 提供了更多的例子。

[71]　同上，at 6. 关于特定产业，例如参见，Jason Owen – Smith, Massimo Riccaboni, Fabio Pammolli, and Walter W. Powell, A Comparison of US and European University Industry Relations in the Life Sciences, Management Science, 48（1），24 – 43（2002）（关于生物技术行业）；Ernst Heinrich Hirschel, Horst Prem, and Gero Madelung：Aeronautical Research in Germany – from Lilienthal until Today, Springer – Verlag（2004）（有关航空工业）.

[72]　参见 Vannevar Bush，脚注 55，at 13.

[73]　同上。

[74]　Hans Gersbach, Gerhard Sorger and Christian Amon，脚注 5，at 1.

[75]　参见 Amnon J. Salter and Ben R. Martin，脚注 4（作者回顾并评估了与公共资助的基础研究相关的经济效益的文献），at 510；Bureau of the Census, Evaluation of proposed changes to the survey of industrial research and development, National Science Foundation report, June（Washington, DC）（1993）；Benoît Godin, Measuring Science：Is There "Basic Research" without Statistics? Project on the History and Sociology of S&T Indicators, Paper No. 3, Montreal：Observatoire des Sciences et des Technologies INRS/CIRST；Philip Gummett，脚注 46，at 18；Eileen L. Collins, Estimating Basic and Applied Research and Development in Industry：A Preliminary Review of Survey Procedures, National Science Foundation report（Washington, DC）（1990）；Applied Management Sciences, Inc., NSF workshop on Industrial S&T data needs for the 1990s：final report, National Science Foundation report 1 December（Washington, DC）（1989）；Howard K. Nason, George E. Manners, and Joseph A. Steger, Support of Basic Research in Industry, National Science Foundation report（Washington, DC）（1978）. 许多现代文献使用其他术语，如"科学""学术研究"，或只是"研究"，尽管它们有相当多的重叠，但是并不完全等同于"基础研究"。参见 Amnon J. Salter and Ben R. Martin，脚注 4（作者回顾和评估了由公共资助的基础研究的经济效益的文献），at 510.

在这一背景下，大学专利的增加已成为加强应用研究与产业之间关系的政策议程的一部分，其目标是增加公共资助基础研究的社会和私人回报。这方面的例子包括普遍加强专利法的执行和技术转让条例，[76] 从美国 20 世纪 80 年代的拜杜法案（*Bayh - Dole Act*）开始，授予联邦研发基金的接受者专利发明的权利，并将其授权给企业，[77] 和欧洲"教授特权"专利等价。[78]

4.2.2 专利和研发等级

正如已经解释的，发达经济体和新兴经济体的创新过程都具有基础和应用研究的系统等级。[79] 基础研究的另一个影响深远的特性涉及它在科学界的起源和它对工业生产力的影响之间的持续时间。

在这方面，经济学家 James Adams 发现，学术知识的扩展对技术变革和生产率增长产生了积极但滞后的影响。[80] 通过在增长计算理论内应用各种科学测量方法，他的研究结果表明，新的学术知识对工业生产力的影响不是瞬间发生的，但它与 20 年左右的时间滞后有着密切的联系，该时间属于在工业中寻找和采用有用的科学知识所需的时间。[81] 这些发现表明基础研究和应用研究之间有着相当严格的等级。[82]

然而，关于两种研发类型之间的等级还有其他观点。值得注意的是，Richard Nelson 和 Nathan Rosenberg 认为基础科学和应用科学之间的传统区别是

---

[76] 国家内部和国家之间的技术服务机构在结构和组织上存在很大的差异，例如技术服务机构在校内或校外的办事处、独立的中介机构、基于行业的技术服务机构和区域技术服务机构。一般参见 OECD, Turning Science into Business: Patenting and Licensing at Public Research Organizations, OECD (2003), at 29 - 37.

[77] 参见 Bayh - Dole Act or Patent and Trademark Law Amendments Act (Pub. L. 96 - 517, December 12, 1980). 另见 United States Congressional Research Service, Patent Ownership and Federal Research and Development (R&D): A Discussion on the Bayh - Dole Act and the Stevenson - Wydler Act (December 11, 2000). 有关科学政策法案的批判性评估，一般参见 David C. Mowery, Richard R. Nelson, Bhaven N. Sampat, and Arvids A. Ziedonis, Ivory Tower and Industrial Innovation University Industry Technology Transfer Before and After the Bayh - Dole Act (Stanford University Press, 2004).

[78] 一般参见 Hans K. Hvide and Benjamin F. Jones, University Innovation and the Professor's Privilege, NBER Working Paper No. 22057 (March 2016).

[79] Hans Gersbach, Gerhard Sorger and Christian Amon, 脚注 5（本文发展了内生增长模型，抓住了上述创新过程中的层次和关系，并且分析了一个包含最终产品部门和中间产品部门、基础研究部门和应用研究部门、一个连续的无限生活家庭和一个政府的封闭经济），at 1.

[80] James D. Adams, 脚注 14.

[81] Hans Gersbach, Gerhard Sorger and Christian Amon, 脚注 5, at 7.

[82] 同上。

不合时宜的。[83] Nelson 关于晶体管历史的开创性论文就是一个很好的例子。[84] Rosenberg 解释道，基础研究区别于应用研究的地方在于前者具有高度人为性和武断性的特点。这种区别通常是为了强调进行研究的动机或目标。然而，在大多数情况下，这并不是一个非常有用或有启发性的区别。[85] 在处理非常实用或实际的问题时，有时可能出现根本性的突破。此外，Rosenberg 还试图根据研究人员的动机来划分这一界限，即是否存在获取有用知识（应用知识）的担忧，而不是纯粹无私地寻找新的基本知识，这是一种"无望的探索"。[86]

一般来说，科学和技术应用研发的建模被认为与此前的观点更为相似。[87] Nelson 和 Rosenberg 解释道：人们普遍认为，现代技术领域实际上是应用科学，也就是说，实践是直接从科学理解中汲取并为科学理解所启发的。作者补充说，技术进步主要是一项常规任务，即运用新的科学思考，以实现更好的产品和工艺。然而，这一观点谦逊地夸大了科学为大多数技术提供的信息，同时表明科学进步与技术进步之间的联系远比实际情况简单。[88] 其他一些研究指出，应用研发活动日益复杂。越来越困难的应用研究也揭示了应用研究与基础研究

---

[83]　Richard R. Nelson, Reflections on "The Simple Economics of Basic Scientific Research": Looking Back and Looking Forward, Industrial and Corporate Change, 15（6），903（2006），at 907；Richard R. Nelson, 脚注 37（在晶体管项目中，成果包括基础物理知识的进步和实用设备的发明和改进），at 581. 对尼尔森晶体管例子的分析，首先明确地表明，基础研究和应用研究之间的区别是模糊的。同上，Nathan Rosenberg and Richard R. Nelson, The Roles of Universities in the Advance of Industrial Technology, in Engines of Innovation（Richard S. Rosenbloom and William J. Spencer, eds.）（Harvard Business School Press, 1996），at 91.

[84]　Richard R. Nelson，脚注 37.

[85]　Nathan Rosenberg, Why Do Firms Do Basic Research（With Their Own Money）?，Research Policy 19，165（1990），at 169.

[86]　同上。

[87]　Richard R. Nelson，脚注 83，at 907；Nathan Rosenberg and Richard R. Nelson，脚注 83，at 91.

[88]　同上，在反思进化经济学时，Nelson 解释道："事实上，以科学的方式去理解大多数领域的许多实践仍然只是少数……许多工程设计实践都是专业工程师在'工作'中学到的问题的解决方案，但他们并没有特别深刻地理解其中的原因。"at 907；"技术实践和理解往往共同发展，有时理解的进步会带来改进实践的有效努力，有时实践的进步会带来促进理解的有效努力。"同上，另见 Richard R. Nelson and Nathan Rosenberg, Technical Innovation and National Systems, in Richard R. Nelson（ed.），National Innovation Systems：A Comparative Analysis（Oxford University Press, 1993）（有关科学和技术相互联系的复杂性），at 1-21.

之间日益紧密的联系。[89] 为了产生新的医疗方法，必须提高对病理学的基本认识。[90]

然而，专利倾向性衡量的核心仍然是，基础研究本身被视为不符合专利申请标准，因而总体上不具备培养专利强度的条件。简单地说，专利强度与应用研究而不是基础研究使得专利倾向性呈现周期性关系。

Marie Thursby 和 Richard Jensen 至少在发达经济体的语境下解释了普遍可接受的观点。[91] 他们发现超过75%的大学发明仅仅是非商业的概念，即被视为基础研究。Thursby 和 Jensen 强调大多数基于大学的技术授权的萌芽状态，并确定随后在商业化方面需要发明人合作。[92] 他们发现，在获得专利许可时，所有被调查的大学发明中只有12%可以商业化，而仅有8%的发明具有制造可行性。[93]

鉴于低专利集群的国家和广大发展中国家的发展，支持与研究有关的专利政策可能需要比新古典经济学提供的更为广泛的基础，后者是以发达经济体为重点。[94] 内生经济增长论证应最终包括在内，特别是在发展增长辩证法要求原型内生相对主义的情况下。也就是说，即使在其目前的核心观点下，与研究相关的专利政策仍必须承认可能存在的国家集团实证差异。

---

[89] 例如参见，Amnon J. Salter and Ben R. Martin，脚注4（作者回顾和评估了与公共资助的基础研究相关的经济效益的文献，同时主张基础研究和应用研究之间的重叠，而不是实质性的差异），at 510；Guido Cozzi and Silvia Galli，Science – Based R&D in Schumpeterian Growth，Scottish Journal of Political Economy，56（4），474（2009），at 475；Jane Calvert and Ben R. Martin，脚注46（背景文件分析了基础研究的概念，并对近50位科学家和决策者对基础研究定义的访谈得出的结论是，基础研究与先进研发的互动是最有效的）；Nathan Rosenberg，脚注85，at 170.

另见 Keith Pavitt，The Social Shaping of the National Science Base，Research Policy，27，793（1998）〔尽管基础研究和技术（如生物技术）之间有着惊人的紧密联系，但是基础研究主要建立在基础研究之上。科学论文引用其他科学论文的频率远远高于专利，而技术则主要建立在技术之上。例如，专利引用其他专利的频率远远高于科学论文〕，at 795.

[90] Amnon J. Salter and Ben R. Martin，脚注4；Guido Cozzi and Silvia Galli，脚注89.

[91] Marie Thursby and Richard Jensen，Proofs and Prototypes for Sale：The Licensing of University Inventions，American Economic Review，American Economic Association，91（1），240（2001）.

[92] 同上。

[93] 同上，另见 Yixin Dai，David Popp and Stuart Bretschneider，Journal of Policy Analysis and Management，24（3），579，（2005）（与基础研究一样，由于学术惰性，许多从事应用研究的学者仍将出版物作为主要产出。即使研究者决定申请专利，也不太可能是在研究过程的一开始就做出了这个决定），at 584.

[94] 参见 Hans Gersbach，Gerhard Sorger，and Christian Amon，脚注5（有关建立与基础和应用研究有关的内生增长模型）；参见 Karl Max Einhaäupl，What does "Basic Research" mean in Today's Research Environment?，Keynote address to the OECD workshop on "Basic Research：Policy Relevant Definitions and Measurement," 28 – 30 October，Oslo，Norway，at 5.

4.3 实证分析

4.3.1 方　法

该方法遵循经济学文献中关于基础研究的观点，将实验开发纳入应用研究。[05] 鉴于 1996~2013 年数据集早期缺少实质性数据，因此，该方法进一步采用了不同的估算方法。这意味着在 1996~2003 年初至少有一个未缺失的年度数据集，在 2011~2013 年末至少有一个未缺失的年度数据集。在描述专利集群特征时，使用的年度数据集是 2003~2011 年。另外，在参照发达经济体和新兴经济体描述经济类型时，使用的数据集介于 1996 年和 2011 年之间。

4.3.2 调查结果

4.3.2.1 按专利活动强度划分的 GERD 类型

发达经济体的研发支出高于中等收入或新兴经济体。图 4.1 和图 4.2 清楚地显示了基础和非基础研发支出率的核心结论。当考虑到专利活动强度因素（涉及 GDP 和 GERD 的百分比）时，这两种经济类型之间的比较就变得更加复杂。从专利政策的角度来看，这些指标可能提供了许多解释，解释了为什么不同的国家和国家集团在其专利强度上存在差异，而这些差异是由过多类型的研发率衡量的。

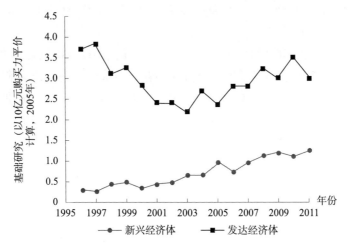

图 4.1 基于 2005 年基础研究（10 亿元）购买力平价不变价格比较 1996~2011 年的年度变化

---

[05] Hans Gersbach, Ulrich Schetter and Maik Schneider, 脚注 4, at 4.

— 167 —

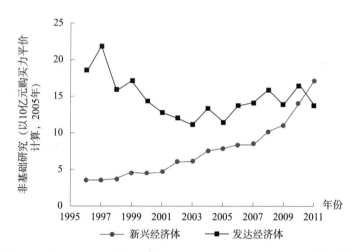

图 4.2 基于 2005 年非基础研究（10 亿元）购买力平价不变价格比较
1996～2011 年年度变化

迄今为止，按类型划分的研发差异很少得到衡量。Hans Gersbach 关于基础研究宏观经济学的开创性著作，概括了有关各国基础研究地理的公认观点。Gersbach 的研究结果有两个方面，尽管主要局限于 OECD 成员的经验范围。首先，基础研究主要由靠近技术前沿的工业化国家进行。一些新兴经济体，如韩国或新加坡，已经大大加强了基础研究工作。❾ 其次，大型工业国家在基础研究上的平均支出低于小型经济体。在 OECD 成员中，美国和法国的基础研究支出约占 GDP 的 0.5%。相比之下，瑞士的投资比例要高出 0.8%。❾ 图 4.1 和图 4.2 分别描述了发达经济体和新兴经济体在基础研究和非基础研究方面的波动差异。图 4.3 和图 4.4 中也有类似的观察结果，分别表示发达经济体和新兴经济体的基础和非基础研究支出占国内生产总值的百分比。在按研究类型划分的所有四类研发中，发达经济体与新兴经济体相比具有显著优势。

---

❾ 参见 Hans Gersbach and Maik T. Schneider，脚注 11，at 3.
❾ 同上。

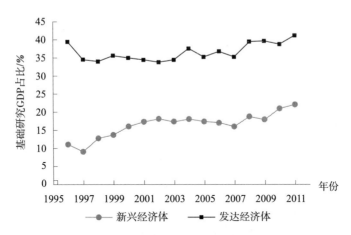

图 4.3　基于 2005 年基础研究占国内生产总值比较
1996～2011 年年度变化

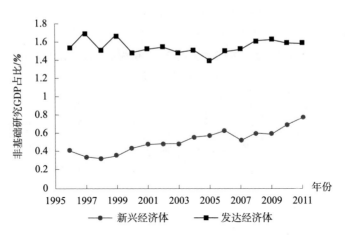

图 4.4　基于 2005 年非基础研究占国内生产总值比较
1996～2011 年年度变化

　　然而，当将研发波动作为每种经济类型中 GERD 的百分比进行计算时，会出现不同的结果。如图 4.5 所示，在新兴经济体，与发达经济体相比，基于基础研发支出占比的 GERD 支出更为显著，但 2005～2006 年除外。对于非基础研发，则出现了相反的结果，如图 4.6 所示。这些发现最终可能有助于解释为什么新兴经济体显示出比发达经济体更低的专利倾向性比率。由于基础研发比非基础研发更难获得专利，后者代表更多的商业研发类型，因此这些数字更能说明总体上专利倾向率较低。

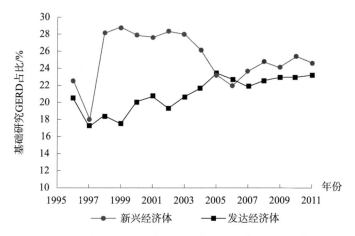

图 4.5　基于 2005 年基础研究占国内研发总支出比较
1996～2011 年年度变化

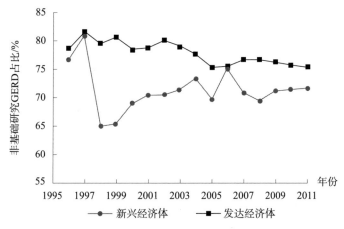

图 4.6　基于 2005 年非基础研究占国内研发总支出比较
1996～2011 年年度变化

4.3.2.2 专利集群的实验性发展优势

在对这三个专利集群进行统计时，按类型费率比较研发的结果在范围上变得更加狭窄。与发达经济体和新兴经济体的比较不同，这三个专利集群在基础研究和应用研究方面都没有显著差异，如附录 E 中 GERD 按研发类型和专利集群预测的回归模型所示。图 4.7 和图 4.8 以及表 4.1 和表 4.2 显示，发现的唯一统计显著差异是过度实验性开发占 GERD 的百分比，它是更具专利性和商业性的非基础研发类型。即使在这里，唯一显著差异是领导者集群（标记为集群 1）和边缘化集群（标记为群集 3）之间。尽管这一发现可能有限，但它支持了发达经济体或更小范围的属于领导者专利集群的国家明显以增加商业和可专利申请的研发活动类型为特征的这一观点。后一项发现可能最终进一步解释了为什么与领导者专利集群密切相关的发达国家显示出更高的专利倾向性比率。

表 4.1 GERD 数据的专利集群类型

类型	集群 1	集群 2	集群 3
应用型研究	29.90401	38.51996	44.60513
基础型研究	20.89564	23.63227	27.07568
实验型研究	49.20035	37.84776	28.31919

表 4.2 按 GERD 类型划分的专利集群国家占比

序号	代码	国家	集群	应用型研究占比/%	基础型研究占比/%	实验型研究占比/%
1	AT	奥地利	1	35.19	17.54	45.37
2	BG	保加利亚	2	50.77	28.62	20.61
3	CH	瑞士	1	33.00	28.08	39.65
4	CN	中国	2	16.20	5.19	78.60
5	CU	古巴	2	50.00	10.00	40.00
6	CY	塞浦路斯	3	58.30	19.80	21.90
7	CZ	捷克	2	28.27	30.45	41.28
8	DK	丹麦	1	26.04	16.11	56.16
9	EC	厄瓜多尔	3	61.49	20.77	11.89
10	EE	爱沙尼亚	3	24.41	29.37	46.22
11	FR	法国	1	38.35	24.57	37.07
12	HR	克罗地亚	2	36.65	35.27	28.08

序号	代码	国家	集群	应用型研究占比/%	基础型研究占比/%	实验型研究占比/%
13	HU	匈牙利	2	33.37	25.89	37.65
14	IE	爱尔兰	1	36.07	22.48	41.45
15	IL	以色列	1	4.85	15.44	79.71
16	IS	冰岛	3	38.89	17.83	43.17
17	IT	意大利	1	44.87	27.04	28.26
18	JP	日本	1	21.34	11.95	61.75
19	KR	韩国	1	20.32	15.73	63.95
20	LV	拉脱维亚	3	43.61	26.08	30.31
21	NZ	新西兰	1	36.39	30.57	33.61
22	PA	巴拿马	3	32.05	36.43	31.54
23	PT	葡萄牙	2	36.77	22.39	40.83
24	SG	新加坡	1	30.40	18.86	50.74
25	SI	斯洛文尼亚	2	65.30	12.50	22.21
26	SK	斯洛伐克	2	30.95	44.70	24.36
27	SV	萨尔瓦多	3	47.24	35.45	9.24
28	ZA	南非	2	35.72	20.59	43.69

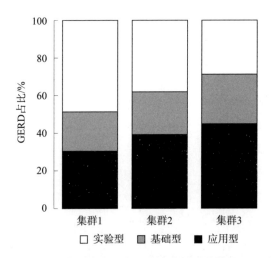

图 4.7　2003～2011 年按研发和专利集群类型划分的 GERD 占比对比

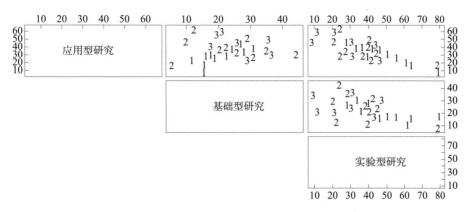

图 4.8　按专利集群划分的 GERD 类型散点分布

图 4.8 和表 4.2 中的记录描述了专利集群中所有研发活动组合的分散。

表 4.3 ~ 表 4.5 描述了按专利类别划分的 GERD 值的基本描述性统计数据。

表 4.3　领导者集群

类型	样本方差	数值	平均值	标准差	中间值	切尾均值	绝对中位值	最小值	最大值	值域	扁态系数	峰态系数
应用型研究均值	1	11	29.71	11.05	33.00	30.79	7.94	85	44.87	40.01	−0.81	−0.21
基础型研究均值	2	11	20.76	6.11	18.86	20.65	5.36	11.95	30.57	18.62	0.22	−1.57
实验型研究均值	3	11	48.88	15.33	45.37	47.75	15.99	28.26	79.71	51.45	0.51	−0.94
	se											
应用型研究均值	3.33											
基础型研究均值	1.84											
实验型研究均值	4.62											

表4.4　追赶者集群

类型	样本方差	数值	平均值	标准差	中间值	切尾均值	绝对中位值	最小值	最大值	值域	扁态系数	峰态系数
应用型研究均值	1	10	38.40	13.74	36.19	37.81	9.75	16.20	65.3	49.09	0.40	-0.70
基础型研究均值	2	10	23.56	12.09	24.14	23.21	12.93	5.19	44.7	39.50	0.08	-1.20
实验型研究均值	3	10	37.73	16.80	38.83	34.76	11.57	20.61	78.6	58.00	1.19	0.74
	se											
应用型研究均值	4.35											
基础型研究均值	3.82											
实验型研究均值	5.31											

表4.5　边缘化集群

类型	样本方差	数值	平均值	标准差	中间值	切尾均值	绝对中位值	最小值	最大值	值域	扁态系数	峰态系数
应用型研究均值	1	7	43.71	13.37	43.61	43.71	17.13	24.41	61.49	37.08	-0.01	-1.65
基础型研究均值	2	7	26.53	7.53	26.08	26.53	9.31	17.83	36.43	18.59	0.18	-1.89
实验型研究均值	3	7	27.75	14.31	30.31	27.75	19.07	9.24	46.22	36.98	-0.02	-1.79
	se											
应用型研究均值	5.05											
基础型研究均值	2.84											
实验型研究均值	5.41											

4.3.2.3　实验结果的说明

　　如图4.5所示，在新兴经济体中，基础研发支出占全球研发费用的百分比明显高于发达经济体。如图4.3和图4.4所示，从绝对值和占GDP的百分比来看，情况正好相反，发达经济体的经济增长率超过了所有类型的 GERD 指标。然而，在适度支持下，这些差异在图4.7、图4.8、表4.1和表4.2中得到了明显体现，表4.1和表4.2涉及实验型研究非基础研发占全球研发的百分比，将领先者和边缘化的专利集群分开。附录E中按研发类型和专利集群划分 GERD 的回归模型进一步支持这一发现。由于基础研究在实质上不如应用研究和实验研究容易获得专利，因此新兴经济体的总体专利倾向低于发达经济体。问题仍然存在：为什么新兴经济体首先将相对较高的 GERD 分配给基础研发？接下来是一个完整的问题——是什么解释了时间序列中这一重大差距的可持续性？

这些相关问题尚待充分证实。然而，一个核心解释已经提供了相当深刻的见解。总之，基础研究的主要实际效益很难在各国之间传播。这种类型的知识传播是隐性的或非加密的知识，而且往往是通过个人流动和非正式的人际交往来传递的。[98] 从基础研究中获得的好处被有意地吸引到地理、文化中心主义和语言环境中。[99] 最近，经济学家、社会学家和文献计量学家在 Adam Jaffe[100]、Francis Narin[101] 等人的开创性工作基础上进行的大量实证研究证实了这一重要的观察结果，尽管其重点是发达经济体。[102] 从概念上讲，尽管学术研究具有公益性质，但可以说它不是一种免费的产品，因为跨国转移成本高昂，而且转移到发展中国家的成本更加高昂。[103] 因此，在北方国家创新中心以外开展业务的国家和公司大多受益于基础研究，如果它们属于交流知识的国际专业网络的话。[104] 这至少需要高质量的国外研究培训，并且在基础研究方面需要强大的世

---

[98] Keith Pavitt，脚注89，at 797.

[99] 同上.

[100] 参见 Adam Jaffe, The Real Effects of Academic Research, American Economic Review, 79 (5), 957 (1989)；Adam Jaffe, Manuel Trajtenberg, and Rebecca Henderson, Geographic Localization of Knowledge Spillovers as Evidence by Patent Citations, Quarterly Journal of Economics, 108, 577 (1993).

[101] Francis Narin, Kimberly S. Hamilton, and Dominic Olivastro, The Increasing linkage between US Technology and Public Science, Research Policy, 26：317 (1997).

[102] 例如，J. Sylvan Katz, Geographical Proximity and Scientific Collaboration, Scientometrics, 31 (1), 31 (1994).

[103] Keith Pavitt，脚注36，at 111, referring to David. Mowery, Economic Theory and Government Technology Policy, Policy Sciences, 16, 27 (1983).

[104] Diana Hicks, Published papers, Tacit Competencies and Corporate Management of the Public/Private Character of Knowledge, Industrial and Corporate Change, 4, 401 (1995). 参见 Keith Pavitt，脚注89（在学术研究上投入 GDP 比例最高的 OECD 成员实际上都是小国，这表明加入国际网络的成本相对较高），at 798 和表3（比较 OECD 成员，同时指示小国家提高基础研究支出）；Keith Pavitt，脚注36（他补充道，距离和语言的限制意味着基于国家的科学和技术之间的转让已经成为一种惯例而不是例外），at 116.

界影响力。⑩

经济理论无疑见证了一大批关于国际溢出效应的、遍及全世界的成果。⑩然而，首要的政策考虑涉及对构成这些创新中心的北方发达国家基础研究的公共补贴的重要性。⑩鉴于基础研发的补贴成本，其目的是补偿上述与跨国转移相关的交易成本，新兴经济体中最有趣的趋势或许是建立依赖于当地技术的产业。新兴经济体显然是通过采用优惠采购政策及其产业政策机制来实现这一目标的。⑩在基础研发交易成本和优惠采购政策所起作用的背景下，新兴经济体的专利制度（以专利强度衡量）与发达经济体相比，似乎没有那么关键。⑩

举例来说，在过去20年中，许多相关的倡议已经在新兴经济体的国际和区域背景下扎根。这表明，新兴经济体与其他发展中国家在基础研究方面的合作重点也在北方国家创新中心之外，而且主要在三个方面。首先是2012年在新德里举行的金砖国家第四次峰会，发展中国家在科技和创新领域建立了更大的合作关系。这次首脑会议以其《德里宣言》而闻名，该宣言强调必须促进南方国家的科学技术和相关知识交流。⑩《德里宣言》第40段认识到知识共享具有更广泛的意义，指出"各国现有知识、专门技术、生产力和最佳做法是可以分享的，并在此基础上建立有意义的合作，有助于造福于我们各国人民。"《德里宣言》第43段规定的具体合作部门包括粮食、药品、卫生和能源等优先领域，以及新兴国家的基础研究跨学科领域，如纳米技术、生物技术和先进材料科学。

第二个是由印度、巴西和南非倡议的三国之间的一个三边倡议。三个新兴经济体最近制定了《新德里合作议程和行动计划》，旨在加强三国在更多领域

---

⑩　参见 Keith Pavitt, Academic Research, Technical Change and Government Policy, in Companion Encyclopaedia of Science in the Twentieth Century（John Krige and Dominique Pestre, eds.）（Routledge, 2013）143, at 153.

⑩　参见 Hans Gersbach and Maik T. Schneider, 脚注11, at 4.

⑩　Keith Pavitt, 脚注36, at 110.

⑩　参见 Frederick. Abbott, Carlos Correa and Peter Drahos, eds., Emerging Markets and the World Patent Order: The Forces of Change, in Emerging Markets and the World Patent Order, at 32; 另见 Tetyana Payosova, Russian Trip to the TRIPS: Patent Protection, Innovation Promotion and Public Health, in Emerging Markets and the World Patent Order, at 249（关于俄罗斯药物开发的案例）。

⑩　参见 Abbott, Correa, and Drahos, 脚注108, at 32; Payosova, 脚注108.

⑩　参见 Declaration of the Fourth BRICS Summit: BRICS Partnership for Stability, Security and Prosperity, March 29, 2012, at: www.itamaraty.gov.br/en/press - releases/9428 - fourth - brics - summit - new - delhi - 29 - march - 2012 - brics - partnership - for - global - stability - security - and - prosperity - delhi - declaration.

的科技贸易与合作。⑪ 当然，南南联盟的建立一直在各种平台上吸引着发展中国家，特别是新兴经济体的兴趣。其中包括气候变化谈判、《生物多样性公约》《关于获取遗传资源和公平公正分享遗传资源所产生惠益的名古屋议定书》带来的惠益，当然还有涉贸知识产权理事会或工业产品自由化。⑫ 我们有很多理由相信，这种方法可以而且应该推广到所有类型的研究和开发，特别是基础研发。⑬

　　第三个值得注意的举措是，将降低交易成本的需求延伸到与南方经济有着密切关系的基础研究上，这一举措与 John Barton 和 Keith Maskus 提出的鼓舞人心的协议草案提案关系不大。双方提出了一项获得基础科学和技术的协议，作为一个知识生成和传播平台，在这个平台上，国际社会应分享并广泛获得投入（科学和技术能力）和产出（新的科学见解和基本技术）。⑭

　　在专利倾向性比率取代国内创新的背景下，新兴经济体倾向于采取优惠采购政策，这在主要新兴经济体中有许多具体表现。巴西就是一个很好的例子。巴西加入 WTO 协定后，在专利倾向性比率相对较低的背景下，就政府对基础研究的偏好采取了三项举措。第一，2010 年 12 月，巴西政府通过了所谓的巴西采购法案（*Buy Brazil Act*），该法案在政府采购中对巴西生产的反映巴西投资的产品给予了实质性优惠。⑮ 本法特别提到在这种优惠条件下的研发。⑯ 第二，主要由巴西政府资助的一个存在已久的研究项目，⑰ 特别是面向区域发展

---

⑪　参见 India – Brazil – South Africa （IBSA） Dialogue Forum：New Delhi Agenda for Cooperation，March 4 – 5，2004（第20条写道："回顾巴西利亚宣言确定三国间的三边合作是实现社会和经济发展的重要工具，部长们一致认为，三国拥有丰富的未开发自然资源和正在出现的基础设施需求，可以本着南南合作的精神，在几个领域分享专业知识。基于这一观点，就加强三方在科技、信息技术、卫生等领域合作开展工作级别讨论。"）。

⑫　参见 Rajeev Kher，India in the World Patent Order，in Emerging Markets and the World Patent Order，at 218 – 219.

⑬　同上。

⑭　参见 John H. Barton and Keith E. Maskus，Economic Perspective on a Multilateral Agreement on Open Access to Basic Science and Technology，349，in Economic Development and Multilateral Trade Cooperation （Bernard Hoekman and Simon J. Evenett，eds.）（2006）（条约的理由主要是鉴于向发展中国家传播信息方面的重大困难以及在这些国家建立科学和技术能力的前景），at 363.

⑮　值得注意的是，巴西并不是WTO 政府采购协议的成员。在此背景下，2010 年7 月19 日，巴西政府修订了第8666 号法律，并采取了一项临时措施（Medida Provisoria，MP 495），在特定条件下给予巴西企业高达25% 的优惠，以通过投资于巴西的研发等方式实现技术创新。The final "buy Brazil act" 12. 349/10 of 15 December 2010.

⑯　同上。

⑰　Randall D. Schnepf，Erik Dohlman，and Christine Bolling，Agriculture in Brazil and Argentina：Developments and Prospects for Major Fields Crops，Agriculture and Trade Report No. WRS013，Economic Research Service，USDA 85 （2001），at 61.

的项目，使植物品种保护（PVP）物料更加面向当地。[118] 第三，巴西在不依赖生物燃料项目专利制度的情况下，成功地刺激了当地的技术创新。这项重要的替代计划于 20 世纪 70 年代启动，它得益于政府支持的研究和补贴。[119] 这些举措反映了新兴经济体之间的一种趋势，即不过度依赖仅仅通过提供专利保护来刺激国内研发和创新，而且在主要新兴经济体的许多其他情况下也存在这种趋势。相反，这些例子表明，在引导资源流向当地生产、政府对当地就业预期收益的优惠干预与教育机构的收敛等方面，俄罗斯发挥了更积极的作用。[120]

俄罗斯相对较低的专利倾向性比率提供了另一个例子。首先，俄罗斯大多数工业部门的创新仍然高度依赖政府支出。2008 年，俄罗斯的商业部门在研发方面的表现不到商业支出的 9%。[121] 其次，也是最重要的是俄罗斯在医药领域的创新政策。最近，俄罗斯一直积极追求基于政府优惠政策领域成为区域领导者的目标。[122] 俄罗斯没有将强制许可作为 TRIPS 规定的灵活性手段之一，而是选择将重点放在政府研发上，并在政府采购优惠政策的基础上加强国内药品生产。[123]

当然，中国也有一个类似的模式。作为中国国民经济和社会发展第十二个五年计划（2011—2015 年）的一部分，中国在增加政府研发支出方面制定了非常宏大的目标。中国正努力将研发支出占国内生产总值的比例提高到

---

[118] 参见 Denis Borges Barbosa, Patents and the emerging markets of Latin America – Brazil, in Emerging Markets and the World Patent Order, at 135 ［在巴西，大多数有关棉花、豆类（大豆除外）和小麦的授权是由公共或私人实体提交的］, at 141, 也参见 Daniela de Moraes Aviani, Data from National Service for the Protection of Cultivars, available at www. sbmp. org. br/6congresso/wp – content/uploads/2011/08/1. – Daniela – Aviani – Panorama – Atual – no – Brasil. pdf.

[119] 参见 BRICS, The BRICS Report：A Study of Brazil, Russia, India, China, and South Africa with Special Focus on Synergies and Complementarities, at 108 – 110.

[120] 参见 Frederick Abbott, Carlos Correa, and Peter Drahos, 脚注 108, at 15.

[121] 参见 OECD, OECD Reviews of Innovation Policy：Russian Federation 2011.

[122] 参见 Tetyana Payosova, 脚注 108, at 250.

[123] 俄罗斯制药行业的两大主要增长动力实际上是医院部门的国家采购和旨在提供药品的政府融资。例如参见, Deloitte, Development Trends and Practical Aspects of the Russian Pharmaceutical Industry – 2014 (2014), at 10; Nova Medica, The Pharma Letter, Russian Government to Change Rules on Public Procurement of Drugs (August 28, 2013), available at http：//novamedica. com/media/theme_news/p/631#sthash. lFR4tPlr. dpuf ［鉴于人们对政府过度优惠对待持批评态度，目前公共采购占俄罗斯医药市场的 30% 以上。2012 年，这部分业务的价值达到 2360 亿卢布（71.8 亿美元）］; Michael Edwards, R&D in Emerging Markets：A new Approach for a New Era, McKinsey, February 2010, 认为发达市场的研发无法满足新兴经济体的药品需求，因此有必要在新兴经济体进行本土化研发, at www. mckinsey. com. 因此, Tetyana Payosova 等学者补充称，在不久的将来，俄罗斯预计将从药物进口国转变为药物出口国。参见 Tetyana Payosova, 脚注 108, at 250 – 251.

2.2%，并力争到 2015 年，每万人口拥有 3.3 项发明专利。❿ 然而，目前还不太确定这种针对研发支出增长的优惠政策如何与最显著的地方专利平行增长相一致。

4.4　理论意义的影响

所讨论的核心实证结果强调了许多理论上的分歧，它们需要进行更多的研究，并可能有三个理论意义的影响。

第一个理论影响，迄今为止，没有任何实证研究评估了南南合作对基础或科学研究方面的正外部性。更具体地说，发展中国家给予其他发展中国家的与研究有关的交易的可比成本和强度，并无明确说明。同样，对于发展中国家可能给发达国家带来的外部性，也没有任何发现。可以肯定的是，一些文学作品已经直接描绘了北方国家对南方创新更为笼统的叙述。Vijay Govindarajan 和 Chris Trimble 在其备受赞誉的 2012 年哈佛商业评论杂志出版的《逆向创新：在远离家乡的地方创造，在任何地方赢得胜利》（*Reverse Innovation：Create Far From Home，Win Everywhere*）一书中称之为"反向创新"，该术语解释了在某些情况下，北方国家实际上是如何采用南方国家开发的南方创新产品的。然而，基于原型的反向创新溢出的成本和强度，根本没有可测算的解释。❿ 总之，其中没有衍生专利政策。

这些措施可能对这些南方国家产生以下政策影响。众所周知，一个国家的基础研究投资肯定会对其他国家有利，或者以成功创新企业进入后的技术溢出形式间接地，或者直接地——也就是说，正如 Nelson❿、Arrow❿ 和 Cohen❿ 等人所概述的那样，❿ 通过公司获得另一个国家知识库的增长。因此，基础研究和应用研究之间后续的互动在 OECD 范围内的许多确定情况下都至关重要。举

---

❿　参见 Legislative Affairs Office of the State Council PRC，"12th five – Year Plan（2011 – 2015）for National Economic and Social Development of P. R China，" March 17，2011.

❿　参见 Vijay Govindarajan and Chris Trimble，Reverse Innovation：Create Far From Home，Win Everywhere，Harvard Business Review Press（2012），in Strategy & Innovation，May 2012，vol. 10（2）（众多基于逆向创新生产的案例研究）；Vijay Govindarajan，The Case for "Reverse Innovation" Now，October 26，2009（导致逆向创新的历史过程）.

❿　Richard R. Nelson，脚注 83.

❿　Kenneth Arrow，脚注 38.

❿　Wesley M. Cohen，Richard R. Nelson，and John P. Walsh，Links and Impacts：The Influence of Public Research on Industrial R&D，Management Science，48（1），1（2002）.

❿　Hans Gersbach and Maik T. Schneider，脚注 11，at 5.

例来说，这是核磁共振谱仪和透射电镜各自的进一步发展和完善。● 积极作用是通过各种渠道产生的，包括训练有素的科学家、新的科学和技术仪器、初创企业和衍生产品或新产品和新工艺的原型。

当然，有人支持或反对各国基础研究的合作。● 在全球范围内，基础研究交易的影响仍然不清楚。一开始，当基础研究被视为一种全球公共产品，其产出是免费的，其消费是非竞争性和非排他性的，正如 1959 年 Nelson 的观点所讨论的那样，标准的"搭便车"观点可能表明，不合作的投资决策也会导致各国的投资严重不足。发达经济体对新兴经济体的基础研究也可能如此。● 基础研究也可以被视为一种考虑新兴经济体或中等收入地区的区域性产品，同时具有国际溢出效应。因此，基础研究可能会诱导和增加这些国家区域公司的创新收益率（以专利倾向率衡量）前景。● 此外，创新型公司可能能够通过出口或外商直接投资来提高这些创新产生的租金。因此，通过从现有公司手中剥离业务来获取国外市场租金的可能性表明，基础研究投资对其他国家具有负外部性，这可能会导致过度投资，也会跨越典型的发展鸿沟。●

从专利政策的角度来看，更准确地说，这最终意味着，在这些南方经济体专利倾向性比率相对较低的背景下，我们也不清楚为什么新兴经济体的基础研究会像其作为国内创新的代表而对专利强度产生影响。因此，假设专利倾向性比率可能低于最优水平，那么新兴经济体倾向于提供超大规模基础研究投资的确切影响尚不确定。

接下来第二个理论影响是，迄今为止，考虑到发展中国家发明的基本水平，还没有衡量发展中国家相对于基础研究是否产生更高的专利倾向性比率。换言之，我们仍然不能简单地比较依赖科学的专利，或者即使考虑

● Hans Gersbach, Gerhard Sorger and Christian Amon，脚注 5，at 7 – 8（基础研究和应用研究的相互依存及其相互强化是新产品和技术的发明、开发和商业化的基础），at 8.

● 参见 Hans Gersbach and Maik T. Schneider，脚注 11，at 1.

● 参见 Hans Gersbach and Maik T. Schneider，脚注 11，at 1.

● 同上。

● 参见同上，at 2，referring to Martin Baily and Hans Gersbach，Efficiency in Manufacturing and the Need for Global Competition，Brookings Papers on Economic Activity，Microeconomics，307（1995）（讨论负外部性和正外部性的重点是发达经济体）；Wolfgang Keller and Stephen R. Yeaple，Multinational Enterprises，International Trade，and Productivity Growth：Firm – level. Evidence from the United States，NBER Working Papers 9504，National Bureau of Economic Research，Inc.（2003）（presenting the same argument）；Laura Alfaro，Areendam Chanda，Sebnem Kalemli – Ozcan，and Selin Sayek，How Does Foreign Direct Investment Promote Economic Growth? Exploring the Effects of Financial Markets on Linkages，NBER Working Papers 12522，National Bureau of Economic Research，Inc.（2006）（相同论述）.

到 USPTO、EPO、CNIPA 和 JPO 也不能简单地比较基础研究是否可以在整个发展领域获得专利。到目前为止，我们发现对这一问题的研究很少，即使考虑到发达经济体。Francis Narin 等人的重要研究，就是一个恰当的例子。作者解释了到 1986 年为止 USPTO 专利中反映的技术如何比 10 年前更加"依赖科学"。^⑮ 他们进一步提出，从专利到其他出版物的引文时间滞后正在迅速减少，而且科学倾向型专利的引文相对较高。^⑯ 缺乏这种分析对南方经济体的意义当然是，这将使我们能够更好地模拟新兴经济体的创新型增长，通过最终评估这些国家相对较低的专利倾向率效果：如果相对较低的专利倾向率在基础研究方面包含了相对较高的专利强度，这可能意味着就专利政策而言更少的专利并不意味着更少的基于基础或科学研究的创新。

第三个理论影响源自上述观点的发展。从新兴经济体与发达经济体相比提高基础研究占比的优势来看，基础研究可能与这些国家未来政策导向的商业用途更密切相关。OECD 于 2012 年对基础研究的定义不同于所谓的巴斯德象限（Pasteur's Quadrant）——这是普林斯顿大学教授 Donald Stokes 创造的一个术语。Pasteur 在其重要著作《巴斯德象限：基础科学和技术创新》（*Pasteur's Quadrant：Basic Science and Technological Innovation*）中将基础研究与直接的商业用途联系起来。^⑰ 他的研究被认为是这种方法的例证，它弥合了"基础"研究和"应用"研究之间的鸿沟。^⑱ 如果专利政策是为了抑制各国对下游研究发明的封锁，那么还需要对这一命题的有效性进行细致的实证分析。

结　论

迄今为止，不同类型研发与专利政策之间关系的差异，在各个国家几

---

^⑮　参见 Francis Narin and J. Davidson Frame，The Growth of Japanese Science and Technology，Science，245（1989）［作者指出，美国专利（源自一些国家）包含对专利以外出版物的引用频率急剧上升：1975 年每项美国专利被引用 0.2 次，1986 年美国原产专利被引用 0.9 次，日本原产美国专利被引用 0.4 次］，at 600 – 604.

^⑯　同上。

^⑰　参见 Donald E. Stokes，Pasteur's Quadrant – Basic Science and Technological Innovation（Brookings Institution Press，1997）.

^⑱　另见 Karl Max Einhaäupl，脚注 94［四种研发类型的理论：（1）纯基础研究；（2）使用启发的基础研究，参照巴斯德的方法；（3）纯应用研究；（4）在开始阶段既不使用为导向，也不以推广为目的的研究］；John M. Dudley，Defending Basic Research，Nature Photonics，7，338（2013）（介绍相同的观点）.

乎没有被评定。相比于其他与研发相关的衡量指标，比如人力资源过剩、机构融资、绩效或国际化研发溢出效应，人们对科研波动的关注可能更少。

许多观点可能已经表明，为什么南方经济体的基本研发占全球研发比率普遍高于发达国家。从绝对值来看，与中等收入国家或新兴经济体相比，发达经济体在基础研究和应用研究以及实验开发方面的研发支出明显较高。当专利活动强度因素以其占 GDP 和 GERD 的百分比来计算时，这两种经济类型之间的比较变得更加微妙。从专利政策的角度来看，这些评定能在很大程度上解释为什么不同的国家和国家集团在专利强度方面存在差异，而专利强度则是由过多类型的研发率来衡量的。

就三个专利集群而言，在基础研究和应用研究方面没有显著差异。发现的唯一显著差异是领导者集群和边缘化集群之间的差异，这与实验型研究 GERD 的百分比有关，实验是一种更具专利性和商业性的非基础研发类型。尽管这一发现有限，但它支持这样的结论，即发达经济体或更狭隘地属于对于领先的专利集群来说，更显著的特点是增加了商业性的研发活动，因此可以申请专利。后一项发现可能最终解释了为什么与领先专利集群密切相关的发达国家的专利倾向性比率普遍较高。它还可能为与两个较低专利集群密切相关的新兴经济体提供有关其原型产业——学术差距挑战的洞见，及其对创新和专利政策影响的见解。

附录 E　按照研发类型与集群划分的 GERD

E.1　描述性统计

图 E.1 ~ 图 E.3 所描述的是部门与集群随时间的分布。

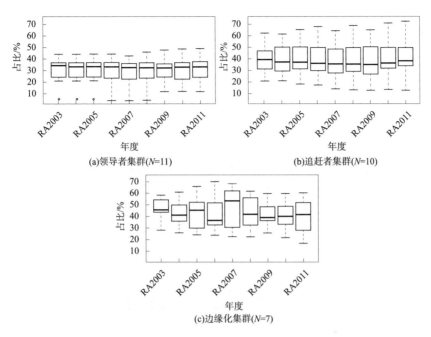

图 E.1　按专利集群划分的 2000~2009 年应用型研究 GERD 占比

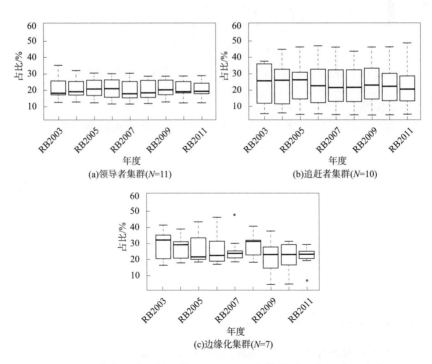

图 E.2　按专利集群划分的 2000~2009 年基础型研究 GERD 占比

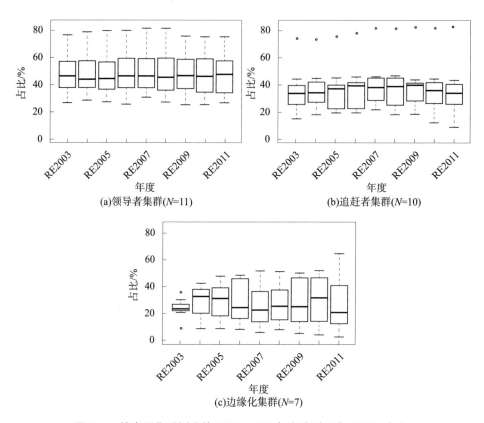

图 E.3　按专利集群划分的 2000～2009 年实验型研究 GERD 占比

E.2　回归模型

在领导者和边缘化集群之间发现的唯一显著差异是实验型研究。

E.2.1　运用型研究的回归模型

混合程序

运用型研究的回归模型如表 E.1～表 E.2 所示。

表 E.1　固定效应的类型 3 检验

效应	自由度数	Den DF	F 值	$Pr > F$
年数	8	200	0.68	0.7099
集群	2	25	2.38	0.1130
集群×年数	16	200	0.82	0.6603

三组间未发现统计学差异，也未发现时间上的变化。

表 E.2　最小二乘均值

效应	集群	集群	校正概率
集群	1	2	0.4413
集群	1	3	0.1362
集群	2	3	1.0000

E.2.2　基础型研究的回归模型

混合程序

基础型研究的回归模型如表 E.3 所示。

表 E.3　固定效应的类型 3 检验

效应	自由度数	Den DF	F 值	$Pr > F$
年数	8	200	1.44	0.1800
集群	2	25	0.94	0.4033
集群×年数	16	200	0.60	0.8830

三组间未发现统计学差异，也未发现时间上的变化。

E.2.3　实验型研究的回归模型

混合程序

实验型研究的回归模型如表 E.4～表 E.5 所示。

表 E.4　固定效应的类型 3 检验

效应	自由度数	Den DF	F 值	$Pr > F$
年数	8	200	1.00	0.4371
集群	2	25	4.15	0.0277
集群×年数	16	200	0.77	0.7147

领导者和边缘化集群之间存在显著差异，前者（标记为 1）的均值高于后者（标记为 3）。

表 E.5　最小二乘均值

效应	集群	集群	校正概率
集群	1	2	0.2942
集群	1	3	0.0351
集群	2	3	0.6261

第 5 章
基于就业与人力资源的专利强度

引 言

　　作为国内创新的表征，专利强度和人力资本理论（human capital）在两个方面存在联系。❶ 关联性的第一个方面涉及创新型增长对创新型就业的影响，特别是对研发人员的影响。对"失业增长"的合理担忧促使包括国际劳工组织（以下简称"劳工组织"）、联合国工业发展组织（以下简称"工发组织"）、工业发展理事会（IDB）和 OECD 在内的国际组织着手解决这一现象，特别是在各国从 2008 年次贷危机中复苏之际。❷ 这场争论采取了国际运动的形式，并最终到达国家层面。推动这一运动的最明显因素是欧盟委员会制定的"2020 欧洲战略"，旨在为可持续发展创造条件。❸ 争论的焦点是两种观点之间的冲突。一种观点认为，创新属于节省劳动力，是直接造成失业的原因。例如，最近的一项研究使用了 EPO、JPO 和 USPTO 在 1985～2009 年授权 21 个工

---

　　❶ "人力资本"一词通常被定义为体现在工人身上的所有知识、教育、培训和经验。例如参见，Christine Greenhalgh and Mark Rogers, Innovation, Intellectual Property and Economic Growth, Princeton University Press, (2010), at 229 - 231; James S. Coleman, Social Capital in the Creation of Human Capital, American Journal of Sociology (1988), at S95 - S120; 关于基于成本分析的例子参见 Peer Ederer, Lisbon Council Policy Brief, Innovation at Work: The European Human Capital Index (2006)（将人力资本定义为用欧元表示的正式和非正式教育的成本，并乘以每个国家的人口数量）, at 2.

　　❷ Gustavo Crespi and Ezequiel Tacsir, Effects of Innovation on Employment in Latin America, Inter - American Development Bank Institutions for Development (IFD) Technical Note, Inter - American Development Bank, Washington, DC (2012) 1. 另见 UNIDO, Industrial Development Report 2013. Sustaining Employment Growth: The Role of Manufacturing and Structural Change. United Nations Industrial Development Organization, Vienna (2013).

　　❸ European Commission, Communication from the Commission to the European Parliament, the Council, the European Economic and Social Committee and the Committee of the Regions, Europe 2020 Flagship Initiative Innovation Union, COM (2010) 546 final, European Commission, Brussels (2010).

业国家的关联专利（称为"三项专利"）数量作为创新的表征评估创新对总失业率的影响。❹ 结果表明，尽管这种影响不会长期保持下去，但是技术变革往往会扩大失业率。❺

另一种观点是基于源自古典经济学家思想的补偿理论。Jean‐Baptiste Say❻、David Ricardo❼、Karl Marx❽ 等人❾认为，产品创新以及间接收入和价格效应可以抵消新机器和设备的工艺创新所带来的对工作直接的消极影响。❿ 到目前为止，专利强度和人力资本之间的两类关联中的第一类，尚未形成关于专利强度作为创新的特立指标对研发相关就业的可能影响的基础。

关联性的第二个方面是人力资本理论对创新和专利相关增长的反向影响。

---

❹　Horst Feldmann, Technological Unemployment in Industrial Countries, Journal of Evolutionary Economics, 23（5）, 1099（2013）.

❺　同上。

❻　Jean‐Baptiste Say, A Treatise on Political Economy; or, The production, Distribution and Consumption of Wealth（Augustus M. Kelley Publishers, 1st edn. 1803）, New York: （1964）.

❼　David Ricardo, Principles of Political Economy, in The Works and Correspondence of David Ricardo（Piero. Saffra, ed.）（Cambridge University Press, 3rd edn., 1821［1951］）.

❽　Karl Marx, Capital: A Critical Analysis of Capitalist Production（Foreign Languages Publishing House, 1st edn. 1867［1961］）.

❾　例如参见，Stefan Lachenmaier and Horst Rottmann, Effects of Innovation on Employment: A Dynamic Panel Analysis, International Journal of Industrial Organization, 29（2）, 210（2011）（利用 1982~2002 年德国制造业企业的纵向数据集，作者发现不同产品和过程创新变量对劳动力需求都有显著的积极影响）; Michaela Niefer, Patenting Behavior and Employment Growth in German Start‐up Firms: A Panel Data Analysis, Discussion Paper No. 05‐03, ZEW（2003）（创新对企业就业增长的不同影响）.

❿　关于遵循补偿理论的现代学术，参见 Marco Vivarelli, Innovation, Employment, and Skills in Advanced and Developing Countries: A Survey of the Economic Literature, Journal of Economic Issues, 48（1）（2014）123（hereinafter, Vivarelli, Innovation, employment, and skills）（研究所示，1960~1988 年意大利和美国工艺创新的直接劳动节约效应和产品创新的就业影响）; Rupert Harrison, Jordi Jaumandreu, Jacques Mairesse, and Bettina Peters, Does Innovation Stimulate Employment? A Firm‐level Analysis Using Comparable Micro‐data From Four European Countries. NBER Working Paper No. 14216（2008）（根据法国、德国、西班牙和英国企业层面的数据，研究得出结论是过程创新倾向于取代就业——也就是说，产品创新基本上是劳动友好型的）; Mario Pianta, Innovation and Employment, in Jan Fagerberg and David C. Mowery（eds.）, The Oxford Handbook of Innovation（Oxford University Press, 2005）; Mariacristina Piva and MarcoVivarelli, Innovation and Employment: Evidence from Italian Microdata, Journal of Economics, 86, 65（2005）; Mariacristina Piva and Marco Vivarelli, Technological Change and Employment: Some Micro Evidence from Italy, Applied Economics Letters, 11, 373（2004）; Vincenzo Spiezia and Marco Vivarelli, Innovation and employment: A critical survey, in Nathalie Greenan, Yannick L'Horty and Jacques Mairesse（eds.）, Productivity, Inequality and the Digital Economy: A Transatlantic Perspective（MIT Press, 2002）, 101; Pascal Petit, Employment and Technological Change, in Handbook of the Economics of Innovation and Technological Change（Paul Stoneman, ed.）（Amsterdam, 1995）.

基于专利强度，人力资本坚持研发就业增长与经济增长的正相关关系。⓫ 换言之，作为专利倾向性的反映，将研发工作视为一项重要的创造性投入，最终使企业和行业变得更具创新性。⓬ 正如 WIPO⓭ 和理论家⓮ 最近所承认的那样，因为低水平的人力资本，（导致）研发在很大程度上被视为不具有营利性，处于不利地位的发展中国家即是例证。因此，只有当人力资本达到一定的门槛时，研发才具有成本效益。⓯

尽管如此，在公司层面上进行的大多数研究确实证实，科学家和工程师比例较高的公司可能会呈现出优越的创新型经济增长，⓰ 这与这些公司的专利化率增加有关。⓱ 同样重要的是，对人力资本的低效率投资被认为会导致研发投资不足或过多，最终导致专利化率低。⓲ 特别是，当国内创新收益率可能仍低于专利水平时，就会出现研发的过度投资，许多国家有时也

⓫ 参见 J. Vernon Henderson, Ari Kuncoro and Matthew Turner, Industrial Development in Cities, The Journal of Political Economy, 103, 1067 (1995); Thomas Brenner and Tom Broekel, Methodological Issues in Measuring Innovation Performance of Spatial Units, Papers in Evolutionary Economic Geography, No. 2009 – 04, Urban & Regional Research Centre Utrecht, Utrecht University (2009).

⓬ Frederic M. Scherer, Firm Size, Market Structure, Opportunity, and the Output of Patented Inventions, American Economic Review, 55, 319 (1965).

⓭ 参见 WIPO, The Global Innovation Index 2014: The Human Factor in Innovation, Soumitra Dutta, Bruno Lanvin, and Sacha Wunsch – Vincent (eds.) (2014), at 71, Fig. 2.

⓮ 例如参见, Anders Sorensen, R&D, Learning and Phases of Economic Growth, Journal of Economic Growth, 4, 429 (1999).

⓯ 同上。

⓰ Paul Romer, What Determines the Rate of Growth and Technological Change?, working paper #279, The World Bank (September 1989) （发现科技人员数量、研发活动与经济增长之间存在正相关关系）; Manfred von Stadler, Engines of Growth: Education and Innovation, Jahrbuch für Wirtschaftswissenschaften / Review of Economics, 63 (2), 113 (2012) (presenting the same argument). For related work on migration of R&D personnel, 例如参见, Christian Zellner, The Economic Effects of Basic Research: Evidence for Embodied Knowledge Transfer via Scientists' Migration, Research Policy, 32, 1881 (2003) （他们认为，公共资助的基础研究给社会带来的更广泛的经济效益在很大程度上与科学家进入创新体系的商业部门有关）。

⓱ 例如参见, Kuo – Feng Huang and Tsung – Chi Cheng, Determinants of Firms' Patenting or not Patenting Behaviors, Journal of Engineering and Technology Management, 36, 52 (2015), at 57, referring to David J. Storey and Bruce S. Tether, Public Policy Measures to Support New Technology – based Firms in the European Union, Research Policy, 26, 1037 (1998).

⓲ 例如参见, Ana Balcão Reis and Tiago Neves Sequeira, Human Capital and Over investment in R&D, The Scandinavian Journal of Economics, 109 (3), 573 (2007) （研究表明，基于内生增长模型，人力资本的低效投资导致研发投资的不足或过度），Reis 和 Never 补充道，人力资本积累的技术发展的负外部性是研发的过度投资，同上，at 598.

是如此。[19]

令人遗憾的是，人力资本研究一直关注发达国家或先进国家，而在很大程度上忽略了发展中国家和新兴经济体。然而，来自其他发展中国家和发达国家贫困地区的证据提供了两种观点。首先，有初步证据表明，人力资本对发展中国家改进型创新率和后续创新具有积极影响。[20] 其次，更重要的是，挪威经济学家 Jan Fagerberg 等人根据 20 世纪 80 年代 64 个欧洲国家的数据发现，由于从事研发工作的商业部门劳动力所占比例较低，大多数贫穷的欧洲国家未能利用其他国家更先进的技术，而较富裕的欧洲国家的增长表现更好。[21] 根据一国专利申请数量与增长之间的正相关关系，作者证实了他们的结论。[22] 从本章实证方法的观点来看，重点在于，作者评估创新和专利相关活动中使用的劳动力份额，而不仅仅是用于研发的资源总量，无论是研究人员还是支出。[23] 这些调查结果还证实，发展中国家的企业与产业因管理和生产技能水平较低而系统地运行在技术前沿以下，而技术前沿通常是通过研发人员支出来衡量的。[24]

研发支出包括人员工资、材料和用品、耐用设备、土地和建筑物以及能源、水和维护等其他成本。其中，值得注意的是，正如 Luc Soote 早在 1979 年就已开展的珍贵研究所示，研发人员的工资和薪金约占研发总支出的 1/3。[25]

---

[19] 此后，实证研究部分提供了人力资本投入与专利强度之间关联性的解释。有关将人力资本纳入研发活动的更深研究，参见 Keith Blackburn, Victor T. Y. Hung, and Alberto F. Pozzolo, Research, Development and Human Capital Accumulation, Journal of Macroeconomics, 22（2），189（2000）（提供了一个整合研发和人力资本积累的内生增长模型，同时表明与研发相关的增长独立于由人力资本积累驱动的研究活动）。

[20] 参见 Micheline Goedhuys, Norbert Janz, and Pierre Mohnen, Knowledge – Based Productivity in "Low – Tech" Industries：Evidence from Firms in Developing Countries, UNU – MERIT Working Paper 2008 – 007, Maastricht：UNU – MERIT（2008）；cf：Beñat Bilbao – Osorio and Andrés Rodríguez – Pose, From R&D to Innovation and Economic Growth in the EU, Growth and Change, 35（4），434（2004）［这表明，高等教育的正外部性表现为更快的技术转移（更高的创新速度）］。

[21] Jan Fagerberg, Bart Verspagen, and Marjolein Canieèls, Technology, Growth and Unemployment Across European Regions, Regional Studies, 31, 457（1997）。

[22] 同上。

[23] 同上。

[24] 例如参见，Micheline Goedhuys, Norbert Janz, and Pierre Mohnen, 脚注 20；Laura Barasa, Peter Kimuyu, Patrick Vermeulen, Joris Knoben, and Bethuel Kinyanjui, Institutions, Resources and innovation in Developing Countries：A Firm Level Approach, Creating Knowledge for Society（Nijmegen, December 2014）；Micheline Goedhuys, Learning, Product Innovation, and Firm Heterogeneity in Developing Countries：Evidence from Tanzania, Industrial and Corporate Change, 16（2），269（2007）。

[25] Luc L. Soete, Firm Size and Inventive Activity：The Evidence Reconsidered, European Economic Review, 12（4），319（1979）。

根据本章的实证分析，在 Soete 研究之后，无论是否获得专利，研发人员的工资和薪金均应系统地视为知识生成过程中最重要的投入。[26]

5.1 人力资本与专利强度

5.1.1 专利政策下人力资本的价值

"什么使人力资本理论对创新和专利相关政策具有价值"这个问题依然存在。在 2013 年欧盟研发投资业务趋势调查中可以找到对这一问题的初步回应。[27] 该调查分析了 2012 年欧盟工业研发投资记分牌（EU Industrial R&D Investment Scoreboard）1000 家欧盟企业中主要大型企业的 172 份反馈。[28] 该报告证实，在欧盟国家中，研发人员的质量是决定这些国家吸引力的三大因素之一。[29] 紧随其后的是靠近技术标杆和孵化器，以及研发人员的数量。考虑到德国现有的研发人员数量不足，将研发人员的数量纳入劳动力市场使之成为三大对比因素之一。[30] 在中国和印度的新兴经济体中，排名第一的因素是研发人员的数量和成本。[31]

2006 年，佐治亚理工学院经济学家 Jerry Thursby 和 Marie Thursby 为美国国家科学院发布了第二份信息量极大的调查报告，说明了人力资本理论在创新

---

[26] 参见 J. Vernon Henderson, Ari Kuncoro, and Matthew Turner, 脚注 11；Thomas Brenner and Tom Broekel, 脚注 11.

[27] 参见 European Commission, 2013 EU Survey on R&D Investment Business Trends, Monitoring Industrial Research: The 2006 EU Survey on R&D Investment Business Trends（Alexander Tübke and René van Bavel, eds.）(2013). 本报告分析了 2012 年来自欧盟工业研发投资计分板（EU Industrial R&D Investment Scoreboard）的 1000 家欧盟大型企业的 172 份回复，这些企业主要是大型企业。

[28] 同上，at 5 and fn. 1（2012 年欧盟工业研发投资计分板纳入了 405 家位于欧盟的全球前 1500 家企业，以及 2011 年的研发投资超过 526 万欧元的 595 家来自欧盟的企业）。

[29] 同上，at 22 and table 2, and 24 and fig. 16.

[30] 同上。

[31] 同上，at 26 and fig. 18. 在这种情况下，选择研发人员的数量和成本，以及市场规模和增长作为跨国公司国际化研发数据牵引力的决定因素。关于印度的案例参见 NCTAD, World Investment Report, New York and Geneva, United Nations（2005），at 167；New Scientist, Silicon Subcontinent: India is Becoming the Place to be for Cutting-edge Research,（19 February 2005）. 贸易和发展会议的研究结果是基于 Prasada Reddy 2000 年的研究成果，Global Innovation in Emerging Economies（Routledge, 2011），at 139. 在 20 世纪 90 年代末进行的一项调查中，跨国公司将印度研发人员的可获得性列为选择研发地点的最重要原因（4.12/5）。同上，关于中国的案例参见 UNCTAD, World Investment Report, 同上，at 166 and sources therein.

和专利相关政策中的中心地位。❸ 这两位研究人员调查了 203 家总部大多位于
美国或西欧跨国公司的高级别研发主管。调查报告中的问题是从研发就业
（而不是支出）的角度提出的，目的是尽量减少由于货币兑换造成的不准确问
题。研发要素区位选择的重要驱动力与上述 2013 年欧盟研发投资业务趋势调
查一致，即与高素质研发人员的重合度。❸ 在人力资本相关排名方面，美国和
西欧企业之间没有显著差异。❸ 上述两位经济学家所发布的调查的第二部分侧
重于公司最重要研发设施的位置，以区分位于发达国家和新兴经济体的研发设
施。❸ 在母国（home country）和其他发达国家，在校内任职的科学家和工程
师以及知识产权保护和所有权因素，显然都是极为重要的因素，详见表 5.1。❸

表 5.1 确定研发设施位置时考虑的重要因素

因素	名称	母国	发达经济体	新兴经济体
国家具有高增长潜力	增长	NA	3.5	4.3
成立研发机构支持销往海外客户	支持销售	NA	3.35	3.6
建立研发设施支持出口生产	支持出口	NA	2.75	2.6
建立研发机构是进入当地市场的一个监管或法律先决条件	法律先决条件	NA	1.9	2
有高素质的研发人员	高素质的研发人员	4.5	4.2	3.75
好的知识产权保护	知识产权保护	4.25	4.15	3.65
有具备特殊科学或工程专长的大学教师	大学教师	3.95	3.55	3.2
容易从研究关系中协商知识产权所有权	所有权	3.85	3.35	3.45
容易与大学合作	大学合作	3.85	3.5	3.25
在研究方面较少的国家监管和/或限制	很少限制	4.35	2.75	2.8

---

❸ 参见 Jerry G. Thursby and Marie Thursby, Here or There? A Survey of Factors in Multinational R&D Location（National Academies Press, 2006）.

❸ 同上，at 21 – 28. 在考虑新研发设施的选址时，70% 的受访者预计将扩建，而不是搬迁现有设施。See discussion also in John H. Dunning and Sarianna M. Lundan, The Internationalization of Corporate R&D: A Review of the Evidence and Some Policy Implications for Home Countries, Review of Policy Research, vol. 26, Numbers 1 – 2, 13（2009）（参照此前 2006 年欧盟关于研发投资业务趋势的比较调查），at 21.

❸ 参见 Jerry G. Thursby and Marie Thursby, 脚注 32, 同上。

❸ 同上, at table 7 and figure 9.

❸ 研究发现，无论发展水平如何，补贴、税收减免和法律规定的缺失都是选址中最不重要的因素。同上。

因素	名称	母国	发达经济体	新兴经济体
文化和监管环境有利于剥离或发展新业务	发展	3	2.55	2.55
如果不考虑税收减免和政府直接援助，研发成本很低	成本	2.75	2.7	3.4
税收减免和/或直接的政府援助	税收减免	2.5	2.75	2.2

来源：Jerry G. Thursby and Marie Thursby, Here or There? A Survey of Factorsin Multinational R&D Location (National Academies Press, 2006), at 21 – 28.

近年来，许多其他国际组织采纳了与人力资本有关的同等调查结论，其中最引人注目的是贸发会议。[37] 因此，尽管十分有限，但是发展中国家在扩大研发时会受到知识工人很大影响。[38] 高技能人才供应有所改善是有目的和长期政策的结果，它主要是在高等教育层面，同时也包括努力从海外招聘人力资源。[39]

鉴于欧盟、美国和中国的研究人员数量几乎相同，这些结论对于纳入发展中国家研发人员相关政策（包括绝对政策）至关重要。2008 年，欧盟有 150 万人之多的全职（FTE）研究人员，而中国为 160 万人，2007 年美国为 140 万人。此后，中国科研人员总数已超过欧盟和美国。[40] 正如本章实证部分所讨论的，由于人力资本会影响基于创新的增长，也会影响以专利为创新表征的倾向。

---

[37] 参见 UNCTAD, World Investment Report 2005，脚注 31, at 203. 另见 the Community Innovation Survey 2010：http://unctad.org/en/Docs/wir2005_en.pdf. 当欧盟企业被问及哪些因素是阻碍创新最重要的因素时，在提出的 11 个因素中，人才缺乏作为一个非常重要的阻碍创新活动的因素平均仅排在创新企业的第 6 位和非创新企业的第 7 位，同上。

[38] 从 20 世纪 90 年代开始，包括摩托罗拉、微软、甲骨文、杜邦、飞利浦、IBM、意法半导体、戴姆勒 – 奔驰、辉瑞等跨国公司在印度设立了全球研发机构。Prasada Reddy, 脚注 31, at 108.

[39] 参见 UNCTAD, World Investment Report 2005，脚注 31, at 203. 在发展中国家教育作为一项创新投入，另见 Edmund Amann and John Cantwell, Innovative Firms in Emerging Markets Countries (Oxford University Press, 2012); Paul J. Robson, Helen M. Haugh and Bernard A. Obeng, Entrepreneurship and Innovation in Ghana: Enterprising Africa, Small Business Economics, 32 (3), 331 (2009)（加纳的教育水平和创新之间存在正相关关系）; Technology, Learning, and Innovation: Experiences of Newly Industrializing Economies (Linsu Kim and Richard R. Nelson, eds.) (Cambridge University Press, 2000). Keith Pavitt 明确主张训练和技能实际上是比学术知识更有效的创新投入。参见 Keith Pavitt, What Makes Basic Research Economically Useful?, Research Policy, Volume 20 (2), April 1991, 109 (表 1 认为，在大多数科学领域，无论是基础科学还是应用科学，学术培训和技能比学术研究更重要), at 114 and table 1.

[40] 参见 European Commission, Innovation Union Competitiveness report 2011 (2011), at 88.

5.1.2　研发人员、线性增长和专利行为

人力资本的概念引发了对当代经济增长分析的转变，从以资本积累为基本（和以知识产权为导向）的观点转变为将资本积累视为一个整体上涉及人类生产质量的过程。在 20 世纪 60 年代，诺贝尔奖获得者 Theodore Schultz[1] 和 Gary Becker[2] 的开创性文章，极大地推动了人们将注意力从典型的实物资本（和以知识产权为导向）积累上转移，并为系统研究人力资本理论和相关政策的作用指明了方向。[3]

Schultz 狭义地将人力资本与技术和其他教育投资区分开来，提出"国民收入的重要增长是人力资本存量增加的结果。"[4] 他接着争辩说，教育投资在很大程度上可以解释美国的人均收入。[5] 事实上，Schultz 是第一个提出了后来成为联合国层面关注发展中国家主要政策的学者，根据该政策，对发展中国家的援助应将其注意力从非人力资本的形成转向人力资本。Becker 延续这一思路，将人力资本的概念扩展到正规学校教育之外，并分析人力资本投资回报率，使之包括人力资本的其他方面，如一般和具体的非正式信息收集和提高工人或研究人员生产率的在职培训。Becker 还主张增加投资以改善"情绪和身体健康"。[6] Becker 认为，衡量回报的因素包括投资的不确定性和非流动性，以及资本市场的不完善和能力与机会上的差异。[7] 在美国企业层面上，这些因

---

[1]　Theodore William Schultz, Capital Formation by Education, Journal of Political Economy, 68, 571 (1960). 关于 Schultz 的工作参见 Theodore W. Schulz, Investment in Human Capital：The Role of Education and of Research, London：Free Press；Collier – Macmillan (1971), at 47；一般参见 Theodore Schultz, The Economic Value of Education (Columbia University Press, 1963).

[2]　参见 Gary Stanley Becker, Investment in Human Capital：A Theoretical Analysis, Journal of Political Economy, 70, 9；Gary Stanley Becker, Human Capital：A Theoretical and Empirical Analysis with Special Reference to Education (Columbia University Press, 1964).

[3]　参见 Andreas Savvides and Thanasis Stengos, Human Capital and Economic Growth (Stanford University Press, 2009), at 5.

[4]　Theodore William Schultz, Capital Formation by Education, 脚注 41, at 571.

[5]　Lutz Arnold、Keith Blackburn 等人后来开发了有影响力的内生增长模型，在这些模型中，将有目的的研发活动与人力资本积累结合起来，并且增长的引擎是对教育的投资。参见 Lutz Georg Arnold, Growth, Welfare, and Trade in an Integrated Model of Human Capital Accumulation and R&D, Journal of Macroeconomics, 20 (1), 81 (1998)；Keith Blackburn, Victor T. Y. Hung, and Alberto F. Pozzolo, 脚注 19；Alberto Bucci, Monopoly Power in Human Capital Based Growth, Acta Oeconomica, 55 (2), 121 (2005).

[6]　参见 Gary Stanley Becker, 脚注 42.

[7]　同上。

素最终将为企业、行业和国家提供人力资本衡量。[48]

在 Schultz 和 Becker 取得突破性研究之后不久，Becker 和 Chiswick[49] 在此领域补充了另外一种观点，即对人力资本的不同投资和回报率也在很大程度上决定收入分配的政策考虑，并最终影响以收入为基础的经济增长。关于 Becker 和 Chiswick 所称的"制度因素"之政策，包括教育补贴、财产收入的继承，以及最终在企业、行业和国家的创新能力与机会方面的差异。美国南部各州的情况表明，对正规教育的补贴成功地解释了美国南部和非南部地区平均（白人男性）工资的差异，这一解释可作为与发展中国家的一个类比。在南方，不同层次（低、中、高学龄）的教育回报率更高。收入（对数）与受教育年限的方差在南方也较大。[50]

对人力资本经济重要性的关注在此后的 20 年一直处于停滞状态，直到 20 世纪 80 年代在联合国层面政策推动下，人力资本经济理论有所发展。世界银行引领潮流，WIPO 和其他联合国机构紧随其后。20 世纪 80 年代初，世界银行首次承认人力资本，并谨慎对待将教育作为强调人力经济增长一部分的做法。1980 年世界发展报告和 1980 年教育部门政策文件都强调了初等教育的直接生产力效益，并分析了教育回报率，特别是借鉴了世界银行教育部研究股股长 George Psacharopoulos 的研究成果作为教育回报率的国际比较经验。[51] 从那

---

[48]　有关个人水平的研究，参见 Mark Gradstein and Moshe Justman, Human Capital, Social Capital, and Public Schooling, European Economic Review, nr. 44, 879 (2000) (236/5000 如果员工有更好的准备，有更多的实践经验，投入更多的时间、精力和资源来完成他们的技能，他们就能更好地为自己和整个社会获得福利); Javier Gimeno, Timothy B. Folta, Arnold C. Cooper, and Carolyn Y. Woo, Survival of the fittest? Entrepreneurial Human Capital and the Persistence of Underperforming Firms, Administrative Science Quarterly, nr. 42, 750 (1997) (人力资本是员工、企业和社会竞争优势的源泉)。

有关发展中国家企业层面的创新投入，包括培训、信息搜索、沟通便利和其他人力资本投入的分析，例如参见，Steve W. Bradley, Jeffery S. McMullen, Kendall Artz, and Edward M. Simiyu, Capital Is Not Enough: Innovation in Developing Economies, Journal of Management Studies, 49 (4), 684 (2012); Gustavo Crespi and Pluvia Zuñiga, Innovation and Productivity: Evidence from Six Latin American Countries, World Development, 40 (2), 273 (2011); James Tybout, Manufacturing Firms in Developing Countries: How Well Do They Do, and Why?, Journal of Economic Literature, 38 (March): 11 (2000)。

[49]　参见 Gary S. Becker and Barry R. Chiswick, Education and the Distribution of Earnings, American Economic Review, 53, 358 (1966)。

[50]　各国的教育回报率，另见 Jason Dedrick and KennethL Kraemer, Asia's Computer Challenge (Oxford University Press, 1998) (用拥有科技学位的人数来评估一个国家的创新能力); David J. Storey and Bruce S. Tether, 脚注 17 (声称科技类研究生学位的供应会影响技术型公司的创新)。

[51]　Pauline Rose, From Washington to Post – Washington Consensus: The Triumph of Human Capital, in The New Development Economics: Post Washington Consensus Neoliberal Thinking (Jomo K. S. and Ben Fine, eds.) (2006) 162, at 165。

时起，强调对教育回报率的分析成为世界银行政策的固有组成部分。❺❷

　　人力资本的优势与收益率的应用同时出现，与华盛顿协商一致意见的出现相对应，这并不是巧合。在世界银行的支持下，人力资本最终为新自由主义议程应用于教育提供了机会，使世界银行能够继续参与，甚至在整个发展鸿沟上增加其在教育部门的影响力。❺❸ 将人力资本理论普遍纳入以创新为基础的经济增长和与专利有关的政策之中，很大程度上是因世界银行对 WIPO 的巨大作用。❺❹ 最近，WIPO 在 2014 年全球创新指数（GⅡ）和创新中的人力资本 GⅡ 年度报告中，专门针对发展差距之情形审查人力资本在促进创新中的作用。❺❺ 然而，由于两个重要原因，WIPO 认为人力资本这一因素难以被纳入创新与专利有关政策。

　　第一个原因是关于经验不足带来的挑战。WIPO 2014 年全球创新倡议报告承认，由于针对创新的实证研究相对较少，在创新政策中仍然难以对人类技能作出全面定义。❺❻ 同样重要的是，很难在创新和专利政策的整体范围内衡量人

❺❷　参见 George Psacharopoulos and Harry Partinos, Returns on Investment in Further Update, World Bank Policy Research Working Paper 2881, Washington DC（2002）; George Psacharopoulos, Returns on Education: An International Comparison, Amsterdam: Elsevier（1973）; George Psacharopoulos, Returns on Education: An Updated International Comparison, Comparative Education, 17（3）, 321（1981）; George Psacharopoulos, Returns to Education: A Further International Update and Implications, Journal of Human Resources, 20（4）, 683（1985）; George Psacharopoulos, Returns to Investment in Education: A Global Update, World Development, 22（9）, 1325（1994）.

❺❸　但也有学者注意到，从整体上看，人力资本辩证法对世界银行的影响并不大。参见 Devesh Kapur, John Lewis and Richard Webb, The World Bank: Its Half – Century, vol. I: History（Washington DC: Brookings Institute, 1997）（鉴于世界银行在其他领域的相对优势与"软部门固有的主观性"和政治问题的潜在影响，会产生如上所述的结果）, at 168 – 169.

❺❹　关于世界银行促进人力资本相关政策的概述参见 Pauline Rose, 脚注 51, at 174; 另见 Mark Blaug, The Economics of Education and the Education of an Economist（Edward Elgar Publishing, no. 48, 1987）（结论是，世界银行的人力资本研究项目似乎越来越缺乏说服力，因为它既不能解释教育金融的模式，也不能解释中小学和大学的公有制）, at 849; Ben Fine and Pauline Rose, Education and the Post – Washington Consensus, in Development Policy in the Twenty – First Century: Beyond the Post – Washington Consensus（Ben Fine, Contas Lapavitas, and Jonathan Pincus, eds.）（Routledge, 2001）（他补充道，世界银行内部人力资本理论的兴起，源于成本效益分析在计算回报率方面的更具体应用。同样的方法也适用于任何有经济影响的因素，不管具体的教育程度如何）; Sam Bowles and Herb Gintis, Schooling in Capitalist America: Educational Reform and the Contradictions of Economic Life（Routledge and Kegan Paul, 1976）（批评人力资本的概念是因为它的重点是成本和收益，而不能解决国家教育系统如何和为什么出现，以及它们如何和为什么发展不同的问题）; Ben Fine and Ellen Leopold, The World of Consumption（Routledge, 1993）[教育、培训和技能应被理解为与一系列经济和其他活动（如建立学校、设置课程和培训教师）的"供应体系"相联系，并在社会结构、关系和过程中得到高度体现]。

❺❺　The GII 2014 is the 7th edition of the GII report co – published by Cornell University, INSEAD and WIPO. 参见 The Global Innovation Index 2014, 脚注 13.

❺❻　同上, at 69.

力资本和创新产出的成果。[57] 该组织的 2015 年全球基础设施报告补充道，尽管创新研究强调了人力资本对创新和发展的作用，但是"这些创新投入因素似乎是所有投入中最难取得好成绩的，无论是在总体上，还是在低收入国家。"[58]

第二个原因是难以将 WIPO 的人力资本分析应用于其创新和专利相关政策，而这与该组织自我认知的缓慢发展有关联。正如 WIPO 2015 年全球投资倡议报告所承认的那样，尽管研究强调人力资本在发展和创新中的重要作用，但中低收入国家的创新进展比政策预期要慢。[59] 据 WIPO 评估，这些结果并不一定意味着与其他创新和专利相关政策相比，这些发展中国家缺乏政治意愿。[60] 因此，WIPO 2015 年的报告认为，基于几十个发展不均衡的国家的经验，追求并超越这些方面付出的时间超出了预想。[61]

在 20 世纪 90 年代初，发展理论中出现了第三个面向政策的重大突破，其基础是印度经济学家 Amartya Sen 和巴基斯坦发展理论家 Mahbub ul Haq 关于 20 年来人类能力的研究。[62] 他们的见解使得人类发展模式逐渐出现，这部分体现在联合国开发计划署的人类发展报告和经常使用的国家排名综合指数（人类发展指数）之中。[63] 在技术和创新相关政策的背景下，人类发展指数总体上受到了一些严重批评，包括它没有考虑技术发展，缺乏从全球视角关注发展。[64] 该指数目前在联合国和 WTO 的人力资本相关创新政策的背景下几乎没有相关性。

---

[57] 同上。

[58] 参见 The Global Innovation Index 2015: Effective Innovation Policies for Development (2015) (Soumitra Dutta, Bruno Lanvin, and Sacha Wunsch - Vincent, eds.), at XIX. 关于欧盟集中化的人力资本经验参见 Patrick Vanhoudt, Thomas Mathä, and Bert Smid, How Productive Are Capital Investments in Europe?, EIB papers, 5 (2) (2000) (由于区域数据可用性方面的核心障碍，几乎没有证据表明人力资本在欧盟区域层面的影响); Tondl 进一步表明，欧盟南部地区的收入和生产率与入学率呈正相关。参见 Gabriele Tondl, The Changing Pattern of Regional Convergence in Europe, Jahrbuch für Regionalwissenschaft, 19 (1), 1 (1999). 对于整个人力资本文献中缺乏教育数据的问题参见 Andreas Savvides and Thanasis Stengos, 脚注 43, at 8.

[59] The Global Innovation Index 2015, 同上, at 72.

[60] 同上。

[61] 同上。

[62] 参见 Amartya Sen, Commodities and Capabilities (North - Holland, 1985); Amartya Sen, Well - being, Agency and Freedom: The Dewey Lectures 1984, Journal of Philosophy, 82 (4), 169 (1985). 参见 Sudhir Anand and Amartya Sen, Human Development and Economic Sustainability, World Development, Elsevier, 28 (12), 2029 (2000).

[63] 人类发展指数是对预期寿命、教育和人均收入指标的综合统计，用来将国家划分为人类发展的四个层次。参见 UNDP, The Human Development concept, at http://hdr.undp.org/en/humandev.

[64] 参见 Hendrik Wolff, Howard Chong, and Maximilian Auffhammer, Classification, Detection and Consequences of Data Error: Evidence from the Human Development Index, Economic Journal, 121 (553), 843 (2011).

当前政策导向的人力资本理论复苏始于哈佛大学著名宏观经济学家 Robert Barro 的开创性论文，他强调了长期经济增长的实证性决定因素。[65] 尽管 Barro 的论文并无明确涉及人力资本之作用，但它确实将人力资本（通过正规教育确定并通过入学率衡量）置于经济增长过程的中心位置。此后不久，经济学家 Greg Mankiw、David Romer 和 David Weil 从理论上解释了人力资本在增长过程中的重要作用。[66] 他们通过实证验证，跨国人均收入的差异可以通过储蓄、教育和人口增长的差异来理解。以有形资产（包括知识产权）和人力资本为基础的可再生因素的 Mankiw – Romer – Weil 模型坚持将人力资本作为总生产函数的一种输入。然而，即使是 Mankiw – Romer – Weil 模型的计算方法也不能缓解 WIPO 自我承认的上述经验主义僵局。

1988 年，诺贝尔奖得主 Robert Lucas 发表了一篇题为《经济发展机器》（*the Machines of Economic Development*）的重要论文，重点讨论了人力资本的可再生性，以及人力资本产生外部性的可能性，这种外部性不仅体现在个人的知识积累上，也体现在他们的合作者、同事和其他人身上。[67] Lucas 的模型为内生增长提供了首个人力资本方法。[68] 简单地说，由于人力资本积累是增长的"引擎"，增长本身也将是内生的。Lucas 对以人力资本积累为基础的增长概念作出了重要贡献，两年后，Becker、Murphy 以及 Tamura[69] 和一年后 Nancy Stokey[70] 相继提出了这一概念。

此后，理论家开始寻找人力资本外部性。迄今为止，这一研究主题产生了混合和不确定的证据，特别是对发展中国家而言。在联合国层面通过的一项引

---

[65] Robert J. Barro, Economic Growth in a Cross – Section of Countries, Quarterly Journal of Economics, 106, 407（1991）.

[66] N. Gregory Mankiw, David Romer, and David N. Weil, A Contribution to the Empirics of Economic Growth, Quarterly Journal of Economics, 107, 407（1992）.

[67] 参见 Robert Emerson Lucas, On the Machines of Economic Development, Journal of Monetary Economics, 22, 3（1988）. 该模型解释了个人在工作和培训之间的时间分配。因此，这是一种权衡，因为在培训过程中个人失去了部分工作收入，但他们提高了未来的生产力从而提高了未来的工资。

[68] 参见 Andreas Savvides and Thanasis Stengos, 脚注 43, at 6.

[69] Gary S. Becker, Kevin M. Murphy, and Robert Tamura, Human Capital, Fertility, and Economic Growth, Journal of Political Economy, 98（5）, S12 – 37（October1990）, reprinted in Human Capital: A Theoretical and Empirical Analysis with Special Reference to Education（3rd edn）（1994）. Becker、Murphy 和 Tamura 为 Lucas 的溢出分析提供了实证支持，他们解释道，人均人力资本增加会降低生育率，因为人力资本在生产商品和增加人力资本方面比生育更多的孩子更具生产力。

[70] Nancy Stokey, Human Capital, Product Quality, and Growth, Quarterly Journal of Economics, 106（2）, 587（1991）. Stokey 模型独特地假设，劳动力是异质的并因人力资本的水平而分化。在这个模型中，商品在质量上有区别。随着总人力资本的增长，相应的结果包括在生产中增加高质量的产品和减少低质量的产品。

人注目的研究结果涉及弱势国家的"知识陷阱"。许多发展中国家面临缺乏人力资本来应对政策协调的不足、日益复杂的情况以及跨国公司和国际两个层面的决策碎片化的问题。因此，这些国家受到了联合国层面和 WTO 要求的知识强度的惩罚。[71] 这一概念符合 Stephen Redding 的见解，即国家可能陷入一种"低技能"的均衡状态，其特征是雇员培训不足和产品质量低下。[72]

Jess Benhabib 和 Mark Spiegel[73] 在计算增长的传统方法基础上，提出评估人力资本对总增长贡献的另一种方法。根据此方法，产出的增长是由投入和全要素生产率的增长决定的。这种方法的出发点和最初贡献是仅将有形资本和劳动力作为投入，并将人力资本作为促进全要素生产率增长的投入而不是作为总生产的投入。从政策角度看，人力资本对全要素生产率增长的贡献是双重的。首先，它决定了跨越发展鸿沟的任何国家缩小其全要素生产率水平与技术领先者的差距或追赶效应的速度。[74] 正如 Nelson 和 Phelps 早期的观点那样，[75] 人力资本存量越大，一个国家就越容易吸收在其他地方发现的新产品或新创意。[76] 无论是发达国家还是发展中国家，追赶者国家拥有的人力资本越多，增长往往越快，因为它以更加迅猛之势追赶技术领先者。

其次，人力资本对 TFP 增长的贡献体现在人力资本决定一国国内适应和实施外国技术的速度。[77] 然而，到目前为止，Benhabib 和 Spiegel 的研究在以创

---

[71]　参见 Margaret Chon, Denis Borges Barbosa, and Andrés Moncayo von Hase, Slouching Toward Development in International Intellectual Property, Michigan State Law Review 71 (2007), at 89 referring to Sylvia Ostry, After Doha: Fearful New World?, Bridges, Aug. 2006, at 3, available at www. ictsd. org/monthly/bridges/BRIDGES 10 – 5. pdf. 关于 WTO 参见 Gregory Shaffer, Can WTO Technical Assistance and Capacity Building Serve Developing Countries?, Wisconsin International Law Journal, 23, 643 (2006)（不像发达国家，执行往往需要发展中国家建立全新的监管机构和制度），at 645.

[72]　正如 Redding 解释的那样，工人投资于人力资本或获得技能，而企业投资于提高质量的研发，这两种投资表现出金钱外部性，是战略互补。参见 Stephen Redding, The Low – Skill, Low Quality Trap: Strategic Complementarities between Human Capital and R&D, The Economic Journal, 106 (435), 458 (1996).

[73]　参见 Jess Benhabib and Mark M. Spiegel, The Role of Human Capital in Economic Development: Evidence from Aggregate Cross – Country Data, Journal of Monetary Economics, 34, 143 (1994).

[74]　关于 OECD 成员参见 Dirk Frantzen, R&D, Human Capital and International Technology Spillovers: A Cross – Country Analysis, The Scandinavian Journal of Economics, 102 (1), 57 (2000)（人力资本被用来衡量影响生产率的增长，有证据表明，1965 ~ 1991 年，除新西兰外，所有 21 个 OECD 国家的人力资本都与追赶过程相互作用）.

[75]　Richard R. Nelson and Edmund S. Phelps, Investment in Humans, Technological Diffusion, and Economic Growth, American Economic Review, 56 (2), 69 (1966).

[76]　同上。

[77]　参见 Andreas Savvides and Thanasis Stengos, 脚注 43, at 7, referring to Jess Benhabib and Mark M. Spiegel, 同上。

新为基础的经济增长背景下仍未理论化。尽管如此，所讨论的理论设置坚持基于线性创新的经济增长。

5.1.3　非线性人力资本与内生增长

在本书研究的非线性创新理论领域内，一些内生增长研究者假定人力资本对增长的影响是相对非线性的。[78] 不同国家从停滞到增长所需时间的差异，促成了 Galor 所说的"巨大分歧"和收敛俱乐部的出现。[79] 继 Galor 之后，从长远角度看待发展，本章认为从停滞到增长的转变是发展过程中可预见的结果。它承认 Galor 关于增长过程的观点是以不同的发展阶段为特征的，这导致了本章所涉跨越发展鸿沟国家数据的非线性。

Galor 的文章是基于经济学家 Steven Durlauf 和 Paul Johnson 的研究，[80] 包括他们基于回归树方法将国家分成了几种类型。Durlauf 和 Johnson 表明，这些组的增长表现存在明显的区别。Kalaitzidakis 等人[81]同样为了建立人力资本增长关系模型，应用了最近的非参数经济技术。其方法论的优势在于，它使得人力资本对增长的影响不仅因国家而异，而且因时间段而异，共同证实了人力资本增长关系的非线性性质。[82] 正如本章经验主义所提出的作为替代分析结构的内生增长模型表现：非线性人力资本增长模型的转变，以及从新古典增长的 Solow – Swan 模型的转变，都集中于长期增长中注

---

[78]　Grossman 和 Helpman 的内生增长分析中的文献综述引用了不下 10 个长期增长的潜在决定因素，除了人力资本投资外，这些指标包括实物投资率、出口份额、向内导向、产权强度、政府消费、人口增长和监管压力。参见 Gene M. Grossman and Elhanan Helpman, Quality Ladders in the Theory of Growth, Review of Economic Studies, 58 (193) (1991) 43; Gene M. Grossman and Elhanan Helpman, Innovation and Growth in the Global Economy, Cambridge: MIT Press (1991).

[79]　Oded Galor, From Stagnation to Growth: Unified Growth Theory, in Handbook of Economic Growth (Philippe Aghion and Steven N. Durlauf, eds.) (Amsterdam, 2005), 171. Galor 的模型本质上显示了人力资本积累和技术进步之间的正相关关系。也就是说，随着教育水平的提高，技术变革对人力资本聚集的不利影响减弱了。

[80]　参见 Steven Neil Durlauf and Paul A. Johnson, Multiple Regimes and Cross – Country Growth Behavior, Journal of Applied Econometrics, 10, 365 (1995).

[81]　参见 Andreas Savvides and Thanasis Stengos, 脚注 43, at 7, referring to Pantelis Kalaitzidakis, Theofanis Mamuneas, Andreas Savvides, and Thanasis Stengos, Measures of Human Capital and Nonlinearities in Economic Growth, Journal of Economic Growth, 6, 229 (2001).

[82]　另见 Eric A. Hanushek and Dennis Kimko, Schooling Labor Force Quality, and the Growth of Nations, American Economic Review, 90, 1184 (2000) (通过对学生数学和科学成绩的六项国际测试数据，得出了 31 个国家的劳动力质量。Hanushek 和 Kimko 分析了教育质量的基准，证实了教育质量对这些国家的人均 GDP 增长的重要影响)。

意力的重现。[83] 从宏观层面纳入企业、行业甚至国家层面分析，内生增长理论最终将人力资本作为创新最重要的投入之一。

5.2 实证分析

5.2.1 方 法

迄今为止，增长理论主要从三个层面回顾了创新与就业之间的相互依赖关系。首先是符合人力资本条件的企业的特定技能和知识。[84] 这些都在研发就业与创新之间建立了积极的联系。[85] 人力资本分析的第二个层次是在行业层面，指的是特定行业的经验所产生的知识。[86] 人力资本分析的第三个层次是个人特定的人力资本，指的是可用于大范围公司和行业的知识，可以包括管理和创业

---

[83] 除了人力资本理论的内生增长理论设置，还有两个额外的研究方向触及了人力资本方面的创新。首先，尽管只是作为一个控制变量，但是熊彼特的研究确实包括了技术工人的数量。例如参见，Zoltan J. Acs and David B. Audretsch, Innovation in Large and Small Firms: An Empirical Analysis, The American Economic Review, 678 (1988). A second strand of human capital – related literature is found in management literature. 例如参见，Cheng Lin, Ping Lin, Frank M. Song, and Chuntao Li, Managerial Incentives, CEO Characteristics and Corporate Innovation in China's Private Sector, Journal of Comparative Economics, 39 (2), 176 (2011)（研究世界银行 2002 年调查数据，得出 CEO 教育和激励方案与企业创新呈正相关的结论）。

[84] 例如参见 Nathalie Greenan and Dominique Guellec, Technological innovation and employment reallocation, Labour, 14 (4), 547 (2000); Alexander Coad and Rekha Rao, The Employment Effects of Innovations in High – Tech Industries, Papers on Economics & Evolution, #0705, Max Planck Institute of Economics, Jena (2007); Werner Smolny, Innovation, Prices and Employment – A Theoretical Model and an Empirical Application for West German Manufacturing Firms, The Journal of Industrial Economics, XLVI (3), 359 (1998); Robert M. Grant, Toward a Knowledge based Theory of the Firm, Strategic Management Journal, Special Issue, nr. 17, 109 (1996).

[85] 例如参见，Jacques Mairesse and Pierre Mohnen, The Importance of R&D for Innovation: A Reassessment Using French Survey Data, Journal of Technology Transfer, 30, 183 (2005).

[86] 例如参见 Rinaldo Evangelista and Maria Savona, Innovation, Employment and Skills in Services: Firm and Sectoral Evidence, Structural Change and Economic Dynamics, 14, 449 (2003); Tommaso Antonucci and Mario Pianta, Employment Effects of Product and Process Innovation in Europe, International Review of Applied Economics, 16 (3), 295 (2002); Tito Bianchi, With and Without Co – operation: Two Alternative Strategies in the Food Processing Industry in the Italian South, Entrepreneurship & Regional Development, nr. 13, 117 (2001); Martin Kenney and Urs von Burg, Technology Entrepreneurship and Path Dependence: Industrial Clustering in Silicon Valley and Route 128, Industrial and Corporate Change, nr. 8, 67 (1999); Robin Siegel, Eric Siegel, and Ian C. Macmillan, Characteristics Distinguishing High – growth Ventures, Journal of Business Venturing, nr. 8, 169 (1993).

经验、[87] 一定水平的教育和职业培训[88]以及家庭总收入。[89]

　　本章中的分析属于国家层面的描述，而不是使用六年度之系列分析，包括①每个全职同等研究员的 GERD，即某一年内国内研发支出总额除以每个国家的研究人员总数；[90] ②按每个人计数标准的每个国家研究人员的 GERD，[91] 根据人数计算和全职人力工时标准分析每个研究者的 GERD——两者都根据 2005 年美元价格的购买力均价换算；③高等教育学生人均政府支出占人均 GDP 的百分比，高等教育人均政府一般支出，是指政府高等教育支出总额除以高等教育在校生人数，以人均国内生产总值的百分比表示，[92] 这可以解释为文章总数除以研究总数；④全职人力工时研究人员的科技期刊文章数；[93] ⑤全职人力工时研究人员的科技期刊文章数；以及⑥每个国家单位劳动力的研究人员数。

　　上述六个系列与布鲁塞尔智库里斯本理事会制定的具有里程碑意义的人力资本指数相对应。该指数是为 13 个欧盟成员国人力资本建立的模型，并将各国发展和培育人力资本的能力量化为四个不同的类别。这一过程是基于本章所采用的新方法。[94] 第一类，它属于人力资本生产率的范畴。这个数字衡量的是

---

[87]　Johannes M. Pennings, Kyungmook Lee, and Arjen van Witteloostuijn, Human Capital, Social Capital, and Firm Dissolution, Academy of Management Journal, nr. 41, 425 (1998).

[88]　Thomas Hinz and Monika Jungbauer - Gans, Starting a Business after Unemployment: Characteristics and Chances of Success (Empirical Evidence from a Regional German Labor Market), Entrepreneurship and Regional Development, nr. 11, 317 (1999).

[89]　Maureen Kilkenny, Laura Nalbarte, and Terry Besser, Reciprocated Community Support and Small Town Small Business Success, Entrepreneurship and Regional Development, nr. 11, 231 (1999).

[90]　全职人力工时 (FTE) 反映投入研发的人力资源的实际数量。一名全职研究人员相当于"一名全职研究人员为期一年，或一名以上兼职研发人员或一名以上兼职研发人员时间较短——相当于一年。"因此，如果一个人通常把30%的时间花在研发上，其余的时间花在其他活动上，那么他就应该被认为是0.3 FTE。同样，如果一名全职研发人员在一个研发部门只工作了6个月，这将导致FTE为0.5。另一方面，人头总数 (HC) 涉及主要或部分从事研发工作的人员总数。因此，它包括雇用的全职和兼职工作人员。参见 UNESCO, UNESCO Institute for Statistics (UIS) - Glossary (Gerd per researcher). As the UNESCO report explains, this methodology was adapted from OECD (2002), Frascati Manual, §423 and §331 - 333.

[91]　人头总数数据包括"研发人员的总数，独立于他们的贡献"。这些数据可以同教育和就业数据等其他数据系列或人口普查结果建立联系。它们也是计算分析研发队伍的年龄、性别或国籍特征的指标的基础。UNESCO, UNESCO Institute for Statistics (UIS), 同上。As the UNESCO report explains, this methodology was adapted from OECD (2002), Frascati Manual, 同上, §326 - 327.

[92]　平均总数 (流动、资本和转移) 在特定教育水平下，以名义购买力平价美元表示的每个学生的一般政府支出。UNESCO, UNESCO Institute for Statistics (UIS), 脚注90.

[93]　科技期刊论文指在物理、生物、化学、数学、临床医学、生物医学研究、工程技术、地球与空间科学等领域发表的科学与工程论文数量。参见 World Bank Data IBRD - IDA - Glossary, at http://data.worldbank.org, referring to the National Science Foundation, Science and Engineering Indicators.

[94]　See Peer Ederer, 脚注1, at 2. For the Index's methodology, 同上, at 20.

人力资本的生产率。它是由 GDP 除以该国所有人力资本得出的。这与传统的生产率衡量方法不同，因为这个数字考虑了受过良好教育的就业劳动力的情况，而不仅仅考虑工作多少小时。⑨ 在本章中，人力资本生产率的衡量是通过对每位国家研究人员的科技期刊文章数和全职人力工时研究人员的科技期刊文章数（指标 4 和指标 5）进行的。

第二类，是以人力资本利用来衡量国家人力资本配置。它不同于传统的就业率，因为它衡量的是人力资本占总人口的比例。⑨ 在本章中，人力资本生产率是通过衡量每个国家单位劳动力的研究人员（HC）数量（指标 6）和每个全职人力工时研究人员的 GERD 以及每个国家研究人员的 GERD（指标 1、2）来实现的。第三类，是用人力资本贡献来衡量一个特定国家每一个就业者接受各类教育和培训的成本。⑨ 在本章中，对人力资本禀赋的测量是按高等教育学生人均政府支出占人均 GDP 的百分比（指标 3）进行的。

最后，里斯本理事会的人力资本指数按人口和就业类别对人力资本进行了核算。这一类别着眼于现有的经济、人口和移民趋势，估计每个国家 2030 年可能就业的人数。⑨ 后一种说法在第六章中讨论，涉及三个专利集群的专利强度特征，以及涉及其测量的国内/国外专利率。

除了 1998 年开始的高等教育学生人均政府支出占人均国内生产总值的百分比系列外，所有系列均涵盖 1996～2013 年。因此，除了高等教育学生人均政府支出占人均 GDP 百分比的系列之外，所有系列中，一个国家纳入估算过程的标准是：1996～1998 年至少有一项观察、2011～2013 年也至少有一项观察。关于高等教育学生人均政府支出占人均 GDP 的百分比，1998～2000 年至少有一项观察，2011～2013 年至少有一项观察。Kalman 平滑被用于序列的插补，但当序列不能收敛时，则采用移动平均插补。⑨

---

⑨ 同上。

⑨ 同上。

⑨ 同上，at 4.

⑨ 同上。

⑨ 在应用混合程序分析每个序列之前，需要对每个集群的最佳 Box - Cox 变换进行调查，以便验证使用该程序所需的正态性假设。对数变换对于所有的级数都是最好的。这些转换的使用在输入之前，然后输入的值再进行转换。当最小值为 0 时，则在取对数之前将级数的所有值加 0.5，以避免试图取 0 的对数。

5.2.2　调查结果

5.2.2.1　专利集群之间专利研究员的差距

以下是 2003~2009 年中期平均数的描述性统计（经插补后），分别针对每个系列和三个专利类别。第一行对应原始刻度，第二行对应日志刻度。此外，这些数据的箱型图是针对每个集群 1~3 测量的六个指标绘制的，分别代表了领导者、追赶者和边缘化专利集群，如图 5.1 所示。

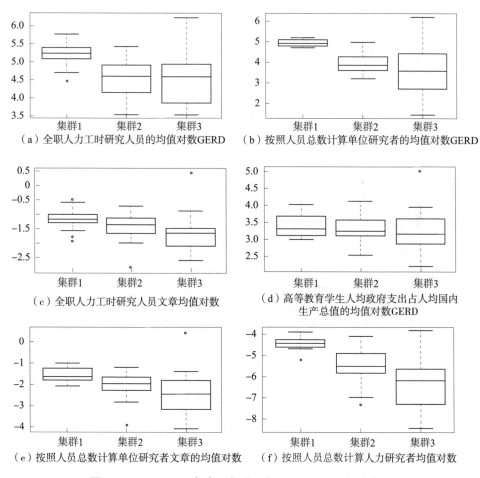

（a）全职人力工时研究人员的均值对数 GERD

（b）按照人员总数计算单位研究者的均值对数 GERD

（c）全职人力工时研究人员文章均值对数

（d）高等教育学生人均政府支出占人均国内生产总值的均值对数 GERD

（e）按照人员总数计算单位研究者文章的均值对数

（f）按照人员总数计算人力研究者均值对数

图 5.1　2003~2009 年专利集群研究员系列均值对数的箱型图

每个系列的最终结论在展示了相应的描述表后进行了简要的总结。这些结论是基于使用附录 F 中的混合模型拟合回归得到的结果。

5.2.2.1.1 单位全职人力工时研究人员的 GERD

汇总所有集群如下：

所有集群如表 5.2 所示。

表 5.2 所有集群描述性统计

数值	平均值	标准差	中间值	最小值	最大值
49	149.02	88.49	138.5551	35.51	513.92
49	4.82	0.62	4.93	3.56	6.23

集群 1 如表 5.3 所示。

表 5.3 集群 1 描述性统计

数值	平均值	标准差	中间值	切尾均值	绝对中位值	最小值	最大值	值域
19	195.61	57.06	190.01	194.61	48.74	89.76	318.51	228.75
19	5.23	0.31	5.25	5.24	0.24	4.50	5.76	1.26

集群 2 如表 5.4 所示。

表 5.4 集群 2 描述性统计

数值	平均值	标准差	中间值	切尾均值	绝对中位值	最小值	最大值	值域
20	108.38	55.46	100.45	102.19	53.24	35.53	230.73	195.19
20	4.55	0.54	4.61	4.55	0.45	3.57	5.44	1.87

集群 3 如表 5.5 所示。

表 5.5 集群 3 描述性统计

数值	平均值	标准差	中间值	切尾均值	绝对中位值	最小值	最大值	值域
10	141.8	143.00	99.06	108.57	75.15	35.51	513.92	478.40
10	4.6	0.81	4.58	4.53	0.82	3.56	6.23	2.67

总之，三个集群在时间上没有发现显著的变化。领导者和追赶者专利集群之间存在显著差异，领导者集群的专利值较高。

5.2.2.1.2 按照单位研究员的 GERD

所有集群如表 5.6 所示。

表 5.6 所有集群描述性统计

数值	平均值	标准差	中间值	最小值	最大值
45	81.67	82.90	52.82	4.42	513.92
45	4.01	0.92	3.96	1.46	6.23

集群 1 如表 5.7 所示。

表 5.7 　集群 1 描述性统计

数值	均值	标准差	中间值	切尾均值	绝对中位值	最小值	最大值	值域
8	145.05	29.3	142.28	145.05	30.50	109.35	189.79	80.44
8	4.96	0.2	4.96	4.96	0.23	4.69	5.24	0.55

集群 2 如表 5.8 所示。

表 5.8 　集群 2 描述性统计

数值	均值	标准差	中间值	切尾均值	绝对中位值	最小值	最大值	值域
21	58.58	32.11	48.33	53.42	20.84	25.09	152.92	127.83
21	3.95	0.48	3.88	3.92	0.54	3.22	5.02	1.80

集群 3 如表 5.9 所示。

表 5.9 　集群 3 描述性统计

数值	均值	标准差	中间值	切尾均值	绝对中位值	最小值	最大值	值域
16	80.31	124.48	38.13	54.75	42.29	4.42	513.92	509.50
16	3.63	1.23	3.59	3.60	1.24	1.46	6.23	4.76

在时间上发现了显著的变化，但在具体集群中又不同。平均来看，随着时间的推移，领导者集群的值会有所增加，与其他两个集群相比，领导者集群的值更高。

5.2.2.1.3 　单位大专学生的政府开支占人均本地生产总值的百分比

所有集群如表 5.10 所示。

表 5.10 　所有集群描述性统计

数值	平均值	标准差	中间值	最小值	最大值
45	32.99	22.54	26.38	9.05	151.81
45	3.35	0.51	3.27	2.19	5.02

集群 1 如表 5.11 所示。

表 5.11 　集群 1 描述性统计

数值	均值	标准差	中间值	切尾均值	绝对中位值	最小值	最大值	值域
15	31.05	11.97	27.78	30.84	10.77	9.05	55.75	46.71
15	3.35	0.44	3.32	3.39	0.35	2.19	4.02	1.82

集群 2 如表 5.12 所示。

表 5.12　集群 2 描述性统计

数值	均值	标准差	中间值	切尾均值	绝对中位值	最小值	最大值	值域
19	31.90	14.49	26.04	31.15	7.62	12.84	63.66	50.81
19	3.37	0.42	3.26	3.37	0.28	2.55	4.14	1.59

集群 3 如表 5.13 所示。

表 5.13　集群 3 描述性统计

数值	均值	标准差	中间值	切尾均值	绝对中位值	最小值	最大值	值域
10	38.00	41.82	23.87	27.34	11.26	9.49	151.81	142.32
10	3.31	0.77	3.16	3.22	0.55	2.24	5.02	2.78

在所有三个集群中发现了显著的时间变化，且时间都在减少。此外，在所有三个组之间的总平均值也发现了显著差异。

5.2.2.1.4　单位研究员的科学和技术期刊文章

所有集群如表 5.14 所示。

表 5.14　所有集群描述性统计

数值	平均值	标准差	中间值	最小值	最大值
44	0.19	0.24	0.15	0.02	1.63
44	-2.05	0.83	-1.91	-4.06	0.48

集群 1 如表 5.15 所示。

表 5.15　集群 1 描述性统计

数值	均值	标准差	中间值	切尾均值	绝对中位值	最小值	最大值	值域
8	0.23	0.09	0.21	0.23	0.07	0.13	0.37	0.24
8	-1.51	0.36	-1.58	-1.51	0.35	-2.02	-0.99	1.03

集群 2 如表 5.16 所示。

表 5.16　集群 2 描述性统计

数值	均值	标准差	中间值	切尾均值	绝对中位值	最小值	最大值	值域
20	0.15	0.07	0.15	0.15	0.07	0.02	0.31	0.29
20	-2.03	0.63	-1.91	-1.96	0.44	-3.92	-1.17	2.75

集群 3 如表 5.17 所示。

表 5.17　集群 3 描述性统计

数值	均值	标准差	中间值	切尾均值	绝对中位值	最小值	最大值	值域
16	0.21	0.39	0.10	0.12	0.09	0.02	1.63	1.61
16	-2.33	1.08	-2.42	-2.41	1.01	-4.06	0.48	4.54

在时间上发现了显著的变化,在集群中均显示减少但具体数值不同。此外,集群之间也存在显著差异,领导者集群的值高于其他两个集群。

5.2.2.1.5　每个全职人力工时研究员的科学技术期刊文章

所有集群如表 5.18 所示。

表 5.18　所有集群描述性统计

数值	平均值	标准差	中间值	最小值	最大值
49	0.32	0.23	0.29	0.06	1.63
49	-1.32	0.55	-1.25	-2.82	0.48

集群 1 如表 5.19 所示。

表 5.19　集群 1 描述性统计

数值	均值	标准差	中间值	切尾均值	绝对中位值	最小值	最大值	值域
18	0.34	0.12	0.32	0.33	0.06	0.15	0.60	0.45
18	-1.14	0.36	-1.16	-1.14	0.20	-1.90	-0.51	1.39

集群 2 如表 5.20 所示。

表 5.20　集群 2 描述性统计

数值	均值	标准差	中间值	切尾均值	绝对中位值	最小值	最大值	值域
21	0.28	0.11	0.27	0.28	0.08	0.06	0.50	0.44
21	-1.38	0.49	-1.35	-1.34	0.42	-2.82	-0.71	2.11

集群 3 如表 5.21 所示。

表 5.21　集群 3 描述性统计

数值	均值	标准差	中间值	切尾均值	绝对中位值	最小值	最大值	值域
10	0.35	0.46	0.21	0.22	0.09	0.08	1.63	1.55
10	-1.52	0.85	-1.62	-1.64	0.48	-2.56	0.48	3.04

发现显著的时间减少,但在集群之间不同。领导者集群比追赶者集群的值更高。

5.2.2.1.6 单位劳动力的研究人员数量

所有集群如表 5.22 所示。

表 5.22 所有集群描述性统计

数值	平均值	标准差	中间值	最小值	最大值
45	0.01	0.01	0.00	0.0	0.02
45	-5.65	1.15	-5.52	-8.4	-3.84

集群 1 如表 5.23 所示。

表 5.23 集群 1 描述性统计

数值	均值	标准差	中间值	切尾均值	绝对中位值	最小值	最大值	值域
8	0.01	0.00	0.01	0.01	0.00	0.01	0.02	0.01
8	-4.50	0.38	-4.49	-4.50	0.21	-5.24	-3.92	1.32

集群 2 如表 5.24 所示。

表 5.24 集群 2 描述性统计

数值	均值	标准差	中间值	切尾均值	绝对中位值	最小值	最大值	值域
21	0.01	0.00	0.00	0.00	0.00	0.00	0.02	0.02
21	-5.54	0.83	-5.51	-5.47	0.82	-7.33	-4.15	3.19

集群 3 如表 5.25 所示。

表 5.25 集群 3 描述性统计

数值	均值	标准差	中间值	切尾均值	绝对中位值	最小值	最大值	值域
16	0.00	0.01	0.00	0.00	0.00	0.0	0.02	0.02
16	-6.37	1.27	-6.21	-6.41	1.18	-8.4	-3.84	4.56

在时间上有显著的变化，在集群上也有差异。此外，与其他两个集群相比，领导者集群的平均值更高。

以下是所有结论的总结。除了高等教育学生人均政府支出占人均 GDP 的比例（这在集群中没有差异）之外，在所有其他变量中，领导者集群（标注 1）的均值高于追赶者专利集群（标注 2）。对于六个系列中的三个，集群 1 的均值也高于边缘化集群（标注 3）。这三个分别是：按人数计算每个研究员的 GERD，按人数计算每个研究员的文章数，按人数计算每个研究员的劳动力数。对于按照全职人力工时计每个研究者的 GERD 来说，随着时间的推移没有显著的变化。政府对每个大学生的支出占人均 GDP 的百分比，在三个专利集群中随时间变化是相同的。在所有其他系列中，随着时间的推移，集群之间的变化是不同的。每年还对集群之间的显著差异进行观测，在三个系列中，每年的集群间都发现了一致的显著差异：按照全职人力工时计单位研究员的 GERD、按照人数计算单位研究员的 GERD 和按照人数计算单位研究员劳动力的 GERD。这两个与文章相关的系列在本系列的末尾差异变得不显著。

这些结果与早期的发现大致一致。正如耶鲁大学经济学家 Samuel Kortum 以 1997 年的发达经济体为研究对象所显示的那样，随着技术突破越来越难以实现，人均专利化率据说会随着时间的推移而下降。[100] 作为一个政策问题，研究人员的数量必须呈指数增长以产生新的发明的持续流动。[101] 这种推理的假设前提是如果发明的规模分布是稳定的，那么研究努力的增长会产生恒定的生产率增长。[102] 科研就业的增长本身是由发明相对于工资的价值增加所推动的，而这反过来又由劳动力的增长所维持。[103]

Samuel Kortum 解释道，该理论的一个关键含义是，发明的价值随着时间的推移而上升，这导致研究人员花费更多的资源来发现它们。[104] Kortum 提供了两个确凿的专利统计结果。首先，Mark Schankerman 和 Ariel Pake 的研究[105]表明，在英国、法国和德国，专利被允许失效的期限随着时间的推移呈上升趋势（因为发明者没有支付续展费）。1965 ~ 1975 年，这些国家的单位研究人员的专利数量急剧下降，但是此下降被基于更新统计的专利平均价值的上升所抵消。[106]

其次，正如 Kortum 所解释，发明的国际化是一个长期趋势。20 世纪 50 年代，美国在英国寻求专利保护的发明与在美国寻求专利保护的发明之比约为 10%。到了 20 世纪 70 年代，这一比例已经跃居至近 20%；到了 90 年代初，这一比例达到了 25%。对于在德国和日本寻求专利保护的美国发明来说，这一增长更为显著。[107]

这一章的分析支持了 Kortum 的第一个发现：当每年检验集群间的显著差异时，集群间单位研究员相关支出的专利倾向性差异在三个系列（FTE 研究员、HC 研究员和 HC 研究员单位劳动力的 GERD）中每年都存在一致的显著差异。

---

[100] Samuel Kortum, Research, Patenting and Technological Change, Econometrica, 65 (6), 1389 (1997), at 1389.

[101] 同上。

[102] 同上。

[103] 同上。

[104] 同上。

[105] Mark Schankerman and Ariel Pakes, Estimates of the Value of Patent Rights in European Countries During the Post – 1950 Period, The Economic Journal, 96, 1052 (1986).

[106] 同上。

[107] Samuel Kortum，脚注 100，at 1389.

正如上文所述，在这两篇文章中系列的末尾差异变得不显著，所有这些都表明，每年三个专利集群之间的专利倾向性差距，单位研究人员相关支出的 GERD 都不同。这也进一步证实了一项发现，除政府支出占人均 GDP 的比例外，主要在领导者集群和其他两个集群之间存在显著的专利研究人员之间的差距。

5.2.2.2 发展中国家人力资本投入之不足

Christopher Freeman 和世界银行的研究人员解释道，在一个关键的例子中，发展中国家例如拉丁美洲国家，其非政府部门注意到大学所产生的技术与技术需求不相匹配。[108] 2/3 的拉丁美洲国家研究人员在公共部门工作，其中大部分在大学，只有 1/10 的人在商业部门工作。除了哥斯达黎加（约 25% 的研究人员在商业部门工作）之外，在任何拉美国家，类似的数据都不超过 12%。在研发支出方面，拉丁美洲国家的实验型研究（相对于基础研究或应用研究）占比不到 30%，而韩国和美国等国则超过 60%。[109] 因此，把促进技能的政策与非政府部门的需求联系起来，似乎存在差异。这在一定程度上反映了现有的工业专业化向自然资源和基于低劳动力成本装配作业的方向发展。[110]

这一早期发现可能与衡量国家人力资本配置的人力资本指数利用类别有关。如前所述，从两个较低专利集群的角度来看，每个国家人均的研究人员人数（指标 6，上文）、全职人力工时计单位研究人员的 GERD 和每个国家人均研究人员的 GERD（指标 1～2，上文）都显示出显著的赤字。以上发现是关于 GERD 类型和专利集群的最优制度之投入。尽管如此，本章的研究结果还是揭示了三大专利集群所代表的跨越发展鸿沟的潜在人力资本投入的差距。

5.3 理论意义的影响

对于创新对就业的影响，经济理论仍然缺乏一个明确的衡量标准，而且仍

---

[108] David de Ferranti, Guillermo Perry, Indermit Gill, William Maloney, Jose Luís Guasch, Carolina Sanchez – Paramo, and Norbert Schady, Closing the Gap in Education and Technology (World Bank, 2003), at 228; Christopher Freeman, The National System of Innovation in Historical Perspective, Cambridge Journal of Economics, 19, 5 (1995).

[109] 参见 Lea Velho, Science and Technology in Latin America and the Caribbean: An Overview, Discussion Paper, 2004 – 4 (Maastricht: UNU – INTECH) (2004), at 17.

[110] 同上; Mario Cimoli, João Carlos Ferraz, and Annalisa Primi, Science and technology policies in open economies: the case of Latin America and the Caribbean, Paper presented at the first meeting of ministers and high authorities on science and technology, Lima, Peru, 1112 November (同样也指拉丁美洲和加勒比地区需求方面和人力资本供应方面的不匹配) (2004), at 11.

然迫切需要能够检验这种联系的实证分析。❶ 如哈佛大学经济学家 Pritchett❷、Benhabib 和 Spiegel❸ 的著名研究同样表明影响增长的是教育水平，而不是教育水平的变化，因为人力资本对创新的反向影响仍然不精确。最近的一些研究也显示出相当大的测量误差，认为在考察人力资本增长时，人力资本分析可能会导致特别不稳定的观察结果。❹ 另一些人证实，许多潜在的政策不仅直接影响增长，而且间接地通过征募固定投资资源发挥作用。❺ 经济学家 Daniel Cohen 和 Marcelo Soto 在他们的文章中证实了这些令人不安的发现。❻ 因此，人力资本实证分析对跨国专利倾向性的影响值得进一步研究，因为其中存在一些核心问题。

第一个核心理论意义，在很大程度上人力资本研究假设，对员工的培训需要提供集中的、长期的培训和学习经验。❼ 理论上说，这将在短期内推迟对容易模仿或替代的依赖。❽ 然而，纽约大学经济学家 William Baumol 所描述的发明家和企业家所需的能力与从事此类研究活动和基础教育、培训的专业人员所

---

❶　研究结果表明，新技术对就业没有重大影响，也没有直接的负面影响，例如参见，Vincent Van Roy, Daniel Vertesy, and Marco Vivarelli, Innovation and Employment in Patenting Firms: Empirical Evidence from Europe, IZA Discussion Paper No. 9147, (June 2015)（利用 2003 ~ 2012 年来自 22 个欧洲国家的大约 2 万家专利公司的纵向数据库，测试创新活动对创造就业的影响），at 3 and Sec. 2; Tor Jakob Klette, and Svein Erik Førre, Innovation and Job Creation in a Small open, Economy: Evidence from Norwegian Manufacturing Plants 1982 – 1992, Economics of Innovation and New Technology, 5, 247（1998）（研究发现，1982 ~ 1992 年，挪威有 4333 家制造企业，其研发强度与净就业创造之间没有显著的关系）; Erik Brouwer, Alfred Kleinknecht, and Jeroen O. N. Reijnen, Employment Growth and Innovation at the Firm Level, Journal of Evolutionary Economics 3, 153（1993）（就业与总研发支出呈负相关关系。在对 859 家荷兰制造企业的横断面研究中，作者还发现，当只考虑产品创新时，两者之间存在正相关关系）。

❷　Lant Pritchett, Where Has All the Education Gone, World Bank working papers, no. 1581 (1996).

❸　Jess Benhabib and Mark Spiegel, 脚注 73.

❹　Alan B. Krueger, Mikael Lindahl, Education for Growth: Why and for Whom, NBER working paper, no. 7591 (2000); Javier Andrés, Ángel de la Fuente, and Rafael Doménech, Human Capital in Growth Regressions: How Much Difference Does Data Quality Make?, CEPR discussion paper, no. 2466, London: Centre for Economic Policy Research (2000).

❺　Andrea Bassanini, Stefano Scarpetta, and Philip Hemmings, Economic Growth: The Role of Policies and Institutions, Panel Data Evidence from OECD Countries, OECD working paper, STI 2001/9 (2001).

❻　Daniel Cohen and Marcelo Soto, Growth and Human Capital: Good Data, Good Results, CEPR discussion paper, no. 3025, London: Centre for Economic Policy Research (2001).

❼　Wesley M. Cohen and Daniel A. Levinthal, Absorptive Capacity: A New Perspective on Learning and Innovation, Administrative Science Quarterly, 35（1）, 128（1990）; Michael D. Michalisin, Robert D. Smith, and Douglas M. Kline, In Search of Strategic Assets, The International Journal of Organizational Analysis, 5（4）, 360（1997）.

❽　Richard Reed and Robert J. DeFillippi, Casual Ambiguity, Barriers to Imitation and Sustainable Competitive Advantage, Academic Management Review, 15（1）, 88（1990）.

需的技能之间仍有区别。[119] 发明家和企业家往往只有基本的正规技术和科学教育与培训。[120] 另外，以研发为基础的公司雇用受过高等教育、拥有现有知识和高学历的研究人员。Baumol 认为，"严格的教育在支持技术进步方面起着至关重要的作用，大型企业的研发支出以及独立企业家和创新者的努力对这一过程作出了至关重要的贡献。"[121] 因此，这两种类型的人力资本是截然不同的，并发挥互补作用。也就是说，它们共同促进了跨公司、行业和国家的专利倾向性。这些差异可能对公司、行业和国家的专利倾向性产生相当明显的潜在影响。此外，由于没有针对创新者的教育课程，这些目标将与工程和科学教育追求的目标大不相同。[122] 正如 Baumol 进一步解释的那样："旨在培养技术能力和掌握现有分析体系的教育，以及旨在激发独创性和异端思维的教育，往往是替代性的而不是补充作用。尽管如此，Baumol 的研究仍有争议，还需要对概念进行细化。"[123] 这足以让人想起 Bernard Bonin 和 Claude Desranleau[124]，他们回顾了众多行业和国家重大创新的时间序列样本，所得出的结论可能与上述观点相反，即大多数发明家和被审查的创新者都接受过类似的技术或科学培训。[125] 因此，未来的研究应仔细考虑两种机制，通过这两种机制，研发就业可以影响专利倾向性比率：第一种是可以直接利用相关研发公司部门的资源进行创新的研发人员；第二种是适用于改进创新情况的非研发人员（主要是工程师和管理人员）。人力资本理论已经承认，与大学或产业研究相比，技术劳动的存在是隐性知识传递的重要因素。[126] 在这两种情况下，与研发有关的人员构成了一种补充形式的人力资本，就其对可申请专利的创新的影响

---

[119] William Baumol, Education for Innovation, in Innovation Policy and the Economy（Adam Jaffe, Josh Lerner, and Scott Stern, eds.）, 5, MIT Press（2005）.

[120] Petr Hanel, Skills Required for Innovation：A Review of the Literature, Note de Recherche（2008）, at 9, referring to Bernard Bonin and Claude Desranleau, Innovation Industrielle et Analyse économique（HEC, 1987）.

[121] William Baumol, 脚注 119, at 38.

[122] 例如参见, Belton M. Fleisher, Yifan Hu, Haizheng Li, and Seonghoon Kim, Economic Transition, Higher Education and Worker Productivity in China, Journal of Development Economics, 94（1）, 86（2011）［通过平均每个职业级别的工人受教育程度，将员工划分为受教育程度较高和受教育程度较低。作者得出结论，认为高学历员工主要由"工程技术人员"和"管理人员（含销售）"组成］at 9.

[123] William Baumol, 脚注 119, at 35.

[124] Petr Hanel, 脚注 120, at 226.

[125] 同上。

[126] David B. Audretsch and Maryann P. Feldman, R&D Spillovers and the Geography of Innovation and Production, American Economic Review, 86, 630（1996）.

而言，应予以考虑。❷

　　本章第二个核心理论意义的影响涉及人力资本对不可专利创新的影响。创新理论指出了人力资本理论应解决四种类型的不可专利创新。首先，包括逆向工程在内的模仿活动通常不需要具备研发知识的人员，因为它们主要依赖于公司的技术人员和工程师。❷　其次，企业可以在依靠工程师的同时，对产品和工艺进行微小的修改或渐进的非专利变更。这一现实与中低技术部门的创新过程和基于设计与流程优化的"边干边学"及"适应"这一事实有关，而不是与研发和具备研发知识的人员有关。❷　人力资本理论要解决的第三类不可专利创新涉及企业倾向于结合现有的知识基础，特别是工业设计和工程项目以及相关人员以非研发形式的创新，其通常也无法获得专利。❸　最后，公司有时会保持研发人员在总就业人数中所占份额的稳定，以确保未来的增长或保持创新形象，即使这一点未经专利强度的证实。❸

　　本节提出的第三个理论意义的影响涉及不同行业中人力资本不可争议的部分。只有少数研究发现了不同行业群体创新的就业效应方面的差异。值得注意的是，Greenhalgh 等人❸在 1987～1994 年考察了一个由英国公司组成的小组。它们的固定效应累积估计数是保留的，但研发支出对就业的积极影响。有趣的是，当研究人员将小组划分为高技术和低技术部门小组时，他们发现研发对就业的积极影响仅限于高技术部门。

　　最近，Buerger 等人❸针对研发支出、专利和就业的共同演变作了研究。他

---

❷　参见 Christian Rammer, Dirk Czarnitzki, and Alfred Spielkamp, Innovation Success of Non – R&D – performers: Substituting Technology by Management in SMEs, Small Business Economics, 33, 35 (2009) (该文认为"中小企业为了实现创新的成功，可能会选择放弃研发，更多地依赖创新管理工具。"), at 35; Xiuli Sun, Firm – level Human Capital and Innovation: Evidence from China, Partial Doctor of Philosophy thesis in the School of Economics, Georgia Institute of Technology (2015) (创新不仅包括研发创新也包括非研发创新), at 18.

❷　参见 Technology, Learning, and Innovation: Experiences of Newly Industrializing Economies, 脚注39.

❷　Povl A. Hansen and Göran Serin, Will Low Technology Products Disappear?: The Hidden Innovation Processes in Low Technology Industries, Technological Forecasting and Social Change, 55 (2), 179 (1997).

❸　Christoph Grimpea and Wolfgang Sofka, Search Patterns and Absorptive Capacity: Low and High Technology Sectors in European Countries, Research Policy, 38 (3), 495 (2009).

❸　参见 Matthias Buerger, Tom Broekel, and Alex Coad, Regional Dynamics of Innovation: Investigating the Coevolution of Patents, Research and Development (R&D), and Employment, Regional Studies, 46 (5), 565 (2012), at 572.

❸　Christine Greenhalgh, Mark Longland, and Derek Bosworth, Technological Activity and Employment in a Panel of UK Firms, Scottish Journal of Political Economy, 48, 260 (2001).

❸　Matthias Buerger, Tom Broekel, and Alex Coad, 脚注131 (作者使用了 1999～2005 年德国地区四个制造业部门的数据)。

们得出的主要结论与 Greenhalgh 等人相似，即专利对两个高技术部门（即医疗/光学设备和电气/电子）的就业产生了积极而显著的影响，但对另外两个传统技术部门（即化学品和运输设备）的就业影响不大。[134] 关于人力资本对特定行业专利创新的反向影响，人力资本理论是不够的。随着时间的推移，政策制定者将不得不确保教育系统提供最需要的技能，以实现可申请专利的创新型经济增长。

解决这一挑战的一个方法是通过"技能协调员"的方式利用国家协调监管。[135] 为了加速相关创新技术产业的技能形成，各国政府需要知晓所需的技能。韩国、新加坡在这方面作出了工作示范。例如，在新加坡，贸易和工业部、经济发展理事会和专业技术教育理事会利用外国和当地的投资者以及教育和培训机构的投入，共同掌握潜在的技能需求。这些信息因与国家政策目标相匹配，而被用于为一系列大学、学院、理工学院和技术教育学院制定目标。[136]

第四个仍然存在的理论意义的影响涉及创新和专利中典型的性别差异。这在一定程度上解释了性别差距意味着一个国家的研发支出与女性在科学领域的比例之间存在强烈的负相关性。[137] 在欧盟，反对科学界两性不平等的运动由来

[134] 关于不同行业类型研发支出中雇用影响的类似研究另见，Francesco Bogliacino, Mariacristina Piva and Marco Vivarelli, R&D and Employment: An Application of the LSDVC Estimator using European Data, Economics Letters, 116 (1), 56 (2012)［研究发现，实质性研发支出只对服务业和高技术制造业的就业产生影响，而对更传统的制造业部门则没有影响。作者使用了一个涵盖了 677 家欧洲制造和服务公司 19 年（1990~2008 年）的面板数据库］。另见 Vincent Van Roy, Daniel Vertesy and Marco Vivarelli, 脚注 111（基于 2003~2012 年涵盖约 2 万家欧洲专利公司的面板数据集分析，判断以正向引用加权专利衡量的创新的劳动友好型性质。这种创新的积极影响仅在高技术制造业中显著，而在低技术制造业和服务业中不显著）。

[135] 参见 Francis Green, David Ashton, Donna James, and Johny Sung, The Role of the State in Skill Formation: Evidence from the Republic of Korea, Singapore, Oxford Review of Economic Policy, 15, 1 (1999), at 82~96.

[136] 参见 UNCTAD, World Investment Report 2005, 脚注 31, at 203, referring to Francis Green, David Ashton, Donna James and Johny Sung, 同上, at 88.

[137] 关于性别研究效率差距的解释参见 Yu Xie and Kimberlee A. Shauman, Sex Differences in Research Productivity: New Evidence about an Old Puzzle, American Sociological Review, 63 (6), 847 (1998)（该文解释道，在 1969~1993 年，美国科学和工程领域女性在研究生产力方面的比例有所增加。然而，这种差异在很大程度上可以用个人特征、结构地位和婚姻状况的差异来解释）. Yu Xie and Kimberlee A. Shauman, Women in Science: Career Processes and Outcomes (Harvard University Press, 2003)（如果考虑到空间、设备和时间等资源分配的差异，男性和女性之间的研究生产力差距仍然可以忽略不计）; J. Scott Long, From Scarcity to Visibility: Gender Differences in the Careers of Doctoral Scientists and Engineers (National Academy Press, 2001)（虽然女性获得科学与工程博士学位的比例越来越高，但她们在科学与工程工作中的参与度却没有达到相应水平）。有关研究表明获得博士学历的女性的就业率相对较低另见 Diana Bilimoria and Xiangfen Liang, State of Knowledge about the Workforce Participation, Equity, and Inclusion of Women in Academic Science and Engineering, in Women, Science, and Technology: A Reader in Feminist Science Studies (Mary Wyer, Mary Barbercheck, Donna Cookmeyer, Hatice Ozturk, Marta Wayne, eds.) (Routledge, 3rd edn., 2014) 21 [hereafter, Women, Science and Technology]（拥有理工科学位的女性在教师队伍中占据学术职位的比例相对较低）, at 34–34 and figure 3.3; Michael T. Gibbons, Engineering by the Numbers, ASEE (2011)（2009 年，按学术职位计算的女性博士学位持有者占终身教职或终身职位教职人员的 12.7%）。

已久，它是开篇最好的引述。❸ 首先，2011 年《欧盟委员会创新联盟竞争力报告》（*Innovation Union Competitibility Report*）认为在研发人员研发支出最低的国家，女性比例最高。总的来说，妇女所占比例最低的部门在研发人员方面的研发支出最高。❸

在新兴经济体和其他发展中国家，性别差距当然存在。中欧和东欧以及波罗的海国家，妇女占教师队伍的大多数（54%），并且往往集中在较初级的学术职位上。❹ 这些国家的资金不足、基础设施落后和设备陈旧，都是阻碍研究发展的因素，特别是在研发支出低的领域。因为这些领域往往是雇用大量女科学家的领域，女科学家最终面临更高的风险，错过了研究和专利的机会。❹ 鉴于妇女在科学、技术、工程和数学领域的代表性及其科学论文的作者身份，妇女的专利申请率很低（欧盟各国女学术研究人员的比例差异很大，从 45% 到 11%）。❹ 2011 年美国发明人法案强调了大西洋两岸在专利率方面的性别差距，该法授权 USPTO 局长制定方法，研究包括少数族裔、妇女或退伍军人在内的专利申请人的多样性。印第安纳大学研究人员于 2015 年进行的一项具有开创性意义的调查涉及 1976 ~ 2013 年发布的 460 万项实用新型专利。❹ 结论是，185 个国家的女性向 USPTO 申请专利的比例从占专利总强度的 2.7% 上升到超

❸　1998 年，欧洲委员会研究总局成立了第一个女性科学专家小组。由此产生了题为《欧盟的科学政策——通过主流性别平等促进卓越》（2000）的欧洲技术评估网络（ETAN）报告，开始了欧洲打击科学技术中的性别不平等的官方项目。对抗科学性别偏见的国家政策参见 discussion at European Commission, Innovation Union Competitiveness report 2011，脚注 40，at 214 and table II. 3. 1.

❸　参见 European Commission, Innovation Union Competitiveness report 2011，脚注 40，at 213；参见 European Commission, Waste of Talents: Turning Private Struggles into a Public Issue；Women and Science in the ENWISE Countries, A report to the European Commission from the ENWISE Expert Group on Women Scientists in Central and Eastern European Countries and in the Baltic States, Luxembourg（2003）［hereafter, The ENWISE Report］. 欧盟委员会 2003 年发布的 ENWISE（扩大科学领域的东方女性）报告分析了保加利亚、捷克共和国、爱沙尼亚、匈牙利、拉脱维亚、立陶宛、波兰、罗马尼亚、斯洛伐克共和国和斯洛文尼亚女科学家面临的情况。

❹　同上，The ENWISE Report，同上，at 58 and table 2. 3.

❹　同上，at 8.

❹　参见 European Commission, She Figures 2015: Gender in Research and Innovation, Brussels: European Commission（2015）（2010 ~ 2013 年，进入高等教育高级职位的女性比例的变化证实，在高等教育部门的高层职位上，女性的比例仍然严重不足），at 1and figure 1；Kjersten Bunker Whittington and Laurel Smith – Doerr, Women Inventorsin Context: Disparities in Patenting across Academia and Industry, Gender and Society, 22（2），194（2008）.

❹　参见 Cassidy R. Sugimoto, Chaoqun Ni, Jevin D. West, and Vincent Larivière, The Academic Advantage: Gender Disparities in Patenting（May 27, 2015），at 5 andfigure 2.

过了近 40 年 10.8% 的比例。⑭ 若换成合作申请，大体情况也差不多。2005 年，在 EPO 的美国专利申请中，女性占 8.2%。⑮

印第安纳大学的报告还指出，与创新经济体的所有其他部门相比，女性在学术界内申请专利的比例上升最快。如报告所示，从 1976 年到 2013 年，女性申请专利的总比例从所有领域平均值 2% ~ 3% 上升到学术界的 18%、个人的 12% 和工业界的 10%。⑯

在对这一性别差距的各种解释中，最能说明问题的是社会学家 Kjersten Bunker 和他的同事们所作的解释：越来越少的妇女有兴趣参与商业工作而选择从事科学研究，是因为科研承担较少的商业应用，较少接触商业过程如何工作的知识。⑰ 欧盟委员会的研究人员 Naldi 和 Vannini Parenti 也给出了类似的解释，这表明女性更热衷于出版出版物，而不是商业专利。⑱

作为欧盟在这一领域的努力成果之一，2011 年欧盟委员会创新联盟竞争

---

⑭ 有关额外确定性数据，参见 Jennifer Hunt, Jean – Philippe Garant, Hannah Herman, and David J. Munroe, Why Don't Women Patent?, IZA Discussion Paper No. 6886 (September 2012), at 1, 参考 2003 年全国大学毕业生调查（显示美国女性专利率仅为男性的 8%）和 2011 年美国劳工统计局（全职每周收入占男性的 81%）。非科学学科的女性专利率更高，比如在生命科学领域。参见 W. W. Ding, F. Murray and T. E. Stuart, Gender Differences in Patenting in the Academic Life Sciences, Science, 313 (5787), 665 (2006)（对一个随机抽样的 4227 名生命科学家进行了 30 年的评估，结果显示女性学术科学家的专利率约为男性的 40%）; G. Steven McMillan, Gender Differences in Patent Activity: An Examination of the US Biotechnology Industry, 80 Scientometrics, 683 (2009)（即使该领域对妇女具有就业吸引力，在生物技术领域仍存在实质性的专利性别差距）, at 684.

⑮ Rainer Frietsch 等人补充道，西班牙和法国的比例最高（分别为 12.3% 和 10.2%）。奥地利和德国的比例最低（分别为 3.2% 和 4.7%）。参见 Rainer Frietsch, Inna Haller, Melanie Funken – Vrohlings, and Hariolf Grupp, Gender – specific Patterns in Patenting and Publishing, Research Policy, 38, 590 (2009).

⑯ 但是，关于女性在特定科学领域的专利率的研究认为，女性在特定科学领域的代表性不足。Waverly W. Ding, Fiona Murray, and Toby E. Stuart, Gender Differences in Patenting in the Academic Life-Sciences, Science, 313, 665 (2006); Jerry G. Thursby and Marie Thursby, Gender Patterns of Research and Licensing Activity of Science and Engineering Faculty, Journal of Technology Transfer, 30, 343 (2005); Kjersten Bunker Whittington and Laurel Smith Doerr, Gender and Commercial Science: Women's Patenting in the Life Sciences. Journal of Technology Transfer, 30, 355 (2005).

⑰ Kjersten Bunker Whittington, Gender and Scientific Dissemination in Public and Private Science: A Multivariate and Network Approach, Department of Sociology, Stanford University; Kjersten Bunker Whittington and Laurel Smith – Doerr, Women and Commercial Science: Women's Patenting in the Life Sciences, Journal of Technology Transfer, 30, 355 (2005)（学术界与产业界相比，发表论文或申请专利倾向上的性别差异可以解释为，女性发表论文的机会较少，因为她们受到的鼓励较少，或者她们选择的可开发研究领域较少）, at 365, 366.

⑱ 参见 Fulvio Naldi and Ilaria Vannini Parenti, Scientific and Technological Performance by Gender (European Commission, 2002).

力报告列举了六个假设，为未来的实证结果奠定了基础。⑭ 这些假设解释了女性在研发中的比例与国家创新产出的发展水平之间的负面联系，也可以为未来南北差距的实证分析提供相当大的洞察力。这些假设包括女性研究人员的工资较低、研发部门的工资较低、研发部门的"女性"分支、男性"人才外流"、女性总体就业水平较高以及这些因素的组合。⑮ 此外，缺乏强大的社会网络一再被认为是妇女商业化活动受到压制的另一个核心原因。⑯

　　欧洲和美国大学对此作出反应的一种方式是在美国设立技术转让办公室（TTO），其目的是满足美国拜杜法案的要求，促进对政府资助研究成果的商业开发。⑰ 自从拜杜法案以来，大学里的 TTO 数量呈指数级增长。⑱ 这个监管机制举足轻重，但是不完善，解释了近几十年来女性发明人数比例增加的原因。⑲

　　总而言之，专利强度方面的性别差距之大令人担忧，这种差距并没有反映出性别的比较优势或不同品位，而是反映出性别不平等和对女性创新能力的利用效率低下。⑳ 鉴于女性专利申请率较低与拥有科学或工程学位㉑或科学出版物的女性专利申请率相对较高之间的差距，情况尤其如此。㉒ 这无疑意味着女

---

⑭　参见 European Commission, Innovation Union Competitiveness report 2011, 脚注 40, at 213, referring to European Commission, Benchmarking policy measures for gender equality in science (2008).

⑮　同上。

⑯　Maria Abreau and Vadim Grinevich, The Nature of Academic Entrepreneurship in the UK: Widening the Focus on Entrepreneurial Activities, Research Policy, 42, 408 (2013); Anat Bar Nir, Starting Technologically Innovative Ventures: Reasons, Human Capital, and Gender, Management Decision, 50 (3), 399 (2012); Dora Gicheva, Albert N. Link, Leveraging Entrepreneurship through Private Investments: Does Gender Matter? Small Business Economics, 40, 199 (2013); Jennifer Hunt, Jean – Philippe Garant, Hannah Herman, and David J. Munroe, Why Are Women Under represented amongst Patentees? Research Policy, 42, 831 (2013).

⑰　Maria Abreau and Vadim Grinevich, The Nature of Academic Entrepreneurship in the UK: Widening the Focus on Entrepreneurial Activities, Research Policy, 42, 408 (2013).

⑱　Inmaculada de Melo – Martin, Patenting and the Gender Gap: Should Women be Encouraged to Patent More? Science and Engineering Ethics, 19, 491 (2013).

⑲　参见 Cassidy R. Sugimoto, Chaoqun Ni, Jevin D. West, Vincent Larivière, 脚注 143, at 8, referring to Jordi Duch, Xiao Han T. Zeng, Marta Sales – Pardo, Filippo Radicchi, Shayna Otis, Teresa K. Woodruff and Luís A. Nunes Amaral, The Possible Role of Resource Requirements and Academic Career – Choice Risk on Gender Differences in Publication Rate and Impact, PLoS ONE 7 (12): e51332 (2012) (美国设立技术转让办公室使得与性别有关的风险认知的减少); Waverly W. Ding, Fiona Murray and Toby E. Stuart, Gender Differences in Patenting in the Academic Life Sciences, Science, 313, 665 (2006) (美国设立技术转让办公室认为技术创新组织对学术创业的激励是建立在促进学院网络建设和组织支持的基础上的).

⑳　Jennifer Hunt, Jean – Philippe Garant, Hannah Herman and David J. Munroe, Why Don't Women Patent?, IZA Discussion Paper No. 6886 (September 2012), at 1.

㉑　同上 (商业化专利中只有 7% 的性别差距是由于女性在科学和工程中的比例不足，相比之下，78% 是由于科学和工程学位持有者的专利率差距造成的), at 15.

㉒　Rainer Frietsch, Inna Haller, Melanie Funken – Vrohlings, and Hariolf Grupp, 脚注 145 (2005 年，女性撰写科学论文的比例在美国为 24.1%，在德国为 19.2%，而同年女性在专利申请中的比例要低得多，美国为 8.2%，德国为 4.9%), at 17 and table 4.

性教育的回报率不仅虚无缥缈，而且不应成为衡量和最终缩小差距的唯一依据。⑮ 然而，根据跨国比较的证据相对较少，尤其是对弱势国家及其内生增长指标的强调也不足。⑯

结　论

　　大多数基于企业层面的研究证实，拥有较高比例科学家和工程师的企业可能会显示出优越的创新型经济增长，并且在相关方面也会提高企业的专利申请与授权比率。令人遗憾的是，人力资本研究一直侧重于发达国家或先进国家，而这些研究在很大程度上使包括新兴经济体在内的发展中国家黯然失色。本章使用六年跨度的系列数据来描述国家层面的分析。这些包括①单位全职研究员的 GERD；②每个国家单位研究员的 GERD；③单位高等教育学生的政府支出占人均 GDP 的百分比；④单位国家研究员的科技期刊文章；⑤全职研究员的科技期刊文章；以及⑥每个国家单位劳动力的研究员人数。除了 1998 年开始的关于高等教育学生人均政府支出占人均 GDP 百分比的系列数据外，所有这些系列都涵盖 1996～2013 年。

　　本章的研究结果表明，除了政府支出占人均 GDP 的百分比在集群间没有差异外，对于所有其他变量，领导者集群的平均值都高于追赶者专利集群。在六个系列中，有三个领导者集群的平均值也高于边缘化集群。这三个分别是单位研究员的 GERD、单位研究人员的文章和单位劳动力的研究人员数量。对于全职人力工时计单位研究员的 GERD，没有随时间发生显著变化。就高等教育学生人均政府支出占人均 GDP 的百分比而言，三个专利集群的时间变化都是相同的。对于所有其他系列，随着时间的推移，集群之间的变化是不同的。每一年也测试了集群之间的显著差异。在这三个系列中，每一年的集群之间都发

　　⑮　参见 John E. Knodel and Gavin W. Jones, Post – Cairo Population Policy: Does Promoting Girl's Schooling Miss the Mark?, Population and Development Review, 22 (4), 683 (1996) (回报率是一个非常脆弱的基础来证明对女性教育的投资是合理的，除了提供很少或根本没有指导如何成功地实现教育供应的扩大和平等); Sally Baden and Anne Marie Goetz, Who needs [Sex] when you can have [Gender]? Conflicting Discourses on Gender at Beijing, Feminist Review, 56 (Summer): 3 (1997) (关于女性教育与生育率下降或女性教育与生产力之间关系的薄弱证据很容易受到挑战，从而削弱了解决性别问题的理由，并有资源被抽走的危险), at 10.

　　⑯　有关马来西亚科学领域女性的文化差异的研究参见 Ulf Mellström, The Intersection of Gender, Race and Cultural Boundaries, or Why Is Computer Science in Malaysia Dominated by Women?, Social Studies of Science, 39 (6), 885 (2009) (基于马来西亚的案例研究，对西方在性别和技术研究方面的偏见提出了批评，主张增加文化语境敏感性)。

现了一致的显著差异：单位全职研究员的 GERD、单位 HC 研究员的 GERD 和单位劳动力的 HC 研究员。在这两篇系列文章中，这一差异在结尾变得不显著。这些发现有助于理解这三个专利集群在专利强度与人力资本计量方面的差异。

附录 F　专利集群中的雇佣与人力资本

F.1　回归模型

需要强调的是，该模型对对数变换后的数据具有较好的拟合性。在拟合模型的基础上，给出每个集群的预测值（对数标度）的图形显示。这些图表描述了因变量与集群和时间的关系。

F.1.1　全职人力工时研究员的 GERD 对数

所有三个集群在时间上没有显著变化。领导者与追赶者专利集群之间存在显著差异。其中，领导者集群存在较高的值（见表 F.1 ~ 表 F.4）。

混合程序

表 F.1　固定效应的类型 3 检验

效应	自由度数	Den DF	F 值	$Pr > F$
年数	15	690	0.57	0.8991
集群	2	46	13.70	<0.0001
集群×年份	30	690	0.53	0.9816

表 F.2　最小二乘均值

效应	集群	估值	标准误差	自由度	t 值	$Pr > |t|$
集群	1	5.2356	0.06698	46	78.16	<0.0001
集群	2	4.5243	0.1292	46	35.02	<0.0001
集群	3	4.5556	0.2757	46	16.52	<0.0001

表 F.3　最小二乘均值差异

效应	集群	集群	估值	标准误差	自由度	t 值	$Pr > |t|$
集群	1	2	0.7113	0.1455	46	4.89	<0.0001
集群	1	3	0.6800	0.2837	46	2.40	0.0207
集群	2	3	-0.03127	0.3045	46	-0.10	0.9186

表 F.4　最小二乘均值差异

效应	集群	集群	校正	校正概率
集群	1	2	Bonferroni	<0.0001
集群	1	3	Bonferroni	0.0620
集群	2	3	Bonferroni	1.0000

虽然从图 F.1 上看，集群 2 和集群 3 的时间略有增加，而且集群 1 和集群 3 之间似乎也存在差异，但这些差异还不够强，不足以构成统计上的显著性。

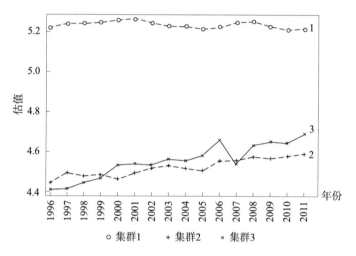

图 F.1　集群 1～3 的全职人力工时研究员 GERD 对数随时间变化趋势

F.1.2　每一总数研究员的 GERD 对数

集群之间的时间差异有显著的变化，并且平均值随时间增加。拥有较高价值的集群 1 与集群 2 和集群 3 之间存在显著差异（见表 F.5～表 F.8）。

混合程序

表 F.5　固定效应的类型 3 测试

效应	自由度数	Den DF	F 值	$Pr > F$
年数	15	630	2.25	0.0044
集群	2	42	39.84	<0.0001
集群×年数	30	630	2.02	0.0012

表 F. 6 最小二乘均值

效应	集群	估值	标准误差	自由度	t 值	Pr > |t|
集群	1	4. 9544	0. 07110	42	69. 68	<0. 0001
集群	2	3. 9003	0. 1051	42	37. 09	<0. 0001
集群	3	3. 5324	0. 3283	42	10. 76	<0. 0001

表 F. 7 最小二乘均值差异

效应	集群	集群	估值	标准误差	自由度	t 值	Pr > |t|
集群	1	2	1. 0541	0. 1269	42	8. 30	<0. 0001
集群	1	3	1. 4219	0. 3359	42	4. 23	0. 0001
集群	2	3	0. 3678	0. 3447	42	1. 07	0. 2920

表 F. 8 最小二乘均值差异

效应	集群	集群	校正	校正概率
集群	1	2	Bonferroni	<0. 0001
集群	1	3	Bonferroni	0. 0004
集群	2	3	Bonferroni	0. 8761

从图 F. 2 中可以看出不同类群在时间变化和水平上的差异，集群 1 的平均值明显高于集群 2 和集群 3。

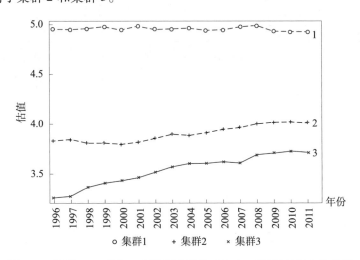

图 F. 2 集群 1~3 的每一总数研究员的 GERD 对数随时间变化趋势

F.1.3 记录单位大专学生的开支占人均 GDP 的百分比

所有 3 个集群的时间都有显著的变化，即时间减少了。这三个集群之间存在显著的差异（见表 F.9 ~ 表 F.12）。

混合程序

表 F.9　固定效应的类型 3 检验

效应	自由度数	Den DF	F 值	$Pr > F$
年数	13	533	4.45	<0.0001
集群	2	41	0.05	0.9482
集群×年数	26	533	0.68	0.8879

表 F.10　最小二乘均值

效应	集群	估值	标准误差	自由度	t 值	$Pr > |t|$
集群	1	3.3740	0.1216	41	27.74	<0.0001
集群	2	3.4208	0.1026	41	33.35	<0.0001
集群	3	3.3668	0.2292	41	14.69	<0.0001

表 F.11　最小二乘均值差异

效应	集群	集群	估值	标准误差	自由度	t 值	$Pr > |t|$
集群	1	2	−0.04673	0.1591	41	−0.29	0.7705
集群	1	3	0.007192	0.2595	41	0.03	0.9780
集群	2	3	0.05392	0.2511	41	0.21	0.8311

表 F.12　最小二乘均值差异

效应	集群	集群	校正	校正概率
集群	1	2	Bonferroni	1.0000
集群	1	3	Bonferroni	1.0000
集群	2	3	Bonferroni	1.0000

图 F.3 显示了所有集群的时间减少，集群之间没有显著差异。

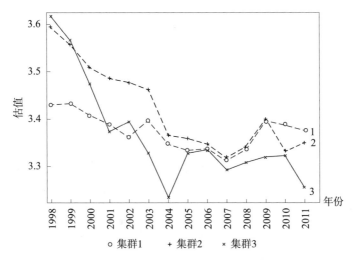

图 F.3　集群 1~3 单位大专学生的开支占人均 GDP 随时间变化

F.1.4　单位研究员的科技与技术期刊对数

在均值下降的时间上有显著的变化,但不同的集群表现不同。与集群 2 和集群 3 相比,集群 1 的均值更高(见表 F.13~表 F.16)。

混合程序

表 F.13　固定效应的类型 3 检验

效应	自由度数	Den DF	F 值	$Pr > F$
年数	15	615	55.12	<0.0001
集群	2	41	8.30	0.0009
集群×年数	30	615	5.06	<0.0001

表 F.14　最小二乘均值

效应	集群	估值	标准误差	自由度	t 值	$Pr > \|t\|$
集群	1	-1.6522	0.1332	41	-12.41	<0.0001
集群	2	-2.2851	0.1325	41	-17.24	<0.0001
集群	3	-2.6379	0.2760	41	-9.56	<0.0001

表 F.15　最小二乘均值差异

效应	集群	集群	估值	标准误差	自由度	t 值	$Pr > \|t\|$
集群	1	2	0.6329	0.1879	41	3.37	0.0017
集群	1	3	0.9858	0.3064	41	3.22	0.0025
集群	2	3	0.3528	0.3061	41	1.15	0.2558

图 F.4 中显示了不同类群在时间变化和水平上的差异，集群 1 的平均值明显高于集群 2 和集群 3。该图显示了时间的增加，在集群 3 中这一点看起来更强。当我们检查每一年集群之间的差异时，可以在图表中看到集群之间的差异随着时间的推移而变小。对这些差异的检验（根据混合程序进行切片）表明，在系列结束时，集群之间的差异不显著（2009 ~ 2011 年，$P > 0.05$）。

表 F.16　最小二乘均值差异

效应	集群	集群	校正	校正概率
集群	1	2	Bonferroni	0.0050
集群	1	3	Bonferroni	0.0076
集群	2	3	Bonferroni	0.7674

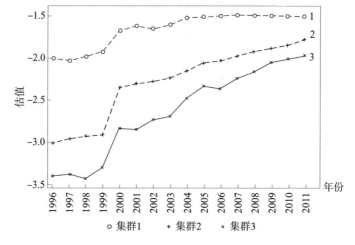

图 F.4　集群 1 ~ 3 单位研究者科技与技术期刊对数随时间变化趋势

F.1.5　单位全职研究者科技与技术期刊对数

在下降的时间上有显著的变化，但不同的集群表现不同。与集群 2 相比，集群 1 的均值更高（见表 F.17 ~ 表 F.20）。

混合程序

表 F.17　固定效应的类型 3 检验

效应	自由度数	Den DF	F 值	$Pr > F$
年数	15	690	41.00	< 0.0001
集群	2	46	4.08	0.0233
集群 × 年数	30	690	4.26	< 0.0001

表 F.18　最小二乘均值

效应	集群	估值	标准误差	自由度	t 值	Pr > |t|
集群	1	− 1.2708	0.08821	46	− 14.41	< 0.0001
集群	2	− 1.6398	0.1113	46	− 14.73	< 0.0001
集群	3	− 1.7437	0.2694	46	− 6.47	< 0.0001

表 F.19　最小二乘均值差异

效应	集群	集群	估值	标准误差	自由度	t 值	Pr > |t|
集群	1	2	0.3691	0.1420	46	2.60	0.0125
集群	1	3	0.4730	0.2834	46	1.67	0.1020
集群	2	3	0.1039	0.2915	46	0.36	0.7231

表 F.20　最小二乘均值差异

效应	集群	集群	校正	校正概率
集群	1	2	Bonferroni	0.0376
集群	1	3	Bonferroni	0.3059
集群	2	3	Bonferroni	1.0000

根据拟合模型得到的预测值曲线图表明，集群之间的差异随着时间和水平的变化而变化（见图 F.5）。虽然集群 1 和集群 3 的均值差比集群 1 和集群 2 的均值差大，但因为集群 3 的估计均值的标准误差比集群 2 大得多，因此只有集群 2 的均值差达到显著性程度。根据混合程序进行切片分析，并每年对集群之间的差异进行测试，从图中看到：随着时间的推移，差异越来越小。差异在 2005 年之前显著（$P < 0.05$），之后逐渐减小，直到 2011 年 P 负值为 0.92。

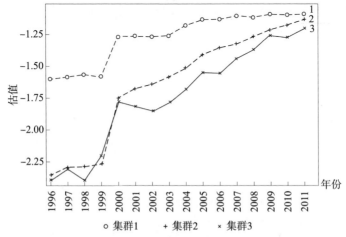

图 F.5　集群 1~3 单位全职研究者科技与技术期刊对数随时间变化趋势

F.1.6　单位劳动力的研究员对数

随时间有显著变化，但是在集群之间的差异在平均值上有略微增加。与集群2和集群3相比，集群1的值更高（见表F.21~表F.24）。

混合效应

表 F. 21　固定效应的类型 3 检验

效应	自由度数	Den DF	F 值	Pr > F
年数	15	630	12.84	<0.0001
集群	2	42	19.46	<0.0001
集群×年数	30	630	1.74	0.0090

表 F. 22　最小二乘均值

效应	集群	估值	标准误差	自由度	t 值	Pr > |t|
集群	1	−4.5958	0.1323	42	−34.74	<0.0001
集群	2	−5.6007	0.1874	42	−29.89	<0.0001
集群	3	−6.3735	0.3065	42	−20.79	<0.0001

表 F. 23　最小二乘均值差异

效应	集群	集群	估值	标准误差	自由度	t 值	Pr > |t|
集群	1	2	1.0049	0.2294	42	4.38	<0.0001
集群	1	3	1.7777	0.3338	42	5.32	<0.0001
集群	2	3	0.7728	0.3592	42	2.15	0.0373

表 F. 24　最小二乘均值差异

效应	集群	集群	校正	校正概率
集群	1	2	Bonferroni	0.0002
集群	1	3	Bonferroni	<0.0001
集群	2	3	Bonferroni	0.1118

从图F.6中可以看出聚类之间在时间变化和水平上的差异：集群1的均值明显高于集群2和3；集群1中的时间增加了。

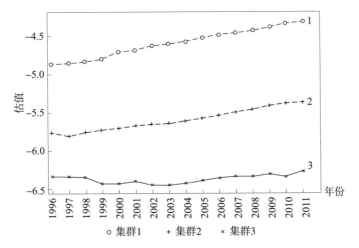

图 F. 6 集群 1 ~ 3 单位劳动力的研究者对数随时间变化趋势

综上所述，除了政府支出占人均 GDP 的百分比外（这一点在组间没有差异），所有其他变量的均值均高于集群 1。对于六个系列中的三个（每个研究员总数的 GERD、每个研究员的文章数与研究员总数），集群 1 的平均值也高于集群 3。

对于每个全职人力工时研究员的 GERD，随时间没有显著的变化。对于高等教育学生的人均政府支出占人均 GDP 的百分比，这三个类别在时间上的变化是相同的。对于所有其他系列，在不同集群随时间变化并不相同。每年还对集群之间的显著差异进行测试。在三个系列中，每一年均会发现小组之间一致性的显著差异：每个全职人力工时研究员的 GERD，每个研究员的 GERD，以及每个劳动力的研究员总数。在这两篇文章系列的末尾，差异变得不显著了。

第 6 章
创新与专利的空间集聚

引 言

专利强度的集群分析也具有空间特征。近年来，经济地理学家对创新的不均匀空间格局越来越感兴趣。[1] 这方面的知识仍然缺乏一个全面的理论框架，其特征是以传统地理区域无法充分解释的、以创新型增长模式的复杂特点作为共同主题，特别是在城市和国家层面之外的区域。

创新理论提供了两个空间研究线索作为获取和吸收相关的以位置为导向的外部性战略决策。第一个线索着重分析新型创新企业区位选择的决定因素。这通常作为一个独立的因变量出现在计量经济学模型中，即新公司的位置选择与一组旨在描述位置决定因素（可能包括研发活动）的解释变量相对应。第二

---

[1]　例如参见，Peter Thompson and Melanie Fox - Kean, Patent Citations and the Geography of Knowledge Spillovers: A Reassessment, American Economic Review, 95 (1), 450 (2005); Maryann P. Feldman, The New Economics of Innovation, Spillovers and Agglomeration: A Review of Empirical Studies, Economics of Innovation and New Technology, 8, 5 (1999), at 6 - 7; David Audretsch and Maryann P. Feldman, Knowledge Spillovers and the Geography of Innovation and Production, Discussion Paper 953, London: Centre for Economic Policy Research (1994); Adam B. Jaffe, Manuel Trajtenberg and Rebecca Henderson, Geographical Localization of Knowledge Spillovers as Evidenced by Patent Citations, Quarterly Journal of Economics, 108, 577 (1993). 有关经济地理更为宽泛的语境，另见 Paul Krugman, Geography and Trade (Leuven University Press, 1991); Paul Krugman, On the Relationship between Trade Theory and Location Theory, Review of International Economics 1, 110 (1993); Paul Krugman, The "New Theory" of International Trade and the Multinational Enterprise, in The Multinational Corporation in the 1980s (Charles Kindleberger, ed.) 57 (MIT Press, 1983); Michael E. Porter, Location, Competition and Economic Development: Local Clusters in a Global Economy, Economic Development Quarterly, 14 (1), 15 (2000); Michael E. Porter, Clusters and Competition: New Agendas for Companies, Governments, and Institutions 197, in Michael E. Porter, On Competition (Harvard Business School Press, 1998); Michael Storper, The Regional World: Territorial Development in a Global Economy (Guildford Press, 1997); Michael J. Piore, Charles F. Sabel, The Second Industrial Divide (Basic Books, 1984).

个线索诉诸传统地理中介溢出的概念，包含将地理维度引入创新作为产出的决定因素。通常，它利用生产函数方法，并采取一些创新措施作为因变量，与一组可能的自变量形成对比。本章同样采用了这种生产函数的方法，并以本书所提到的三个专利集群作为因变量。迄今为止，有关经济地理学和区域创新体系理论的全部文献都集中在发达国家，而传统上，这些文献研究都假设发展鸿沟会产生同等的政策影响。本章提供包括发展中国家在内的区域创新和专利集聚的分析框架。它是基于两种空间创新的测量方法，包括创新程度和跨专利集群的相关专利质量。

6.1　积极框架：经济地理学与创新理论之间的专利行为

经济地理学家通常根据特定地点的外部性来评估贸易。尤其是遵循了 Paul Krugman 的新贸易理论，认为国家地理位置在决定其贸易模式方面可能发挥关键作用。❷

经济地理学家的尝试也遵循了贸易国之间竞争优势的第二条路径。该路径与著名的商业经济学 Michael Porter 有着显著的联系，他预言了国家地理产业集群会成为国际竞争带来的优势。❸ 因此，Krugman 等人认为，要了解贸易就必须衡量致使当地和区域集中生产的过程。为此，Krugman 和其他经济地理学家一样，借鉴了一系列的地理经济概念，其中大部分概念都源自 Alfred Marshall 爵士 1890 年出版的著名著作《经济学原理》（*Principles of Economics*）。❹

---

❷ 参见 Paul Krugman, Geography and Trade, 脚注 1；关于 Krugman 观点的批评性评价，另见 Ron Martin and Peter Sunley, Paul Krugman's Geographical Economics and Its Implications for Regional Development Theory, Economic Geography, 72 (3), 259 (1996); Anthony G. Hoare, Review of Paul Krugman's "Geography and Trade," Regional Studies, 26, 679 (1992). Martin 和 Sunley 补充道，Krugman 的新贸易理论提供了贸易理论与区域理论的融合路径，参见 Paul Krugman, The Current Case for Industrial Policy 160 in Protectionism and World Welfare (Dominick Salvatore, ed.) (Cambridge University Press, 1993), at 263.

❸ Michael E. Porter, The Competitive Advantage of Nations (Macmillan, 1990); Michael E. Porter, The Role of Location in Competition, Journal of the Economics of Business, 1 (1), 35 (1994). Porter 认为，像 Krugman 所说，区域经济学应当成为经济学科中的核心内容。同上，at 790; Cf. Paul Krugman, Geography and Trade, 脚注 1, at 33.

❹ Alfred Marshall, Principles of Economics (Macmillan, 8th edn., 1920) (Original work published 1890). Marshall 通过传统的区位理论，将区域经济的概念解释为累积因果关系，这超出了本书的讨论范围。有关当下 Marshall 对英国工业的开创性相关成果另见，Jacques – Laurent Ravix, Localization, Innovation and Entrepreneurship: An Appraisal of the Analytical Impact of Marshall's Notion of Industrial Atmosphere, Journal of Innovation Economics & Management 2014/2 (n°14), 63 (2014), at 69 – 70; Fiorenza Belussi and Katia Caldari, At the Origin of the Industrial District: Alfred Marshall and the Cambridge School, Cambridge Journal of Economics, 33, 335 (2009), at 338 – 339. See also discussion herein.

Marshall 的著作写于 19 世纪末，他肯定没有预见他的研究对创新理论的巨大影响。他的研究主要集中在传统贸易商品领域，并在区域和城市研究中具有影响力。❺ 最明显的是，他的研究引出了"马歇尔外部性"的概念——无论创新与否，知识溢出这一概念解释了企业集群之间形成的相关利益。

现行的马歇尔外部性分类标准是由经济学家 Edgar Malone Hoover 在《区位理论与鞋革工业》（*Location Theory and the Shoe and Leather Industries*）一书中提出的，该书于 1936 年由哈佛大学出版社出版。❻ Hoover 区分了两种与区域相关的马歇尔外部性情形，即区位化经济（localization economies）和城市化经济（urbanization economies）。❼ 区位化经济反映了生产类似产品的公司其邻近性所产生的效益。简单地说，在一个地理区域内，区位化经济是一个企业的外部经济，却又是一个行业的内部经济。❽ 而 Black 和 Henderson 引入了 Marshell 的观点，认为集聚经济是共享同一地点的企业（即本地化经济）之间的积极溢出的结果。❾

类似地，在 1992 年 Edward Glaeser、Hedi Kallal、José Scheinkman 和 Andrei Shleifer 阐述了行业内企业之间的马歇尔－阿罗－罗默（Marshall Arrow－Romer，MAR）知识溢出。❿ 根据 MAR 溢出观点，在一个共同的行业中，企业地理区位接近程度常常影响促进创新和增长的企业之间知识传递的程度。⓫ 思想交流主要是通过模仿的方式在员工之间进行的，⓬ 还通过间谍活动和来自不同公司的高技能雇员的内部快速流动进行传播。

---

❺ 例如参见，Alfred Marshall，脚注 4，Book IV，Ch. X，§ 3，at 225.

❻ Edgar Malone Hoover, Location Theory and the Shoe and Leather Industries（Harvard University Press, 1936），chapter 6（titled：Economies of concentration），at 89 – 115，at 90.

❼ 同上。

❽ 区位化经济指的是行业内专业化经济，这种经济允许企业之间更精细的职能分工；劳动力市场经济，这种经济降低了企业寻找受过特殊培训的工人的成本；通信经济，这种经济能够加速创新的采用。同上。

❾ Duncan Black and J. Vernon Henderson，A Theory of Urban Growth，Journal of Political Economy，107（2），252（1999）.

❿ 参见 Edward Glaeser, Hedi Kallal, José Scheinkman, and Andrei Shleifer，Growth in Cities，The Journal of Political Economy，100（6），Centennial Issue，1126（1992）.

⓫ 参见 Edward Glaeser, Hedi Kallal, José Scheinkman, and Andrei Shleifer，同上，at 1127. See also Gerald A. Carlino，Knowledge Spillovers：Cities' Role in the New Economy，Business Review，Q4 17（2001）.

⓬ Carlino. 脚注 11，at 1127. Carlino adds that the closer the firms are to one another，the greater the MAR spillover.

正如麻省理工学院经济学家 Eric von Hippel[13]、Anna Lee Saxenian[14] 及之后的 Maryann Feldman、Frank Lichtenberg[15] 所解释的那样，这种形式的隐性知识比有形知识具有更高的不确定性。当考虑到区域邻近性时，面对面的交流和沟通变得更加重要。[16] 换言之，知识越不规范和越无形，区域组织的集中程度就越大。正如本章所解释的，这些 MAR 知识溢出也成为创新和专利相关研究的焦点。

第二类马歇尔外部性又被称为城市化经济，其定义是与某一特定城市地区技术和部门之间普遍存在的总体活动水平有关的所有优势。这些典型的行业间外部性反映了在人口众多的中心运营所带来的好处，这些中心相应地拥有较大的整体劳动力市场和较大的多样化服务部门，以与制造业互动。[17] 换言之，城市化经济体被定义为与城市规模或强度相关的规模效应。

历史数据一再表明，专利的起源确实在很大程度上集中在城市和大都市。在 1966 年由哈佛大学出版社出版的《1800～1914 年美国城市工业增长的空间动态》（*The Spatial Dynamics of US Urban Industrial Growth*，1800 – 1914）一书中，Allen Pred 对美国 19 世纪中叶的专利数据进行了研究，结果显示当时三个主要城市的专利活动是全国平均水平的 4 倍。1971 年，Robert Higgs 表示 1870～

---

[13]　参见 Eric Von Hipple，Sticky Information and the Locus of Problem Solving：Implications for Innovation，Management Science，40，429（1994）.

[14]　参见 Anna Lee Saxenian，Regional Advantage：Culture and Competition in Silicon Valley and Route 128（Harvard University Press，1994）. Saxenian 描述了聚会场所，比如距离英特尔、雷神和飞兆半导体公司仅一个街区的马车轮酒吧是如何充当非正式的招聘中心和监听站的。在她的书中，Saxenian 提供了其他的例子，如马萨诸塞州的 128 号公路走廊，北卡罗来纳州的研究三角区，费城郊区的生物技术研究和医疗技术产业。

[15]　参见 Maryann P. Feldman and Frank R. Lichtenberg，The Impact and Organization of Publicly – Funded Research and Development in the European Community，NBER Working Paper 6040，（1997）（作者利用欧共体公共支持研发项目的结果数据构建了几个内隐性指标，指出研发所产生的知识越默会，研发活动就越具有地理上的集中化），另见 Nathan Rosenberg，Perspectives on Technology（Cambridge University Press，1976）（concerning the tacitness of technological knowledge），at 78.

[16]　参见 Eric Von Hipple，脚注 13，at 442.

[17]　Edgar Malone Hoover，脚注 6，chap. 6. 外部性的分析，也被称为知识溢出，与另外两个主题并存。第一个是 Marshall 的"专业化经济"，即一个本地化的产业可以支持更多的专业化本地供应商，提供特定于产业的中间投入和服务。通过这种方式，它可以较低的成本获得更多的品种。由于强调发展中国家，数据覆盖受到限制，本书的经验并没有提供特定于行业的分析。Marshall 地理的第二份报告被称为"劳动力市场经济"。它预言了地方产业如何吸引和创造具有相似技能的工人，如何通过大量人口产生的影响缓解商业周期的影响（包括对失业和工资的影响）。这一论点大致符合本书第 5 章所讨论的人力资本分析。

1920 年美国获得专利的数量与城市化强度呈正相关。[18]

在一项更具开创性的研究中，Maryann Feldman 和 David Audretsch 采用了美国小企业管理局的创新数据库，该数据库是由从制造业贸易期刊的新产品公告中收集的创新产品组成。他们认为，1982 年其数据集所涵盖的创新中只有150 项（4%）发生在大都市以外。几乎一半的创新都发生在四个大都市，即纽约（18.5%）、旧金山（12%）、波士顿（8.7%）和洛杉矶（8.4%）。[19]

作为持续增长的一个来源，在地理位置上创新的经验表现仍然是不完整的。[20] 自相矛盾的是，一些关于平衡的研究表明，不在某一集群中实际上可能拥有一些优势，因为它允许公司比竞争对手更早地推出新产品并保护其隐私。[21] 特别是 Suarez – Villa 和 Walrod 指出，非集群电子企业的平均研发费用是集群电子企业的 3.6 倍，研发人员数量是集群电子企业的 2.5 倍。[22]

与创新理论直接相关的是，有两种研究方法将区位选择作为获取和吸收基于区位的外部性的战略决策。[23] 第一种研究方法聚焦于新的创新型公司地点的选择的决定因素。通常来说，经济计量模型似乎有一个独特的因变量，即一家新公司的位置与一组旨在描述位置决定因素（可能包括研发活动）的解释变量相对应。大多数研究都集中在新企业上，但其相关性可能因企业研发强度不同而有所差异。[24] 最重要的是，因为地理特征是外生的，所以有可能消除影响。[25]

第二种传统诉诸于地理中介溢出效应的概念（geographically mediated spill-

[18] 参见 Allen R. Pred, The Spatial Dynamics of US Urban Industrial Growth, 1800 – 1914 (Harvard University Press, 1966).

[19] 参见 Maryann P. Feldman and David B. Audretsch, Innovation in Cities: Science Based Diversity, Specialization and Localized Competition, European Economic Review, 409 (1999).

[20] 例如参见, Morgan Kelly and Anya Hageman, Marshallian Externalities in Innovation, Journal of Economic Growth, 4 (1), 39 (1999), at 39.

[21] Ray P. Oakey and Sarah. Y. Cooper, High Technology Industry, Agglomeration and the Potential for Peripherally Sited Small Firms, Regional Studies, 23, 347 (1989); Luis Suarez – Villa and Wallace Walrod, Operational Strategy, R&D and Intra – metropolitan Clustering in a Polycentric Structure: The Advanced Electronics Industries of the Los Angeles Basin, Urban Studies, 34, 1343 (1997).

[22] Luis Suarez – Villa and Wallace Walrod, 脚注 22.

[23] 参见 Isabel Mota and António Brandão, Modeling Location Decisions – The Role of R&D Activities, European Regional Science Association in its series ERSA conference papers No. ersa05p612 (2005), at 2. Cf. Maryann P. Feldman, 脚注 1, at 6.

[24] 这种方法仍然超出了本书的分析范围。关于这方面的文献参见, David B. Audretsch, Erik E. Lehmann, and Susanne Warning, University Spillovers: Strategic Location and New Firm Performance, Discussion Paper 3837, CORE (2003) and Douglas Woodward, Octávio Figueiredo, and Paulo Guimarães, Beyond the Silicon Valley: University R&D and High – Technology Location, Journal of Urban Economics, 60 (1), 15 (2006).

[25] Maryann P. Feldman, 脚注 1, at 6 – 7.

overs）包含了将创新作为产出决定因素的地理维度。通常它利用生产函数方法，并采取一些创新措施作为因变量，与一组可能的自变量形成对比。知识生产函数还意味着，创新活动应该在知识产出投入最大、知识溢出最为普遍的地区出现集聚。❷❻

Adam Jaffe 是这一领域开创性研究的带头人，❷❼ 他修改了由 Zvi Griliches❷❽ 提出的知识生产函数，通过测算当地专利数量❷❾或其他形式的研发和创新相关数量，从而将地理维度囊括在内。❸⓿ 为了评估区域学术研究的真实效果，Jaffe

---

❷❻　同上，at 8.

❷❼　参见 Adam B. Jaffe, Real Effects of Academic Research, American Economic Review, 79（5），957（1989）. But see more preliminary work as of 1962 by Wilbur R. Thompson, Locational Differences in Inventive Efforts and Their Determinants 253, in Richard R. Nelson（ed.）, The Rate and Direction of Inventive Activity: Economic and Social Factors（Princeton University Press, 1962）.

❷❽　Zvi Griliches, Issues in Assessing the Contribution of R&D to Productivity, Bell Journal of Economics, 10, 92（1979）.

❷❾　关于本地专利数测算研究参见 Anthony Arundel and Aldo Geuna, Does Proximity Matter for Knowledge Transfer from Public Institutes and Universities to Firms?, Working Paper 73, SPRU（2001）; Attila Varga, Local Academic Knowledge Transfers and the Concentration of Economic Activity, Journal of Regional Science, 40（2）, 289（2000）; Bart Verspagen and Wilfred Schoenmakers, The Spatial Dimension of Knowledge Spillovers in Europe: Evidence from Patenting Data, paper presented at the AEA Conference on Intellectual Property Econometrics, Alicante, 19 – 20 April（2000）; Morgan Kelly and Anya Hageman, Marshallian Externalities in Innovation, Journal of Economic Growth, 4（March）, 39（1999）（通过对美国各州专利数量的分析，结果表明专利强度表现出独立于就业分布的强烈空间集聚，"知识溢出"是一个国家创新绩效的重要决定因素）; Botolf Maurseth and Bart Verspagen, Knowledge Spillovers in Europe: A Patent Citation Analysis, paper presented at the CRENOS Conference on Technological Externalities and Spatial Location, University of Cagliari, September 24 – 25（1999）; Paul Almeida and Bruce Kogut, Localization of Knowledge and the Mobility of Engineers in Regional Networks, Management Science, 45, 905（1999）（发现的证据表明，每一次半导体专利引证都是大学研究对企业知识溢出的高度区域化表现）. 明显参见 Adam B. Jaffe, M. Trajtenberg, and R. Henderson, 脚注 1。通过专利引用，Jaffe 等人跟踪了从学术研究到企业研发的直接知识流动。他们发现，创新公司更有可能引用具有相关研究的联合区域性大学的研究，而不是来自其他地方的同等大学的研究。

❸⓿　Acs 和其他公司基于最后一点复制了 Jaffe 的实验，用来自小企业创新数据库（SBDIB）的创新计数取代了专利。作者指出，创新数量可能会捕捉到避开专利区域巧合的影响。参见 Zoltan J. Acs, David B. Audretsch, and MaryannP. Feldman, Real Effects of Academic Research: Comment, American Economic Review, 82, 363（1992）. 作者提出了两种不同的创新生产函数，即针对大公司和针对小公司。他们发现，"区域巧合"只对小公司重要，并提出这是由于大学研发替代企业内部研发，这对小公司来说太昂贵了。另见 Isabel Mota and António Brandão, 脚注 23（评价研发对企业选址决策的重要性，同时使用葡萄牙工业部门微观层面的数据，重点关注 1992～2000 年 275 个自治市内新成立企业的选址选择）; Maryann P. Feldman, and David B. Audretsch, R&D Spillovers and the Geography of Innovation and Production, American Economic Review, 86（3）, 630（1996）（研究表明，创新产出的区域集聚程度与研发强度呈正相关关系）, updating Feldman's previous work at Maryann P. Feldman, The Geography of Innovation（Kluwer, 1994）.

首先将专利重新划分为有限数量的技术领域，然后证明美国每个州每个技术领域的专利数量与当地大学的研发能力之间的正相关关系。然后，专利与大学研发之间的关系被解释为一种标志：从学术机构到当地商业部门存在一些区域化的知识溢出。❸

迄今为止，对地理学知识溢出的评估主要有两个方面：首先，将专利引文之间关联性的研究定义为书面线索；其次，关于技术劳动力流动性评估的研究，简言之，基于人与人之间传导的知识溢出的创新。

研究关注的第一个领域是专利引用作为书面线索与发明人所在地之间的区域联系。正如 Paul Krugman 所说，也许是因为"知识流动……是看不见的；它们没有留下可以用来评估和跟踪的书面记录"。❸ 事实证明，衡量知识溢出是一项最具挑战性的任务。挑战这一任务的人中，最为突出的是 Jaffe、Trajtenberg、Henderson❸ 及后来者❸，他们均指出知识溢出很可能会在引用专利中包含的现有技术时留下书面线索。此外，由于专利能指向发明者的居住地，因此，专利成为区域知识流动的一个有价值的评估工具。由他们承担的一项相当重大的任务中，通过构建一个庞大的专利数据集，将发明人的居住地与随后引用这些技术的所有专利发明人的区域进行匹配。在一项具有开创性的研究中，作者追踪了专利引用的模式，以探索知识溢出的时间跨度和地理跨度。

Bronwyn H. Hall 和 Rosemarie H. Ziedonis 指出，知识溢出确实是区域性的。❸ 被引用的专利（与后来申请的专利）来自同一个州的可能性（要比不同州）高出 2 倍，（与后来申请的专利）来自同一个大城市地区（要比小城市）的可能性高出 6 倍。❸ 在 Manuel Trajtenberg 将专利申请与其他引用专利联系起

---

❸ 参见 Adam B. Jaffe, Real Effects of Academic Research, American Economic Review, 79 (5), 957 (1989).

❸ Paul R. Krugman, Geography and Trade (MIT Press, 1991), at 53.

❸ Adam B. Jaffe, Manuel Trajtenberg, and Rebecca Henderson, 脚注 1. 从 1980 年的 1450 项专利开始，Jaffe、Trajtenberg 和 Henderson 追溯了 1980～1989 年这些原始专利的大约 5200 项引用的特征。Peter Thompson 和 Melanie Fox - Kean 对 Jaffe 等人的研究提出了方法论上的批评。See Peter Thompson and Melanie Fox - Kean, 脚注 1（结论是不能保证控制专利与引用专利或原专利在产业上有任何相似性）at 3.

❸ 参见 Bronwyn H. Hall and Rosemarie H. Ziedonis, The Patent Paradox Revisited: An Empirical Study of Patenting in the US Semiconductor Industry, 1979 - 1995, RAND Journal of Economics 32, 101 (2001)（对美国 95 家半导体公司 1979～1995 年的专利申请模式的研究表明，专利申请在很大程度上是一种都市现象）。Bronwyn 和 Ziedonis 发现，在 20 世纪 90 年代，92% 的专利被授予大都市地区的常住居民，尽管只有大约 3/4 的美国人口居住在大都市地区。另见 the sources in Fn. 29.

❸ 同上（结论是，作为一种知识流动形式的专利发明"有时确实会留下书面线索"），at 578.

❸ 同上。

来的方法基础上，❸ 这三位作者认为，每个区域评估单位和不同组织类型（如大学、顶级公司和其他公司）的引用存在明显的区域性。

还有其他因素影响区域性对创新的促进作用。很明显，随着知识的扩散，专利引用所显示的区域效应会减少，导致所引专利的影响会随着时间的推移而减弱。在后续一项研究中，Jaffe 和 Trajtenberg 发现，电子、光学和核技术具有很高的即时引用率，但由于很快就会过时，因此，随着时间的推移可观察到引用快速消失。大致来说，因为引用的频率和持续时间取决于科学领域，所以这两位研究者强调溢出的条件。❸

第二种衡量区域知识溢出的方法涉及评估技术劳动力在创新中的区域流动性。个人尤其是有技术、知识和商业秘密的明星科学家，能够知道如何参与技术推新，如何实践并在不同地区之间传播思想。Zucker 和 Darby 总结了一系列论文，这些论文研究了典型的明星科学家作为智力资本来源，推动生物科学知识转化为商业应用的作用。❸ 简单地说，这一类区域知识溢出关注的是关键人员的人力资本，而不是区域劳动力市场的平均人力资本。正如 Zucker 和 Darby 为生物技术产业所显示的那样，区域的智力资本会产生外部性，这些外部性往往在区域上局限于这些科学家居住的地区。

在以创新为增长基础的背景下，区域创新系统（Regional Innovation Systems，RIS）这一相关术语越来越受到经济地理学家和创新理论家的

---

❸　Manuel Trajtenberg, A Penny for your Quotes, Rand Journal of Economics, 21（1）, 172（1990）.

❸　参见 Adam Jaffe and Manuel Trajtenberg, Flows of Knowledge from Universities and Federal Labs: Modeling the Flows of Patent Citations over Time and Across Institutional and Geographic Boundaries, NBER Working Paper 5712,（1996）（作者补充道，专利引用更有可能在授权专利后的第一年区域化）.

❸　参见 Lynne G. Zucker and Michael R. Darby, Star Scientists and Institutional Transformation: Patterns of Invention and Innovation in the Formation of the Biotechnology Industry – Proceedings of the National Academy of Science, 93（November）: 12709（1996）. See also Lynne G. Zucker, Michael R. Darby, and Jeff Armstrong, Geographically Localized Knowledge: Spillovers or Markets?, Economic Inquiry, Western Economic Association International, 36（1）, 65（January 1998）（研究发现，研究型大学对邻近企业的积极影响主要体现在特定大学明星科学家与企业之间可识别的市场交换，而不是广义的知识溢出）; Lynne G. Zucker, Michael R. Darby, and Marilynn B. Brewer, Intellectual Human Capital and the Birth of US Biotechnology Enterprises, American Economic Review, 87（1）（1997）［通过大学中取得科学突破的明星科学家证明大学与新的生物技术实体（NBEs）之间的界限］. Zucker、Darby 和 Brewer 根据某一特定领域的明星科学家及其合作者的数量来评估这种联系，并将其作为在控制大学和联邦基金存在的情况下预测 NBEs 的依据。另见 Lynne G. Zucker and Michael R. Darby, Costly Information in Firm Transformation, Exit, or Persistent Failure, NBER Working Papers 5577, National Bureau of Economic Research, Inc.（1996）（这表明美国的制药公司大多更倾向于投资顶级科学家）.

青睐。❹ OECD 在承认成员的区域创新集群的第一项研究中也讨论了这一术语。❹ 不幸的是，区域创新系统一词没有明确的定义。相反，它被松散地理解为一个由技术专业的区域公司、机构和研究机构组成的网络体系，它们参与了知识的产出、使用和传播的过程。❹ 据说，这些区域知识外部性使得采用附近重要知识来源的公司能够以比其他地方的竞争对手更快的速度引进创新。❹ 创新背景下的"区域"一词同样适用于城市工业区❹、城市❹、国

---

❹ 参见 Thomas Brenner and Tom Broekel, Methodological Issues in Measuring Innovation Performance of Spatial Units, Papers in Evolutionary Economic Geography, No. 04 – 2009, Urban & Regional Research Centre Utrecht, Utrecht University (2009); Bjørn T. Asheim and Meric S. Gertler, The Geography of Innovation – Regional Innovation Systems, in The Oxford Handbook of Innovation 291 (Jess Fagerberg, D. C. Mowery, and Richard R. Nelson, eds.) (Oxford University Press, 2006), at 298, referring to Michael Storper and Anthony J. Venables, Buzz: Face – to – Face Contact and the Urban Economy, Journal of Economic Geography, Oxford University Press, 4 (4), 351 (2004); David Doloreux, Innovative Networks in Core Manufacturing Firms: Evidence from the Metropolitan area of Ottawa, European Planning Studies, 12 (2), (2004) 178; David Wolfe, Clusters Old and New: The Transition to a Knowledge Economy in Canada's Regions (Queen's School of Policy Studies, 2003); Bjørn T. Asheim and Arne Isaksen, Regional innovation systems: The integration of local sticky and global ubiquitous knowledge, Journal of Technology Transfer, 27, 77 (2002); Philip Cooke, Regional Innovation Systems, Clusters, and the Knowledge Economy, Industrial and Corporate Change, 10 (4), 945 (2001) (该结论认为，欧洲与美国的创新差距在于欧洲区域企业层面的市场失灵); John de laMothe and Gilles Paquet (eds.), Local and Regional Systems of Innovation (Kluwer Academics Publishers, 1998); Philip N. Cooke, P. Boekholt, and Franz Tödtling, The Governance of Innovation in Europe (Pinter, 2000); Vernon Henderson, Ari Kuncoro and Matt Turner, Industrial Development in Cities, The Journal of Political Economy, 103, 1067 (1995).

❹ OECD, Innovative Clusters: Drivers of National Innovation Systems (OECD Publications, 2001) [该文解释了每个国家或地区的区域集群具有独特的集群融合，并强调区域集群可能超越地理层次（之限制）]。

❹ 参见 David Doloreux, Regional innovation systems in the periphery: The case of the Beauce in Québec (Canada), International Journal of Innovation Management, 7 (1) 67 (2003).

❹ 参见 Stefano Breschi and Francesco Lissoni, Knowledge Spillovers and Local Innovation Systems: A Critical Survey, Industrial and Corporate Change, Oxford University Press, vol. 10 (4) 975 (2001), at 975.

❹ 例如参见，Bjørn T. Asheim and Arne Isaksen, 脚注40; Erik Brouwer, Hana Budil Nadvornikova and Alfred Kleinknecht, Are Urban Agglomerations a Better Breeding Place for Product Innovations? An Analysis of New Product Announcements, Regional Studies, 33, 541 (1999) (研究发现，位于荷兰集中地区的企业比位于周边地区的企业更倾向于生产更多的新产品)。

❹ 例如参见，James Simmie (ed.) Innovative Cities (Spon Press, 2001); Anthony G. Hoare, Linkage Flows, Locational Evaluation, and Industrial Geography: A Case Study of Greater London, Environment and Planning A 7: 41 – 58 (1975). 正如 von Hagen 和 Hammond 所主张的那样，在分析美国工业集中度的地理差异时，最具意义的地理单元是大都市，而不是州或大区域。参见 Jürgen von Hagen and George Hammond, Industrial Localization: An Empirical Test for Marshallian Localization Economies. Discussion paper 917 (Centre for Economic Policy Research, 1994)。

家区域❹、国家❹以及跨国区域❹等不同的领土和管辖区。然而，除了少数例外，这一研究领域的贡献仍然是基于发达国家公司和区域收集的证据。❹ 在少数新兴经济体收集的证据表明，大多数发明家聚集在经济最发达的地区。这一点在针对中国❺、印度❺以及拉丁美洲包括巴西、智利和墨西哥❺的研究中得到

❹　例如参见，Bjørn T. Asheim, Lars Coenen, and Martin Svensson – Henning, Nordic SMEs and Regional Innovation Systems (Nordisk Industrifond, 2003)（分析北欧中小企业可知，这些企业主要通过科学驱动的研发来进行创新，如在生物技术领域的企业）；Daniel Latouche, Do Regions Make a Difference? The Case of Science and Technology Policiesin Quebec, in Hans – Joachim Braczyk, Philip Cooke, and Martin Heidenreich (eds.) Regional Innovation Systems：The Role of Governances in a Globalized World (UCL Press, 1998)（for the province of Quebec）；Meric S. Gertler and David A. Wolfe, Dynamics of the Regional Innovation System in Ontario, in John de la Mothe and Gilles Paquet (eds.), Local and Regional Systems of Innovation (Kluwer Academic Publishers, 1998)（for the Canadian province of Ontario）. 有关更广泛的区域经济的背景参见 Paul Krugman and A. Venables, Integration and the Competitiveness of Peripheral Industry 56, in Unity with Diversity in the European Community (Cambridge University Press 1990)（Christopher Bliss and Jorge Braga de Macedo, eds.）(1990)（欧盟的周边区域）；Paul Krugman, The Lessons of Massachusetts for EMU, in Adjustment and Growth in the European Monetary Union (Francisco Torres and Francesco Giavazzi, eds.）241 (Cambridge University Press, 1993)（论新英格兰地区与马萨诸塞州经济一体化的经验）；Peter J. Sunley, Marshallian Industrial Districts：The Case of the Lancashire Cotton Industry in the Interwar Years, Transactions of the Institute of British Geographers n. s. 17, 306 (1992)；Guy P. F. Steed, Internal Organization, Firm Integration and Locational Change：The Northern Ireland Linen Complex, 1954 – 1964, Economic Geography, 47, 371 (1971)（有关北爱尔兰的亚麻制造业）；Paul Krugman, History and Industrial Location：The Case of the Manufacturing Belt, American Economic Review (Papers and Proceedings), 81, 80 (1991)（解释了 19 世纪美国东北制造业的兴起）.

❹　Adam Jaffe, The Real Effects of Academic Research, American Economic Review, 79, 957 (1989)（本文认为，美国地方州政府的区域创新生产函数显示了专利从学术界到产业的地理溢出效应）；Peter Maskell, Learning in the Village Economy of Denmark：The Role of Institutions and Policy in Sustaining Competitiveness, in Hans – Joachim Braczyk, Philip Cooke and Martin Heidenreich (eds.), 脚注 46.

❹　例如参见，Paul Krugman, Increasing Returns and Economic Geography, Journal of Political Economy, 99, 483 (1991). 在这个区位模型的基础上，Krugman 认为大区域是比民族国家更重要的经济单元。他写道，世界的夜间卫星图像显示的是区域聚集，而不是国家集中。同上, at 483 – 484.

❹　参见 Monica Plechero and Cristina Chaminade, From New to the Firm to New to the World：Effect of Geographical Proximity and Technological Capabilities on the Degree of Novelty in Emerging Economies, Paper no. 2010/12 (2010), at 2. 另见 Marco Ferretti and Adele Parmentola, The Creation of Local Innovation Systems in Emerging Countries：The Role of Governments, Firms and Universities (Springer, 2015).

❺　Yu Zhou and Tong Xin, An Innovative Region in China：Interaction Between Multinational Corporations and Local Firms in a High – Tech Cluster in Beijing, Economic Geography, 79 (2), 129 (2003)（有关中国北京中关村主要 ICT 服务集群进行集群分析）.

❺　Lee Branstetter, Guangwei Li and Francisco Veloso, The Rise of International Coinvention 135, in (Adam B. Jaffe and Benjamin F. Jones, eds.), The Changing Frontier：Rethinking Science and Innovation Policy (University of Chicago Press, 2015)（for the case of India and China）.

❺　参见 Upgrading to Compete：Global Value Chains, SMEs and Clusters in Latin America (Carlo Pietrobelli and Roberta Rabellotti, eds.) (Harvard University Press, 2007), chapters 3, 4, and 7, respectively.

了证明，这些国家也是海外直接投资的集中地。

6.2 自主专利行为和创新程度

6.2.1 概 述

有关经济地理学和区域创新系统理论的研究实际上都集中针对发达国家，而传统上在发展鸿沟上有相同政策影响的假设仍存在一个问题：通过知识溢出衡量的区域创新和专利集聚在地理区域上或者创新集群上是否有所不同？

首先，在比较区域或国家集团集群时，对知识生产函数的区域性评估仍然存在实证层面的挑战。影响区域创新集聚的核心定性因素有两个，这些因素关注国家的收入率，而不是本书随后的相关集群分析，它符合韩国经济学家 Keun Lee 的观察。[53] 因此，高收入国家往往在知识创造和传播上表现出较高的区域化程度及创新程度。[54] 第一个定性因素是，与海外发明人的专利申请率相对较低相比，这些国家的居住发明人的国内或自主专利申请率相对较高。在这一比率存在跨区域和跨集群的差异下，发展中国家的技术出口率也因此相应降低，这可能是它们自主或区域创新率总体较高的表征。

第二个影响区域创新集聚的更多定性特征是跨越发展鸿沟的国家和集群国家集团的创新程度。因此，尽管存在区域集群理论上的复杂性，但发展中国家的创新质量较低是毫无疑问的，这是自主专利强度的第二个特征。

6.2.2 自主专利行为和技术贸易比率

Keun Lee 最近指出，贸易自由化持续采用一种非公开的假设，即区域企业有足够的竞争力与外国公司或进口商品竞争。Keun Lee 等人对许多案例——特别是与中等收入国家有关的案例展开研究，并对这一观点予以批评。鉴于假设的可疑性，尚未成熟的贸易自由化可能导致外国商品的垄断或破坏当地的工业

---

[53] 因为他通过国际专利自我引用来评估区域性，Keun Lee 在方法上更加不同。参见 Keun Lee, Schumpeterian Analysis of Economic Catch – up: Knowledge, Path – creation and the iddle Income Trap (Cambridge University Press, 2013), at 218. 继 Adam B. Jaffe、Manuel Trajtenberg 和 Rebecca Henderson 之后，Lee 使用专利引用方法来评估区域化。Geographic Localization of Knowledge Spillovers as Evidenced by Patent Citations, Quarterly Journal of Economics, 108, 577 (1993). 参见 Adam B. Jaffe, Manuel Trajtenberg and Rebecca Henderson, 脚注 1 (比较专利引用的区域位置和被引用专利的区域位置，以指示知识溢出在区域上的本地化程度)。

[54] 例如参见，Keun Lee, 脚注 53, at 49, 69.

基础。❺❺ 在 Keun Lee 和 Hochul Shin 所说的优越的开放战略中，他们提出了另一个替代性术语"非对称开放"，并解释道：在 1967～1993 年的韩国政治环境中，追赶型经济体为生产终端产品或消费品而放宽了生产资料的进口，但同时也有利于通过对进口产品征收高关税来保护本国消费品行业。❺❻

发生在中等收入国家的类似例子也说明了这一点。关于印度尼西亚的电子产业，经济学家 Yohanes Kadarusman 和 Khalid Nadvi❺❼ 表示，当本地企业投资培养其内部技术能力时，可以提高在印度尼西亚国内市场的竞争力，并通过向中东和东盟地区出口提高竞争力的效益。相比之下，同一行业的其他印度尼西亚公司在与全球领先公司建立专属关系并为发达国家生产产品时，其自身技术能力就会提高到次优水平。Kadarusman 和 Nadvi 总结道，只要企业努力把创新集中在引进适应国内和区域市场的新产品上，它们就能够更具创新性。❺❽ 另一个这样的例子是巴西的鞋业和家具业。正如 Lizbeth Navas Alemán 补充道，巴西西诺斯谷（Sinos Valley）鞋业和家具集群也是面向国内市场的，该集群中设计和产品开发领域最具创新力的公司都位于当地。❺❾

然而，关于国内贸易和区域贸易的作用及其与国内发明人的专利强度之间的联系，中国有最详细的记录。中国政府对促进国内创新的重视，刺激了中国的专利热潮。❻❶ 仅 2011 年一年，中国国家知识产权局就发布各类专利近 100 万件，其中大部分授予国内申请人。❻❶ 到 2012 年，中国近 60% 的发明在中国获

---

❺❺　Keun Lee，脚注 53，同上，at 148 and table 6.3 for the South Korean case of charging asymmetric tariffs，同上。

❺❻　Hochul Shin and Keun Lee，Asymmetric Trade Protection Leading not to Productivity but to Export Share Change，The Economics of Transition，The European Bank for Reconstruction and Development，20 (4)，745（2012）.

❺❼　参见 Yohanes Kadarusman and Khalid Nadvi，Competitiveness and Technological Upgrading in Global Value Chains：Evidence from the Indonesian Electronics and Garment Sectors，European Planning Studiesg，21 (7)，1007（2013），at 14. Kadarusman 和 Nadvi 的结论是，在印度尼西亚的电子和服装行业，"全球价值链（GVC）框架在强调全球领先企业的核心地位时，未能认识到当地代理机构的潜在关键作用。"同上，at 18. 一般参见，Yohanes Kadarusman，Knowledge Acquisition：Lessons from Local and Global Interaction in the Indonesian Consumer Electronics Sector，Institutions and Economies，4（2），65（2012）（印尼的消费电子制造正在经历从模仿到本地创新的转型）。

❺❽　Yohanes Kadarusman and Khalid Nadvi，脚注 57，at 13.

❺❾　Lizbeth Navas – Alemán，The Impact of Operating in Multiple Value Chains for Upgrading：The Case of the Brazilian Furniture and Footwear Industries，World Development，39（8），1386（2011）.

❻❶　参见 James McGregor，China's Drive for Indigenous Innovation：A Web of Industrial Policies，US Chamber of Commerce（July 26，2010），at chapter 5（discussing China's policy focus on indigenous innovation）.

❻❶　参见 Lee Branstetter，Guangwei Li，and Francisco Veloso，脚注 51（examining Chinese invention patents，using SIPO microdata on Chinese grants over 1985 – 2012 period），at 150. For similar earlier SIPO findings，例如参见，SIPO，2009 Annual Report（2010）at 35.

得专利前最初是在国内创造的。[62] Sun 等人[63]在报告中称，在他们的调查中，18% 的中国企业平均获得了 2.33 项国内专利。Dennis Wei[64] 也认为 21% 的受访公司已经申请了专利，其中超过一半的公司拥有内部研发设施。

中国促进国内专利申请的专利战略只是十五规划创新战略的一部分。2006 年国家中长期科学和技术发展规划纲要总结了这一战略，该战略不仅明确了国内发明专利的目标，更是要求中国到 2020 年要发展成为"创新型社会"。[65] 该文件提出的方法包涵一个相当模糊的概念，即"自主创新"。[66] 它优先考虑某些前沿技术领域，发展"支持研发的国家机构综合体系"，增加研发资金，吸收外国技术。[67]2006 年计划确定了 17 个具体的、大规模的科学和工程"重大项目"，这些项目将得到特别关注和资助。然而，根据该计划，没有一个行业被公开排除在提高国内创新水平的目标之外。[68]

在此过程中，中国的研发支出总额从 1987 年的 74 亿元人民币增长到 1995 年的 350 亿元人民币和 2006 年的 3003 亿元人民币，年均增长 21%。[69] 2008 年中国《国家知识产权战略纲要》从强化促进国内和区域创新角度推动中国知识产权的目标。中国国家知识产权局建议中国政府在实施一系列与自主创新相

---

[62] 参见 Lee Branstetter, Guangwei Li, and Francisco Veloso, 脚注 51（明确授予跨国公司在华子公司和合资公司的专利属于国家知识产权局认定的国内专利），at 150.

[63] Yifei Sun, Yu Zhou, George C. S. Lin, and Yehua H. Dennis Wei, Subcontracting and Supplier Innovativeness in a Developing Economy: Evidence from China's Information and Communication Technology Industry, Regional Studies, 47 (10), 1766 (2013).

[64] Yehua H. Dennis Wei, Ingo Liefner, and Changhong Miao, Network Configurations and R&D Activities of the ICT Industry in Suzhou Municipality, China, Geoforum, 42 (4), 484 (2011).

[65] 参见 US Int'l Trade Comm'n (USITC), Pub. No. 4199, China: IP Infringement, Indigenous Innovation Policies and Framework for Measuring the Effects on the US Economy (2010), sec. 5 – 2; Cong Cao, Richard P. Suttmeier, and Denis F. Simon, China's 15 – year Science and Technology Plan, 59 Physics Today 38 (2006), at 38, 39.

[66] 参见 Arti K. Rai, US Executive Patent Policy, Global and Domestic 85, in Patent Law in Global Perspective, Ruth L. Okediji and Margo A. Bagley, eds. (Oxford University Press, 2014), at 94, referring to Peter Yu, Five Oft – Repeated Questions About China's Recent Rise as a Patent Power, Cardozo Law Review De Novo, 78 (2013).

[67] Arti K. Rai, 同上（有关评论认为，到目前为止，作为中国自主创新战略的一部分，美国行政部门尤其反对政府对中国企业的采购），at 94.

[68] 参见 Cong Cao, Richard P. Suttmeier and Denis F. Simon, 脚注 65, at 43, box 2 (for the complete list of key areas, frontier technologies, and megaprojects).

[69] 参见 Xiaolan Fu, China's Path to Innovation (Cambridge University Press, 2015)（中国本土企业的高科技出口非常有限），at 94, 113, 150; Xiaolan Fu and Yundan Gong, Indigenous and Foreign Innovation Efforts and Drivers of Technological Upgrading: Evidence from China, World Development, 39 (7), 1213 (2011), at 1215, referring to MOST (Ministry of Science and Technology of China), 2010, Statistics of Science and Technology at www. most. org. cn.

关的政策时"引导和支持中国市场实体创造和利用知识产权"。❼ 同样，中国最高人民法院最近关于实施自主创新政策的指导意见指示法院支持和促进自主创新。法院对提高关键技术领域自主知识产权的保护水平进行了进一步指导。❼ 作为全面创新政策的一部分，中国的政策越来越多地涉及研发资金以外的领域，包括工业研究、知识产权和风险投资。❼

　　根据中国自主专利政策，Sun 等人对中国信息和通信技术（ICT）产业进行了研究。研究发现，全球价值链对地方技术创新的影响确实取决于中国本土供应商的吸收能力。❼ 根据这些发现，内部研发工作（或至少正在成为）是中国企业最重要的创新来源；而参与全球价值链本身并不能提高企业的创新能力。❼ 本研究和其他支持中国自主创新政策❼的研究初步符合 2013 年贸发会议世界投资报告，即《全球价值链：2013 年全球价值链投资和贸易促进发展及其对发展的贡献》。报告的结论是，尽管全球价值链对增长产生了相当积极的影响，但发展中国家仍然面临开展永久性低附加值活动的风险，因为没有一个

❼　USITC，脚注 65，referring to Government of China，Outline of the National Intellectual Property Strategy，June 2008，Article Ⅲ. 2 (11).

❼　USITC，脚注 65，referring to Opinions on the Provision of Judicial Support and Service，Supreme People's Court，www. chinacourt. org/flwk/show. php？ file_id = 144434（中文版本链接），June 29，2010.

❼　Cong Cao，Richard P. Suttmeier，and Denis F. Simon，脚注 65，at 38；James McGregor，China's Drive for "Indigenous Innovation"，US Chamber of Commerce – Global Regulatory Cooperation Project（July 2010），sec. titled "A Rambling Plan of Breathless Ambition"，at 14 – 15.

❼　在发展研究中，全球价值链的概念包括企业和员工为将产品从概念带到最终用途而进行的全球范围内的所有活动。例如参见，Gary Gereffi and Karina Fernandez – Stark，Global Value Chain Analysis：A Primer，Center on Globalization，Governance & Competitiveness（CGGC）Duke University（May 31，2011），at 4 – 5. 有关全球价值链经济增长的影响，一般参见 Raphael Kaplinsky，The Role of Standards in Global Value Chains and their Impact on Economic and Social Upgrading，Policy Research Paper 5396，World Bank（2010）；Gary Gereffi，John Humphrey，and Timothy Sturgeon，The Governance of Global Value Chains，Review of International Political Economy，12 (1)，(2005).

❼　Yifei Sun，Yu Zhou，George C. S. Lin，and Y. H. Dennis Wei，Subcontracting and Supplier Innovativeness in a Developing Economy：Evidence from China's Information and Communication Technology Industry，Regional Studies，47 (10)，1766 (2013)（这一过程受内部研发努力和吸收能力的调节，只有在内部研发能力强的企业中，分包对企业创新具有正向影响），at 1782.

❼　有关中国计算机电子产业自主创新政策的有力例证，参见 Qiwen Lu，China's Leap into the Information Age：Innovation and Organization in the Computer Industry（Oxford University Press，2000）（详细介绍了中国计算机电子企业从 20 世纪 80 年代中期成立到 90 年代末在国家科技自主政策改革期间的四段商业历史）。一般参见，Qing Wang，Zongxian Feng，and Xiaohui Hou，A Comparative Study on the Impact of Indigenous Innovation vs. Technology Imports for Domestic Technological Innovation，Science of Science and Management of S. & T（2010）（利用 2000 ~ 2007 年中国省级数据，探索自主创新、技术进出口和海外直接投资对国内创新的影响。通过对东、中、西部地区的比较，发现自主创新总体上促进了中国技术创新的发展）。

自动的过程保证技术通过全球价值链予以扩散。[76] 因此，发展中国家必须认真评估参与全球价值链和促进全球价值链主导的发展战略的积极政策的特殊性。[77]

中国很大一部分出口产品具有明显的创新性。2014 年，中国最大的出口额中排名第一的是计算机（2080 亿美元），其次是广播设备（1570 亿美元）、电话（1070 亿美元）和集成电路（615 亿美元）。[78] 因此，从经济地理学的角度来看，中国的自主创新案例主要基于国内专利申请，这也可能证明与贸易相关的区域或地理知识溢出现象。因此，2014 年中国出口总值的 31.9% 实际上是售往东亚其他区域贸易伙伴。[79] 北美进口商购买了中国 18% 的货物，20.1% 的货物售往欧洲国家，包括俄罗斯联邦（2.1%）。[80] 值得一提的是，中国的集群国家同行还扩展到东南亚地区以外，为未来的区域集群比较形成了一种有趣的关系。

在韩国的案例中也发现了支持本地化创新政策的证据。Keun Lee 展示了韩国区域化程度如何从 20 世纪 80 年代中期开始稳步提高，并最终赶上五国集团的水平。[81] 印度也是一个例子。在印度，新能源和可再生能源的研究、设计和开发也同样支持区域化。新能源和可再生能源部在其第 11 个计划提案中强调了确保国内创新占主导地位的重要性。[82] 最后，早在 1982 年，Richard Nelson 就在其著作《政府与技术进步》（*Government and Technical Progress*）中指出，20 世纪 70 年代美国大部分新技术型公司同样发端于要求创新和接受风险的区域和国家市场。[83] 这些结果似乎与其他持怀疑态度的观点大体一致，特别是 Dani Rodrik[84]

---

[76] The United Nations Conference on Trade and Development（UNCTAD），World Investment Report 2013 – Global Value Chains：Investment and Trade for Development 2013.

[77] 同上（促进全球价值链参与意味着要针对特定的全球价值链领域，而全球价值链参与只能构成一国总体发展战略的一部分），at 175.

[78] 同上，中国的东南地区进口率也具有代表性（39.78%），其次是欧洲（19%）和北美（11%）。

[79] 参见 The Observatory of Economic Complexity（OEC），at http：//atlas. media. mit. edu/en/visualize/tree_map/hs92/export/chn/show/all/2014/. OEC 是一个由麻省理工学院媒体实验室提供国际贸易数据和经济复杂性指标的在线资源。

[80] 同上。

[81] Keun Lee，脚注 53，at 218 and discussion in chapter 3，fig. 3. 1.

[82] 参见 Strategic Plan for New and Renewable Energy Sector for the Period 2011 – 2017，Ministry of New and Renewable Energy，The Government of India（February 2011）［立志五年内达到自主制造基地的方便程度（comfort level）］，at 78.

[83] 参见 Richard R. Nelson，Government and Technical Progress：A Cross – Industry Analysis（Pergamon Press，1982）（论发明创造的地域格局），at 243.

[84] 一些学者（特别是 Dani Rodrik）基于非常混杂的证据警告说，尽管目前关于东道国发展中国家海外直接投资的政策文献充斥着海外直接投资产生积极溢出效应的主张，但有关它们存在的证据却不那么丰富。例如参见，Dani Rodrik，The New Global Economy and Developing Countries：Making Openness Work，MD Policy Essay No. 24. ，Baltimore，Overseas Development Council（1999）.

等人❽所表达的关于海外直接投资协助的技术转让对东道国发展中国家发展不连贯影响的观点。当然，知识创造和传播的区域化变量更多的是关于谁负责发展中国家追赶进程的问题。❻ 就许多中等收入国家而言，各州的作用似乎比低收入国家更为关键。

自主创新政策的重要性可能最终会让这些中等收入国家摆脱长期存在的中等收入陷阱，即一个国家达到一定的收入水平就会被困在这个水平上。自 21 世纪第一个十年初期以来，在强调在短周期技术行业加强区域专业化的《北京共识》（*Beijing Consensus*）❼ 的推动下，中国实现了 30 年的快速增长，但正面临陷入中等收入国家陷阱的可能性。❽ 同样，印度在 IT 服务方面的成功可以被视为另一个以短期技术为基础的部门，因为它应用了短周期技术为客户提供服务。❾

正如本书所详述的，鉴于在创新和专利区域、集群方面的差异，高度创新国家和相关集群之外的自主创新的总体程度仍然不均衡。中欧和东欧国家的证据就是一个很好的例子。欧洲经济合作委员会（CEEC）是一个经济合作组织的术语，指本书多个专利集群的一组国家，包括阿尔巴尼亚、保加利亚、克罗地亚、捷克共和国、匈牙利、波兰、罗马尼亚、斯洛伐克共和国、斯洛文尼亚、爱沙尼亚、拉脱维亚和立陶宛。❿ 英国克罗地亚经济学家 Slavo Radošević 表示，鉴于中东欧国家国内企业的创新能力薄弱，它们对外部知识来源的依赖

---

❽　例如参见，Xiaolan Fu and Yundan Gong，脚注 69（认为近年来，随着发展中国家转向自主创新政策，越来越多的发展中国家质疑由海外直接投资主导的技术升级战略的有效性），at 1213. See also 1214 – 1215（审查发展中国家有效吸收国际技术转让所需的先决条件）；Beata S. Javorcik and Mariana Spatareanu，Disentangling FDI Spillovers Effects：What do Firm Perceptions tell us?，In Does Foreign Direct Investment Promote Development? New Methods，Outcomes and Policy Approaches，（Theodore H. Moran，Edward M. Graham and Magnus Blomstrom，eds. ）（Washington，Institute for International Economics，2005），45；Holger Görgand David Greenaway，Much Ado about Nothing? Do Domestic Firms really Benefit from Foreign Direct Investment?，World Bank Research Observer，19，171（2004）.

❻　Keun Lee，脚注 53，at 212.

❼　Keun Lee，脚注 53，at 178. "北京共识"一词指的是 1976 年毛泽东去世后，中国政府采取的政治和经济政策。在过去的 20 年里，它被认为对中国国民生产总值的增长 8 倍做出了贡献。参见 Joshua Cooper Ramo，The Beijing Consensus，The Foreign Policy Centre（May 2004）（在创新政策的背景下，"变革、创新和创新是这个共识的核心词汇"），at 4.

❽　Keun Lee，脚注 53，at 178.

❾　同上。

❿　参见 OECD，Agricultural Policies in OECD Countries：Monitoring and Evaluation 2000：Glossary of Agricultural Policy Terms，OECD（defining CEECs）（2001）.

程度相对较高，这可能不符合中等收入国家要求自主创新的要求。[91] 正如 Radoševic 所解释的那样，当地企业创新能力薄弱以及"旧"科技系统与企业新信息供应之间的漏洞，可能导致对海外技术的依赖日益增加。[92]

总之，虽然国际技术转让提供了潜在收益，但由于海外技术不适合当地条件和有效的外国直接投资辅助技术转让的先决条件，优点可能没那么多。根据不同产业的技术集中度、东道国的发展水平以及国外与东道国要素禀赋的差异，自主创新与海外创新的比较意义是不同的。[93]

6.2.3 创新程度和专利活动

第二个互补因素也影响区域创新集聚。这与各地区的创新程度有关，在比较跨越发展鸿沟和专利集群的国家时，尤是如此。

发展中国家整体创新质量较低本身就是限制这些国家专利强度的第二个因素。几十年来，通过研究寻求外国专利保护的国内专利的比例、某项发明寻求专利保护的外国司法管辖区的数量，以及以专利活动作为国内创新的表征来共同衡量创新程度。[94] 这一双重研究突出表明，发展中国家的居民在北方区域的专利局，特别是在 EPO 和 USPTO 的专利申请率相对较低。

关于北方区域的专利局，另一个重要的观点解释了低质量专利和创新的原因。在发达经济体，对专利审查程序的深入调查证实，审查过程质量的降低和专利成本的降低可能导致更高的专利倾向性。这反过来又会进一步降低审查过程的质量，从而导致低质量的专利和创新性。美国的 Jaffe 和 Lerner[95] 以及欧洲

---

[91] 参见 Slavo Radoševic, Domestic Innovation Capacity – Can CEE Governments Correct FDI – driven Trends through R&D Policy? 135, In Closing the EU East – West Productivity Gap：Foreign Direct Investment, Competitiveness, and Public Policy (David A. Dyker, ed.) (Imperial College Press, 2006), at 149 (Hereinafter, "Radoševic, Domestic innovationcapacity"). Radoševic 表明，在有数据的中东欧国家，许可证支付与国外直接投资流入之间的相关系数为正且很高 (0.076)，参见 149 and fig. 6.12, 同上。另见 Slavo Radoševic, Patterns of Preservation, Restructuring and Survival：Science and Technology Policy in Russia in the post – Soviet Era, Research Policy, 32 (6), 1105 (2003) (Hereinafter, "Radoševic, Patterns of preservation") (为俄罗斯和其他东欧国家提供开创性的后苏联研发模式。这种以增长为基础的模式主要基于国外直接投资诱导的技术转让，其基础是保护现有的科技潜力、结构调整以及随后的生存战略)。

[92] Radoševic, Domestic innovation capacity, 同上，at 149. Radoševic 表明，在有数据的中东欧国家，许可证支付与海外直接投资流入之间的相关系数为正且很高 (0.076)，at 149 and fig. 6.12. 另见 Radoševic, Patterns of preservation, ibid.

[93] Xiaolan Fu and Yundan Gong, 脚注 69, at 1214 – 1215.

[94] Lee Branstetter, Guangwei Li, and Francisco Veloso, 脚注 51, at 151.

[95] Adam B. Jaffe and Josh Lerner, Innovation and Its Discontents：How Our Broken Patent System Is Endangering Innovation and Progress, and What to Do About It (Princeton University Press, 2004), at 176.

的 Guellec 和 van Pottelsberghe[96] 都强调了这种恶性循环。在理论上，Caillaud 和 Duchène[97] 证明了这一点。他们认为如果申请额外的低质量专利，就可以减少对其审查的拨款，从而更容易获得专利授权。因此，较低的创新程度进一步阻碍了专利强度，这对发展中国家尤为如此。本节将对这一点予以讨论。

6.2.3.1　专利新颖性：在新的公司和新的世界之间

发展中国家的创新自觉落后于发达国家的技术前沿。[98] 发展中的南方仍然以模仿为主，因此更依赖于获得开发和适应当地需要的技术。[99] 不出所料，WIPO 2015 年全球创新指数排名前 28 位的只有发达经济体。中国位列第 29 位，是世界上排名最高的发展中国家。[100] 中等平均收入国家或新兴经济体积累了大量知识和技能，使它们的要素禀赋不同于最不发达国家以及工业化国家或发达国家。因此，新兴经济体更有可能产生技术强度中等的创新。[101] 这些中等收入国家可以通过出售专利、支付特许权使用费或在其他发展中国家进行南南直接投资，从这些技术的投资中获得收益。[102] 此外，对于相同的相对要素价格，这些国家引进新技术的收益与需求量成正比。[103]

与外国投资公司相比，本地公司的平均技术效率较低，尽管外国投资公司

---

[96]　Dominique Guellec and Bruno van Pottelsberghe de la Potterie, The Economics of the European Patent System（Oxford University Press, 2007）, at 211, 217.

[97]　Bernard Caillaud and Anne Duchène, Patent Office in Innovation Policy: Nobody's Perfect, Paris School of Economics, Working Paper, 2009 – 2039（2009）.

[98]　Martin Bell 和 Keith Pavitt 共同创作了一篇关于发展中国家技术积累特殊性的开创性文案。参见 Martin Bell and Keith Pavitt, Technological Accumulation and Industrial Growth: Contrasts between Developed and Developing Countries, Industrial Corporate Change, 2（2）, 157（1993）. Linsu Kim 和 Richard Nelson 以发展中国家的其他中等收入国家为视角，对东南亚新兴工业化工业（NIEs）在 20 世纪 70 年代以来的 30 年中的快速增长进行了重要分析；参见 Linsu Kim and Richard. R. Nelson, Introduction, in Technology, Learning and Innovation: Experience of Newly Industrializing Economies 1, Linsu Kim and Richard R. Nelson（eds.）（Cambridge University Press, 2000）（在提到新兴产业模仿创新时，作者解释了创造性模仿和创新是在相关产业中追赶和挑战先进国家的重要手段）, at 4. 另见 Martin Srholec, A Multilevel Analysis of Innovation in Developing Countries, UNU – MERIT TIK working paper on Innovation Studies 20080812（2008）（本研究基于多个发展中国家企业的大样本，建立了一个定量的、影响企业创新能力的框架条件模型）; Minyuan Zhao, Conducting R&D in Countries with Weak Intellectual Property Rights Protection, Management Science, 5, 1185（2006）（论中国和印度的渐进式创新导向）.

[99]　例如参见, Martin Bell and Keith Pavitt, 脚注 98.

[100]　参见 World Intellectual Property Organization（WIPO）, Global Innovation Index rankings 2015, Geneva, at xxx. China received the score of 47.47%.

[101]　Xiaolan Fu and Yundan Gong, 脚注 69, at 1214.

[102]　同上。

[103]　同上，参考 R. Findlay, Relative Backwardness, Direct Foreign Investment and the Transfer of Technology: A Simple Dynamic Model, Quarterly of Journal of Economics, 92（1）, 1（1978）.

在高技术部门享有明显的领先地位，但许多自主创新公司仍然被发现是中低档技术产业技术前沿的主导力量。[⑩] 参考联合国工业发展组织 2015 年另一份题为"发展中国家的地方创新和全球价值链：包容性和可持续的工业发展"的报告，可以有效地说明这一事实。[⑤] 报告按创新强度对发展中国家的创新企业类型进行了集群分析，结果显示，半数以上的案例属于弱创新企业（54%），[⑩]而 1/3（28%）是独立创新企业，[⑩] 并且只有 1/5 的案例（18%）属于全球价值链领导的创新者。[⑬]

很少有实证研究调查可能对创新新颖性程度产生积极影响的内生和外生指标，也很少有研究调查发展中国家的创新新颖性现象。[⑩] 至少在调查中，最广泛使用的新颖程度定义是 OECD 的定义。2005 年 OECD/欧盟统计局《奥斯陆创新相关统计手册》（*Oslo Manual on Innovation – Related Statistics*）提出了一个原则性的区别，即三级创新或更宽松的创新。这些对公司来说是新的、对市场或行业来说是新的中级水平、对世界来说是新的——构成了最高程度的新

[⑩] Xiaolan Fu，脚注 69（在发展中国家大量拥有的、集中利用的部门中，自主技术将比外国技术更有效），at 136. 另见 124. Fu 和 Gong 补充道，在中国外资企业主导的行业包括电子和电信、仪器和测量设备、文化、教育和体育用品，以及中国港澳台地区的企业明显领先的服装和皮革产品。自主创新企业在食品加工、造纸、黑色金属和有色金属的冶炼和加工等中低技术工业中占主导地位。参见 Xiaolan Fu and Yundan Gong，脚注 69，at 2018 and fig. 3，also at 1223.

[⑤] 参见 United Nations Industrial Development Organization（UNIDO），Valentina De Marchi，Elisa Giuliani，and Roberta Rabellotti，Local Innovation and Global Value Chains in Developing Countries – Inclusive and Sustainable Industrial Development，Working Paper Series WP 05（2015）.

[⑩] 这个名为"弱创新者"的集群聚集了"创新纪录较低或中等的公司有选择性地利用全球价值链中可用的一些知识资源，而不善于利用其他学习资源。"同上，at 22 – 23 and the cluster analysis presented in the appendix therein，at table A – 5.

[⑩] 名为"独立创新者"的集群由"同样高度创新的公司组成，但他们的学习来源主要来自全球风险投资之外的公司，而后者在知识转移方面只发挥了很小的作用。"同上。

[⑬] 这个集群名为"全球价值链主导的创新者"，由"高度创新并密集使用全球价值链内部知识资源以及全球价值链之外一些精选的其他资源的区域性公司"组成。同上。

[⑩] 参见 Monica Plechero and Cristina Chaminade，脚注 49，at 3. 另见 María Jesús Nieto and Luís Santamaría，The Importance of Diverse Collaborative Networks for the Novelty of Product Innovation，Technovation 27（6 – 7）367（2007）（与外部资源的公司合作以获得更高程度的新颖性）；Bruce Tether，Who co – operates for Innovation，and why：An Empirical Analysis，Research Policy，31 947（2002）（presenting the same argument）；John Humphrey and Hubert Schmitz，Developing Country Firms in the World Economy：Governance and Upgrading in Global Value Chains，INEF Report，No. 61，Duisburg：University of Duisburg（2002）（国际联系和知识转移对新颖性程度的影响）；Andrea Morrison，Carlo Pietrobelli，and Roberta Rabellotti，Global Value Chains and Technological Capabilities：A Framework to Study Industrial Innovation in Developing Countries，Quaderni SEMeQ n° 03/2006（2006）（presenting the same argument）.

颖性。⑩ 如果公司在竞争对手之前向全球市场推出了新的或显著改进的产品或
服务，那么创新对世界来说是新的。⑪ 如果公司是该特定市场或行业中第一个
实施的公司，则它对市场或行业来说是新的。⑫ 最后，如果该创新可以从竞争
对手那里获得，那么创新对于公司来说是新的。⑬ 在后一类新事物中，更广泛
的商业网络加速了新商品和新服务的传播，削弱了增长经济学家所称的"踩
脚"效应。当公司或国家层面的竞争创新者在别人已经解决的问题上花费时
间和精力时，就会产生这种增长效应。在这种情况下，最初是在公司层面模
拟，但类似于国家层面的现象，特别是在发展中国家，正如 Dasgupta 和
Maskin 所说，⑭ 或者如 David ⑮、Katz 和 Shapiro⑯ 所补充道，因为采用创新的
收益是替代品，所以出现了拥挤或网络外部性。最后，虽然大多数研究都从公
司的角度看待新颖性，但其他研究也考虑了公司层面的类别，即采用单位⑰的
新类别和消费者的新类别。⑱

　　在发展中国家普遍存在的对企业创新的新认识就是泛指模仿创新。这些技
术可能包括现有技术和专利技术，而世界的新创新包括可能获得专利的新技
术。⑲ 在公司层面上是正确的同样在国家层面上也是正确的。因此，与那些开

⑩ 另一种观点，Kleinschmidt 和 Cooper 对 195 种新产品的早期研究，引出一种更通用的三元组分
类。Kleinschmidt 和 Cooper 的类型学区分了"高""中等"和"低"的创新性。参见 Elko J. Kleinschmidt
and Robert G. Cooper，The Impact of Product Innovativeness on Performance，Journal of Product Innovation Man-
agement，8，240（1991）. 以更批判性的视角看待创新类型和创新术语，参见 Rosanna Garcia and Roger
Calantone，A Critical Look at Technological Innovation Typology and Innovativeness Terminology：A Literature
Review，The Journal of Product Innovation Management，19（2），110（2002）.

⑪ OECD and Eurostat（2005），Oslo Manual：Guidelines for Collecting and Interpreting Innovation Data
（Paris：OECD）（以下简称"奥斯陆手册"），at 57，sec. 210.

⑫ Oslo Manual，at 57，sec. 209. Garcia 和 Calantone 提出了一个在市场新奇性和行业新奇性之间的
次级区别。一个行业可能由几个不同的市场组成，如计算机行业包括大型机、笔记本电脑和家庭计算
机市场。参见 Rosanna Garcia and Roger Calantone，脚注 110，at 124.

⑬ Oslo Manual，at 57，sec. 207.

⑭ Partha Dasgupta and Eric Maskin，The Simple Economics of Research Portfolios，The Economic Jour-
nal，97，581（1987）.

⑮ Paul David，Clio and the Economics of QWERTY，American Economic Review，vol. 75332（1985）.

⑯ Michael L. Katz and Carl Shapiro，Systems Competition and Network Effects，Journal of Economic Per-
spectives，8（2），93（1994）.

⑰ John E. Ettlie and Albert H. Rubenstein，Firm Size and Product Innovation，Journal of Product Innova-
tion Management，4，89（1987）

⑱ Kwaku Atuahene－Gima，An Exploratory Analysis of the Impact of Market Orientationon New Product
Performance：A Contingency Approach，Journal of Product Innovation Management，12，275（1995）.

⑲ Erik Brouwer and Alfred Kleinknecht Innovative Output，and a Firm's Propensity to Patent，An Explo-
ration of CIS Microdata，Research Policy，28（6），615（1999）.

发世界创新的国家相比，进行模仿和公司创新的国家，特别是发展中国家，可能具有较低的专利倾向。❿ 事实上，对公司来说很大程度上是新的或对行业来说是新的创新，这与发展中国家的模仿有关，并不一定意味着需要宽松的专利法或适度（规则）的专利法。

模仿的范围从流行产品的非法复制品到仅仅受到先锋品牌启发的真正创新的新产品。继 1966 年哈佛商学院经济学家 Theodore Levitt 撰写开创性的文章《创新模仿》（*Innovative Implication*）之后，❿ Steven Schnaars❿ 对几种不同的模仿进行了分类。如赝品或产品盗版❿、仿制品或克隆品❿、设计拷贝❿、创意改编❿、技术跨越❿和对另一个行业的适应。❿ 赝品是非法的复制品，仿制品是合法的复制品。仿冒品是以与原件相同的品牌销售的复制品，通常质量较低，从而剥夺了创新者应得的利润。❿

相比之下，仿冒品或克隆品通常本身就是合法产品，在专利、版权和商标不存在或到期的情况下直接复制先驱产品，但以自主品牌进行更低的价格出售。克隆品的质量往往超过原产品质量。❿ 从发展经济学的角度来看，重复模仿在技术上并不能给模仿者带来可持续的竞争优势，但如果模仿者的工资成本明显低于创始者的工资成本，那么它在价格上保持了竞争优势。因此，Linsu和 Nelson 解释道，复制性模仿（假如合法）在早期低工资、努力实现赶超的发展中国家的工业化进程中是一项明智的战略。所涉及的技术通常是成熟的、可获得的，对成熟技术的复制性模仿比较容易实现。❿ 然而，Linsu 和 Nelson指出，如果新工业化经济体（NIEs）要实现进一步工业化，单靠重复模仿是不够的。❿ 既需要创造性模仿，也需要创新，不仅要赶上现有产业，还要在新

❿　参见 Kuo – Feng Huang and Tsung – Chi Cheng, Determinants of Firms' Patenting or not Patenting behaviors, Journal of Engineering and Technology Management, 36, 52（2015）, at 59.

❿　参见 Steven Schnaars, Managing Imitation Strategy: How Later Entrants Seize Markets from Pioneers（Free Press, 1994）.

❿　Theodore Levitt, Innovative Imitation, Harvard Business Review（Sept. – Oct. 1966）.

❿　参见 Steven Schnaars, 脚注 121, at 5.

❿　同上, at 6.

❿　同上, at 7.

❿　同上。

❿　同上, at 8.

❿　同上。

❿　同上, at 5；另见 Linsu Kim and Richard. R. Nelson, 脚注 98, at 4.

❿　参见 Steven Schnaars, 脚注 121, at 6；Linsu Kim and Richard. R. Nelson, 脚注 98, at 4.

❿　参见 Linsu Kim and Richard. R. Nelson, 脚注 98.

❿　同上。

兴产业上挑战先进国家。[133]

6.2.3.2 专利质量与新颖性评估

在自主或国内创新水平上，低质量与创新性或新颖性之间的关系在中国的案例中再次得到了最好的证明。它包括中国和东南亚技术市场内潜在的区域知识溢出。鉴于发展中国家在专利质量方面的经验有限，本节谨慎地寻求借鉴中国为其他发展中国家提供的例子。

无论是外国公司还是自主创新的中国公司都没有在中国的技术前沿占据主导地位。相反，正如牛津大学教授傅晓岚在 2015 年出版的《中国的创新之路》（*China's Path to Innovation*）一书中所描述的那样，在这些中低端技术领域，更多的本土企业位于前沿。[134] 更具体地说，中国本土技术变革的外商直接投资溢出效应对国际研发的促进作用大多不显著或消极。这方面的例外是中低技术部门，在这样的部门，技术变革可以忽略不计。[135]

在参照中国的专利模式前提下，这些新兴经济体或发展中国家相对较低的创新程度得到了进一步的证明。Branstetter、Li 和 Veloso 已经发现了授予外国发明人的高质量中国专利和授予国内发明人的低质量中国专利之间质的区别。[136] 中国发明人在中国以外的专利机构申请和获得中国发明专利保护的倾向较低，有力地强化了这些问题。有趣的是，在此背景下，美国前 100 名专利申请人在至少一个主要海外市场（如日本或欧洲）寻求保护近 30% 的国内专利。与此形成鲜明对比的是，作者发现，中国国内前 100 名的申请人中，只有不到 6% 的发明在美国申请专利保护，4% 的发明在欧洲申请专利保护，1% 的发明在日本申请专利保护。[137] Eberhardt、Helmers 和 Yu[138] 进一步分析了中国企业在国内外的专利申请情况，得出的结论是：中国企业中唯一从事真正创新的是那些也在中国境外取得大量专利的企业。

---

[133] 同上。

[134] Xiaolan Fu，脚注 69，at 135. 更早的结果参见 Xiaolan Fu and Yundan Gong，脚注 69（Fu 利用 2001～2005 年 56125 家中国企业的面板数据，显示出自主创新企业在中低技术行业的技术处于前沿领先，而外资企业在高科技领域享有领先地位）。

[135] 同上（for empirical findings between 2001 and 2005）and fig. 4. 另见 Xiaolan Fu and Yundan Gong，脚注 69，at 1222.

[136] Lee Branstetter，Guangwei Li and Francisco Veloso，脚注 51，at 150 – 151.

[137] 同上，at 151.

[138] Markus Eberhardt，Christian Helmers and Zhihong Yu，Is the Dragon Learning to Fly? An Analysis of the Chinese Patent Explosion，CSAE Working Paper no. 2011 – 2015，Centre for the Studies of African Economies（2011）.

　　对中国专利质量缺陷的解释是多方面的。Hu 和 Jefferson[139]对中国国内专利数量的惊人增长进行了早期的定量研究，他们认为这主要是由于专利倾向的增加，而不是实际创新努力的增加。[140] Lei、Sun 和 Wright[141]注意到中国政府对国内专利的广泛补贴，表明增加补贴似乎会增加专利数量，但不会增加创新数量。[142] 他们进一步解释说，中国申请人为了对一项发明提出多项申请，将发明分成多个小发明，以便最大限度地获得补贴。[143] 与此同时，Huang 发现，对于最初在 1987～1989 年申请的发明专利，在专利的整个法定有效期内不支付维持费，国内申请人允许其专利比国外申请人提前到期。[144]

　　中国的上述专利热潮不可避免地关系到获得中国专利的难易程度。Encaoua 等人[145]根据一种被称为"专利局松懈"的假设来解决这一现象。他们关于获得专利的难易程度与其质量之间的负相关性论点得到了 Gallini[146]、Bessen 及 Meurer[147]的回应，他们认为美国专利的增加部分归因于 USPTO 较低的审查标准。这一看法或许也可以解释 2008 年《中华人民共和国专利法》的一项重大修改。根据该法第 22 条第 2 款的规定，[148] 新颖性要求在 2008 年 12 月进行了修改，采用了新颖性的绝对标准，而不是以前版本法律规定的相对新颖性。在相对新颖性的情况下，只要发明或者技术在中国是新颖的，就可以在中国获得专利。在 20 世纪七八十年代中国专利法的初步起草过程中，检查或证明发明或

---

[139]　Albert G. Hu and Gary H. Jefferson, A Great Wall of Patents: What is Behind China's Recent Patent Explosion?, Journal of Development Economics, 90 (1), 57 (2009).

[140]　同上。

[141]　Zhen Lei, Zhen Sun and Brian Wright, Patent Subsidy and Patent Filing in China, unpublished working paper (2012)（通过对 2004 年 7 月至 2007 年 12 月期间 3000 多名专利权人的调查发现，在中国江苏省苏州市大幅增加专利补贴后，来自中国国内企业的发明专利申请数量显著增加），at 30.

[142]　同上，at 27.

[143]　同上，at 29.

[144]　Can Huang, Estimates of the Value of Patent Rights in China, UNU – MERIT Working Paper no. 004, Maastricht Economic and Social Research Institute on Innovation and Technology (2012).

[145]　David Encaoua, Dominique Guellec, and Catalina Martínez, Patent Systems for Encouraging Innovation: Lessons from Economic Analysis, Research Policy, 35 (9), 1423 (2006), at 1430.

[146]　Nancy Gallini, The Economics of Patents: Lessons from Recent US Patent Reform, Journal of Economic Perspectives, 16 (2), 131 (2002).

[147]　James Bessen and Michael J. Meurer, Patent Failure: How Judges, Lawyers and Bureaucrats Put Innovators at Risk (Princeton University Press, 2008).

[148]　参见 Order of the President of the People's Republic of China No. 8, The Decision of the Standing Committee of the National People's Congress on Amending the Patent Law of the People's Republic of China, adopted at the 6th Meeting of the Standing Committee of the Eleventh National People's Congress on December 27, 2008, Art. 22（本法所称现有技术，是指申请日以前已经为国内外公众所知的技术）。

实用新型的全球新颖性是否适用似乎不可能。⑭

跨越发展鸿沟的专利质量问题不仅在理论上是单独建模的，而且在国际专利协调倡议的范围之外，也考虑了相应的监管。⑮ Van Pottelsberghe 将两个相互竞争的专利质量监管问题定义为实质性法律标准及其行政操作设计。⑯ 在规范 USPTO 专利质量的典型法律标准方面，最具争议的提议之一是"镀金专利"的想法，后来被奥巴马阵营考虑。斯坦福大学 Mark Lemley 教授和他的同事在自由主义卡托研究所出版的一本杂志上提出了这一建议。⑰ 在有效地反映了典型的南方国家在质量专利方面通常采用的最低标准方法的情况下，作者提出了一个本质上属于双层专利的制度，他们声称这将从经济上大大提高 USPTO 专利的质量。

作者解释道，为了提高合格专利的质量，USPTO 将对这些专利进行更严格的审查。"镀金专利"还将对已授权的专利适用更有力的有效性推定。⑱ 目前对有效性障碍的推定将被替换为更高级别的遵从，类似于目前对商标和版权的证据推定。这样做的好处是，专利申请将受到更严格的审查，公众将获得更

---

⑭　Shoukang Guo, Some Remarks On the Third Revision Draft of the Chinese Patent Law 713, in Patents and Technological Progress in a Globalized World（Wolrad Prinz zu Waldeckund Pyrmont, Martin J. Adelman, Robert Brauneis, Josef Drexl, Ralph Nack）（Springer, 2009）, at 716.

⑮　OECD、EPO 和 USPTO 都有专利质量倡议的记录。USPTO 建立了一个名为增强专利质量计划（EPQI）的行政计划以提高专利质量，特别是适当的质量指标目标审查问题。参见 USPTO, Enhanced Patent Quality Initiative pillars, at www. uspto. gov/patent/enhanced – patent – quality – initiative – pillars. Polk Wagner independently proposed quality – adjusted patent measure initiative, named the Patent Quality Index（PQI）. 这个提议的数字索引被设计用来表示 USPTO 专利文件的质量。参见 https：// www. law. upenn. edu/blogs/polk/pqi/faq. html. At the OECD level, numerous initiatives include the OECD, Knowledge Networks and Markets（KNM）"Expert Workshop on Patent Practice and Innovation"（May 2012）, and the Patent Quality Workshop Report, EPO – Economic and Scientific Advisory Board（ESAB）（May2012）, at www. epo. org/about – us/office/esab/workshops. html.

⑯　参见 Bruno van Pottelsberghe de la Potterie, The Quality Factor in Patent Systems, ECARES working paper 2010 –027（2010）. Van Pottelsberghe 以一个包含"法律标准"及其"操作设计"的两层分析框架来比较分析 EPO、JPO 和 USPTO 之间的专利质量。比较的结果显示实质性业务设计的差异，表明 EPO 提供的服务质量高于 USPTO，而 JPO 处于中间位置。

⑰　Mark A. Lemley, Douglas Lichtman, and Bhaven N. Sampat, What to do About Bad Patents, Regulation, 28（4）, 10（Winter 2005 – 2006）.

⑱　同上, at 12 – 13, reprinted in Douglas G. Lichtman and Mark A. Lemley, Presume Nothing：Rethinking Patent Law's Presumption of Validity 300, in Competition Policy and Patent Law under Uncertainty：Regulating Innovation（Geoffrey A. Manne and Joshua D. Wright, eds.）（Cambridge University Press, 2011）［专利商标局设立一个独立的审查员单位，并使其成为专利商标局独立的收入中立单位，以缓解"镀金"（gold – plated）专利的激励和资源问题］, at 326. 参见同上, at 123.

多关于哪些专利具有更高的质量和重要性的信息。⑮ 应该补充的是，发达经济体在大多数情况下，USPTO⑮、EPO⑮ 以及许多学者提出的专利质量监管，仅仅涉及监管操作设计的问题。⑮

仍然存在这样一个问题：在衡量专利质量的同时，如果要忽视专利局的现实政治，那么该如何解释这种有限的法律标准之干预？⑮ 我脑海中浮现出两个重要的答案，它们与监管企业和技术行业的专利申请质量的难度有关。首先，提高专利质量是否真正符合企业层面的要求仍然是个问题。Jean Lanjouw 和 Mark Schankerman 对这个问题的研究浮现在笔者的脑海中。这两位研究人员利用美国制造企业的面板数据，对衡量研究生产率（专利/研发比率）下降的决定因素进行了建模。专利数据涵盖 1975～1993 年申请并于 2000 年初发布的美国专利。⑮ 该研究关注三个生产力因素：需求水平、专利质量和技术枯竭。作者得出了一个惊人的结论，在许多与政策相关的专利质量举措的背景下，企业

---

⑮　Mark A. Lemley, Douglas Lichtman, and Bhaven N. Sampat，脚注 153［作者补充道，黄金专利（golden patent）也不太可能在法庭上受到挑战］，at 12. 在 Lemley 的镀金专利倡议于 2000 年 3 月生效之前，这一典型的法律标准专利质量倡议就已经开始生效。为了应对与质量相关的批评，USPTO 开始了一项商业方法专利申请的专利质量改进计划，即第二对眼睛审查（SPER）计划，在允许的申请中增加了二级审查，主要分类为 705，这是商业方法专利最大的单一集中。

⑮　USPTO 将其提高专利质量倡议的部分重点放在了专利依赖性的进展过程中。参见 William New, IP－Watch, USPTO Acting Director Discusses Patent Quality, Pendency, Harmonization（3/03/2015），at www. ip－watch. org/2015/03/03/uspto－acting－director－discusses－patent－quality－pendency－harmonisation/［在谈到关于 USPTO 加强专利质量倡议时，USPTO 副局长 Michelle Lee 强调，对专利质量的关注来自于专利悬着性（即处理专利申请所需的时间）方面的进展］。

⑮　参见 European Patent Office（EPO），EPO Economic and Scientific Advisory Board（ESAB），Recommendations for Improving the Patent System：2012 Statement（February 2013）（第一次研究并提出了一套关于专利丛林、质量和划时代收费的建议，发现专利制度中的许多问题可以通过提高专利质量来解决）。

⑮　例如参见，Mark Lemley and B. Sampat, Examiner Characteristics and the Patent Grant Rate, mimeo: www. nber. org/~confer/2008/si2008/IPPI/lemley. pdf（2008）（调查考官的特点如何影响考试过程的结果）. 有关在提高专利质量的同时改革美国专利法的文献参见 Joseph Farrell and Robert P. Merges, Implementing Reform of the Patent System：Incentives to Challenge and Defend Patents：Why Litigation Won't Reliably Fix Patent Office Errors and Why Administrative Patent Review Might Help, 19 Berkeley Technology and Law Journal, 943（2004）；Bronwyn H. Hall and Dietmar Harhoff, Implementing Reform of the Patent System：Post－Grant Reviews in the US Patent System－Design Choices and Expected Impact, 19 Berkeley Technology and Law Journa, 1989（2004）.

⑮　OECD 的研究人员最近完成了对专利质量的测量和定义的最彻底的贡献。参见 Mariagrazia Squicciarini, Hélène Dernis, and Chiara Criscuolo, Measuring Patent Quality：Indicators of Technological and Economic Value（OECD France）（June 6, 2013）.

⑮　参见 Jean O. Lanjouw and Mark Schankerman, Research Productivity and Patent Quality：Measurement with Multiple Indicators, CEPR. Discussion Papers in its series CEPR Discussion Papers with number 3623（October 2002）.

间平均专利质量的差异与企业的市场估值密切相关，对药品的影响尤其大。然而，这些关系在企业层面的时间序列维度上并不成立。[160]

对专利质量予以法律标准化困难的第二种解释，最好与 John Alison 等人对 USPTO 特定行业二次审查（SPER）计划所作的评论相联系。[161] 对 USPTO 特定行业二次审查计划的反应。2000 年 3 月，该计划作为商业方法专利申请的专利质量改进倡议，选择了二级审查。Alison 和她的同事们发现专利质量问题是系统性的，而不是局限于特定的技术行业，这进一步使质量专利监管复杂化。

总之，尽管区域－集群理论错综复杂，但影响发展中国家创新本地化集聚的解释符合自主或国内专利强度的区域化模式，而创新质量和相关专利强度总体较低。关于空间创新效应的许多其他理论分支需要进一步考虑。

6.3　实证分析

6.3.1　方　法

数十年来，通过考察寻求海外专利保护的国内专利所占的比例，以及为某一发明寻求专利保护的海外司法管辖区的数量，对创新程度进行了评估。[162] 这两项核心区域研究突出表明，发展中国家在北方专利局，特别是在 EPO 和 US-PTO 的专利申请率相对较低。这最终代表了后者按专利集群划分的低专利倾向性比率。

以下对三个专利集群的不同创新度量的实证评估支持所有度量的系列至少包括 1996 ~ 1998 年的一个数据点，以及 2011 ~ 2013 年的至少一个观察。在分别研究了每个系列后，发现对数变换对每个集群都是最好的。[163] 数据在输入前进行对数变换，输入后取幂运算。下面列出了每个系列中每个国家的平均值（经过估算）及其对数变换在 2003 ~ 2009 年的平均值（分别记为 m_y，Lgm_

---

[160] 相反，作者解释道，当人们对某一时间段内的专利质量或某一特定年份内的专利质量进行平均时，用构建的专利质量指数来衡量专利质量是最有用的。同上，at 5.

[161] 参见 John R. Allison and Starling David Hunter, On the Feasibility of Improving Patent Quality One Technology at a Time: The Case of Business Methods, Berkeley Technology Law Journal, 21 (2), 729 (2015) (USPTO "在几乎所有领域发布了大量低质量专利"，为避免行业特定政策提供了理由), at 62.

[162] Lee Branstetter, Guangwei Li, and Francisco Veloso, 脚注 51, at 151.

[163] "高技术出口占制成品出口的百分比"系列和"高技术出口"系列的最小值均为零，因此这两个系列在进行转换前均加 0.5。

y）。它还为每个国家指定集群。为了快速比较这些值，下面描绘了 2003～2009 年 10 个对数序列的平均值的箱线图。

6.3.2 调查结果

6.3.2.1 较低专利集群中较高的自主专利行为比率

如前文所述，第一个评估自主创新比率的指标是，发展中国家的自主发明人获得国内或自主专利的比率相对较高。也就是说，在与发展中国家的自主发明人在国外获得专利的比率相比相对较低，以及与在这些国家的专利局申请专利的非居住发明人相比较低。用于以下分析的数据包括四个系列：按申请人来源计算的常住人口[164]和外国人[165]，按申请机构计算的常住人口和非常住人口，[166]以申请人所在地计算的总数，[167]以及以申请机构计算的总数。从这四个系列中，我们初步定义并分析了两类比率系列：按申请人来源计算的常住人口数/按申请人来源计算的总人数（标记为系列1）和按申请机构计算的非常住人口数/按申报机构计算的总人数（标记为系列2）。

为了对这两个比值序列的分析结果有更深入的了解，我们将这四个系列分别作为后两个比值序列的分子和分母进行分析。本文的目的是了解四个级数中哪一个与双比值级数有显著关系。与以前的分析类似，额外的分子和分母分析仅针对 1996～1998 年和 2011～2014 年至少有过一次观察的国家。[168]下面的第一行分别对应于领导者、追赶者和边缘化专利集群的原始规模，第二行分别对应于经过平方根变换的数据。

系列1：按申请人来源计算的常住人口数/按申请人来源计算的总人数。

系列1中所有国家描述性统计如表6.1所示。

---

[164] 参见 WIPO IP Statistics Data Center – Glossary（常住居民一词是指申请人在其总部提交的文件。总公司可以是一个国家办事处和/或一个地区办事处。因此，按来源分列的常住居民数字可能与一个国家办事处和一个区域办事处提出的申报的总和相对应）。

[165] 同上（"非常住居民"和"海外"一词均指向外交部备案，而"海外"一词指按来源统计的数据）。

[166] 同上（我们以"非常住居民"作为统计部门使用的术语）。

[167] 同上（来源数据显示寻求保护的人员。知识产权局统计数据和原始数据显示国家间知识产权的实际流动）。

[168] 同样，类似于以前的统计分析，为每个系列和单独为每个集群预估了选定年份的最佳 Box-Cox 变换。基于此分析得出的结论是，对数变换对四个原始序列是最优的，但平方根对两比值序列是最优的。对变换后的序列进行归算，再变换成原规模，然后对变换后的数据进行序列分析。

表 6.1　所有国家描述性统计

	数值	平均值	标准差	中间值	最小值	最大值
均值	73	0.57	0.27	0.58	0.06	1
均值平方根	73	0.73	0.19	0.76	0.25	1

集群 1 如表 6.2 所示。

表 6.2　集群 1 描述性统计

	数值	平均值	标准差	中间值	切尾均值	绝对中位值	最小值	最大值	值域	扁态系数
均值	21	0.37	0.17	0.34	0.35	0.15	0.12	0.75	0.64	0.71
均值平方根	21	0.59	0.13	0.58	0.59	0.13	0.34	0.87	0.53	0.31

集群 2 如表 6.3 所示。

表 6.3　集群 2 描述性统计

	数值	平均值	标准差	中间值	切尾均值	绝对中位值	最小值	最大值	值域	扁态系数
均值	31	0.69	0.19	0.67	0.71	0.22	0.25	0.95	0.70	− 0.40
均值平方根	31	0.82	0.12	0.82	0.84	0.15	0.50	0.98	0.48	− 0.68

集群 3 如表 6.4 所示。

表 6.4　集群 3 描述性统计

	数值	平均值	标准差	中间值	切尾均值	绝对中位值	最小值	最大值	值域	扁态系数
均值	21	0.60	0.33	0.66	0.61	0.40	0.06	1	0.93	− 0.24
均值平方根	21	0.73	0.25	0.76	0.75	0.29	0.25	1	0.75	− 0.48

系列 2：按申请机构计算的非常住人口数/按申报机构计算的总人数。

系列 2 中所有国家描述性统计如表 6.5 所示。

表 6.5　所有国家描述性统计

	数值	平均值	标准差	中间值	最小值	最大值
均值	70	0.46	0.33	0.40	0.01	0.99
均值平方根	70	0.62	0.27	0.62	0.12	1.00

集群 1 如表 6.6 所示。

表 6.6 集群 1 描述性统计

	数值	平均值	标准差	中间值	切尾均值	绝对中位值	最小值	最大值	值域	扁态系数
均值	21	0.36	0.31	0.20	0.32	0.16	0.08	0.99	0.91	0.89
均值平方根	21	0.55	0.24	0.45	0.53	0.19	0.28	0.99	0.71	0.66

集群 2 如表 6.7 所示。

表 6.7 集群 2 描述性统计

	数值	平均值	标准差	中间值	切尾均值	绝对中位值	最小值	最大值	值域	扁态系数
均值	31	0.51	0.32	0.43	0.51	0.49	0.05	0.96	0.91	0.00
均值平方根	31	0.66	0.26	0.64	0.67	0.37	0.22	0.98	0.76	-0.24

集群 3 如表 6.8 所示。

表 6.8 集群 3 描述性统计

	数值	平均值	标准差	中间值	切尾均值	绝对中位值	最小值	最大值	值域	扁态系数
均值	18	0.49	0.37	0.47	0.49	0.55	0.01	0.99	0.98	-0.05
均值平方根	18	0.62	0.32	0.69	0.63	0.42	0.12	1.00	0.88	-0.24

　　附录 G 中的回归模型证实，集群之间、年份之间存在显著差异，集群之间的差异随着时间的推移也存在显著差异。平均而言（就国家和时间而言），领导者集群（标记 1）的价值低于追赶者和边缘化的专利集群。正如解释的那样，这些发现证实了发展中国家确实在其专利行为活动中更加区域化，而较少融入北方专利局的创新机制。❿

　　下面对前两个数列的分子和分母进行分析。这一附加分析旨在详细说明上

---

　　❿ 集群 3 中分子随时间变化的 F 检验为 $F(15, 1050) = 0.62$，$P = 0.86$，而领导者和追赶者集群（标记为 1 和 2）的 F 检验为 $F(15, 1050) = 5.79$，$P < 0.0001$，$F(15, 1050) = 11.95$，$P < 0.0001$。对于分母，三个 F 检验均显示显著增加 $P < 0.0001$。

述发现。

　　从图6.1和图6.2（按申请人来源计算的常住人口数/按申请人来源计算的总人数）中可以看出，领导者和追赶者集群（标记1和标记2）的分子（按图6.3）和分母（按图6.4）的时间都增加了，但是分母上的比率更高，因此这个比率随着时间而下降。在边缘化的集群中（标记3），分子几乎没有变化，但分母随着时间的增加而增加。因此，比值随时间的变化也有减小的趋势。回归模型支持上述结论。

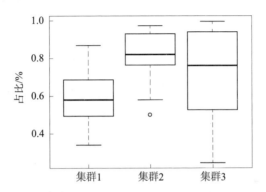

图6.1　2003～2009年按申请人来源计算的常住人口数历年的
均值平方根/按申请人来源计算的总人数

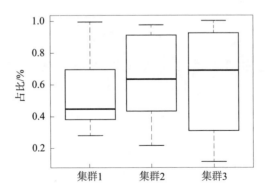

图6.2　2003～2009年按申请机构计算的非常住人口数历年的
均值平方根/按申请机构计算的总人数

　　在第二组（按申请人来源计算的非常住人口数/按申请人来源计算的总人数）中，如图6.2所示，组别间的平均时间并无显著差异。领导者与追赶者集群（标记1和标记2）的平均差异比较大，但没有达到统计学意义。

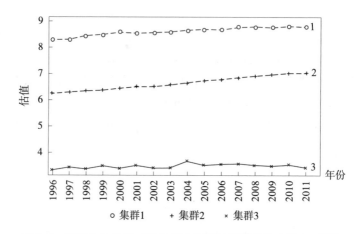

图 6.3　系列 1 的分子（按申请人来源计算的常住人口之对数）

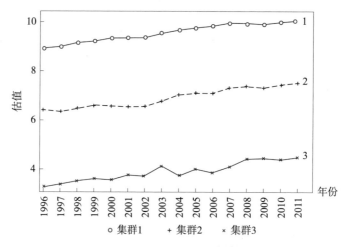

图 6.4　系列 1 的分母（按申请人来源计算的人口总数之对数）

　　通过对时间变化的挖掘，如图 6.5 和表 6.11 显示，从 2005 年开始，三个专利集群之间没有显著差异。因此，虽然长期平均值存在边缘显著性，但基本上只在前 9 年存在差异。

　　固定效应类型 3 测试

表 6.9　系列 2 固定效应的类型 3 测试

效应	自由度数	Den DF	F 值	Pr > F
年数	15	1005	7.88	<0.0001
集群	2	67	2.21	0.1182
集群×年数	30	1005	2.18	0.0003

最小二乘均值差异

表 6.10　系列 2 最小二乘均值差异

效应	集群	集群	校正	校正概率
集群	1	2	Bonferroni	0.1189
集群	1	3	Bonferroni	0.8254
集群	2	3	Bonferroni	1.0000

图 6.5　1996～2011 年系列 2 专利集群随时间的均值平方根

表 6.11　效应检验

效应	年数	自由度数	Den DF	F 值	Pr > F
集群×年数	1996	2	1005	4.38	0.0127
集群×年数	1997	2	1005	5.31	0.0051
集群×年数	1998	2	1005	4.80	0.0084
集群×年数	1999	2	1005	4.55	0.0108
集群×年数	2000	2	1005	4.55	0.0108
集群×年数	2001	2	1005	3.94	0.0198
集群×年数	2002	2	1005	4.59	0.0104
集群×年数	2003	2	1005	4.32	0.0136
集群×年数	2004	2	1005	2.85	0.0583
集群×年数	2005	2	1005	1.45	0.2344
集群×年数	2006	2	1005	0.81	0.4469
集群×年数	2007	2	1005	0.49	0.6106
集群×年数	2008	2	1005	0.52	0.5920
集群×年数	2009	2	1005	0.46	0.6333
集群×年数	2010	2	1005	0.19	0.8248

图 6.6 和图 6.7 分别对系列 2 的分子和分母进行了分析。

如图 6.6 和图 6.7 所示，分子随时间减少，追赶者和边缘化集群（标记 2 和标记 3）的分母基本上没有时间变化。在集群组 1 中，分子和分母几乎没有变化。因此，跟随者和边缘化集群（标记 2 和标记 3）的比率也随之变化是由于分母随时间的减少。这些结论得到了混合回归模型的支持。[70]

随着时间的推移，这些变量几乎没有变化。有人断言，相对于两个较低的专利集群提供的专利实施率，领导者专利集群提供的国内或本土专利率更高，其专利强度可能更国际化。尽管目前尚不清楚知识溢出与变量相关性之间的区别，但很明显，专利强度的本地或国内集聚在专利集群之间存在显著差异。

6.3.2.2 技术出口和增长有关的差异

自主专利申请率可能与增长相关的诸多指标有关，包括高技术出口率。这些指标可以解释跨专利集群的空间性程度的差异。本书的研究结果涉及 8 类指标：GERD 占 GDP 的百分比、人均 GERD、人均 GDP、人均 GNI、GNI、GDP、高科技出口占制成品出口的百分比以及高科技出口。这些发现分别如图 6.8 ~ 图 6.15 以及附录 G 中的相关回归模型所示。

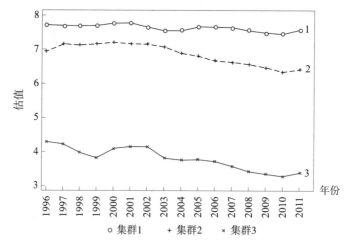

图 6.6　系列 2 的分子（按申请人来源计算的非常住人口之对数）

---

[70]　所有三个 F 检验的分母对三个集群均无显著变化（$P = 0.60$，0.84，0.19）。对于领导者集群（标记 1），对分子随时间变化的 F 检验为 $F(15, 1005) = 0.94$，$P = 0.52$；对于追赶者集群和边缘集群（标记 2 和标记 3），F 检验分别为 $F(15, 1005) = 1.91$，$P = 0.019$，$F(15, 1050) = 1.92$，$P = 0.019$。

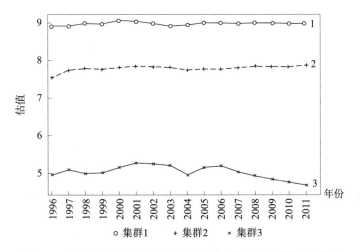

图 6.7　系列 2 的分母（按申请人来源计算的人口总数之对数）

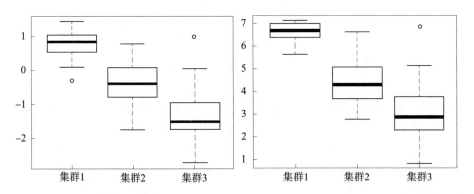

图 6.8　GERD 均值对数占 GDP 的百分比　　　图 6.9　人均 GERD 均值对数对比

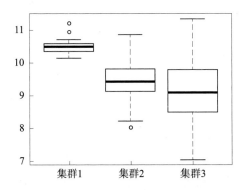

图 6.10　人均 GDP 均值对数对比

如附录 G 中的回归模型所证实的，图 6.8 中 GERD 均值对数占 GDP 的百分比在所有三个集群之间都存在显著差异：边缘化集群（标记 3）的占比最低，领导者集群（标记 1）的占比最高。三个专利集群的变化模式在时间上没有差异。在人均 GERD 均值对数（见图 6.9）中，三个集群之间存在显著差异：边缘化集群（标记 3）的平均值最低，领导者集群（标记 1）的平均值最高。在图 6.10 人均 GDP 均值对数中，领导者和追赶者集群（标记 1 和标记 2）以及领导者和边缘化集群（标记 1 和标记 3）之间存在显著差异。然而，追赶者的平均值与边缘化集群（标记 2 和标记 3）之间没有显著差异。在人均 GNI 均值对数中（见图 6.11），领导者和追赶者集群（标记 1 和标记 2）以及领导者和边缘化集群（标记 1 和标记 3）之间存在显著差异。然而，与关于人均 GDP 均值对数的调查结果类似，追赶者的平均值与边缘化集群（标记 2 和标记 3）之间没有显著差异。对于图 6.12 中 GNI 的均值对数，领导者和追赶者集群（标记 1 和标记 3）以及追赶者和边缘化集群（标记 2 和标记 3）之间存在显著差异。然而，在追赶者和领导者之间没有发现显著的差异（标记 2 和标记 1）。对于图 6.13 中 GDP 的均值对数，三个集群之间存在显著差异，边缘化集群（标记 3）的平均值最低，领导者集群（标记 1）的平均值最高。就高科技出口均值对数占制成品出口百分比而言（见图 6.14），领导者和边缘化集群（标记 1 和标记 3）之间、领导者和追赶者集群（标记 1 和标记 2）之间存在显著差异，追赶者和边缘化集群（标记 2 和标记 3）之间无显著差异。最后，对于高科技出口的均值对数（见图 6.15），三个集群之间存在显著差异，其中边缘化集群（标记 3）的平均值最低，领导者集群（标记 1）的平均值最高。

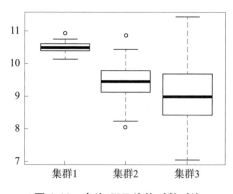

图 6.11　人均 GNI 均值对数对比

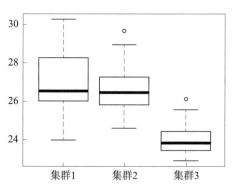

图 6.12　GNI 均值对数对比

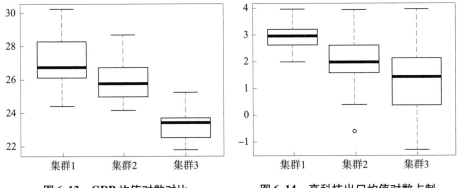

图6.13　GDP均值对数对比　　　图6.14　高科技出口均值对数占制
　　　　　　　　　　　　　　　　　　　　成品出口百分比

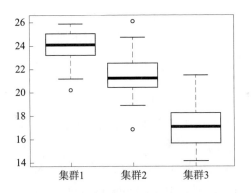

图6.15　高科技出口均值对数对比

从追赶者和边缘化专利集群来看，中等收入和低收入增长率，经过慎重的衡量，在高国际化专利率的引导下，与通过自主创新产业创造知识的较低区域化程度相对应。相反，这些增长率与跟随者和边缘化集群中较高的自主或国内专利率相对应。后一类专利集群的高自主专利率进一步与发展中国家这两类集群的低技术出口率存在联系。

6.4　理论意义的影响

Maryann Feldman恰好提醒我们，经济地理学家仍然缺乏溢出效应发生的原因以及如何在地理层面上实现的准确理解。❺ 换言之，在地理层面上仍然很

---

❺　Maryann P. Feldman，脚注1，at 8.

难将溢出效应与变量相关性分离开来。经济活动可能位于同一地点，但因果关系的模式很难辨别。^⑫ 因此，经济地理学家和区域创新体系理论家仍然需要解释大量具有挑战性的有关跨越南北界限的区域创新和获得专利的发展问题。因此，上面的经验集中在一个关于自主或国内专利的更温和的论断上，否定了低专利集群中的知识溢出，而不是在专利倾向型领导者集群中肯定这种空间模式。尽管如此，与创新空间格局和专利强度相关的三个理论分支似乎需要进一步阐述。

首先，从创新理论的角度来看，在经济地理学知识溢出文献领域中有一种溢出现象仍然没有得到解释。其于 1969 年首次提出，被称为"雅各布溢出"（Jacobs Spillovers）。Jane Jacobs 在她的《城市经济》（*The Economy of Cities*）一书中描述了这种知识溢出与城市地区产业多样性有关。这与上述 MAR 溢出形成对比——MAR 侧重于同一行业的企业。^⑬ 以底特律的造船业为例，Jacobs 解释了这个行业如何成为底特律汽车工业发展的重要前驱。^⑭ 雅各布认为，一个工业化程度不同的城市环境会刺激创新，因为该城市容纳了背景和兴趣不同的人，从而促进具有不同观点的个人之间的知识交流。这种交流可以导致新思想、新产品和新工艺的发展。Jacobs 补充说，在具有竞争性市场结构的城市，创新率更高。因此，人们认为地方垄断扼杀了创新，而竞争激烈的地方环境则促进了新方法和新产品的引进。^⑮

迄今为止，雅各布溢出效应的经济概念在技术多样性和创新与专利强度之间的联系仍然缺乏理论依据。由 Trajtenberg、Jaffe 和 Henderson 首先提出了与专利原创性评估密切相关的一个关联：作者表明，在一些行业获得专利的情况下，专利原创性指的是专利所依赖的技术领域的广度。^⑯ 作者将知识多样化的概念付诸实践，并强调其对创新的重要性。依靠大量多样知识来源的发明创造，必然会产生原创成果，即属于众多技术领域的专利。专利原创性已被广泛应用于许多方面的研究，如创设风险支持的初创企业^⑰、欧洲专利局专利审查

---

⑫ 同上。

⑬ 参见 Jane Jacobs, The Economy of Cities, Random House, （1969）, at 123 – 125. 另见 Edward Glaeser, Hedi Kallal, José Scheinkman, and Andrei Shleifer, 脚注 10, at1130 –1131.

⑭ Jacobs foretells how several of Detroit's pioneers in the automobile industry had their roots in the boat engine industry. 参见同上, at 123 –125.

⑮ 同上, at 60, 65.

⑯ Adam B. Jaffe, Manuel Trajtenberg, and Rebecca Henderson, University versus Corporate Patents: A Window on the Basicness of Inventions, Economics of Innovation and New Technology, 5 (1): 19 (1997).

⑰ Paul Gompers, Josh Lerner, and David Scharfstein, Entrepreneurial Spawning: Public Corporations and the Genesis of New Ventures, 1986 to 1999, The Journal of Finance, 60 (2), 577 (2005).

程序的期限和结果[⑯]以及合并后专利与合并前相比的价值。[⑰] 然而，根据 Ja-cobs 的理论，作者没有对区域知识溢出或潜在的城市溢出赋予任何具体的意义。似乎有理由认为，多样化的创新环境可能促进基于多样性的专利创新。

第二个理论意义的影响表明，由于知识溢出以外的原因，在人口更密集的地区，专利申请率可能更高。例如，在城市地区，信息保密可能会更困难，其结果是企业会（积极）申请专利。Wesley Cohen、Richard Nelson 与 John Walsh 在著名的卡内基梅隆调查（Carnegie Mellon Survey，CMS）中验证了这一假设。[⑱] CMS 的研究是基于 1994 年就 1478 家美国制造企业的研发进行的调查。CMS 的结果表明，就美国而言，制造企业通常通过各种机制（包括专利、保密和先到市场优势）维护创新带来的利润。大多数制造企业表示，它们更依赖于保密性和先到市场的利益，而不是专利。

尽管 CMS 没有考虑样本中公司的地理位置，但它的研究结果表明，公司可能被迫在更大程度上依赖于人口密集区域的专利申请，因为在人口密集区域维护保密性更困难、成本更高。因此，可能是由于保密难度的增加，而不是知识溢出，导致了人均专利与大都市强度之间呈正相关关系。鉴于新兴经济体和其他发展中国家相对于发达经济体（如 CMS 研究所审查的发达经济体）的专利倾向性比率较低，因此，未对这些国家进行这项调查。

发展中国家创新程度和专利质量较低的第三个理论意义的影响涉及在专利和实用新型都算作创新产出时，[⑲] 这些国家较高的实用新型采用率。[⑳] TRIPS 为每一个主要的知识产权制度规定了最低的实质性标准，但没有明确提到第二层或实用新型保护。因此，TRIPS 允许 WTO 成员自由制定或拒绝成员认为合

---

⑯　Dietmar Harhoff and Stefan Wagner, The Duration of Patent Examination at the European Patent Office, Management Science, 55 (12), 1969 (2009).

⑰　Jessica C. Stahl, Mergers and Sequential Innovation: Evidence from Patent Citations. Finance and Economics Discussion Series, No. 2010 – 12 Division of Research and Statistics and Monetary Affairs Federal Reserve Board, Washington, DC. (2010).

⑱　参见 Wesley M. Cohen, Richard R. Nelson, and John P. Walsh, Protecting Their Intellectual Assets: Appropriability Conditions and Why US Manufacturing Firms Patent (OR NOT), Working Paper 7552, National Bureau of Economic Research (2000).

⑲　参见 Pilar Beneito, Choosing among Alternative Technological Strategies: An Empirical Analysis of Formal Sources of Innovation, Research Policy, 32, 693 (2003)（表明具有较高/较低专利倾向的企业也具有较高/较低的实用新型注册倾向）。

⑳　在登记实用新型的 59 个国家和地区专利局中，有 44 个是发展中国家。参见 WIPO, Protecting Innovations by Utility Models, at: www. wipo. int/sme/en/ip_business/utility_models/utility_models. htm. 有关实用新型定义和特征的更多细节，同上。

适的第二层保护，如实用新型制度。[183] 在理论上，实用新型和专利分别解释了渐进显著的创新。[184] 然而，在发展中国家，实用新型通常分流（branch off）到由发展中国家的常住发明人提交的专利申请。[185] 因此，因实用新型授权速度快，在较大需求弹性驱动下，发明人倾向于同时申请发明专利和实用新型。欠发达国家对专利质量以及可能对专利的总体倾向性的影响，也反映在南方发明人倾向于不那么创新的实用新型，而不是更高的新标准的专利发明。

上述现象其中一面已得到解释。美国公司在中国的专利申请主要集中在发明专利上，很少申请外观设计专利，并且几乎完全忽视了实用新型专利。相比之下，中国发明人申请的实用新型和外观设计专利多于发明专利，尽管这三类专利的申请比外国发明人的更为均衡。[186] 然而，考虑到创新的不均衡空间格局，这些地理差异并没有对实用新型专利交换性的理解更为广泛。

结　论

作为持续增长来源之一的区域创新经验表现仍然缺乏理论依据，而且研究主要针对发达经济体。虽然目前尚不清楚知识溢出如何与区域层面上变量的相关性完全不同，但在专利集群之间自主或国内的专利强度存在显著差异是合理的。不同的专利集群最终可能需要不同的专利政策和考虑，（但）这在整个发展鸿沟中很少出现。

本章谨慎地提供了一个基于两种空间创新衡量的分析框架：专利质量和跨专利集群的创新程度。发展中国家自主或国内创新专利强度表述的第一个特点，可以说是由较低的创新质量构成的，正如专利活动所示。发展中世界，特别是中国的许多工作实例都说明了这种关系。

第二个因素——也是本章实证部分的重点——是基于诸多指标予以推测的创新程度。首先，是寻求海外专利保护的国内专利的比例，以及希望获得海外专利保护的外国司法管辖区的数量。这一双重区域调查表明，发展中国家发明

---

[183] 例如参见，Uma Suthersanen, Utility Models and Innovation in Developing Countries, UNCTAD – ICTSD Project on IPRs and Sustainable Development, Issue Paper No. 13（February 2006），at 3. Uma Suthersanen 补充道，虽然 TRIPS 没有专门提及实用新型保护，但有理由认为，通过参考 TRIPS 第 2（1）条，《巴黎公约》条款的相关规定［包括第 1（2）条］也适用于所有 WTO 成员。同上。

[184] WIPO, Protecting Innovations by Utility Models，脚注 182（实用新型被认为特别适合于对现有产品进行"微小"改进和适应的中小型企业）；Pilar Beneito, The Innovative Performance of Inhouse and Contracted R&D in terms of Patents and Utility Models, Research Policy 35（2006）502（2006），at 505.

[185] 例如参见，Uma Suthersanen，脚注 184，at 2.

[186] 参见 U. S Int'l Trade Comm'n（USITC），脚注 65, figs 4. 1 and 4. 2），at sec. 4 – 4.

人申请专利的比例，发展中国家居民的海外专利申请率和发展中国家专利局中北方发明人的海外专利申请率相对较低。随着时间的推移，这些变量几乎没有变化。可以断言，领导者专利集群可能因其相对较高的专利实施强度而更加国际化，而两个较低的专利集群则提供更高程度的国内或自主专利实施率。

此外，创新程度与自主专利申请率相关，与包括高科技出口率在内的 8 个增长指标相关。这些指标可能进一步解释了专利集群间空间性程度增长的相关差异。其中包括：GERD 占 GDP 的百分比、人均 GERD、人均 GDP、人均 GNI、GNI、GDP、高科技出口占制成品出口的百分比、高科技出口 8 个指标。可以看出，三个集群之间存在显著差异，边缘化集群的平均值最低，领导者集群的平均值最高。在追赶者和边缘化专利集群中，当集聚了较高的国际化专利实施率时，分别测量的中低收入增长率与通过本地创新产业进行的较低的知识创造本地化相对应。相反，这些增长率与追赶者和边缘化集群中更高的自主或国内专利申请率相对应。后一个专利集群的高自主专利申请率进一步与这两个集群的发展中国家的低水平技术出口率有关。

附录 G 专利集群中的自主创新比率

G.1 系列之一 回归模型

以随时间变化的申请人来源地的常住居民人数/申请人来源地的总人数作为检验对象的回归模型遵循这些分析方式，并且将增设限于随时间变化的平均值纳入当下推定中。回归模型是以 1996～2011 年每一领导者、追赶者与边缘化的专利集群（标记1、标记2与标记3）的平方根转化的任意两个系列为目标（见表 G.1～表 G.2、图 G.1）。

表 G.1 固定效应类型 3 检验

效应	自由度数	Den DF	F 值	$Pr > F$
年数	15	1050	33.15	<0.0001
集群	2	70	23.60	<0.0001
集群×年数	30	1050	1.53	0.0356

集群间和年份间存在显著差异，并且集群间随着时间的差异也存在显著差异。就国家和时间的平均值而言，集群 1 的值较低。这种差异随着时间而变化，集群 1 和集群 3 之间的差异越来越小，而集群 2、集群 3 之间的差异越来越大。

表 G.2　最小二乘均值差异

效应	集群	集群	校正	校正概率
集群	1	2	Bonferroni	< 0.0001
集群	1	3	Bonferroni	0.0251
集群	2	3	Bonferroni	0.4105

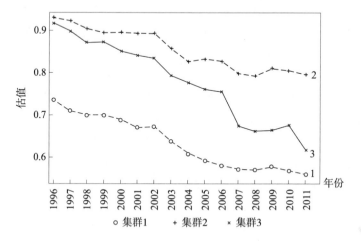

图 G.1　集群 1~3 估值随时间变化趋势

G.2　回归模型（八系列）

在遵循 box – cox 转换分析法（box – cox analysis）情况下，转换对数的变量（log transformed varies）均适用于全部模型。该数据专门适用于 1996~2011 年。

G.2.1　GERD 均值对数占 GDP 百分比

混合程序

GERD 均值对数占 GDP 百分比见表 G.3~表 G.6、图 G.2。

表 G.3　固定效应类型 3 检验

效应	自由度数	Den DF	F 值	Pr > F
年数	15	990	3.46	< 0.0001
集群	2	66	63.29	< 0.0001
集群×年数	30	990	0.96	0.5303

表 G.4　最小二乘均值

效应	集群	估值	标准误差	DF	t 值	Pr > |t|
集群	1	0.6987	0.1003	66	6.97	< 0.0001
集群	1	− 0.4729	0.1185	66	− 3.99	0.0002
集群	2	− 1.3569	0.1714	66	− 0.792	< 0.0001

表 G.5　最小二乘均值差异

效应	集群	集群	估值	标准误差	DF	t 值	Pr > |t|
集群	1	2	1.1715	0.1553	66	6.97	<0.0001
集群	1	3	2.0555	0.1986	66	10.35	<0.0001
集群	2	3	0.8840	0.2084	66	4.24	<0.0001

表 G.6　最小二乘均值差异

效应	集群	集群	校正	校正概率
集群	1	2	Bonferroni	<0.0001
集群	1	3	Bonferroni	<0.0001
集群	2	3	Bonferroni	0.0002

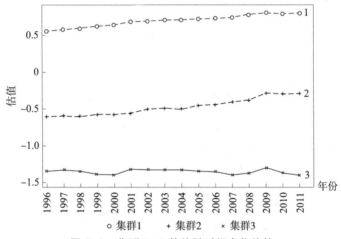

图 G.2　集群 1~3 估值随时间变化趋势

三个集群间均存在显著差异，集群 3 的平均值最低，集群 1 的平均值最高。不同集群在时间上的变化规律没有差异。

G.2.2　人均 GERD 均值对数

混合程序

人均 GERD 均值对数见表 G.7~表 G.10、图 G.3。

表 G.7　固定效应类型 3 检验

效应	自由度数	Den DF	F 值	Pr > F
年数	15	990	36.36	<0.0001
集群	2	66	91.58	<0.0001
集群 × 年数	30	990	2.64	<0.0001

表 G.8　最小二乘均值

效应	集群	估值	标准误差	自由度	t 值	$Pr > \lvert t \rvert$
集群	1	6.4793	0.1065	66	60.85	<0.0001
集群	2	4.2711	0.2054	66	20.79	<0.0001
集群	3	3.0304	0.2960	66	10.24	<0.0001

表 G.9　最小二乘均值差异

效应	集群	集群	估值	标准误差	自由度	t 值	$Pr > \lvert t \rvert$
集群	1	2	2.2082	0.2314	66	9.54	<0.0001
集群	1	3	2.0555	0.3145	66	10.97	<0.0001
集群	2	3	1.2407	0.3603	66	3.44	<0.0001

表 G.10　最小二乘均值差异

效应	集群	集群	校正	校正概率
集群	1	2	Bonferroni	<0.0001
集群	1	3	Bonferroni	<0.0001
集群	2	3	Bonferroni	0.0030

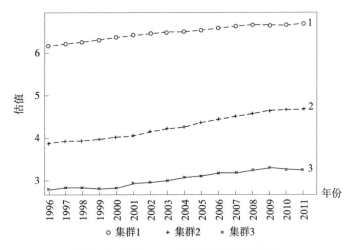

图 G.3　集群 1~3 估值随时间变化趋势

　　三个集群间均存在显著差异，集群 3 的平均值最低，集群 1 的平均值最高。正如我们在上面的图中所看到的，集群之间的变化模式有着显著的差异。

G.2.3 人均 GDP 均值对数（以 2005 年美元不变价格之情形表示购买力）

人均 GDP 均值对数见表 G.11 ~ 表 G.14、图 G.4。

表 G.11 固定效应类型 3 检验

效应	自由度数	Den DF	F 值	$Pr > F$
年数	15	1140	387.41	<0.0001
集群	2	76	58.06	<0.0001
集群×年份	30	1140	9.42	<0.0001

表 G.12 最小二乘均值

效应	集群	估值	标准误差	自由度	t 值	$Pr > \lvert t \rvert$
集群	1	10.3993	0.05055	76	205.72	<0.0001
集群	2	9.2951	0.1112	76	83.59	<0.0001
集群	3	8.9178	0.2155	76	41.38	<0.0001

表 G.13 最小二乘均值差异

效应	集群	集群	估值	标准误差	自由度	t 值	$Pr > \lvert t \rvert$
集群	1	2	1.1042	0.1222	76	9.04	<0.0001
集群	1	3	1.4816	0.2214	76	6.69	<0.0001
集群	2	3	0.3773	0.2425	76	1.56	<0.0001

表 G.14 最小二乘均值差异

效应	集群	集群	校正	校正概率
集群	2	3	Bonferroni	0.3716

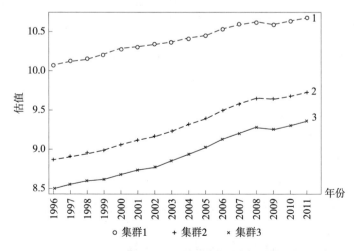

图 G.4 集群 1 ~ 3 估值随时间变化趋势

集群 1 和集群 2、集群 1 和集群 3 之间存在显著差异，但集群 2 和集群 3 的平均值没有显著差异。集群 3 的平均值最低，集群 1 的平均值最高。不同集群在时间上的变化规律存在显著差异。

G.2.4　人均 GNI 均值对数（以 2005 年美元不变价格之情形表示购买力）

人均 GNI 均值对数见表 G.15 ~ 表 G.18、图 G.5。

表 G.15　固定效应类型 3 检验

效应	自由度数	Den DF	F 值	$Pr > F$
年数	15	1110	327.94	<0.0001
集群	2	72	59.51	<0.0001
集群×年数	30	1110	9.41	<0.0001

表 G.16　最小二乘均值

效应	集群	估值	标准误差	自由度	t 值	$Pr > \lvert t \rvert$
集群	1	10.3800	0.04564	74	227.42	<0.0001
集群	2	9.2738	0.1105	74	83.89	<0.0001
集群	3	8.8561	0.2317	74	38.22	<0.0001

表 G.17　最小二乘均值差异

效应	集群	集群	估值	标准误差	自由度	t 值	$Pr > \lvert t \rvert$
集群	1	2	1.1062	0.1196	74	9.25	<0.0001
集群	1	3	1.5239	0.2362	74	6.45	<0.0001
集群	2	3	0.4177	0.2567	74	1.63	0.1080

表 G.18　最小二乘均值差异

效应	集群	集群	校正	校正概率
集群	1	2	Bonferroni	<0.0001
集群	1	3	Bonferroni	<0.0001
集群	2	3	Bonferroni	0.3239

集群 1 和集群 2 之间以及集群 1 和集群 3 之间存在显著差异，但集群 2 和集群 3 之间的平均值没有显著差异。集群 3 的平均值最低，集群 1 的平均值最高。

不同集群在时间上的变化规律存在显著差异。

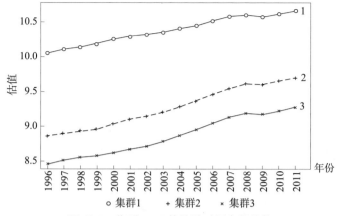

图 G.5　集群 1~3 估值随时间变化趋势

G.2.5　GNI 均值对数（以 2005 年美元不变价格之情形表示购买力）

GNI 均值对数见表 G.19~表 G.22、图 G.6。

表 G.19　固定效应类型 3 检验

效应	自由度数	Den DF	F 值	$Pr > F$
年数	15	1110	448.29	<0.0001
集群	2	74	62.56	<0.0001
集群×年数	30	1110	7.24	<0.0001

表 G.20　最小二乘均值

效应	集群	估值	标准误差	自由度	t 值	$Pr > \lvert t \rvert$
集群	1	26.8918	0.3204	74	83.93	<0.0001
集群	2	26.4266	0.2139	74	123.56	<0.0001
集群	3	23.8307	0.1704	74	139.86	<0.0001

表 G.21　最小二乘均值差异

效应	集群	集群	估值	标准误差	自由度	t 值	$Pr > \lvert t \rvert$
集群	1	2	0.4652	0.3852	74	1.21	0.2310
集群	1	3	3.0610	0.3629	74	8.43	<0.0001
集群	2	3	2.5958	0.2734	74	1.63	<0.0001

表 G.22　最小二乘均值差异

效应	集群	集群	校正	校正概率
集群	1	2	Bonferroni	0.6931
集群	1	3	Bonferroni	<0.0001
集群	2	3	Bonferroni	<0.0001

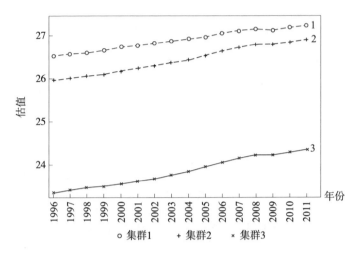

图 G.6　集群 1~3 估值随时间变化趋势

集群 1 和 3 之间、集群 2 和 3 之间存在显著差异，集群 2 和 1 之间没有显著差异。集群 3 的平均值最低。不同集群在时间上的变化规律存在显著差异。

G.2.6　GDP 均值对数（以 2005 年美元不变价格之情形表示购买力）

GDP 均值对数见表 G.23~表 G.26、图 G.7。

表 G.23　固定效应类型 3 检验

效应	自由度数	Den DF	F 值	$Pr > F$
年数	15	1140	271.41	<0.0001
集群	2	74	85.03	<0.0001
集群×年数	30	1140	6.96	<0.0001

表 G.24　最小二乘均值

效应	集群	估值	标准误差	自由度	t 值	$Pr > |t|$
集群	1	26.9252	0.3159	76	85.24	<0.0001
集群	2	25.6608	0.2209	76	116.18	<0.0001
集群	3	22.9347	0.1708	76	134.27	<0.0001

表 G.25　最小二乘均值差异

效应	集群	集群	估值	标准误差	自由度	t 值	$Pr > |t|$
集群	1	2	1.2643	0.3854	76	3.28	0.0016
集群	1	3	3.9904	0.3591	76	11.11	<0.0001
集群	2	3	2.7261	0.2792	76	9.76	<0.0001

三个集群间均存在显著差异，集群 3 的平均值最低，集群 1 的平均值最高。不同集群在时间上的变化规律也存在显著差异。

表 G. 26　最小二乘均值差异

效应	集群	集群	校正	校正概率
集群	1	2	Bonferroni	0.0047
集群	1	3	Bonferroni	<0.0001
集群	2	3	Bonferroni	<0.0001

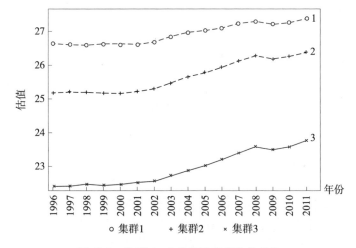

图 G. 7　集群 1 ~ 3 估值随时间变化趋势

G. 2. 7　高科技出口均值对数占制成品百分比

高科技出口均值对数占制成品百分比见表 G. 27 ~ 表 G. 30、图 G. 7。

表 G. 27　固定效应类型 3 检验

效应	自由度数	Den DF	F 值	$Pr > F$
年数	15	1035	1.44	0.1229
集群	2	69	23.77	<0.0001
集群×年数	30	1035	3.59	<0.0001

表 G. 28　最小二乘均值

效应	集群	估值	标准误差	自由度	t 值	$Pr > \|t\|$
集群	1	3.0090	0.1017	69	29.59	<0.0001
集群	2	2.9537	0.1553	69	13.22	<0.0001
集群	3	1.6835	0.2098	69	8.02	<0.0001

表 G. 29 最小二乘均值差异

效应	集群	集群	估值	标准误差	自由度	t 值	Pr > |t|
集群	1	2	0.9552	0.1857	69	5.15	< 0.0001
集群	1	3	1.3255	0.2331	69	5.69	< 0.0001
集群	2	3	0.3703	0.2610	69	1.42	0.1606

表 G. 30 最小二乘均值差异

效应	集群	集群	校正	校正概率
集群	1	2	Bonferroni	< 0.0001
集群	1	3	Bonferroni	< 0.0001
集群	2	3	Bonferroni	0.4818

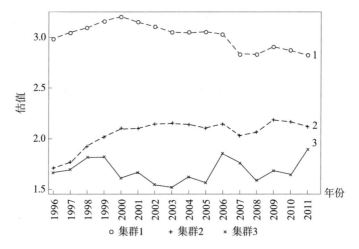

图 G. 8 集群 1~3 估值随时间变化趋势

集群 1 和集群 3 之间、集群 1 和集群 2 之间存在显著差异，集群 2 和集群 3 之间没有显著差异。集群 1 的平均值最高。不同集群在时间上的变化规律也存在显著差异。

G. 2. 8 高科技出口均值对数

高科技出口均值对数见表 G. 31 ~ 表 G. 34、图 G. 9。

表 G. 31 固定效应类型 3 检验

效应	自由度数	Den DF	F 值	Pr > F
年数	15	1050	17.54	< 0.0001
集群	2	70	73.81	< 0.0001
集群 × 年数	30	1050	5.31	< 0.0001

表 G. 32　最小二乘均值

效应	集群	估值	标准误差	自由度	t 值	Pr > |t|
集群	1	23. 8380	0. 3420	70	69. 71	<0. 0001
集群	2	21. 0422	0. 3527	70	59. 66	<0. 0001
集群	3	16. 8592	0. 4628	70	36. 43	<0. 0001

表 G. 33　最小二乘均值差异

效应	集群	集群	估值	标准误差	自由度	t 值	Pr > |t|
集群	1	2	2. 7958	0. 4913	70	5. 69	<0. 0001
集群	1	3	6. 9788	0. 5755	70	12. 13	<0. 0001
集群	2	3	4. 1830	0. 5819	70	7. 19	<0. 0001

表 G. 34　最小二乘均值差异

效应	集群	集群	校正	校正概率
集群	1	2	Bonferroni	<0. 0001
集群	1	3	Bonferroni	<0. 0001
集群	2	3	Bonferroni	<0. 0001

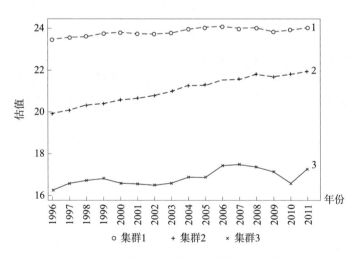

图 G. 9　集群 1~3 估值随时间变化趋势

三个集群间均存在显著差异，集群 3 的平均值最低，集群 1 的平均值最高。在所有时间点上，集群间的变化模式也存在显著差异。

总 结

对于处理国际专利制度实质性能的专利协调工作没有给予足够的重视。❶ 由此产生的僵局在 WIPO 中特别明显，如该组织专利常设委员会的工作计划已陷入僵局多年。❷ 在此，我们为专利协调确定一个更具可行性的方法，同时以对专利协调进行尝试的国家集团联盟作为出发点开展讨论。如此一来，我们以专利强度为基础性创新经济增长的表征，对跨越发展鸿沟的各个国家的专利强度有何不同、为何不同进行解释。

在世界银行和国际货币基金组织其他国家组分类比较基础上，我们的讨论阐述了三个专利集群之间的核心差异，包括收入水平、地理区域和经济类型三个方面。通常而言，我们会根据 GERD 的绩效和融资机构类型、按研发类型划分的 GERD、人力资本和人力资源指标以及与空间增长相关的指标来提供这三个专利集群的概况。

从对整个联合国和 WTO 使用的知识产权、贸易和发展指数的粗略审查中可以明显看出，迄今为止，没有任何一种基于创新的增长机制占据上风。一方面，发展环境以及 WIPO 的发展议程，明确要求 WIPO 根据不同发展水平和发展中国家的需要而制定规则。另一方面，由于"平等国家"的家长式作风，WIPO 制定的优惠政策与 WTO 的政策很像，仍被普遍认为有利于发达国家。1996 年旨在将 WIPO 条约更新到数字时代的外交会议，以及最近促进专利协调的实质性专利法条约，仅仅强调了 WIPO 制定规范方法的明显复杂性。

今后，联合国官员、各国政府、非政府组织和这一领域的研究人员必须以

---

❶ 例如参见，Ruth L. Okediji, Public Welfare and the International Patent System, in Patent Law in Global Perspective (Ruth L. Okediji and Margo A. Bagley, eds.) Oxford University Press (2014), at 4.

❷ 参见 Kaitlin Mara, Standing Committee on the Law of Patents to Reconvene After Two Year Hiatus, Intellectual Property Watch (June 19, 2008); Rachel Marusuk Hermann, WIPO Patent Committee Moves Quickly Through Agenda; Heavy Lifting to Come, Intellectual Property Watch (Feb. 26, 2013); Rachel Marusuk Hermann, WIPO Patent Law Committee cinches Agreement on Future Work, Intellectual Property Watch (Mar. 1, 2013); 2006 Patent Cooperation Treaty Conference: Transcript of Proceedings, 32 William Mitchell Law Review, 1603 (2006), at 1645 – 1646.

对专利和创新相关规范的所有方面有更明确的、针对具体国家的会议（under-standings）为指导。这些会议将涉及医药专利、植物遗传学和软件保护等方面。将国家划分为专利倾向型国家或专利抵制国家的方法作为其国内相对创新的表征，还需要进行细致、经验和概念审查，这也是我们寻求解决的中心任务。

我们在1996~2013年对全球79个创新国家和地区进行了调查，从而得出三个实证性结论。第一个核心结论确定了三个与国内创新相关的收敛俱乐部（称为专利集群），它们的专利倾向性和GERD强度率（专利强度）水平明显不同。集群分析揭示了创新国家与全球创新型经济体之间存在两个实质性差距：一是中间的追赶者集群与强势的领导者集群之间的差距，二是弱势的边缘化集群与追赶者集群之间的差距。

第一个结论还附有许多额外的见解。首先，每个集群与其他六个与专利活动相关的原型专利活动强度指标之间的关系具有重要的政策导向意义。正如我们所见，三个集群的分组与所研究的指标之间唯一重要的关系涉及经济类型：这些是国际货币基金组织定义的发达经济体、新兴经济体和其他发展中国家（不包括新兴经济体），而其他的关系在统计学上都是无关紧要的。人们发现，世界银行的收入群体、地理区域与集群无关。其次，在提交给USPTO或者EPO的专利中，授权专利的百分比在预测任何集群专利模式中也起着不重要的作用。最后，无论是USPTO或者EPO单独提交给PCT（而不是UE）的专利申请百分比，还是集群与专利家族规模之间的关系，都不是重要的政策杠杆考虑的因素。

第一个结论还表明在35个OECD成员中有21个领导者型国家。其余的OECD成员属于追赶者型（如澳大利亚、挪威和西班牙），两个甚至属于边缘化的集群（塞浦路斯和冰岛）。因此，这一分析有效地将OECD成员划分为两部分，弥合了OECD内部至今仍需解决的专利分歧。如表2.1所示，类似的发现也适用于其他国家集团，尤其是欧盟，其成员国均可在三个专利集群中找到。

该分析支撑了第二个结论，即关于三个集群之间的收敛性。结果表明，除阿塞拜疆外，在其他两种情况下（所有年份和仅早期年份），集群结果是一致的。这些结果与南北差距（或者其变化）随着TRIPS的颁布而逐渐缩小的观点不一致。

接着对俱乐部内部的收敛性进行了检查。如图2.15和图2.16所示，所有三个集群的GERD都随着时间的推移而增加。然而，与此相匹配的是，在领导者集群中，专利与GERD（这里定义为专利倾向）的比率有所下降，尽管在其他两个集群中没有出现显著的收敛。类似的经济类型国家组分类显示了随时间变化的类似结果。综上所述，在专利倾向性缓慢而稳定地向上收敛的过程中，程度较低的追赶者与边缘化集群之间的差距，以及领导者集群之间的差距，随着递减边际回报的均匀性，正在缓慢而稳定地缩小。

最后，与全球研发部有关的调查结果进一步说明如何通过全球研发投资，并通过跨国公司和外国政府的干预进行海外直接投资，使得边缘化集群和追赶者集群及其各自的经济群体向剩余的领导者集群或发达经济国家集群缓慢而稳定地向上收敛。这些发现与最近的分析一致，几乎完全集中在内生增长理论中与收入相关的指标上。他们认为，与传统的新古典模型不同，区域收敛速度通常要慢得多。

书中新颖的集群分析有许多理论上的分歧，特别是需要进一步解释区域收敛率的转移和逆转的剩余复杂因素。出现这种分歧的原因是，仍然缺乏证据可以解释俱乐部内部趋同的缓慢或不存在——尤其是在发达经济体，但在新兴经济体中也是如此。从政治角度来看，目前仍不清楚错位的国家能在多大程度上加入新的联盟，因为其中许多国家的利益冲突可能仍停留在它们在 WTO 谈判中的整体立场上。

目前，在广泛的政策层面，促进专利申请的立法诱使企业要么申请更高比例的创新专利，要么甚至加大对创新的投资。然而，虽然这一提议是基础性的，但仍需进一步巩固。

这种支持专利的政策确实有着超出本书范围的复杂含义。那些旨在降低专利申请成本的政策，反而可能会提高某些当下费率较低的部门的专利倾向率，而对一些已经就大部分创新申请了专利的公司或部门而言，几乎没有影响。

从两个专利强度差异中的非线性可以看出，尽管 TRIPS 要求协调知识产权保护，但这种协调显然对南方来说并不必要，也不是基于经验的，或者是充分的。因此，后者较低的专利倾向率依旧与流行的"一刀切"（one – size – fits – all）的创新和专利相关政策相抵触。

在回顾了各国和地区在专利强度方面的差异后，我们提供了重要的与增长相关的解释。从三个专利集群的制度特征出发，我们了解到联合国层面的机构只是松散地关注各机构在促进专利活动方面的作用。迄今为止，基于创新经济增长理论一直强调跨国公司应如何促进研发，特别是国际化研发。这种研发活动同愈渐高产的专利活动保持高度一致，而这些高产的专利活动由类似的国家专利倾向性比率来衡量。TRIPS 根植于依赖性发展理论，即发展中国家普遍被认为依赖于发达国家，该协定含蓄地承诺，在通过高产的专利活动来直接促进国内创新活动方面，商业部门将主导"更自由的贸易"。作出该承诺的原因是，TRIPS 与世界银行和贸发会议一样，将技术转让列为发展中国家基于创新的经济增长的一种反应形式，并在很大程度上继续这样做。因此，与其通过提升当地的技术能力来促进国内创新，不如接受创新，最好适应创新。此后，商业部门注定要促进以技术为基础的贸易。

然而，仔细观察表明，跨国公司和整个商业部门并没有达到这些高期望。与联合国的国际化研发观相反，它们并没有在促进发展中国家创新的国际化方面发挥主导作用。

在这种背景下，政府和（国内外）商业部门之间可能存在基于专利强度衡量的统计联系。我们对这一方面的分析提出了两个与研发相关的指标：政府部门、企业部门和跨国企业私人投资三类创新部门的研发融资和研发绩效。

我们的分析批评了发展中国家和发达国家当下的商业部门模式，并提出了两个关键结论。首先，我们发现，在考虑较低专利集群中相对较低的专利强度比率（与领导者集群相比）时，与公共部门机构相比，商业部门的融资和绩效与 GERD 相关的创新活动要少得多。这一假设可能证实了贸发会议 2005 年世界投资报告的主要结论。因此，中等收入和新兴经济体在全球企业研发支出中所占的份额（重点是发达经济体）低于研发支出总额的份额。此外，这些发现与 2011 年 WIPO 的创新报告不谋而合。正如 WIPO 的报告所示，在中低收入经济体中，政府而非大学往往是主要的研发参与者，工业却对科学研究贡献甚微。

综上所述，在两个较低的集群中所看到的相对较低的专利强度似乎与政府对创新活动的"次优"政治拉动的次优过程有关。后者是由 WIPO 特别是与TRIPS 推动的一种缺陷形式的知识产权监管框架下共同指导的。总的来说，较低的专利集群表明，商业部门作为国内创新的表征与专利强度比率的增加是如何呈次优相关的。

上述分析还认为，与领导者专利集群相比，政府公共部门在较低专利集群融资、开展与 GERD 相关的创新活动方面发挥着核心作用。政府多次被完全假设为良性机构，仅仅或主要是受其利用社会福利的愿望驱使运行（即使其有限的执行能力经常得到承认）。他的假设明显不同于对新经济主义的研究，也不同于对寻租行为的研究。寻租行为强调国家——特别是发展中国家——作为追随其个人货币和政治利益并可能表现出掠夺性行为的实体的作用。

此外，三个集群的专利研发强度在研发类型上也存在差异。与人力资源、机构资金和绩效等其他与研发相关的衡量指标或国际化研发溢出效应相比，人们很少关注科学研究的波动。许多见解可能已经表明，为什么南部经济体的基础研发占 GERD 比例通常高于发达国家。从绝对值上看，发达经济体用于基础研究和应用研究以及实验开发的研发支出明显高于中等收入或新兴经济体。当专利活动强度因子在 GDP 和 GERD 中的比例被考虑在内时，两种经济类型之间的比较变得更加微妙。从专利政策的角度来看，这些措施可能有助于解释为什么不同国家和国家集团在不同类型的研发率衡量的专利强度上存在差异。

在基础研究和应用研究方面，我们没有发现三个专利集群之间有任何显著差异。唯一显著的区别是领导者和边缘化集群之间的差异，这与实验型研究占GERD 的百分比有关，因为 GERD 是更具专利性和商业化的非基础研发类型。这一发现虽然有限，但仍然支持这样的结论：发达经济体，或更狭窄的属于领导者专利集群的国家，更显著的特征是研发活动的商业类型增加以及可申请专利的类型。后一项发现可能最终解释了为什么与领导者专利集群密切相关的发达国家通常具有更高的专利强度比率。它也可能为与两个较低专利集群密切相关的新兴经济体提供见解，以了解其典型的产学研差距挑战，及其对创新和专利政策的影响。

这三个专利集群的下一组特征是人力资本相关指标。大多数企业层面的研究证实，科学家和工程师比例较高的企业可能表现出基于创新的经济增长，这反过来也可能增加这些企业的专利申请率。遗憾的是，人力资本文献大多关注发达国家或先进国家，而忽视了发展中国家，包括新兴经济体。

我们分析的展示是通过 6 年度系列的国家层面的检查。这些研究包括人均全职（FTE）研究人员的 GERD、各国人均科研人员的 GERD、高等教育学生的人均政府支出占人均 GDP 的百分比（以百分比计算）、每个国家研究人员的科技期刊文章、人均国民科研人员的科学技术期刊文章和人均劳动力的 HC 科研人员数量。结果显示，除了大学生的人均政府支出占人均 GDP 的百分比，专利集群之间没有差异，所有其他变量的平均值都显示领导者集群高于追赶者集群。

在 6 个系列中，有 3 个系列的领导者集群的平均值也高于边缘化集群，包括人均 HC 科研人员的 GERD，人均 HC 科研人员的文章和人均劳动力的 HC科研人员。对于单位全职研究人员的 GERD，随着时间的推移没有显著的变化。对于单位高等教育学生人均政府支出占人均 GDP 的百分比，3 个专利集群的变化都是一样的。在所有其他的系列中，随着时间的推移，3 个专利集群之间的变化是不同的。每年还对集群之间的显著差异进行了检验。在 3 个系列GERD/全职研究人员、GERD/HC 研究人员和 HC 研究人员/劳动力中，每一年集群之间都发现了一致的显著差异。对于这两篇文章而言，在本系列的最后，这种差异变得微不足道。这些发现突出了 3 个专利集群在专利强度方面与人力资本检验的差异。

最后，基于区域位置我们分析考察了专利强度的核心实证绩效。虽然目前还不清楚知识溢出为何与区域水平变量的相关性完全不同，但自主或国内的专利强度集聚在专利申请集群之间存在显著差异是合理的。不同的专利集群可能最终需要不同的专利政策和考虑，这在开发划分中并不常见。

通过分析，我们谨慎地提供了一个基于两个空间创新衡量指标的概念框架：专利质量和专利集群之间的创新程度。发展中国家专利强度的自主或国内表述的第一个特征，可以说是由于通过专利活动进行代理的创新质量较低而形成的。在发展中国家，特别是中国，有大量的实例阐明了这种关系。

第二个因素，也是我们讨论的实证部分的焦点，是创新的程度，它需要许多指标来估计。我们从寻求外国专利保护的国内专利与希望获得外国专利保护的外国司法管辖区数量的占比开始。这种双重地理位置研究突出表明，发展中国家居民的海外专利申请率和发展中国家专利局的北方发明人在发展中国家发明人的专利申请率中所占比例相对较低。随着时间的推移，这些变量几乎没有变化。我们可以认为，就其相对较高的专利实施强度而言，领导者专利集群比两个较低的专利集群更具国际化，这两个较低的专利集群显示出更高程度的国内或自主专利实施率。

此外，创新程度与自主专利申请率相关，与包括高科技出口率在内的 8 个增长指标相关。这些指标可能进一步解释了专利集群间空间性程度上的增长相关差异。其中包括 GERD 占 GDP 的百分比、人均 GERD、人均 GDP、人均 GNI、GNI、GDP、高科技出口占制成品出口的百分比、高科技出口。正如我们所看到的，三个集群之间存在显著的差异，边缘化集群的平均值最低，领导者集群的平均值最高。对于追赶者和边缘化的专利集群而言，中低收入的增长率分别在高国际化专利率的引导下，通过区域创新产业实现的知识创造的区域化程度较低。相反，这些增长率与追赶者和边缘化集群中更高的自主或国内专利申请率相对应。就后一组专利而言，自主创新专利侵权人数量多还与这两组中发展中国家的低技术出口率有关。

本书旨在帮助我们理解各国和地区，如何以及为什么在专利强度上存在差异。希望它所提供的见解在未来几年可能会为促进基于创新的经济增长提供一个新的理论框架。

参考资料

[1] 2006 Patent Cooperation Treaty Conference: Transcript of Proceedings, 32, *William Mitchell Law Review*, 1603 (2006).

[2] Abbott, Frederick M., Intellectual Property Provisions of Bilateral and Regional Trade Agreements in Light of US. Federal Law 1 (International Centre for Trade and Sustainable Development, Issue Paper No. 12, Feb. 2006), at http://www.unctad.org/en/doc/iteipc20064_en.pdf.

[3] Abbott, Frederick M., The Cycle of Action and Reaction: Developments and Trends in Intellectual Property and Health, in *Negotiating Health. Intellectual Property and Access to Medicines* 31 – 33 (Pedro Roffe, Geoff Tansey and David Vivas – Eugui, eds.), Earthscan (2006).

[4] Abbott, Frederick M., The WTO TRIPS Agreement and Global Economic Development, in *Public Policy and Global Technological Integration* 39 (Springer) Frederick M. Abbott and David J. Gerber, eds. (1997).

[5] Abbott, Frederick, Carlos Correa and Peter Drahos, Emerging Markets and the World Patent Order: The Forces of Change, in *Emerging Markets and the World Patent Order*, Edward Elgar (Frederick. Abbott, Carlos Correa and Peter Drahos, eds.) 3 (2013).

[6] Abramovitz, Moses, Rapid Growth Potential and Its Realization: The Experience of Capitalist Economics in the Postwar Period, in 1 *Economic Growth and Resources*, 191 (Edmond Malinvaud, ed., 1979).

[7] Abreau, Maria and Vadim Grinevich, The Nature of Academic Entrepreneurship in the UK: Widening the Focus on Entrepreneurial Activities, *Research Policy*, 42, 408 (2013).

[8] Acemoglu, Daron, and Fabrizio Zilibotti, Productivity Differences, *Quarterly Journal of Economics*, 116, 563 – 606 (2001).

[9] Acemoglu, Daron, Philippe Aghion, and Fabrizio Zilibotti, Distance to Frontier, Selection and Economic Growth, unpublished, MIT (2002).

[10] Acs, Zoltan J. and David B. Audretsch, Innovation in Large and Small Firms: An Empirical Analysis, *The American Economic Review*, 678 (1988).

[11] Acs, Zoltan J., David B. Audretsch, Maryann P. Feldman, Real Effects of Academic Re-

search: Comment, *American Economic Review*, 82, 363 (1992).

[12] Adams, James D. , Fundamental Stocks of Knowledge and Productivity Growth, *Journal of Political Economy*, 98 (4) 673 (1990).

[13] African group, http: //www. wto, org/english/tratop_e/trips_e/trips_groups_e. htm.

[14] Aghion, Philippe and Peter Howitt, A Model of Growth Through Creative Destruction, 60 (2) *Econometrica*, 323 (1992).

[15] Aghion, Philippe, Peter Howitt and David Mayer – Foulkes, *The Effect of Financial Development on Convergence: Theory and Evidence*, The Quarterly Journal of Economics, MIT Press, vol. 120 (1) 173 (2005 January).

[16] Agreement between the United Nations and the World Intellectual Property Organization (Dec. 17, 1974).

[17] Agreement on Trade – Related Aspects of Intellectual Property Rights in the Marrakesh Agreement Establishing the World Trade Organization, Annex 1C, 1869 U. N. T. S. 299 (Apr. 15, 1994), at http: //www. wto. org/eng/docs_e/legal_e/27 – trips. pdf.

[18] Alexiadis, Stilianos, *Convergence Clubs and Spatial Externalities*, Advances in Spatial Science (Springer – Verlag 2013).

[19] Alfaro, Laura, Areendam Chanda, Sebnem Kalemli – Ozcan and Selin Sayek, *How does Foreign Direct Investment Promote Economic Growth? Exploring the Effects of Financial Markets on Linkages*, NBER Working Papers 12522, National Bureau of Economic Research, Inc. (2006).

[20] Alfrancam, Oscar and Wallace E. Huffman, Aggregate Private R&D Investments in Agriculture: The Role of Incentives, Public Policies, and Institutions, 52 *Economic Development and Cultural Change* 1 (2003).

[21] Allison, John R. and Starling David Hunter, On the Feasibility of Improving Patent Quality One Technology at a Time: The Case of Business Methods, *Berkeley Technology Law Journal*, 21 (2) 729 (2015).

[22] Almeida, Paul and Bruce Kogut, Localization of Knowledge and the Mobility of Engineers in Regional Networks, *Management Science*, 45, 905 (1999).

[23] Altenburg, Tilman, Building Inclusive Innovation in Developing Countries: Challenges for IS research, in *Handbook of Innovation Systems and Developing Countries* (Bengt – Åke Lundvall K. J. Joseph, Cristina Chaminade and Jan Vang, eds.) (2009).

[24] Amann, Edmund and John Cantwell, *Innovative Firms in Emerging Markets Countries*, Oxford: Oxford University Press (2012).

[25] Amsden, Alice and Ted Tschang, A New Approach to Assess the Technological Complexity of Different Categories of R&D (with examples from Singapore), *Research Policy*, 32 (4), 553 (2003).

[26] Amsden, Alice H. , *The Rise of "The Rest": Challenges to the West from Late – Industrializ-*

in Economies, Oxford University Press (2001).

[27] Anand, Sudhir and Amartya Sen, Human Development and Economic Sustainability, *World Development*, Elsevier, vol. 28 (12) 2029 (2000).

[28] Andrés, Javier and Ángel de la Fuente & Rafael Doménech, *Human Capital in Growth Regressions: How much Difference Does Data Quality Make?*, CEPR discussion paper, no. 2466, London Centre for Economic Policy Research (2000).

[29] Andries, Door Petra, Julie Delanote, Sarah Demeulemeester, Machteld Hoskens, Nima Moshgbar, Kristof Van Criekingen and Laura Verheyden, (2009), O&O – Activiteiten van de Vlaamse bedrijven, in Koenraad Debackere and Reinhilde Veugelers (eds.), *Vlaams Indicatorenboek Wetenschap*, *Technologie en Innovatie* 2009 (Vlaamse Overheid, Brussel), 53 (2009).

[30] Antonucci, Tommaso and Mario Pianta, Employment Effects of Product and Process Innovation in Europe, *International Review of Applied Economics*, Vol. 16 (3), 295 (2002).

[31] Applied Management Sciences, Inc., *NSF workshop on Industrial S&T data needs for the 1990s: final report*, National Science Foundation report 1 December, (Washington, DC) (1989).

[32] Archibugi, Daniele and Alberto Coco, The Globalization of Technology and the European Innovation System, in Manfred M. Fischer and Josef Fröhlich (eds.) *Knowledge, Complexity and Innovation Systems* 58 (2001).

[33] Archibugi, Daniele and Alberto Coco, The Globalization of Technology and the European Innovation System, IEEE Working Paper DT09/2001. No (2001).

[34] Archibugi, Daniele and Mario Pianta, Measuring Technological Change through Patents and Innovation Surveys, *Technovation*, 16, 451 (1996).

[35] Lutz G., Arnold, Basic and Applied Research, *Finanzarchiv*, vol. 54, 169 (1997).

[36] Arnold, Lutz G., Growth, Welfare, and Trade in an Integrated Model of Human Capital Accumulation and R&D, *Journal of Macroeconomics*, 20 (1) 81 (1998).

[37] Arrow, Kenneth, Economic Welfare and the Allocation of Resources for Invention, in *The Rate and Direction of Inventive Activity* (Princeton University Press, New Jersey, 1962) (Richard R. Nelson, ed.).

[38] Arundel, Anthony and Aldo Geuna, Does Proximity Matter for Knowledge Transfer from Public Institutes and Universities to Firms?, Working Paper 73, SPRU (2001).

[39] Arundel, Anthony and Isabelle Kabla, What Percentage of Innovations Are Patented? Empirical Estimates for European Firms, *Research Policy* 27 (2), 127 (1988).

[40] Asheim, Bjørn T. and Arne Isaksen, Regional Innovation Systems: The integration of local "sticky" and global "ubiquitous" knowledge, *Journal of Technology Transfer*, 27, 77 (2002).

[41] Asheim, Bjørn T. and Meric S. Gertler, The Geography of Innovation – Regional Innovation

Systems, in *The Oxford Handbook of Innovation*, Oxford University Press, 291 (Jess Fagerberg, David C. Mowery, Richard R. Nelson, eds.) (2006).

[42] Asheim, Bjørn T. , *Lars Coenen and Martin Svensson – Henning*, *Nordic SMEs and Regional Innovation Systems*, Oslo: Nordisk Industrifond (2003).

[43] Asian developing members, http: //www. wto. org/english/tratop_e/trips_e/trips_groups_ e. htm.

[44] Attaran, Amir, An Immeasurable Crisis? A Criticism of the Millennium Development Goals and Why They Cannot Be Measured, *PLOS Medicine* 2 (10): 318 (October 2005).

[45] Atuahene – Gima, Kwaku, An Exploratory Analysis of the Impact of Market Orientation on New Product Performance: A Contingency Approach, *Journal of Product Innovation Management*, 12, 275 (1995).

[46] Audretsch, David and Maryann P. Feldman, Knowledge Spillovers and the Geography of Innovation and Production, Discussion Paper 953, London: Centre for Economic Policy Research (1994).

[47] Audretsch, David B. and Maryann P. Feldman, R&D Spillovers and the Geography of Innovation and Production, *American Economic Review*, vol. 86, 630 (1996).

[48] Audretsch, David B. , Erik E. Lehmann and Susanne Warning, University Spillovers: Strategic Location and New Firm Performance, Discussion Paper 3837, CORE (2003).

[49] Averch, Harvey Allen, *A Strategic Analysis of Science and Technology Policy* (Johns Hopkins Press, Baltimore, 1985).

[50] Baden, Sally and Anne Marie Goetz, Who Needs [Sex] When You Can Have [Gender]? Conflicting Discourses on Gender at Beijing, *Feminist Review*, 56 (Summer): 3 (1997).

[51] Bailén, Jose Maria, Basic Research, Product Innovation, and Growth, Economics Working Papers 88, Department of Economics and Business, Universitat Pompeu Fabra (1994).

[52] Baily, Martin and Hans Gersbach, Efficiency in Manufacturing and the Need for Global Competition, Brookings Papers on Economic Activity, Microeconomics, 307 (1995).

[53] Balcão Reis, Ana and Tiago Neves Sequeira, Human Capital and Overinvestment in R&D, *The Scandinavian Journal of Economics*, Vol. 109 (3) 573 (2007).

[54] Baldwin, John R. and Moreno Da Pont, *Innovation in Canadian Manufacturing Enterprises*, Ottawa: Statistics Canada, Micro Economic Analysis Division (1996).

[55] Balkin, Jack, What Is Access to Knowledge? (April 21, 2006), Balkanization, at http: //balkin. blogspot. co. il/2006/04/what – is access – to – knowledge. html (on A2K).

[56] Baloch, Irfan, Acting Director, Development Agenda Coordination Division (DACD), WIPO, interview in Geneva, Switzerland on 16 October 2014 (file with author).

[57] Barasa, Laura, Peter Kimuyu, Patrick Vermeulen, Joris Knoben, Bethuel Kinyanjui, Institutions, Resources and innovation in Developing Countries: A Firm Level Approach, Creating Knowledge for Society, Nijmegen (December 2014).

[58] BarNir, Anat, Starting Technologically Innovative Ventures: Reasons, *Human Capital, and Gender, Management Decision*, 50 (3), 399 (2012).

[59] Barro, Robert J. and Xavier Sala – i – Martin, Convergence across States and Regions, *Brookings Papers on Economic Activity*, 2: 107, 58 (1991).

[60] Barro, Robert J. and Xavier Sala – i – Martin, Convergence, *Journal of Political Economy*, 100, 223 (1992).

[61] Barro, Robert J., Economic Growth in a Cross – Section of Countries, *Quarterly Journal of Economics*, vol. 106, 407 (1991).

[62] Bartelsman, Eric J., *Federally Sponsored R&D and Productivity Growth*, Federal Reserve Economics Discussion Paper No. 121. Federal Reserve Board of Governors, Washington, DC (1990).

[63] Barton, John H. and Keith E. Maskus, Economic Perspective on a Multilateral Agreement on Open Access to Basic Science and Technology 349, in *Economic Development and Multilateral Trade Cooperation* (Bernard Hoekman and Simon J. Evenett, eds.) (2006).

[64] Baskaran, Angathevar, From Science to Commerce: The Evolution of Space Development Policy and Technology Accumulation in India, *Technology in Society*, 27 (2), 155 – 179 (2005).

[65] Bassanini, Andrea, Stefano Scarpetta and Philip Hemmings, Economic Growth: The Role of Policies and Institutions, Panel Data Evidence from OECD Countries, OECD working paper, STI 2001/9 (2001).

[66] Basu, Susanto and David N. Weil, Appropriate Technology and Growth, *Quarterly Journal of Economics*, 113, 1025 – 1054 (1998).

[67] Baumol, William J. and Edward N. Wolff, Productivity Growth, Convergence, and Welfare: Reply, *The American Economic Review*, Vol. 78 (5) 1155 (1988).

[68] Baumol, William J., Education for Innovation, in *Innovation Policy and the Economy* (Adam Jaffe, Josh Lerner and Scott Stern, eds.), vol. 5 (MIT Press, 2005).

[69] Bayh – Dole Act or Patent and Trademark Law Amendments Act (Pub. L. 96 – 517, December 12, 1980).

[70] Becker, Gary S. and Barry R. Chiswick, Education and the Distribution of Earnings, *American Economic Review*, vol. 53, 358 (1966).

[71] Becker, Gary S., Kevin M. Murphy, Robert Tamura, Human Capital, Fertility, and Economic Growth, *Journal of Political Economy*, vol. 98, no. 5, pages S12 – 37 (October 1990), reprinted in Human Capital: A Theoretical and Empirical Analysis with Special Reference to Education (3rd Edition) (1994).

[72] Becker, Gary Stanley, *Human Capital: A Theoretical and Empirical Analysis with Special Reference to Education*, New York: Columbia University Press (1964).

[73] Becker, Gary Stanley, Investment in Human Capital: A Theoretical Analysis, *Journal of*

Political Economy, vol. 70, 9 (1975).

[74] Beijing Treaty on Audiovisual Performances (June 24, 2012).

[75] Bell, Martin and Keith Pavitt, Technological Accumulation and Industrial Growth: Contrasts between Developed and Developing Countries, *Industrial Corporate Change*, 2 (2) 157 (1993).

[76] Belussi, Fiorenza and Katia Caldari, At the Origin of the Industrial District: Alfred Marshall and the Cambridge School, *Cambridge Journal of Economics*, 33, 335 (2009).

[77] Ben – David, Dan, Convergence Clubs and Subsistence Economies, *Journal of Development Economics*, vol. 55 (1) 155 (1988).

[78] Beneito, Pilar, Choosing among Alternative Technological Strategies: An Empirical Analysis of Formal Sources of Innovation, Research Policy, 32, 693 (2003).

[79] Beneito, Pilar, The Innovative Performance of In – house and Contracted R&D in Terms of Patents and Utility Models, *Research Policy* 35 (2006) 502 (2006).

[80] Benhabib, Jess and Mark M. Spiegel, The Role of Human Capital in Economic Development: Evidence from Aggregate Cross – Country Data, *Journal of Monetary Economics*, vol. 34, 143 (1994).

[81] Benoliel, Daniel and Bruno M. Salama, Toward an Intellectual Property Bargaining Theory: The Post – WTO Era. 32 University of Pennsylvania *Journal of International Law*, 265 (2010).

[82] Benoliel, Daniel, Patent Convergence Club Among Nations, *Marquette Intellectual Property Law Review*, vol. 18 (2) 297 (2014).

[83] Benoliel, Daniel, The Impact of Institutions on Patent Propensity Across Countries, *Boston University International Law Journal*, vol. 33 (1) 129 (2015).

[84] Benoliel, Daniel, The International Patent Propensity Divide, *North Carolina Journal of Law and Technology*, vol. 15 (1) 49 (2013).

[85] Bergek, Anna and Maria Bruzelius, Patents with Inventors from Different Countries: Exploring Some Methodological Issues through a Case Study, presented at the DRUID conference, Copenhagen, 27 – 29 June (2005).

[86] Bessen, James and Eric Maskin, Sequential Innovation, Patents, and Imitation, Department of Economics, Massachusetts Institute of Technology working paper no. 00 – 01 (2000).

[87] Bessen, James and Michael J. Meurer, *Patent Failure: How Judges, Lawyers and Bureaucrats Put Innovators at Risk*, Princeton University Press (2008).

[88] Bessen, James and Robert M. Hunt, An Empirical Look at Software Patents, *Journal of Economics & Management Strategy*, *Wiley Blackwell*, vol. 16 (1) 157 (2007).

[89] Bhagwati, Jagdish N. (ed.), *The New International Economic Order: The North South Debate*, MIT Press (1977).

[90] Bianchi, Tito, With and Without Co – operation: Two Alternative Strategies in the Food Processing Industry in the Italian South, Entrepreneurship & Regional Development, nr. 13, 117 (2001).

[91] Bilbao – Osorio, Beñat and Andrés Rodríguez – Pose, From R&D to Innovation and Economic Growth in the EU, *Growth and Change*, 35 (4), 434 (2004).

[92] Birdsall, Nancy and Changyong Rhee, *Does R&D Contribute to Economic Growth in Developing Countries?*, *Mimeo*, The World Bank, Washington, DC (1993).

[93] Bitton, Miriam, Patenting Abstractions, *North Carolina Journal of Law and Technology*, vol. 15 (2) 153 (2014).

[94] Black, Duncan and J. Vernon Henderson, A Theory of Urban Growth, *Journal of Political Economy*, vol. 107 (2) 252 (1999).

[95] Blackburn, Keith, Victor T. Y. Hung and Alberto F. Pozzolo, Research, Development and Human Capital Accumulation, *Journal of Macroeconomics*, 22 (2) 189 (2000).

[96] Blakeney, Michael, The International Protection of Industrial Property: From the Paris Convention to the TRIPS Agreement, WIPO National Seminar on Intellectual Property, 2003, WIPO/IP/CAI/1/03/2.

[97] Blaug, Mark, *The Economics of Education and the Education of an Economist*, Edward Elgar Publishing, no. 48 (1987).

[98] Boards of appeal of the European Patent Office decision T 388/04, OJ 1/2007, 16.

[99] Bogliacino, Francesco, Mariacristina Piva and Marco Vivarelli, R&D and Employment: An Application of the LSDVC Estimator using European Data, *Economics Letters*, 116 (1) 56 (2012).

[100] Bonin, Bernard y Claude Desranleau, Innovation Industrielle et Analyse économique (Montréal: HEC, 1987).

[101] Borges Barbosa, Denis, Patents and the emerging markets of Latin America – Brazil, In Emerging Markets and the World Patent Order, Edward Elgar (Frederick Abbott, Carlos Correa and Peter Drahos, eds.) 135 (2013).

[102] Borts, George H., Jerome L. Stein, *Economic Growth in a Free Market*, Columbia University Press (1964).

[103] Bottazzi, Laura and Giovanni Peri, The International Dynamics of R&D and Innovation in the Short and in the Long Run, NBER Working Paper No. 11524 (July 2005) at http://www.nber.org/papers/w11524.pdf? new_window = 1.

[104] Botto, Mercedes, *Research and International Trade Policy Negotiations: Knowledge and Power in Latin America*, Routledge/IDRC (2009).

[105] Bowles, Sam and Herb Gintis, *Schooling in Capitalist America: Educational Reform and the Contradictions of Economic Life* (Routledge and Kegan Paul, 1976).

[106] Bradley, Steve W., Jeffery S. McMullen, Kendall Artz and Edward M. Simiyu, Capital Is

Not Enough: Innovation in Developing Economies, *Journal of Management Studies*, 49 (4), 684 (2012).

[107] Braithwaite, John and Peter Drahos, *Global Business Regulation*, Cambridge University (2000).

[108] Branstetter, Lee, Guangwei Li and Francisco Veloso, The Rise of International Coinvention, in *The Changing Frontier: Rethinking Science and Innovation Policy* (Adam B. Jaffe and Benjamin F. Jones, eds.), University of Chicago Press (2015).

[109] Brenner, Thomas and Tom Broekel, *Methodological Issues in Measuring Innovation Performance of Spatial Units*, Papers in Evolutionary Economic Geography, No. 04 – 2009, Urban & Regional Research Centre Utrecht, Utrecht University (2009).

[110] Breschi, Stefano and Francesco Lissoni, *Knowledge Spillovers and Local Innovation Systems: A Critical Survey*, Industrial and Corporate Change, Oxford University Press, vol. 10 (4) 975 (2001).

[111] BRICS, The BRICS Report: A Study of Brazil, Russia, India, China, and South Africa with Special Focus on Synergies and Complementarities (September 2012).

[112] Brouwer, Erik and Alfred Kleinknecht Innovative Output, and a Firm's Propensity to Patent. *An Exploration of CIS Microdata*, Research Policy 28 (6) 615 (1999).

[113] Brouwer, Erik, Alfred Kleinknecht and Jeroen O. N. Reijnen, Employment Growth and Innovation at the Firm Level, Journal of Evolutionary Economics 3, 153 (1993).

[114] Brouwer, Erik, Hana Budil – Nadvornikova and Alfred Kleinknecht, Are Urban Agglomerations a Better Breeding Place for Product Innovations? An Analysis of New Product Announcements, Regional Studies, 33, 541 (1999).

[115] Bucci, Alberto, Monopoly Power in Human Capital – Based Growth, *Acta Oeconomica*, Vol. 55 (2) 121 (2005).

[116] Buerger, Matthias, Tom Broekel and Alex Coad, Regional Dynamics of Innovation: Investigating the Coevolution of Patents, Research and Development (R&D), and Employment, *Regional Studies*, vol. 46 (5) 565 (2012).

[117] Bureau of the Census, *Evaluation of Proposed Changes to the Survey of Industrial Research and Development*, National Science Foundation report, June (Washington, DC) (1993).

[118] Bush, Vannevar, *Science: The Endless Frontier, A Report to the President by Vannevar Bush, Director of the Office of Scientific Research and Development*, July 1945 (United States Government Printing Office, Washington: 1945).

[119] Buy Brazil Act 12. 349/10 of 15 December 2010 (Brazil).

[120] Caillaud, Bernard and Anne Duchêne, *Patent Office in Innovation Policy: Nobody's Perfect*, Paris School of Economics, Working Paper, 2009 – 39 (2009).

[121] Calvert, Jane and Ben R. Martin, Changing Conceptions of Basic Research? Background

Document for the Workshop on Policy Relevance and Measurement of Basic Research Oslo 29 – 30 October 2001, SPRU – Science and Technology Policy Research (September 2001).

[122] Canova, Fabio and Albert Marcet, The Poor Stay Poor: Non – Convergence Across Countries and Regions, Discussion Paper 1265, London Centre for Economic Policy Research (1995).

[123] Canova, Fabio, Testing for Convergence Clubs in Income Per Capita: A Predictive Density Approach, *International Economic Review*, Vol. 45 (1) (2004).

[124] Cao, Cong, Richard P. Suttmeier and Denis F. Simon, China's 15 – Year Science and Technology Plan, 59 *Physics Today* 38 (2006).

[125] Carden, Fred, *Knowledge to Policy: Making the Most of Development Research*, Sage Publications Ltd. (2009).

[126] Cardoso, Fernando Henrique and Enzo Faletto, *Dependency and Development in Latin America* 149 – 171, Marjory Mattingly Uriquidi, trans., University of California Press (1979).

[127] Carillo, Maria Rosaria and Erasmo Papagni, *Social Rewards in Science and Economic Growth*, MPRA Paper 2776, University Library of Munich, Germany (2007).

[128] Carlino, Gerald A., Knowledge Spillovers: Cities' Role in the New Economy, *Business Review*, Q4 17 (2001).

[129] Cass, David, Optimum Growth in an Aggregative Model of Capital Accumulation, *The Review of Economic Studies*, 32, 233 (1965).

[130] Castellacci, Fulvio, Convergence and Divergence among Technology Clubs, DRUID Working Paper No. 06 – 21, 1 (2006).

[131] Chang, Ha – Joon, *Globalization, Economic Development and the Role of the State* (Zed Books) (2003).

[132] Chang, Ha – Joon, *Kicking A way the Ladder: Policies and Institutions. for Economic Development in Historical Perspective*, London: Anthem Press (2003).

[133] Chang, Ha – Joon, Understanding the Relationship between Institutions and Economic Development: Some Key Theoretical Issues 1 (U. N. World Institute for Development Economics Research, Discussion Paper No. 2006/05, 2006), available at http://www. wider. unu. edu/publications/working – papers/discussion – papers/2006/en _ GB/dp2006 – 05/.

[134] Charrad, Malika, Nadia Ghazzali, Véronique Boiteau and Azam Niknafs, NbClust: An R Package for Determining the Relevant Number of Clusters in a Data Set, *Journal of Statistical Software*, Vol. 61 (6) (2014).

[135] Chen, Yongmin and Thitima Puttitanun, Intellectual Property Rights and Innovation in Developing Countries, 78 *Journal of Development Economics* 474 (2005).

[136] Chenery, Hollis and Moshe Syrquin, Typical Patterns of Transformation, in (Hollis Chenery, Sherman Robinson and Moshe Syrquin, eds.), *Industrialization and Growth: A Comparative Study*, Oxford: Oxford University Press (1986).

[137] Chon, Margaret, Denis Borges Barbosa and Andrés Moncayo von Hase, Slouching Toward Development in International Intellectual Property, *Michigan State Law Review*, 71 (2007).

[138] Chowdhury, Anis and lyanatul Islam, The Newly Industrializing Economies of East Asia 4 (1997).

[139] Cimoli, Mario, João Carlos Ferraz and Annalisa Primi, Science and technology policies in open economies: the case of Latin America and the Caribbean, Paper presented at the first meeting of ministers and high authorities on science and technology, Lima, Peru, 1112 November (2004).

[140] Cimoli, Mario, Networks, market structures and economic shocks: the structural changes of innovation systems in Latin America, Paper presented at the seminar on Redes productivas e institucionales en America Latina, Buenos Aires, 9 – 12 April (2001).

[141] Cincera, Michele, Firms' Productivity Growth and R&D Spillovers: An Analysis of Alternative Technological Proximity Measures, Economics of Innovation and New Technology, *Taylor and Francis Journals*, vol. 14 (8), 657 (2005).

[142] Coad, Alexander and Rekha Rao, The Employment Effects of Innovations in High – Tech Industries, Papers on Economics & Evolution, #0705, Max Planck Institute of Economics, Jena (2007).

[143] Coase, Ronald, The Nature of the Firm, in Economica NS 4, 386 – 405 (1937).

[144] Cockburn, Iain M., Rebecca M. Henderson, Publicly Funded Science and the Productivity of the Pharmaceutical Industry, in *Innovation Policy and the Economy*, vol. 1, 1 (Adam B. Jaffe, Josh Lerner and Scott Stern, eds.) (MIT Press, Cambridge, MA) (2001).

[145] Coe, David T. and Elhanan Helpman, International R&D Spillovers, European *Economic Review* 39: 859 – 887 (1995).

[146] Coe, David T, Elhanan Helpman and Alexander W. Hoffmaister, North – South R&D Spillovers, *The Economic Journal*, Vol. 107 (440) 134 (1997).

[147] Cohen, Daniel and Marcelo Soto, *Growth and Human Capital: Good Data, Good Results*, CEPR discussion paper, no. 3025, London: Centre for Economic Policy Research (2001).

[148] Cohen, Linda R. and Roger G. Noll, *The Technology Pork Barrel*. The Brookings Institution Press, Washington, DC (1997).

[149] Cohen, Wesley M. and Daniel A. Levinthal, Absorptive Capacity: A New Perspective on Learning and Innovation, *Administrative Science Quarterly* 35 (1), 128 (1990).

[150] Cohen, Wesley M., Akira Goto, Akiya Nagata, Richard R. Nelson, J. Walsh, R&D

Spillovers, Patents and the Incentives to Innovate in Japan and the United States, *Research Policy*, 31, 1349 (2002).

[151] Cohen, Wesley M., Richard R. Nelson and John P. Walsh, Links and Impacts: The Influence of Public Research on Industrial R&D, *Management Science*, 48 (1), 1 (2002).

[152] Cohen, Wesley M., Richard R. Nelson and John Walsh, Appropriability Conditions and Why Firms Patent and Why They Do Not in the American Manufacturing Sector, Paper presented to the Conference on New S and T Indicators for the Knowledge Based Economy, OECD, Paris, June 19 – 21 (1996).

[153] Cohen, Wesley M., Richard R. Nelson, John P. Walsh, Protecting Their Intellectual Assets: Appropriability Conditions and Why US Manufacturing Firms Patent (or Not), NBER Working Paper No. 7552 (February 2000).

[154] Coleman, James S., Social Capital in the Creation of Human Capital, American. Journal of Sociology (1988), at S95 – S120.

[155] Collins, Eileen L., *Estimating Basic and Applied Research and Development in Industry: A Preliminary Review of Survey Procedures*, National Science Foundation report (Washington, DC) (1990).

[156] Commission for Africa, Our Common Interest: Report of the Commission for Africa (2005).

[157] Convention Establishing the World Intellectual Property Organization, July 14, 1967, 21 UST. 1749, 828 U. N. T. S. 3.

[158] Convention on the Grant of European Patents (European Patent Convention) of 5 October 1973.

[159] Cooke, Philip N, P. Boekholt, Franz Tödtling, *The Governance of Innovation in Europe*, London: Pinter (2000).

[160] Cooke, Philip, Regional Innovation Systems, Clusters, and the Knowledge Economy, *Industrial and Corporate Change*, 10 (4), 945 (2001).

[161] Cooter, Robert D. and Hans – Bernd Schaefer, *Solomon's Knot: How Law Can End the Poverty of Nations*, Princeton University Press (2009).

[162] Cornwall, John, Modern Capitalism: Its Growth and Transformation (1977).

[163] Correa, Carlos M., *Intellectual Property Rights, the WTO and Developing Countries: The TRIPS Agreement and Policy Options* (Zed books) (2000).

[164] Court, Julius and John Young, Bridging Research and Policy in International Development, in *Global Knowledge Networks and International Development*, Routledge 18 (Diane Stone and Simon Maxwell, eds.) (2005).

[165] Cozzi, Guido and silvia Galli, Privatization of Knowledge: Did the US Get It Right? MPRA Paper 29710 (2011).

[166] Cozzi, Guido and Silvia Galli, Science – Based R&D in Schumpeterian Growth, *Scottish Journal of Political Economy*, Vol. 56 (4) 474 (2009).

[167] Cozzi, Guido and Silvia Galli, Upstream Innovation Protection: Common Law Evolution and the Dynamics of Wage Inequality, MPRA Paper 31902 (2011).

[168] Crescenzi, Riccardo and Andrés Rodríguez Pose, *Innovation and Regional Growth in the European Union* (Springer Berlin Heidelberg, 2011).

[169] Crespi, Gustavo and Pluvia Zuñiga, Innovation and Productivity: Evidence from Six Latin American Countries, *World Development*, 40 (2), 273 (2011).

[170] Crespi, Gustavo and Ezequiel Tacsir, *Effects of Innovation on Employment in Latin America*, Inter – American Development Bank Institutions for Development (IFD) Technical Note, Inter – American Development Bank, Washington, DC (2012).

[171] Crewe, Emma and John Young, Bridging Research and Policy: Context, Links and Evidence (2002).

[172] Crosby, Mark, Patents, Innovation and Growth, *The Economic Record*, 76 (234), 255 (2000).

[173] Cuneo, Philippe and Jacques Mairesse, Productivity and R&D at the Firm Level in French Manufacturing, in Zvi Griliches (ed.), R&D, *Patents and Productivity*, Chicago: University of Chicago Press, 339 (1984).

[174] Cyert, Richard M. and James G. March, *A Behavioral Theory of the Firm*, Prentice – Hall (1963).

[175] Cypher, James M. and James L. Dietz, The Process of Economic Development (2009).

[176] Czarnitzki, Dirk and Susanne Thorwarth, Productivity Effects of Basic Research in Low – tech and High – tech Industries, *Research Policy*, 41 (9) 1555 (2012).

[177] Dai, Yixin, David Popp and Stuart Bretschneider, *Journal of Policy Analysis and Management*, Vol. 24 (3) 579, (2005).

[178] Dam, Kenneth W., The Economic Underpinnings of Patent Law, 23 *Journal of Legal Studies*, 247 (1994).

[179] Danguy, Jérôme, Gaétan de Rassenfosse and Bruno van Pottelsberghe de la Potterie, The R&D – Patent Relationship: An Industry Perspective, ECARES working paper 2010 – 038 (September 2010).

[180] Dasgupta, Partha, *The Economic Theory of Technology Policy: An Introduction*, in Paul Stoneman Partha Dasgupta, *Economic Policy and Technological Performance*, Cambridge University Press, Cambridge (1987).

[181] Dasgupta, Partha and Eric Maskin, The Simple Economics of Research Portfolios, *The Economic Journal*, vol. 97, 581 (1987).

[182] David, Matthew and Debora Halbert, IP and Development 89, in *Sage Handbook on Intellectual Property*, SAGE Publications Ltd (Matthew David and Debora Halbert, eds.)

(2014).

[183] David, Paul A. and Bronwyn H. Hall, Property and the Pursuit of Knowledge: IPR Issues Affecting Scientific Research, *Research Policy*, 35 (6), 767 – 771 (2006).

[184] David, Paul A, Bronwyn H. Hall, and Andrew A. Toole, Is Public R&D a Complement or Substitute for Private R&D? A Review of the Econometric Evidence, *Research Policy*, vol. 29 (4 – 5) 497 (2000).

[185] David, Paul, Clio and the Economics of QWERTY, *American Economic Review*, vol. 75 332 (1985).

[186] de Ferranti, David, Guillermo Perry, Indermit Gill, William Maloney, Jose Luís Guasch, Carolina Sanchez – Paramo and Norbert Schady, *Closing the Gap in Education and Technology* (Washington, DC: World Bank) (2003).

[187] de la Mothe, John and Gilles Paquet (eds.), *Local and Regional Systems of Innovation*, Amsterdam: Kluwer Academics Publishers (1998).

[188] de Moraes Aviani, Daniela, Data from National Service for the Protection of Cultivars, available at: www. sbmp. org. br/ 6congresso/wp – content/uploads/2011/08/1. – Daniela – Aviani – Panorama – Atual – no – Brasil. pdf.

[189] de Vibe, Maja, Ingeborg Hovland and John Young, Bridging Research and Policy: An Annotated Bibliography, ODI Working Paper No 174, ODI, London (2002).

[190] de Melo – Martín, Inmaculada, Patenting and the Gender Gap: Should Women Be Encouraged to Patent More? *Science and Engineering Ethics*, 19, 491 (2013).

[191] Dearborn, DeWitt C. , Rose W. Kneznek and Robert N. Anthony, *Spending for industrial research*, 1951 – 1952, Harvard University Graduate School of Business report (Cambridge, MA) (1953).

[192] Declaration of the Fourth BRICS Summit: BRICS Partnership for Stability, Security and Prosperity, 29 March 2012, at http: //www. itamaraty. gov. br/en/press – releases/9428 – fourth – brics – summit – new – delhi – 29 – march – 2012 – brics – partnership – for – global – stability – security – and – prosperity – delhi – declaration.

[193] Dedrick, Jason and Kenneth L Kraemer, *Asia's Computer Challenge*, Oxford University Press (1998).

[194] Deere Birkbeck, Carolyn and Santiago Roca, An External Review of WIPO Technical Assistance in the Area of Cooperation for Development (31 August 2011).

[195] Deere, Carolyn, Developing Countries in the Global IP System, in *The Implementation Game: The TRIPS Agreement and the Global Politics of Intellectual Property Reform in Developing Countries*, Oxford University Press (2009).

[196] Deere, Carolyn, *The Implementation Game. : The TRIPS Agreement and the Global Politics of Intellectual Property Reform in Developing Countries*, Oxford University Press (2009).

[197] Deloitte, Development Trends and Practical Aspects of the Russian Pharmaceutical Industry –

2014（2014）.

［198］Dennison, Edward, *Accounting for Growth*, Harvard University Press（1985）.

［199］Diamond v. Diehr, 450 US 175（1981）.

［200］Ding, Waverly W. , Fiona Murray and Toby E. Stuart, Gender Differences in Patenting in the Academic Life Sciences, *Science*, 313（5787）, 665（2006）.

［201］Directive 98/44/EC of the European Parliament and of the Council of 6 July 1998 on the legal protection of biotechnological inventions.

［202］Doloreux, David, Innovative Networks in Core Manufacturing Firms: Evidence from the Metropolitan Area of Ottawa, *European Planning Studies*, vol. 12（2）（2004）178.

［203］Doloreux, David, Regional Innovation Systems in the Periphery: The Case of the Beauce in Québec（Canada）, *International. Journal of Innovation Management*, 7（1）67（2003）.

［204］Doloreux, David, What We Should Know about Regional Systems of Innovation, *Technology in Society*, 24（2002）.

［205］Dosi, Giovanni, Institutional Factors and Market Mechanisms in the Innovative Process, SERC, University of Sussex, mimeo（1979）.

［206］Dosi, Giovanni, Institutions and Markets in a Dynamic World, *The Manchester School* 56（2）, 119 – 146（1988）.

［207］Dosi, Giovanni, The Nature of the Innovation Process, Chapter 10 in *Technical Change and Economic Theory*（Giovanni Dosi, Christopher Freeman, Richard Nelson, Gerarld Silverberg and Luc Soete, eds. ）, LEM Book Series（1988）.

［208］Dowrick, Steve and Duc – Tho Nguyen, OECD Comparative Economic Growth: Catch Up and Convergence, *American Economic Review*, 79（1989）1010.

［209］Dowrick, Steve and Norman Gemmell, Industrialization, Catching Up and Economic Growth: A Comparative Study Across the World's Capitalist Countries, *The Economic Journal*, 101, 263（1991）.

［210］Drahos, Peter and John Braithwaite, *Information Feudalism: Who Owns the Knowledge Economy*, Earthscan Publications Ltd. , London（2003）.

［211］Drahos, Peter, An Alternative Framework for the Global Regulation of Intellectual Property Rights, 21 *Austrian. Journal of Development Studies* 1（2005）.

［212］Drahos, Peter, Developing Countries and International Intellectual Property Standards Setting, 5 *Journal of World Intellectual Property*, 765（2002）.

［213］Dreyfuss, Rochelle C. , Intellectual Property Lawmaking, Global Governance and Emerging Economies, 53 In *Patent Law in Global Perspective*（Ruth L. Okediji and Margo A. Bagley, eds. ）, Oxford University Press（2014）.

［214］Dreyfuss, Rochelle C. , The Role of India, China, Brazil and the Emerging Economies in Establishing Access Norms for Intellectual Property and Intellectual Property Lawmaking,

IILJ Working Paper 2009/5.

[215] Drug Price Competition and Patent Term Restoration Act of 1984, Public Law 98 – 417, codified in pertinent part at 35 USC § 271 (e).

[216] Duch, Jordi, Xiao Han T. Zeng, Marta Sales – Pardo, Filippo Radicchi, Shayna Otis, Teresa K. Woodruff and Luís A. Nunes Amaral, The Possible Role of Resource Require- ments and Academic Career – Choice Risk on Gender Differences in Publication Rate and Impact, *PLoS ONE*, 7 (12): e51332 (2012).

[217] Dudley, John M., Defending Basic Research, *Nature Photonics*, 7, 338 (2013).

[218] Duguet, Emmanuel, and Isabelle Kabla, Appropriation Strategy and the Motivations to Use the Patent System: An Econometric Analysis at the Firm Level, Ann. INSEE (2010).

[219] Duguet, Emmanuel, and Isabelle Kabla, Appropriation Strategy and the Motivations to Use the Patent System: An Econometric Analysis at the Firm Level in French Manufactur- ing, *Annales D'Économie et de Statistique*, 49/50, 289 – 327 (1998).

[220] Dunning, John H. and Sarianna M. Lundan, The Internationalization of Corporate R&D: A Review of the Evidence and Some Policy Implications for Home Countries, *Review of Policy Research*, Vol. 26, Numbers 1 – 2, 13 (2009).

[221] Durlauf, Steven Neil and Paul A. Johnson, Multiple Regimes and Cross – Country Growth Behavior, *Journal of Applied Econometrics*, vol. 10, 365 (1995).

[222] Eaton, Jonathan and Samuel Kortum, Josh Lerner, International Patenting and the Euro- pean Patent Office: A Quantitative Assessment, Patents, Innovation and Economic Per- formance: OECD Conference Proceedings (2004).

[223] Eberhardt, Markus, Christian Helmers and Zhihong Yu, Is the Dragon Learning to Fly? An Analysis of the Chinese Patent Explosion, CSAE Working Paper no. 2011 – 16, Centre for the Studies of African Economies (2011).

[224] Eckstein, Zvi and Jonathan Eaton, *Cities and Growth. Theory and Evidence from France and Japan*, Working paper, Economics Department, Tel – Aviv University, September (1994).

[225] Ederer, Peer, Lisbon Council Policy Brief, Innovation at Work: The European Human Capital Index (2006).

[226] Edwards, Michael, R&D in Emerging Markets: A New Approach for a New Era, McKin- sey, February 2010, at http://www.mckinsey.com.

[227] Einhaäupl, Karl Max, *What does "Basic Research" mean in Today's Research Environ- ment?*, *Keynote address to the OECD workshop on "Basic Research: Policy Relevant Defi- nitions and Measurement,"* 28 – 30 October, Oslo, Norway (2001).

[228] Eisenberg, Rebecca, Intellectual Property Rights and the Dissemination of Research Tools in Molecular Biology: Summary of a Workshop Held at the National Academy of Sciences,

February 15 – 16 (1996).

[229] Eisenstadt, Shmuel N. , *Traditional Patrimonialism and Modern Neo – Patrimonialism*, London Sage (1973).

[230] Elms, Deborah K. , The Trans Pacific Partnership Trade Negotiations: Some Outstanding Issues for the Final Stretch, *Asian Journal of the WTO and International Health Law and Policy*, vol. 8 (2) 379 (2013).

[231] Elzinga, Aant, Research, Bureaucracy and the Drift of Epistemic Criteria, in The *University Research System. The Public Policies of the Home of Scientists* (Björn Wittrock and Aant Elzinga, eds.) Stockholm: Almqvist and Wiksell International (1985).

[232] Encaoua, David, Dominique Guellec and Catalina Martínez, Patent Systems for Encouraging Innovation: Lessons from Economic Analysis, *Research Policy*, 35 (9) 1423 (2006).

[233] Engelbrecht, Hans – Jürgen, International R&D Spillovers, Human Capital and Productivity in OECD Economies: An Empirical Investigation, *European Economic Review*, 41 (8): 1479 – 1488 (1997).

[234] Epstein, Richard A. , *Steady the Course: Property Rights in Genetic Material* (University of Chicago Law School, John M. Olin Law and Economics Working Paper No. 152 [2d set.], June 2002).

[235] Esteban, Joan – María and Debraj Ray, On the Measurement of Polarization, *Econometrica*, 62 (4): 819 (1994).

[236] Ettlie, John E. and Albert H. Rubenstein, Firm Size and Product Innovation, *Journal of Product Innovation Management*, 4, 89 (1987).

[237] European Commission (EC), 2013 EU Survey on R&D Investment Business Trends, Monitoring Industrial Research: The 2006 EU Survey on R&D Investment Business Trends (Alexander Tübke and René van Bavel, eds.) (2013).

[238] European Commission (EC), Benchmarking policy measures for gender equality in science (2008).

[239] European Commission (EC), *Communication from the Commission to the European Parliament, the Council, the European Economic and Social Committee and the Committee of the Regions, Europe* 2020 *Flagship Inittiative Innovation Union*, *COM* (2010) 546 final, European Commission, Brussels (2010).

[240] European Commission (EC), Innovation Union Competitiveness report 2011 (2011).

[241] European Commission (EC), She Figures 201 5: Gender in Research and Innovation, Brussels: European Commission (2015).

[242] European Commission (EC), *Waste of Talents: Turning Private Struggles into a Public Issue; Women and Science in the ENWISE Countries, A Report to the European Commission from the ENWISE Expert Group on Women Scientists in Central and Eastern European Coun-*

tries and in the Baltic States, Luxembourg (2003).

[243] European Patent Office (EPO), EPO Economic and Scientific Advisory Board (ESAB), Recommendations for Improving the Patent System: 2012 Statement (February 2013).

[244] European Patent Office (EPO), Patent Quality Workshop Report, EPO – Economic and Scientific Advisory Board (ESAB) (May 2012), at: www. epo. org/about – us/office/esab/workshops. html.

[245] European Union (EU) members, www. wto. org/english/tratop_e/trips_e/trips_groups_e. htm (1 April 2017).

[246] Eurostat—Statistics explained, Glossary: R&D intensity, at http://ec. europa. eu/eurostat/statistics – explained/index. php/Main_Page.

[247] Evangelista, Rinaldo and Maria Savona, Innovation, Employment and Skills in Services: Firm and Sectoral Evidence, Structural Change and Economic Dynamics, 14, 449 (2003).

[248] Everitt, Brian S. , Sabine Landau, Morven Leese, Daniel Stahl, *Cluster analysis* (5th edition) London: Arnold (2011).

[249] Fagerberg, Jan, Bart Verspagen and Marjolein Canieèls, Technology, Growth and Unemployment Across European Regions, *Regional Studies*, 31, 457 (1997).

[250] Falvey, Rod, David Greenaway, and Zhihong Yu, Extending the Melitz Model to Asymmetric Countries (University of Nottingham Research Paper Series, Research Paper 2006/07).

[251] Falvey, Rod, Neil Foster and David Greenaway, Intellectual Property Rights and Economic Growth, *Review of Development Economics*, 10 (4): 700 (2006).

[252] Falvey, Rod, Neil Foster and David Greenaway, Trade, Imitative Ability and Intellectual Property Rights, *Review World Economics*, 145 (3), 373 (2009).

[253] Farrell, Joseph and Robert P. Merges, Implementing Reform of the Patent System: Incentives to Challenge and Defend Patents: Why Litigation Won't Reliably Fix Patent Office Errors and Why Administrative Patent Review Might Help, 19 *Berkeley Technology and Law Journal*, 943 (2004).

[254] Feldman, Maryann P. , and David B. Audretsch, Innovation in Cities: Science Based Diversity, Specialization and Localized Competition, *European Economic Review*, 409 (1999).

[255] Feldman, Maryann P. and Frank R. Lichtenberg, The Impact and Organization of Publicly – Funded Research and Development in the European Community, NBER Working Paper 6040 (1997).

[256] Feldman, Maryann P. , and David B. Audretsch, R&D Spillovers and the Geography of Innovation and Production, *American Economic Review*, vol. 86 (3) 630 (1996).

[257] Feldman, Maryann P. , *The Geography of Innovation*, Kluwer: Boston, MA (1994).

[258] Feldman, Maryann P. , The New Economics of Innovation, Spillovers and Agglomeration: A Review of Empirical Studies, *Economics of Innovation and New Technology*, 8, 5 (1999).

[259] Feldmann, Horst, Technological Unemployment in Industrial Countries, *Journal of Evolutionary Economics*, 23 (5) 1099 (2013).

[260] Ferretti, Marco, Adele Parmentola, *The Creation of Local Innovation Systems in Emerging Countries: The Role of Governments*, Firms and Universities, Springer (2015).

[261] Findlay, Ronald, Relative Backwardness, Direct Foreign Investment and the Transfer of Technology: A Simple Dynamic Model, *Quarterly of Journal of Economics*, 92 (1) 1 (1978).

[262] Fine, Ben and Ellen Leopold, *The World of Consumption*, Routledge (1993).

[263] Fine, Ben and Pauline Rose, Education and the Post – Washington Consensus, in *Development Policy in the Twenty – First Century: Beyond the Post – Washington Consensus* (Ben Fine, Contas Lapavitas and Jonathan Pincus, eds.), Routledge (2001).

[264] Fine, Ben, Endogenous Growth Theory: A Critical Assessment, 24 *Cambridge Journal of Economics*, 245 (2000).

[265] Fleisher, Belton M. , Yifan Hu, Haizheng Li, Seonghoon Kim, Economic Transition, Higher Education and Worker Productivity in China, *Journal of Development Economics*, 94 (1), 86 (2011).

[266] Foray, Dominique, Knowledge Policy for Development, in OECD, *Innovation and the Development Agenda*, Published by OECD and the International Development Research Centre (IDRC), Canada (Kraemer – Mbula Erika and WamaeWatu, eds.) (2010).

[267] Frantzen, Dirk, R&D, Human Capital and International Technology Spillovers: A Cross – Country Analysis, *The Scandinavian Journal of Economics*, Vol. 102 (1) 57 (2000).

[268] Freeman, Christopher, *Technology Policy and Economic Performance*, London: Pinter (1987).

[269] Freeman, Christopher, *The Economics of Industrial Innovation*, Penguin: Harmondsworth (1974).

[270] Freeman, Christopher, The National System of Innovation in Historical Perspective, *Cambridge Journal of Economics*, 19, 5 (1995).

[271] Freitas, Isabel Maria Bodas and Nick von Tunzelmann, Mapping Public Support for Innovation: A Comparison of Policy Alignment in the UK and France, *Research Policy*, Vol. 37 (9) 1446 (2008).

[272] Freitas, Isabel Maria Bodas and Nick von Tunzelmann, Alignment of Innovation Policy Objectives: A Demand Side Perspective, DRUID Working Paper No. 13 – 02 (2008).

[273] Frietsch, Rainer, Inna Haller, Melanie Funken – Vrohlings, and Hariolf Grupp, Gender – specific Patterns in Patenting and Publishing, *Research Policy*, 38590 (2009).

[274] Fu, Xiaolan and Yundan Gong, Indigenous and Foreign Innovation Efforts and Drivers of Technological Upgrading: Evidence from China, *World Development*, Vol. 39 (7) 1213 (2011).

[275] Fu, Xiaolan, *China's Path to Innovation*, Cambridge University Press (2015).

[276] Funk Bros. Seed Co. v. Kalo Inoculant Co. , 333 US 127 (1948).

[277] Furman, Jeffrey L. , Michael E. Porter and Scott Stern, The Determinants of National Innovative Capacity, 31*Research Policy*, 899 (2002).

[278] Gallini, Nancy, Patent Policy and Costly Imitation, *Rand Journal of Economics*, Vol. 23, 52 (1992).

[279] Gallini, Nancy, The Economics of Patents: Lessons from Recent US Patent Reform, *Journal of Economic Perspectives*, 16 (2) 131 (2002).

[280] Galor, Oded, From Stagnation to Growth: Unified Growth Theory, in *Handbook of Economic Growth* (Philippe Aghion and Steven N. Durlauf, eds.), North – Holland, Amsterdam, 171 (2005).

[281] Garcia, Rosanna and Roger Calantone, A Critical Look at Technological Innovation Typology and Innovativeness Terminology: A Literature Review, *The Journal of Product Innovation Management*, 19 (2) 110 (2002).

[282] Genolini, Christophe, Xavier Alacoque, Mariane Sentenac, Catherine Arnaud, kml and kml3d: R Packages to Cluster Longitudinal Data, *Journal of Statistical Software*, 65 (4), 1 (2015).

[283] Gereffi, Gary and Karina Fernandez – Stark, Global Value Chain Analysis: A Primer, Center on Globalization, Governance & Competitiveness (CGGC) Duke University (May 31, 2011).

[284] Gereffi, Gary, John Humphrey, and Timothy Sturgeon, The Governance of Global Value Chains, *Review of International Political Economy*, vol. 12 (1) (2005).

[285] Gerhart, Peter M. , The Two Constitutional Visions of the World Trade Organization, 24 *University of Pennsylvania. Journal of International Economic Law*, 1, (2003).

[286] Gersbach, Hans and Maik T. Schneider, On the Global Supply of Basic Research, CER – ETH Economics working paper series 13/175, CER – ETH – Center of Economic Research (CER – ETH) at ETH Zurich (2013).

[287] Gersbach, Hans, Gerhard Sorger and Christian Amon, Hierarchical Growth: Basic and Applied Research, CER – ETH Working Papers 118, CER – ETH – Center of Economic Research at ETH Zurich (2009).

[288] Gersbach, Hans, Urich Schetter and Maik Schneider, How Much Science? The 5 Ws (and 1 H) of Investing in Basic Research, CEPR Discussion Papers 10482, C. E. P. R. Discussion Papers (2015).

[289] Gerschenkon, Alexander, Economic Backwardness in Historical Perspective, in *The Pro-*

gress of Underdeveloped Areas (Bert F. Hoselitz, ed.). Chicago: University of Chicago Press (1971).

[290] Gerschenkron, Alexander, *Economic Backwardness in Historical Perspective: A Book of Essays, Cambridge*, MA: Belknap Press of Harvard University Press (1962).

[291] Gertler, Meric S. and David A. Wolfe, *Dynamics of the Regional Innovation System in Ontario, in Local and Regional Systems of Innovation.* Amsterdam: Kluwer Academic Publishers (J. de la Mothe and Gilles Paquet, eds.) (1998).

[292] Gervais, Daniel J., Information Technology and International Trade: Intellectual Property, Trade & Development: The State of Play, 74 *Fordham Law Review*, 505 (2005).

[293] Gervais, Daniel, Country Club, Empiricism, Blogs and Innovation: The Future of International Intellectual Property Norm Making in the Wake of ACTA 323, in *Trade Governance in the Digital Age* (Mira Burri and Thomas Cottier, eds.), Cambridge University Press (2012).

[294] Gervais, Daniel, TRIPS and Development, 95, in *Sage Handbook on Intellectual Property*, SAGE Publications Ltd. (Matthew David and Debora Halbert, eds.) (2014).

[295] Gerybadze, Alexander and Guido Reger, Globalization of R&D: Recent Changes in the Management of Innovation in Transnational Corporations, *Research Policy*, Vol. 28, No. 2 − 3 (special issue) 251 (1999).

[296] Gibbons, Michael T., *Engineering by the Numbers*, ASEE (2011).

[297] Gibson, Christopher S., Globalization and the Technology Standards Game: Balancing Concerns of Protectionism and Intellectual Property in International Standards, 22 *Berkeley Technology Law Journal*, 1403, (2007).

[298] Gicheva, Dora and Albert N. Link, Leveraging Entrepreneurship through Private Investments: Does Gender Matter? *Small Business Economics*, 40, 199 (2013).

[299] Gilbert, Richard and Carl Shapiro, Optimal Patent Length and Breadth, *Rand Journal of Economics*, Vol. 21, 106 (1990).

[300] Gilson, Ronald J. and Curtis J. Milhaupt, Economically Benevolent Dictators: Lessons for Developing Democracies, *American Journal of Comparative Law*, Vol. 59 (1), 227 − 288 (2011).

[301] Gimeno, Javier, Timothy B. Folta, Arnold C. Cooper, Carolyn Y. Woo, Survival of the fittest? Entrepreneurial Human Capital and the Persistence of Underperforming Firms, Administrative Science Quarterly, nr. 42, 750 (1997).

[302] Ginarte, Juan Carlos and Walter Park, Determinants of Patent Rights: Cross − National Study, *Research Policy*, 26 (1997).

[303] Glaeser, Edward, Hedi Kallal, José Scheinkman and Andrei Shleifer, Growth in Cities, *The Journal of Political Economy*, vol. 100 (6) Centennial Issue 1126 (1992).

[304] Global Value Chains, *SMEs and Clusters in Latin America* (Carlo Pietrobelli and Roberta

Rabellotti, eds.), Cambridge Ma. : Harvard University Press (2007).

[305] Godin, Benoît, Measuring science: is there "basic research" without statistics? Project on the History and Sociology of S&T Indicators, Paper No. 3, Montreal: Observatoire des Sciences et des Technologies INRS/CIRST.

[306] Godin, Benoît, On the Origins of Bibliometrics, *Scientometrics*, 68 (1) 109 – 133 (2006).

[307] Godin, Benoît, The Linear Model of Innovation: The Historical Construction of an Analytical Framework, 31 *Science, Technology and Human Values*, 639 (2006).

[308] Goedhuys, Micheline, Learning, Product Innovation, and Firm Heterogeneity in Developing Countries: Evidence from Tanzania, *Industrial and Corporate Change*, 16 (2) 269 (2007).

[309] Goedhuys, Micheline, Norbert Janz and Pierre Mohnen, *Knowledge – Based Productivity in "Low – Tech" Industries: Evidence from Firms in Developing Countries*, UNU – MERIT Working Paper 2008 – 007, Maastricht: UNU – MERIT (2008).

[310] Goldman Sachs Group, The New Geography of Global Innovation, Global Markets Institute report, 20 September 2010 (2010).

[311] Gompers, Paul, Josh Lerner, and David Scharfstein, Entrepreneurial Spawning: Public Corporations and the Genesis of New Ventures, 1986 to 1999, *The Journal of Finance*, 60 (2), 577 (2005).

[312] Görg, Holger and David Greenaway, Much ado about Nothing? Do Domestic Firms Really Benefit from Foreign Direct Investment?, *World Bank Research Observer*, vol. 19, 171 (2004).

[313] Gottschalk v. Benson, 409 US 63 (1972).

[314] Gould, David M. and Roy J. Ruffin, What Determines Economic Growth? *Federal Bank of Dallas Economic Review*, 2: 25, 40 (1993).

[315] Govaere, Inge and Paul Demaret, The TRIPS Agreement: A Response to Global Regulatory Competition or an Exercise in Global Regulatory Coercion? in *Regulatory Competition and Economic Integration Comparative Perspectives*, Oxford University Press, 364, 368 – 369 (Daniel C. Esty and Damien Geradin, eds. , 2001).

[316] Government of China, Outline of the National Intellectual Property Strategy (June 2008).

[317] Govindarajan, Vijay and Chris Trimble, *Reverse Innovation: Create Far from Home, Win Everywhere* (Harvard Business Review Press, 2012), in Strategy & Innovation, May 2012, Vol. 10 (2).

[318] Govindarajan, Vijay, The Case for "Reverse Innovation" Now (October 26, 2009).

[319] Grabel, Ilene, International Private Capital Flows and Developing Countries, in *Rethinking Development Economics*, Chapter 15 (Ha – Joon Chang, Ed.) (2003).

[320] Gradstein, Mark and Moshe Justman, Human Capital, Social Capital, and Public School-

ing, *European Economic Review*, nr. 44, 879 (2000).

[321] Graevenitz, Georg, Stefan Wagner and Dietmar Harhoff, Incidence and Growth of Patent Thickets: The Impact of Technological Opportunities and Complexity, *Journal of Industrial Economics*, 61 (3), 521 (2013).

[322] Grant, Robert M., Toward a Knowledge – based Theory of the Firm, *Strategic Management Journal*, Special Issue, nr. 17, 109 (1996).

[323] Greenan, Nathalie and Dominique Guellec, Technological Innovation and Employment Reallocation, *Labour*, 14 (4), 547 (2000).

[324] Greenhalgh, Christine and Mark Rogers, *Innovation, Intellectual Property and Economic Growth*, Princeton University Press (2010).

[325] Greenhalgh, Christine, Mark Longland, Derek Bosworth, Technological Activity and Employment in a Panel of UK Firms, *Scottish Journal of Political Economy*, 48, 260 (2001).

[326] Greer, Douglas F., The Case against Patent Systems in Less – Developed Countries, 8 *Journal of International Law and Economics*, 223 (1973).

[327] Griffith, Rachel, Elena Huergo, Jacques Mairesse, Bettina Peters, Innovation and Productivity Across Four European Countries, NBER Working Paper 12722 (2006).

[328] Griliches, Zvi and Frank R. Lichtenberg, R&D and Productivity Growth at the Industry Level: Is There Still a Relationship? in R&D, *Patentsand Productivity* (Zvi Griliches, ed.) University of Chicago Press (1984).

[329] Griliches, Zvi and Jacques Mairesse, Productivity and R&D at the Firm Level, in Zvi Griliches (ed.), R&D, *Patents and Productivity*, Chicago: University of Chicago Press, 339 (1984).

[330] Griliches, Zvi and Jacques Mairesse, R&D and Productivity Growth: Comparing Japanese and US Manufacturing Firms, in *Productivity Growth in Japan and United States* (Charles R. Hulten, ed.) University of Chicago Press (1991).

[331] Griliches, Zvi, Issues in Assessing the Contribution of R&D to Productivity, *Bell Journal of Economics*, vol. 10, 92 (1979).

[332] Griliches, Zvi, Productivity Puzzles and R&D: Another Non – explanation, *Journal of Economic Perspectives*, vol. 2, 9 (1988).

[333] Griliches, Zvi, Productivity, Productivity, R&D and Basic Research at the Firm Level in the 1970s, *American Economic Review*, 76 (1) 141 (1986).

[334] Griliches, Zvi, R&D and Productivity: Econometric Results and Measurement Issues, in (Paul Stoneman, ed.), *The Handbook of the Economics of Innovation and Technological Change*, Blackwell, Oxford (1995).

[335] Griliches, Zvi, *R&D and Productivity: The Econometric Evidence*, University of Chicago Press (1998).

[336] Griliches, Zvi, R&D and the Productivity Slowdown, *The American Economic Review*, 70 (2), 343 – 348 (1980).

[337] Griliches, Zvi, Patent Statistics as Economic Indicators: A Survey, *Journal of Economic Literature*, 28, 1661 – 1707 (1990).

[338] Grimpea, Christoph and Wolfgang Sofka, Search Patterns and Absorptive Capacity: Low and High Technology Sectors in European Countries, *Research Policy*, 38 (3) 495 (2009).

[339] Grimwade, Nigel, International Trade: New Patterns of Trade, *Production and Investment*, 312 (1989).

[340] Groizard, José L., Technology Trade, *Journal of Development Studies*, 1526 (2009).

[341] Groizard, Jose, Technology Trade, *The Journal of Development Studies*, Taylor and Francis Journals, vol. 45 (9) 1526 (2009).

[342] Grossman, Gene M. and Elhanan Helpman, *Innovation and Growth in the Global Economy*, Cambridge: MIT Press (1991).

[343] Grossman, Gene M. and Elhanan Helpman, Quality Ladders in the Theory of Growth, *Review of Economic Studies*, 58 (193) 43 (1991).

[344] Groups in the WTO (updated 2 March 2013), at http://www.wto.org/english/tratop_e/dda_e/negotiating_groups_e.pdf.

[345] Grundmann, Helge E., Foreign Patent Monopolies in Developing Countries: An Empirical Analysis, 12 *Journal of Development Studies*, 186 (1976).

[346] Grupp, Hariolf and Ulrich Schmoch, Patent Statistics in the Age of Globalization: New Legal Procedures, New Analytical Methods, New Economic Interpretation, *Research Policy*, 28, 377 (1999).

[347] Guellec, Dominique and Bruno van Pottelsberghe de la Potterie, Applications, Grants and the Value of Patent, *Economic Letters*, 69 (1), 109 (2000).

[348] Guellec, Dominique and Bruno Van Pottelsberghe de la Potterie, From R&D to Productivity Growth: Do the Institutional Settings and the Source of Funds of R&D Matter?, *Oxford Bulletin of Economics and Statistics*, Department of Economics, University of Oxford, vol. 66 (3), 353 – 378 (2004).

[349] Guellec, Dominique and Bruno van Pottelsberghe de la Potterie, The Value of Patents and Filing Strategies: Countries and Technology Areas Patterns, *Economics of Innovation and New Technology*, 11 (2), 133 (2002).

[350] Guellec, Dominique and Bruno van Pottelsberghe de la Potterie, The Impact of Public R&D Expenditure on Business R&D, OECD Science, Technology and Industry Working Papers 2000/4, OECD Publishing (2000).

[351] Guellec, Dominique and Bruno Van Pottelsberghe de la Potterie, The Impact of Public R&D Expenditure on Business R&D, *Economics of Innovation and New Technology*,

Vol. 12 (3) (2003).

[352] Guellec, Dominique and Bruno van Pottelsberghe de la Potterie, *The Economics of the European Patent System*, Oxford University Press (2007).

[353] Gummett, Philip, The Evolution of Science and Technology Policy: A UK Perspective, *Science and Public Policy*, 1 (1991).

[354] Guo, Shoukang, Some Remarks on the Third Revision Draft of the Chinese Patent Law 713, in *Patents and Technological Progress in a Globalized World* (Wolrad Prinz zu Waldeck und Pyrmont, Martin J. Adelman, Robert Brauneis, Josef Drexl, Ralph Nack) (Springer, 2009).

[355] Haines, Andy and Andrew Cassels, Can The Millennium Development Goals Be Attained? *British Medical Journal*, Vol. 329, No. 7462 (14 August 2004) 394.

[356] Hall, Bronwyn H. and Dietmar Harhoff, Implementing Reform of The Patent System: Post – Grant Reviews in the US Patent System – Design Choices and Expected Impact, 19 *Berkeley Technology Law Journal*, 989 (2004).

[357] Hall, Bronwyn H. and Jacques Mairesse, Exploring the Relationship between R&D and Productivity in French Manufacturing Firms, *Journal of Econometrics*, 65, 263 (1995).

[358] Hall, Bronwyn H. and Raffaele Oriani, Does the Market Value R&D Investment by European Firms? Evidence from a Panel of Manufacturing Firms in France, Germany and Italy, *International Journal of Industrial Organization*, 24, 971 (2006).

[359] Hall, Bronwyn H. and Rosemarie Ham Ziedonis, The Patent Paradox Revisited: An Empirical Study of Patenting in the US Semiconductor Industry, 1979 – 1995, *Rand Journal of Economics*, Vol. 32 (1) 101 (2001).

[360] Hall, Bronwyn H., Adam B. Jaffe and Manuel Trajtenberg, The NBER Patent Citations Data File: Lessons, Insights and Methodological Tools, NBER Working Paper No. 849 (2001).

[361] Hall, Bronwyn H., Industrial Research During the 1980s: Did the Rate of Return Fall? *Brookings Papers on Economic Activity Microeconomics*, (2): 289 – 344 (1993).

[362] Hall, Bronwyn H., *The Internationalization of R&D*, UC Berkeley and University of Maastricht (March 2010).

[363] Hall, Bronwyn H., The Stock Market Valuation of R&D Investment During the 1980s, *American Economic Review*, 83 (2), 259 (1993).

[364] Hall, Bronwyn H., Jacques Mairesse and Pierre Mohnen, Measuring the Returns to R&D, Working Paper 15622, National Bureau of Economic Research (2009).

[365] Hamilton, Colleen and John Whalley, Coalitions in the Uruguay Round, *Weltwirtschaftliches Archiv*, 125 (3) (1989).

[366] Hanel, Petr, Sskills Required for Innovation: A Review of the Literature, *Note de Recherche* (2008).

[367] Hansen, Povl A. and Göran Serin, Will Low Technology Products Disappear?: The Hidden Innovation Processes in Low Technology Industries, *Technological Forecasting and Social Change*, 55 (2) 179 (1997).

[368] Hanushek, Eric A. and Dennis Kimko, Schooling Labor Force Quality, and the Growth of Nations, *American Economic Review*, vol. 90, 1184 (2000).

[369] Harhoff, Dietmar and Stefan Wagner, The Duration of Patent Examination at the European Patent Office, *Management Science*, Vol. 55 (12) 1969 (2009).

[370] Harhoff, Dietmar, Frederic M. Scherer and Katrin Vopel, Citations, Family Size, Opposition and the Value of Patent Rights, *Research Policy*, 32 (8) 1343 (2003).

[371] Harhoff, Dietmar, R&D and Productivity in German Manufacturing Firms, 6: 22 (1998).

[372] Haris, Donald P. , Carrying a Good Joke Too Far: TRIPS and Treaties of Adhesion, 27 *University of Pennsylvania Journal of International Law*, 681 (2006).

[373] Harrison, Rupert, Jordi Jaumandreu, Jacques Mairesse and Bettina Peters, Does Innovation Stimulate Employment? A Firm – level Analysis Using Comparable Micro – data From Four European Countries. NBER Working Paper No. 14216 (2008).

[374] Harvey, David, *A Brief History of Neoliberalism*, 2 – 4 (2005).

[375] Hassan, Emmanuel, Ohid Yaqub and Stephanie Diepeveen, *Intellectual Property and Developing Countries: A Review of the Literature*, Rand Europe (2010).

[376] Hausmann, Ricardo, Dani Rodrik and Andres Velasco, Getting the Diagnosis Right: A New Approach to Economic Reform, 43 *Finance and Development*, 12 (2006).

[377] Hausmann, Ricardo, Dani Rodrik and Andrés Velasco, Growth Diagnostics, in *The Washington Consensus Reconsidered: Toward a New Global Governance* (Narcís Serra and Joseph Stiglitz, eds.), Oxford University Press (2008).

[378] Heinrich, Ernst Hirschel, Horst Prem and Gero Madelung: *Aeronautical Research in Germany – from Lilienthal until Today*, Springer Verlag (2004).

[379] Helfer, Laurence R. , Regime Shifting: The TRIPS Agreement and New Dynamics of International Intellectual Property Lawmaking, 29 *Yale Journal of International Law*, 1 (2004).

[380] Heller, Michael A. and Rebecca S. Eisenberg, Can Patents Deter Innovation? The Anticommons in Biomedical Research, 280 *Science*, 698 (1998).

[381] Henderson, J. Vernon, Ari Kuncoro, Matthew Turner, Industrial Development in Cities, *The Journal of Political Economy*, 103, 1067 (1995).

[382] Herzberg, Frederick, Motivation – hygiene Theory, in *Organization Theory*, Penguin, Harmondsworth (Derek S. Pugh, ed.) (1966).

[383] Hicks, Diana, Published papers, Tacit Competencies and Corporate Management of the Public/ Private Character of Knowledge, *Industrial and Corporate Change*, 4: 401

(1995).

[384] Hicks, Dianna, T. Ishizuka and S. Sweet, Japanese Corporations, Scientific Research and Globalization, 23 *Research Policy*, 4 (1994).

[385] Hinz, Thomas and Monika Jungbauer – Gans, Starting a Business after Unemployment: Characteristics and Chances of Success (Empirical Evidence from a Regional German Labor Market), *Entrepreneurship and Regional Development*, nr. 11, 317 (1999).

[386] Hoare, Anthony G. , Linkage Flows, Locational Evaluation, and Industrial Geography: A Case Study of Greater London, *Environment and Planning A*, 7: 41 –58 (1975).

[387] Hoare, Anthony G. , Review of Paul Krugman's "Geography and Trade", *Regional Studies*, 26, 679 (1992).

[388] Hoover, Edgar Malone, *Location Theory and the Shoe and Leather Industries*, Cambridge (MA): Harvard University Press (1936).

[389] Howitt, Peter and David Mayer – Foulkes, R&D, Implementation and Stagnation: A Schumpeterian Theory of Convergence Clubs, *Journal of Money, Credit and Banking*, 37 (1), 147 (2005).

[390] Hu, Albert G. and Gary H. Jefferson, A Great Wall of Patents: What Is Behind China's Recent Patent Explosion?, *Journal of Development Economics*, 90 (1) 57 (2009).

[391] Huang, Can, Estimates of the Value of Patent Rights in China, UNU – MERIT Working Paper no. 004, Maastricht Economic and Social Research Institute on Innovation and Technology (2012).

[392] Huang, Kuo – Feng and Tsung – Chi Cheng, Determinants of Firms' Patenting or not Patenting Behaviors, *Journal of Engineering and Technology Management*, Vol. 36, 52 (2015).

[393] Humphrey, John and Hubert Schmitz, *Developing Country Firms in the World Economy: Governance and Upgrading in Global Value Chains*, INEF Report, No. 61, Duisburg: University of Duisburg (2002).

[394] Hunt, Jennifer, Jean – Philippe Garant, Hannah Herman and David J. Munroe, Why Don't Women Patent?, IZA Discussion Paper No. 6886 (September 2012).

[395] Hunt, Jennifer, Jean – Philippe Garant, Hannah Herman and David J. Munroe, Why are Women Underrepresented amongst Patentees? *Research Policy*, 42, 831 (2013).

[396] Hvide, Hans K. and Benjamin F. Jones, University Innovation and the Professor's Privilege, NBER Working Paper No. 22057 (March 2016).

[397] Idris, Kamil, *Intellectual Property: A Power Tool for Economic Growth* 1 (2d ed. 2003).

[398] Imam, Ali, How Patent Protection Helps Developing Countries, 33 *American Intellectual Property Law Association Quarterly Journal*, 377 (2005).

[399] In re Fisher, 421 F. 3d 1365, 76 USPQ2d 1225 (Fed. Cir. 2005).

[400] India Brand Equity Foundation (IBEF), Pharmaceutical Companies in India, at http: //

www. ibef. org/industry/ pharmaceutical – india/showcase.

［401］India – Brazil – South Africa（IBSA）Dialogue Forum： New Delhi Agenda for Coopera-
tion，4 – 5 March 2004.

［402］*Industrial Property Law*，of June 27，1991（Mexico）.

［403］International Monetary Fund（IMF），Balance of Payments Manual（fifth edition，1993）.

［404］International Monetary Fund（IMF），Data and Statistics（2012），at http： //www.
imf. org/ external/data. htm.

［405］International Monetary Fund（IMF），Data and Statistics，at http： //www. imf. org/exter-
nal/data. htm，（1 April 2017）.

［406］International Monetary Fund（IMF），WEO Groups Aggregates Information（1 April
2010）.

［407］International Monetary Fund（IMF），IMF Advanced Economies List，World Economic
Outlook，（April 2016）.

［408］Ismail，Faizel，Reforming the World Trade Organization： Developing Countries in the
Doha Round，Geneva： CUTS International and Friedrich Ebert Stifung（FES）（2009）.

［409］Ismail，Faizel，The G – 20 and NAMA 11： The Role of Developing Countries in the WTO
Doha Round，1 *Indian Journal of International Economic Law*，80（2008）.

［410］Jacobs，Jane，*The Economy of Cities*，Random House（1969）.

［411］Jaffe，Adam and Manuel Trajtenberg，Flows of Knowledge from Universities and Federal
Labs： Modeling the Flows of Patent Citations over Time and Across Institutional and Geo-
graphic Boundaries，NBER Working Paper 5712（1996）.

［412］Jaffe，Adam B. and Josh Lerner，*Innovation and Its Discontents： How Our Broken Patent
System Is Endangering Innovation and Progress，and What to Do About It*，Princeton Uni-
versity Press（2004）.

［413］Jaffe，Adam B. ，Manuel Trajtenberg and Rebecca Henderson，Geographic Localization of
Knowledge Spillovers as Evidenced by Patent Citations，*Quarterly Journal of Economics*，
108，577（1993）.

［414］Jaffe，Adam B. ，Manuel Trajtenberg and Rebecca Henderson，University versus Corporate
Patents： A Window on the Basicness of Inventions，*Economics of Innovation and New
Technology*，5（1）： 19（1997）.

［415］Jaffe，Adam B. ，Real Effects of Academic Research，*American Economic Review*，79
（5），957（1989）.

［416］Jain，Subhash Chandra，*Emerging Economies and the Transformation of International Busi-
ness*，Edward Elgar Publishing（2006）.

［417］Javorcik，Beata S. and Mariana Spatareanu，Disentangling FDI Spillovers Effects： What
Do Firm Perceptions Tell Us?，in *Does Foreign Direct Investment Promote Development?
New Methods，Outcomes and Policy Approaches*（Theodore H. Moran，Edward M. Graham

and Magnus Blomstrom, eds.) Washington, Institute for International Economics, 45 (2005).

[418] Johnson, Clete D. , A Barren Harvest for the Developing World? Presidential "Trade Promotion Authority" and the Unfulfilled Promise of Agriculture Negotiations in the Doha Round, 32 *Georgia Journal of International and Comparative Law*, 437 (2004).

[419] Jones, Charles I. and Paul M. Romer, The New Kaldor Facts: Ideas, Institutions, Population, and Human Capital 8 (Nat'l Bureau Econ. Research, Working Paper No. 15094, 2009).

[420] Jones, Charles, Time Series Tests of Endogenous Growth Models, 110 (2) *Quarterly Journal of Economics*, 495 (1995).

[421] Jorge, Katz, M. , Patents, the *Paris Convention and Less Developed Countries*, Discussion Paper no. 190 (Yale University Economic Growth Center, Nov. 1973).

[422] Juma, Calestous and Lee Yee – Cheong, United Nations Millennium Project, Innovation: Applying Knowledge in Development (2005).

[423] Kabeer, Naila, *Can the MDGs provide a Pathway to Social Justice?: The Challenge of Intersecting Inequalities*, Institute of Development Studies (2010).

[424] Kabla, Isabelle, The Patent as Indicator of Innovation, *INSEE Studies Economic Statistics*, 1, 56 (1996).

[425] Kadarusman, Yohanes and Khalid Nadvi, Competitiveness and Technological Upgrading in Global Value Chains: Evidence from the Indonesian Electronics and Garment Sectors, *European Planning Studies*, 21 (7) 1007 (2013).

[426] Kadarusman, Yohanes, Knowledge Acquisition: Lessons from Local and Global Interaction in the Indonesian Consumer Electronics Sector, *Institutions and Economies*, 4 (2) 65 (2012).

[427] Kaeser, Joe, Why a US – European Trade Deal Is a Win – Win, *The Wall Street Journal* (February 2, 2014).

[428] Kahn, Michael, William Blankley and Neo Molotja, Measuring R&D in South Africa and in Selected SADC Countries: Issues in Implementing Frascati Manual Based Surveys, Working Paper prepared for the UIS, Montreal (2008).

[429] Kalaitzidakis, Pantelis, Theofanis Mamuneas, Andreas Savvides and Thanasis Stengos, Measures of Human Capital and Nonlinearities in Economic Growth, *Journal of Economic Growth*, vol. 6, 229 (2001).

[430] Kaldor, Nicholas, A Model of Economic Growth, 67 Economic Journal, Dec. 1957, 591 (1957).

[431] Kaldor, Nicholas, The Case for Regional Policies, *Scottish Journal of Political Economy*, November (1970) 337.

[432] Kaldor, Nicholas, The Role of Increasing Returns, Technical Progress and Cumulative

Causation in the Theory of International Trade and Economic Growth, Economie Appliquee, 34 Reprinted in, *The Essential Kaldor*, (F. Targetti and A. Thirlwall, eds.) 327 (1981).

[433] Kanwar, Sunil and Robert Evenson, Does Intellectual Property Protection Spur Technological Change?, 55 *Oxford Economic Papers*, 235 (2003).

[434] Kao, Chihwa, Min – Hsien Chiang and Bangtian Chen, International R&D Spillovers: An Application of Estimation and Inference in Panel Cointegration, *Oxford Bulleting of Economics and Statistics*, 61 (S1): 691 – 709 (1999).

[435] Kaplinsky, Raphael, The Role of Standards in Global Value Chains and their Impact on Economic and Social Upgrading, Policy Research Paper 5396, World Bank (2010).

[436] Kapur, Devesh, John Lewis and Richard Webb, *The World Bank: Its Half – Century, Vol. I: History* (Washington DC: Brookings Institute, 1997).

[437] Kassambara, Alboukadel and Fabian Mundt, Factoextra: Extract and Visualize the Results of Multivariate Data Analyses, R package version 1. 0. 3. http: //www. sthda. com/ english/rpkgs/factoextra (2016).

[438] Katz, J. Sylvan, Geographical Proximity and Scientific Collaboration, *Scientometrics*, 31 (1), 31 (1994).

[439] Katz, Michael L. and Carl Shapiro, Systems Competition and Network Effects, *Journal of Economic Perspectives*, vol. 8 (2) 93 (1994).

[440] Kay, John and Chris Llewellyn Smith, Science Policy and Public Spending, *Fiscal Studies* 6 (1985) 14 – 23; P. Dasgupta, The Economic Theory of Technology Policy: An Introduction, in Paul Stoneman and Partha Dasgupta, *Economic Policy and Technological Performance* (Cambridge University Press, Cambridge, 1987).

[441] Keller, Wolfgang and Stephen R. Yeaple, *Multinational Enterprises, International Trade, and Productivity Growth: Firm – level Evidence from the United States*, NBER Working Papers 9504, National Bureau of Economic Research, Inc. (2003).

[442] Keller, Wolfgang, International Technology Diffusion, *Journal of Economic Literature*, 42, 3 (2004).

[443] Keller, Wolfgang, *International Technology Diffusion*, NBER Working Paper Series 8573, Cambridge, Massachusetts (2001).

[444] Kelly, Morgan and Anya Hageman, Marshallian Externalities in Innovation, 1 *Journal of Economic Growth*, Vol. 4 (1) 39 (1999).

[445] Kelly, Morgan and Anya Hageman, Marshallian Externalities in Innovation, *Journal of Economic Growth*, 4 (March), 39 (1999).

[446] Kennedy, David, The "Rule of Law", Political Choices, and Development Common Sense, in *The New Law and Economic Development: A Critical Appraisal* 95, 128 – 150 (David M. Trubek and Alvaro Santos, eds.) Cambridge University Press (2006).

[447] Kenney, Martin and Urs von Burg, Technology Entrepreneurship and Path Dependence: Industrial Clustering in Silicon Valley and Route 128, *Industrial and Corporate Change*, nr. 8, 67 (1999).

[448] Kher, Rajeev, *India in the World Patent Order*, in *Emerging Markets and the World Patent Order*, Edward Elgar (Frederick. Abbott, Carlos Correaand Peter Drahos, eds.) (2013) 183.

[449] Kilkenny, Maureen, Laura Nalbarte and Terry Besser, Reciprocated Community Support and Small Town Small Business Success, *Entrepreneurship and Regional Development*, nr. 11, 231 (1999).

[450] Kim, Linsu and Richard R. Nelson (eds.), *Technology, Learning, and Innovation Experiences of Newy Industrializing Economies*, Cambridge University Press (2000).

[451] Kim, Linsu and Richard. R. Nelson, *Introduction*, in *Technology, Learning and Innovation: Experience of Newly Industrializing Economies* 1 (Linsu Kim and Richard R. Nelson, eds.), Cambridge University Press (2000).

[452] Kitch, Edmund W. , The Patent Policy of Developing Countries, 13 *University of California Los Angeles Pacific Basin Law Journal*, 166 (1994).

[453] Kleinknecht, Alfred, Kees van Montfort and Erik Brouwer, The Non – trivial Choice between Innovation Indicators, *Economics of Innovationand New Technology*, 11, 109 (2002).

[454] Kleinschmidt, Elko J. and Robert G. Cooper, The Impact of Product Innovativeness on Performance, *Journal of Product Innovation Management*, 8, 240 (1991).

[455] Klemperer, Paul, How Broad Should the Scope of Patent Protection Be?, *Rand Journal of Economics*, Vol. 21, 113 (1990).

[456] Klette, Tor Jakob and Svein Erik Førre, Innovation and Job Creation in a Small open, Economy: Evidence from Norwegian Manufacturing Plants 1982 – 1992, *Economics of Innovation and New Technology*, 5, 247 (1998).

[457] Klinische Versuche I and KlinischeVersuche II (Clinical Trials I and II), ACIP Issues Paper, 4 (2004).

[458] Knodel, John E. and Gavin W. Jones, Post – Cairo Population Policy: Does Promoting Girl's Schooling Miss the Mark?, *Population and Development Review*, 22 (4): 683 (1996).

[459] Konings, Joep, Gross Job Flows and Wage Determination in the UK: Evidence from Firm – Level Data. PhD thesis, LSE, London (1994).

[460] Koopmans, Reinout and Ana R. Lamo, Cross – Sectional Firm Dynamics: Theory and Empirical Results from the Chemical Sector, Workingpaper, Economics Department, LSE, London, April (1994).

[461] Koopmans, Tjalling, On the Concept of Optimal Economic Growth, in (Study Week on

the) Econometric Approach to Development Planning, Cowles Foundation Discussion Paper no. 163, (1965), chapter 4, 225 (1965).

[462] Kortum, Samuel, Research, Patenting and Technological Change, *Econometrica*, Vol. 65: 6, 1389 (1997).

[463] Krikorian, Gaëlle and Amy Kapczynski, *Access to Knowledge in the Age of Intellectual Property* (eds.) (2010).

[464] Krishnarao Prahalad, Coimbatore, *The Fortune at the Bottom of the Pyramid: Eradicating Poverty through Profits* (Philadelphia, PA: Wharton School Publishing, 2005).

[465] Kristensen, Thorkil, *Development in Rich and Poor Countries*, New York: Praeger (1982).

[466] Krueger, Alan B. , Mikael Lindahl, Education for Growth: Why and for Whom, NBER working paper, no. 7591 (2000).

[467] Krugman, Paul and A. Venables, Integration and the Competitiveness of Peripheral Industry 56, in *Unity with diversity in the European Community* (Christopher Bliss and Jorge Braga de Macedo, eds.), Cambridge University Press (1990).

[468] Krugman, Paul R. , *Geography and Trade. Cambridge*, MA: MIT Press (1991).

[469] Krugman, Paul, A Model of Innovation, Technology Transfer, and the World Distribution of Income, 87 *Journal of Political Economy*, 253 (1979).

[470] Krugman, Paul, A Model of Technology Transfer, and the World Distribution of Income, 87 *Journal of Policy Economics*, 253 (1979).

[471] Krugman, Paul, *Geography and Trade*, Leuven University Press (1991).

[472] Paul Krugman, On the Relationship between Trade Theory and Location Theory, *Review of International Economics*, 1, 110 (1993).

[473] Krugman, Paul, History and Industrial Location: The Case of the Manufacturing Belt, American Economic Review (Papers and Proceedings) 81 (1991).

[474] Krugman, Paul, Increasing Returns and Economic Geography, *Journal of Political Economy*, 99, 483 (1991).

[475] Krugman, Paul, The "New Theory" of International Trade and the Multinational Enterprise, in *The Multinational Corporation in the 1980s* (Charles Kindleberger, ed.) 57, MIT Press (1983).

[476] Krugman, Paul, The Current Case for Industrial Policy 160, in *Protectionism and World Welfare* (Dominick Salvatore, ed.), Cambridge University Press (1993).

[477] Krugman, Paul, The Lessons of Massachusetts for EMU, in *Adjustment and Growth in the European Monetary Union* (Francisco Torres and Francesco Giavazzi, eds.) 241, Cambridge University Press (1993).

[478] Lachenmaier, Stefan and Horst Rottmann, Effects of Innovation on Employment: A Dynamic Panel Analysis, *International Journal of Industrial Organization*, 29 (2) 210

(2011).

[479] Lall, Sanjaya and Morris Teubal, *Market – stimulating Technology Policies in Developing Countries: A Framework with Examples from East Asia*, World Development, Elsevier, vol. 26 (8) 1369 (1998).

[480] Landes, David S. , *The Wealth and Poverty of Nations: Why Some Are So Rich and Some So Poor*, W. W. Norton (1998).

[481] Landes, William M. and Richard A. Posner, *The Economic Structure of Intellectual Property Law*, Harvard University Press (2003).

[482] Lanjouw, Jean O. , and Mark Schankerman, Research Productivity and Patent Quality: Measurement with Multiple Indicators, CEPR Discussion Papers in its series CEPR Discussion Papers with number 3623 (October 2002).

[483] Lanjouw, Jean O. , Ariel Pakes and Jonathan Putnam, How to Count Patents and Value Intellectual Property: The Uses of Patent Renewal and Application Data, *Journal of Industrial Economics*, 46 (4) 404 (1998).

[484] Larch, Martin, *Regional Cross – Section Growth Dymamics in the European Community*, Working paper, European Institute, LSE, London, June (1994).

[485] Latouche, Daniel, Do Regions Make a Difference? The Case of Science and Technology Policies in Quebec, in *Regional Innovation Systems: The Role of Governances in a Globalized World* (Hans – Joachim Braczyk, Philip Cooke and Martin Heidenreich, eds.), London: UCL Press (1998).

[486] Lazaridis, George and Bruno Van Pottelsberghe, The Rigor of EPO's Patentability Criteria: An Insight into the Induced Withdrawals, CEB Working Paper N° 07/007 (April 2007).

[487] Lecomte, Henri Bernard Solignac, Building Capacity to Trade: A Road Map for Development Partners: Insights from Africa and the Caribbean 7 (European Centre for Dev. Pol'y Mgmt Discussion Paper 33, 2001), available at http://www. ecdpm. org.

[488] Lederman, Daniel and William F. Maloney, R&D and Development, Policy Research Working Paper, 3024 (2003).

[489] Lee, Keun, *Schumpeterian Analysis of Economic Catch – up: Knowledge, Path – creation and the Middle Income Trap*, Cambridge University Press (2013).

[490] Léger, Andreanne and Sushmita Swaminathan, Innovation Theories: Relevance and Implications for Developing Country Innovation, German Institute for Economic Research (DIW) Discussion paper 743 (November 2007).

[491] Legislative Affairs Office of the State Council PRC, "12th five – Year Plan (2011 – 2015) for National Economic and Social Development of P. R China" (17 March 2011).

[492] Lei, Zhen, Zhen Sun and Brian Wright, Patent Subsidy and Patent Filing in China (2012).

[493] Lemley, Mark A. and B. Sampat, Examiner Characteristics and the Patent Grant Rate,

mimeo: http://www.nber.org/~confer/2008/si2008/IPPI/lemley.pdf (2008).

[494] Lemley, Mark A., Douglas Lichtman and Bhaven N. Sampat, What to Do About Bad Patents, *Regulation*, Vol. 28 (4) 10 (Winter 2005 – 2006).

[495] Lerner, Josh, Patent Protection and Innovation Over 150 Years, NBER Working Paper No. 8977 (2002).

[496] Levin, Richard C., Alvin K. Klevorick, Richard Nelson and Sidney Winter, Appropriating the Returns from Industrial Research and Development, *Brookings Papers on Economic Activity*, 3 (1987).

[497] Levinthal, Daniel and James G. March, A Model of Adaptive Organizational search, *Journal of Economic Behavior and Organization*, 2, 307 – 33 (1981).

[498] Levitt, Theodore, Innovative Imitation, *Harvard Business Review* (Sept. – Oct. 1966).

[499] Levy, Charles S., Implementing TRIPS – A Test of Political Will, 31 *Law and Policy in International Business*, 789 (2000).

[500] Lewis, Meredith K, Expanding the P – 4 Trade Agreement into a Broader Trans – Pacific Partnership: Implications, Risks and Opportunities, *Asian Journal of the WTO and International Health Law and Policy*, vol. 4 (2) 401 (2009).

[501] Licht, Georg and Konrad Zoz, *Patents and R&D: An Econometric Investigation Using Applications for German, European, and US Patents by German Companies*, ZEW Discussion Paper 96 – 19, Zentrum fur Europaische Wirtschaftsforschung, Mannheim (1996).

[502] Lichtenberg, Frank and Donald Siegel, The Impact of R&D Investment on Productivity – New Evidence Using Linked R&D – LRD Data, *Economic Inquiry*, 29, 203 (1991).

[503] Lichtenberg, Frank R., and Bruno van Pottelsberghe de la Potterie, International R&D Spillovers: A Comment. *European Economic Review*, 42 (8): 1483 (1998).

[504] Lichtenberg, Frank R., *R&D Investment and International Productivity Differences*, NBER Working Papers 4161, National Bureau of Economic Research, Inc. (1992).

[505] Lichtenberg, Frank R., R&D Investment and International Productivity Differences, in *Economic Growth in the World Economy* (Horst Siebert, ed.), Tubingen: Mohr (1993).

[506] Lichtman, Douglas G. and Mark A. Lemley, Presume Nothing: Rethinking Patent Law's Presumption of Validity 300, in *Competition Policy and Patent Law under Uncertainty: Regulating Innovation* (Geoffrey A. Manne, Joshua D. Wright, eds.), Cambridge University Press (2011).

[507] Lin, Cheng, Ping Lin, Frank M. Song and Chuntao Li, Managerial Incentives, CEO Characteristics and Corporate Innovation in China's Private Sector, *Journal of Comparative Economics*, 39 (2), 176 (2011).

[508] Link, Albert N., and John T. Scott, *Public Accountability: Evaluating Technology – Based Institutions*, Kluwer Academic Publishers, Norwell, MA (1998).

[509] Link, Albert N., Basic Research and Productivity Increase in Manufacturing: Additional

Evidence, *American Economic Review*, 71 (5) 1111 (1981).

[510] Link, Albert N. , On the classification of industrial R&D, *Research Policy*, Vol. 25 (3) 397 (May 1996).

[511] Loewe, Markus, Jonas Blume, Verena Schönleber, Stella Seibert, Johanna Speer, Christian Voss, *The Impact of Favoritism on the Business Climate*: A Study of Wasta in Jordan, *DIE studies* 30, *Bonn* (German Development Institute) (2007).

[512] Long, J. Scott, ed. , *From Scarcity to Visibility*: Gender Differences in the Careers of Doctoral Scientists and Engineers, Washington, DC: National Academy Press (2001).

[513] Love, James, KEI Analysis of Wikileaks Leak of TPP IPR Text, from August 30, 2013, available at: www. keionline. org/node/1825 (2013).

[514] Lu, Qiwen, *China's Leap into the Information Age*: Innovation and Organization in the Computer Industry, Oxford University Press (2000).

[515] Lucas, Robert Emerson, On the Machines of Economic Development, *Journal of Monetary Economics*, vol. 22, 3 (1988).

[516] Luintel, Kul B. and Mosahid Khan, Basic, Applied and Experimental Knowledge and Productivity: Further Evidence, *Economics Letters*, 111 (1) 71 (2011).

[517] Lundvall, Bengt–Åke (ed.) *National System of Innovation*: Towards a Theory of Innovation and Interactive Learning (Anthem Press, 1993).

[518] Lundvall, Bengt–Åke and Susana Borras, The Globalizing Learning Economy: Implications for Technology Policy, Final Report under the TSER Programme, EU Commission (1997).

[519] Lundvall, Bengt–Åke, ed. , *National Innovation Systems*: Toward a Theory of Innovation and Interactive Learning, Pinter, London (1992).

[520] Lundvall, Bengt–Åke, Innovation as an Interactive Process: From User Producer Interaction to the National System of Innovation, Chapter 18 in *Technical Change and Economic Theory* (Giovanni Dosi, Christopher Freeman, Richard Nelson, Gerarld Silverberg and Luc Soete, eds.), LEM Book Series (1988).

[521] Lundvall, Bengt–Åke, Product Innovation and User–Producer Interaction, in 31 *Industrial Development Research Series*, 28 – 29 (1985).

[522] Madey v. Duke, 307 F 3d 1351 (Fed. Cir. 2002).

[523] Maharajh, Rasigan and Erika Kraemer Mbula, Innovation Strategies in Developing Countries, in *Innovation and the Development Agenda* (Erika Kraemer – Mbula and Watu-Wamae, eds.) (2009).

[524] Mairesse, Jacques and Pierre Mohnen, The Importance of R&D for Innovation: A Reassessment Using French Survey Data, *Journal of Technology Transfer*, 30, 183 (2005).

[525] Mairesse, Jacques and Mohamed Sassenou, R&D and Productivity: A Survey of Econometric Studies at the Firm Level, *Science Technology – Industry Review*, 8, 317 (1991).

[526] Mäkinen, Iiro, The Propensity to Patent: An Empirical Analysis at the Innovation Level, ETLA – The Research Institute of the Finnish Economy (2007) (File with author).

[527] Mankiw, N. Gregory, David Romer and David N. Weil, A Contribution to the Empirics of Economic Growth, *Quarterly Journal of Economics*, vol. 107, 407 (1992).

[528] Mankiw, N. Gregory, *Principles of Economics*, 4th ed. (2007).

[529] Mansfield, Edwin, Patents and Innovation: An Empirical Study, *Management Science*, 32, 173 (1986).

[530] Mansfield, Edwin, Academic Research and Industrial Innovation: An Update of Empirical Findings, *Research Policy*, 26 (7 – 8), 773 – 776 (1998).

[531] Mansfield, Edwin, Basic Research and Productivity Increase in Manufacturing, *American Economic Review*, 70 (5) 863 (1980).

[532] Mara, Kaitlin, Standing Committee on the Law of Patents to Reconvene After Two Year Hiatus, Intellectual Property Watch (June 19, 2008).

[533] March, James G. , Herbert A. Simon, *Organizations*, New York: Wiley (1958).

[534] Marrakesh Treaty to Facilitate Access to Published Works for Persons Who Are Blind, Visually Impaired or Otherwise Print Disabled (2013), at http: //www. wipo. int/treaties/ en/text. jsp? file id =301016.

[535] Marshall, Alfred, *Principles of Economics*, London: Macmillan, (8th ed.) (1920).

[536] Martin, Fernand, The Economic Impact of Canadian University R&D, *Research Policy*, 27 (7) 677 (1998).

[537] Martin, Ron and Peter Sunley, Paul Krugman's Geographical Economics and Its Implications for Regional Development Theory, *Economic Geography*, Vol. 72 (3) 259 (1996).

[538] Martin, Ron and Peter Sunley, Slow Convergence? The New Endogenous Growth Theory and Regional Development, *Economic Geography*, Vol. 74 (3) 201 (1988).

[539] Marusuk Hermann, Rachel, WIPO Patent Committee Moves Quickly Through Agenda; Heavy Lifting to Come, Intell. Prop. Watch (Feb. 26, 2013).

[540] Marusuk Hermann, Rachel, WIPO Patent Law Committee cinches Agreement on Future Work, Intell. Prop. Watch (Mar. 1, 2013).

[541] Marx, Karl, *Capital: A Critical Analysis of Capitalist Production*, Foreign Languages Publishing House (first edn. 1867, Moscow) (1961).

[542] Maskell, Peter, Learning in the Village Economy of Denmark: The Role of Institutions and Policy in Sustaining Competitiveness, in Hans – Joachim Braczyk, Philip Cooke and Martin Heidenreich (eds.) *Regional Innovation Systems. : The Role of Governances in a Globalized World*, London: UCL Press (1998).

[543] Maskus, Keith E. and Jerome H. Reichman (eds.), *International Public Goods and Transfer of Technology Under a Globalized Intellectual Property Regime* (2005).

[544] Maskus, Keith E. and Jerome H. Reichman, The Globalization of Private Knowledge Goods

and the Privatization of Global Public Goods, 7 *Journal of International Economic Law*, 279 (2004).

[545] Maskus, Keith E., and Mohan Penubarti, How Trade – Related Are Intellectual Property Rights?, 39 J. *Int'l Econ*, . 227 (1995).

[546] Maskus, Keith E., Intellectual Property Rights in the Global Economy 11 (2000).

[547] Maskus, Keith E., The Role of Intellectual Property Rights in Encouraging Foreign Direct Investment and Technology Transfer, 9 *Duke Journal of Comparative & International Law*, 109 (1998).

[548] Matthew Waguespack, David, Jóhanna Kristín Birnir and Jeff Schroeder, Technological Development and Political Stability: Patenting in Latin America and the Caribbean, *Research Policy*, 34: 1570 (2005).

[549] Maurseth, Botolf and Bart Verspagen, *Knowledge Spillovers in Europe: A Patent Citation Analysis, paper presented at the CRENOS Conference on Technological Externalities and Spatial Location*, University of Cagliari, 24 – 25 September (1999).

[550] May, Christopher T., *The Information Society: A Skeptical View*, Cambridge: Polity Press (2002).

[551] May, Christopher, The Pre – History and Establishment of the WIPO (2009), Journal No. 1, 16, at: www. research. lancs. ac. uk/portal/en/publications/the – prehistory – and – establishment – of – the – wipo (4db79f65 – 30d9 – 42a3 – b7ed – da285b32f77a). html.

[552] McGregor, James, China's Drive for "Indigenous Innovation": A Web of Industrial Policies, US Chamber of Commerce, Global Regulatory Cooperation Project (26 July 2010).

[553] McMillan, G. Steven, Gender Differences in Patent Activity: An Examination of the US Biotechnology Industry, 80 *Scientometrics*, 683 (2009).

[554] Meier, Gerald M., and James E. Rauch (eds.), *Leading Issues in Economic Development*, Oxford University Press (1995).

[555] Mellström, Ulf, The Intersection of Gender, Race and Cultural Boundaries, or Why Is Computer Science in Malaysia Dominated by Women?, *Social Studies of Science*, vol. 39 (6) 885 (2009).

[556] Mensch, Gerhard, *Stalemate in Technology: Innovations Overcome the Depression* (Ballinger Publishing Company, 1979).

[557] Meyer – Krahmer, Frieder and Guido Reger, New Perspectives on the Innovation Strategies of Multinational Enterprises: Lessons for Technology Policy in Europe, 28 *Research Policy*, Vol. 28, 751 (1999).

[558] Michalisin, Michael D., Robert D. Smith and Douglas M. Kline, In Search of Strategic Assets, *The International Journal of Organizational Analysis*, 5 (4) 360 (1997).

[559] Michalopoulos, Constantine, *The Participation of the Developing Countries in the WTO*, Policy Research Working Paper, World Bank, Washington, DC (1999).

[560] Milhaupt, Curtis and Katharina Pistor, *Law and Capitalism – What Corporate Crises Reveal about Legal Systems and Economic Development Around the World*, Chicago, Chicago Press (2008).

[561] Millennium Development Goals (MDG), MDG 8 – Access to Essential Medicines, at: http://iif. un. org/content/mdg – 8 – access – essential – medicines (2000).

[562] Millennium Project, Investing in Development: A Practical Plan to Achieve the Millennium Development Goals (2005).

[563] Milligan, Glenn W. and Martha C. Cooper, An Examination of Procedures for Determining the Number of Clusters in a Data Set, *Psychometrika*, 50 (2), 159 (1985).

[564] Ministry of Foreign Affairs of Japan, Signing Ceremony of the EU for the Anti – Counterfeiting Trade Agreement (ACTA) (Outline) (26 January 2012).

[565] Ministry of Science and Technology of China (MOST), Statistics of Science and Technology at: www. most. org. cn (2010).

[566] Morales, Maria, Research Policy and Endogenous Growth, *Spanish Economic Review*, 6 (3): 179 (2004).

[567] Morgan, Peter, Technical Assistance: Correcting the Precedents, 2 *Development Policy Journal*, 1 (2002).

[568] Moris, Francisco, *R&D Investments by US TNCs in Emerging and Developing Markets in the 1990s*, Background paper prepared for UNCTAD (Arlington, VA: US National Science Foundation), mimeo (2005).

[569] Moritz, Steffen, Impute TS: Time Series Missing Value Imputation, R package version 1.5, at: https://CRAN. R – project. org/package = imputeTS (2016).

[570] Morrison, Andrea, Carlo Pietrobelli and Roberta Rabellotti, Global Value Chains and Technological Capabilities: A Framework to Study Industrial Innovation in Developing Countries, Quaderni SEMeQ n° 03/2006 (2006).

[571] Mosahid Khan and Kul B. Luintel, Basic, Applied and Experimental Knowledge and Productivity: Further Evidence, *Economics Letters*, 111 (1), 71 – 74 (2011).

[572] Mota, Isabel and António Brãndao, Modeling Location Decisions – The Role of R&D Activities, European Regional Science Association in its series ERSA conference papers No. ersa 05p612 (2005).

[573] Mowery, David and Nathan Rosenberg, The Influence of Market Demand Upon Innovation: A Critical Review of Some Recent Empirical Studies, 8 *Research policy*, 102 (1979).

[574] Mowery, David C. and Nathan Rosenberg, *Technology and the Pursuit of Economic Growth*, Cambridge University Press (1989).

[575] Mowery, David C. , Economic Theory and Government Technology Policy, *Policy Sciences*, 16, 27 (1983).

[576] Mowery, David C. , Richard R. Nelson, Bhaven N. Sampat and Arvids A. Ziedonis, *Ivory*

Tower and Industrial Innovation University – Industry Technology Transfer Before and After the Bayh – Dole Act, Stanford University Press (2004).

[577] Musungu, Sisule F. , *Susan Villanueva, Roxana Blasetti, Utilizing TRIPS Flexibilities for Public Health Protection Through South – South Regional Frameworks* (South Center 2004).

[578] Myrdal, Gunnar, *Economic Theory and Under – Developed Regions*, Taylor & Francis (1957).

[579] Mytelka, Lynn K. and Keith Smith, Innovation Theory and Innovation Policy: Bridging the Gap 12 – 17 (2001).

[580] Nadiri, Ishaq and Theofanis P. Mamuneas, The Effects of Public Infrastructure and R&D Capital on the Cost Structure and Performance of US Manufacturing Industries, *Review of Economics and Statistics*, Vol. 76, 22 – 37 (1994).

[581] Nadiri, Ishaq, *Innovations and Technological Spillovers*, NBER Working Paper Series, 4423, Cambridge, MA (1993).

[582] Naldi, Fulvio and Ilaria Vannini Parenti, *Scientific and Technological Performance by Gender*, European Commission (2002).

[583] Narin, Francis and J. Davidson Frame, The Growth of Japanese Science and Technology, *Science*, 245 (1989).

[584] Narin, Francis, Kimberly S. Hamilton and Dominic Olivastro, The Increasing linkage between US Technology and Public Science, *Research Policy*, 26: 317 (1997).

[585] Narlikar, Amrita and John Odell, The Strict Distributive Strategy for a Bargaining Coalition: The Like Minded Group in the World Trade Organization, 1998 – 2001, in *Negotiating Trade: Developing Countries in the WTO and NAFTA* (*John Odell, ed.*), Cambridge University Press (2006).

[586] Narlikar, Amrita, Bargaining over the Doha Development Agenda: Coalitions in the World Trade Organization, Serie LATN Papers, N ͣ 34 (2005).

[587] Narlikar, Amrita, *International Trade and Developing Countries: Bargaining Coalitions in the GATT and WTO*, London: Routledge, RIPE Studies in Global Political Economy (2003).

[588] Narula, Rajneesh and Antonello Zanfei, Globalization of Innovation: The Role of Multinational Enterprises, Chapter 12 in *The oxford Handbook of Innovation* (Jan Fagerberg and David Mowery, eds.), Oxford University Press (2005).

[589] Nason, Howard K. , George E. Manners and Joseph A. Steger, *Support of Basic Research in Industry*, National Science Foundation report (Washington, DC) (1978).

[590] National Research Council, *Funding a Revolution: Government Support for Computing Research, Report of the NRC Computer Science and Telecommunications Board Committee on Innovations in Computing: Lessons from History* . National Academy Press, Washington DC

(1999).

[591] National Science Foundation (NSF), 1956, *Science and Engineering in American Industry: Final Report on a 1953 - 1954 Survey*, National Science Foundation report (Washington, DC).

[592] National Science Foundation (NSF), *Science and Engineering in American Industry: Final Report on a 1956 Survey*, National Science Foundation report (Washington, DC) (1959).

[593] Navas - Aleman, Lizbeth, The Impact of Operating in Multiple Value Chains for Upgrading: The case of the Brazilian Furniture and Footwear Industries, *World Development*, 39 (8), 1386 (2011).

[594] Nelson, Richard R. (ed.), *National Innovation System: A Comparative Analysis*, Oxford University Press (1993).

[595] Nelson, Richard R., and Edmund S. Phelps, Investment in Humans, Technological Diffusion, and Economic Growth, *American Economic Review*, 56 (2) 69 (1966).

[596] Nelson, Richard R. and Nathan Rosenberg, Technical innovation and National Systems, in Richard R. Nelson (editor), *National Innovation Systems: A Comparative Analysis*, Oxford University Press (1993).

[597] Nelson, Richard R., *Government and Technical Progress: A Cross - Industry Analysis*, New York (1982).

[598] Nelson, Richard R., Reflections on "The Simple Economics of Basic Scientific Research": Looking Back and Looking Forward, *Industrial and Corporate Change*, Vol. 15 (6) 903 (2006).

[599] Nelson, Richard R., The Co - evolution of Technology, Industrial Structure and Supporting Institutions, *Industrial and Corporate Change*, 3 (1) 47 - 63 (1994).

[600] Nelson, Richard R., The Link between Science and Invention: The Case of the Transistor, in *The Rate and Direction of Inventive Activity* (Richard R. Nelson, ed.) (Princeton University Press, New Jersey, 1962).

[601] Nelson, Richard R., The Roles of Universities in the Advance of Industrial Technology, in *Engines of Innovation* (Richard S. Rosenbloom and William J. Spencer, eds.), Cambridge, MA: Harvard Business School Press (1996).

[602] Netanel, Neil, Introduction: The WIPO Development Agenda and Its Development Policy Context 1, in *The Development Agenda: Global Intellectual Property and Developing Countries* (Neil Netanel, ed.) Oxford University Press (2009).

[603] New Scientist, Silicon Subcontinent: India Is Becoming the Place to Be for Cutting edge Research (19 February 2005).

[604] New, William, IP - Watch, USPTO Acting Director Discusses Patent Quality, Pendency, Harmonization (3/03/201 5), at http: //www. ip - watch. org/2015/03/03/uspto - act-

ing – director – discusses – patent – quality – pendency – harmonisation/.

[605] New, William, WIPO Development Agenda Implementation: The Ongoing Fight for Development in IP, Intellectual Property Watch (9.5.2012).

[606] Niefer, Michaela, Patenting Behavior and Employment Growth in German Start – up Firms: A Panel Data Analysis, Discussion Paper No. 05 – 03, ZEW (2003).

[607] Nieto, María Jesús and Luís Santamaría, The Importance of Diverse Collaborative Networks for the Novelty of Product Innovation, *Technovation*, 27 (6 – 7) 367 (2007).

[608] North, Douglas, *Institutional Change and Economic Performance*, Cambridge University Press (1990).

[609] NovaMedica, The Pharma Letter, Russian Government to Change Rules on Public Procurement of Drugs (28 August 2013), available at http://novamedica.com/media/theme_news/p/631#sthash.lFR4tPlr.dpuf.

[610] Nunnenkamp, Peter and Julius Spatz, Intellectual Property Rights and Foreign Direct Investment: The Role of Industry and Host – Country Characteristics 2 (Kiel Instit. for World Econ., Working Paper No. 1167, June 2003).

[611] Oakey, Ray P. and Sarah. Y. Cooper, High Technology Industry, Agglomeration and the Potential for Peripherally Sited Small Firms, *Regional Studies*, 23, 347 (1989).

[612] Odagiri, Hiroyuki, Akira Goto, Atsushi Sunami, and Richard R. Nelson (eds.), *Intellectual Property Rights, Development and Catch UP*, Oxford University Press (2010).

[613] Oded Galor, Convergence? Inferences from Theoretical Models, *The Economic Journal*, 106, 1056 (1996).

[614] Odell, John (ed.), *Negotiating Trade: Developing Countries in the WTO and NAFTA*, Cambridge University Press (2006).

[615] Odell, John S. and Susan K. Sell, Reframing the Issue: The WTO Coalition on Intellectual Property and Public Health 85, in *Negotiating Trade* (John S. Odell, ed.), Cambridge University Press (2006).

[616] Okediji, Ruth L. (Gana), The Myth of Development, The Progress of Rights: Human Rights to Intellectual Property and Development, 18 *Law and Policy*, 315 (1996).

[617] Okediji, Ruth L., Public Welfare and the International Patent System 1, in *Patent Law in Global Perspective* (Ruth L. Okediji, Margo A. Bagley, eds.), Oxford University Press (2014).

[618] Okediji, Ruth L., Public Welfare and the Role of the WTO: Reconsidering the TRIPS Agreement, 17 *Ecomory International Law Review*, 819 (2003).

[619] Olwan, Rami M., *Intellectual Property and Development: Theory and Practice*, Springer (2013).

[620] Onyeama, Geoffrey, Deputy Director General, Cooperation for Development, WIPO, interview in Geneva, Switzerland, on October 15, 2014 (file with author).

[621] Opinions on the Provision of Judicial Support and Service, Supreme People's Court, http://www.chinacourt.org/fwk/show.php? file_id = 144434 (link to text in Chinese), June 29, 2010.

[622] Order of the President of the People's Republic of China No. 8, The Decision of the Standing Committee of the National People's Congress on Amending the Patent Law of the People's Republic of China, adopted at the 6th Meeting of the Standing Committee of the Eleventh National People's Congress on December 27, 2008.

[623] Organization for Economic Co – operation and Development (OECD) (2011), Science, Technology and Industry Scoreboard (20 September2011).

[624] Organization for Economic Co – operation and Development (OECD) and Eurostat (2005), *Oslo Manual: Guidelines for Collecting and Interpreting Innovation Data* (Paris: OECD) (Oslo Manual).

[625] Organization for Economic Co – operation and Development (OECD), *Innovative Clusters: Drivers of National Innovation Systems*, Paris: OECD publication (2001).

[626] Organization for Economic Co – operation and Development (OECD), Benchmark Definition of Foreign Direct Investment (third edition, 1995).

[627] Organization for Economic Co – operation and Development (OECD), Compendium of Patent Statistics, Economic Analysis and Statistics Division of the OECD Directorate for Science, Technology and Industry (2004).

[628] Organization for Economic Co – operation and Development (OECD), Compendium of Patent Statistics (2008).

[629] Organization for Economic Co – operation and Development (OECD), Developed and Developing Countries (4 January 2006).

[630] Organization for Economic Co – operation and Development (OECD), Knowledge Networks and Markets (KNM) "Expert Workshop on Patent Practice and Innovation" (May 2012).

[631] Organization for Economic Co – operation and Development (OECD), Mariagrazia Squicciarini, Hélène Dernis and Chiara Criscuolo, Measuring Patent Quality: Indicators of Technological and Economic Value (OECD France) (06 June 2013).

[632] Organization for Economic Co – operation and Development (OECD), OECD Reviews of Innovation Policy: Russian Federation (2011).

[633] Organization for Economic Co – operation and Development (OECD), Patents and Innovation Trends and Policy Challenges: Trends and Policy Challenges (2004).

[634] Organization for Economic Co – operation and Development (OECD), Patent Statistics Manual (2009), at http://www.oecdbookshop.org/en/browse/title – detail/? ISB = 9789264056442.

[635] Organization for Economic Co – operation and Development (OECD), *Proposed Standard*

Practice for Surveys on Research and Experimental Development (Paris: OECD) (2002) (Frascati Manual).

[636] Organization for Economic Co – operation and Development (OECD), Research Use of Patented Knowledge: A Review by Chris Dent, Paul Jensen, Sophie Waller and Beth Webster, STI Working Paper 2006/2 (2006).

[637] Organization for Economic Co – operation and Development (OECD), Science, Technology and Industry Scoreboard 2011: Innovation and Growth in Knowledge Economies (2011).

[638] Organization for Economic Co – operation and Development (OECD), *The Measurement of Scientific and Technological Activities: Standard practice for Surveys of Research and Experimental Development* (1994) (Frascati Manual 1993: OECD Publications).

[639] Organization for Economic Co – operation and Development (OECD), Turning Science into Business: Patenting and Licensing at Public Research Organizations, OECD (2003).

[640] Organization for Economic Co – operation and Development (OECD)/OCDE, Background report to the Conference on internationalization of R&D, Brussels (March 2005).

[641] Osano, Hiroshi, Basic Research and Applied R&D in a Model of Endogenous Economic Growth, *Osaka Economic Papers*, 42 (1 – 2) 144 (1992).

[642] Ostry, Sylvia, After Doha: Fearful New World?, Bridges, Aug. 2006, at 3, at http://www. ictsd. org/monthly/bridges/BRIDGES 10 – 5. pdf (2006).

[643] Ostry, Sylvia, The Uruguay Round North – South Bargain: Implications for Future Negotiations, in *The Political Economy of International Trade Law: Essays in Honor of Robert E. Hudec* (Daniel L. M. Kennedy and James D. Southwick, eds.), Cambridge University Press (2002) 285 (September 2000), at http://www. utoronto. ca/cis/Minnesota. pdf.

[644] Owen – Smith, Jason, Massimo Riccaboni, Fabio Pammolli and Walter W. Powell, A Comparison of US and European University – Industry Relations in the Life Sciences, *Management Science*, 48 (1), 24 – 43 (2002).

[645] Parente, Stephen L. , and Edward C. Prescott, Monopoly Rights: A Barrier to Riches, *American Economic Review*, 89, 1216 (1999).

[646] Parente, Stephen L. and Edward C. Prescott, Technology Adoption and Growth, *Journal of Political Economy*, 102, 298 (1994).

[647] Park, Walter G. , A Theoretical Model of Government Research and Growth, *Journal of Economic Behavior & Organization*, 34 (1), 69 (1998).

[648] Park, Walter G. , International Patent Protection: 1960 – 2005, Research Policy, 37, 761 (2008).

[649] Park, Walter G. , International R&D Spillovers and OECD Economic Growth, *Economic Inquiry*, Vol. 33, 571 (1995).

[650] Patel, Mayur, New Faces in the Green Room: Developing Country Coalitions and Decision –

Making in the WTO, GEG Working Paper Series, 2007/WP33.

[651] Patel, Pari and Keith Pavitt, The Nature and Economic Importance of National Innovation Systems, *STI Review*, 14 (1994).

[652] Patel, Parimal, Localized Production of Technology for Global Markets, *Cambridge Journal of Economics*, Vol. 19 (1), 141 (1991).

[653] Patel, Parimal and Modesto Vega, Patterns of Internationalization of Corporate Technology: Location vs. Home Country Advantages, *Research Policy*, Vol. 28, No. 145 – 155 (1999).

[654] Pavitt, Keith, Academic Research, Technical Change and Government Policy, in *Companion Encyclopedia of Science in the Twentieth Century* 143 (John Krige and Dominique Pestre, eds.) (2013).

[655] Pavitt, Keith, The Social Shaping of the National Science Base, *Research Policy*, 27, 793 (1998).

[656] Pavitt, Keith, What Makes Basic Research Economically Useful?, *Research Policy*, Vol. 20 (2), 109 (April 1991).

[657] Payosova, Tetyana, *Russian Trip to the TRIPS: Patent Protection, Innovation Promotion and Public Health*, in *Emerging Markets and the World Patent Order*, Edward Elgar (Frederick Abbott, Carlos Correa and Peter Drahos, eds.) (2013) 225.

[658] Peeters, Carine and Bruno Van Pottelsberghe, *Economics and Management Perspectives on Innovation and Intellectual Property Rights* (Palgrave Macmillan) (2006).

[659] Pelloni, Alessandra, Public Financing of Education and Research in a Model of Endogenous Growth, *Labour*, 11 (3) 517 (1997).

[660] Pennings, Johannes M., Kyungmook Lee and Arjen van Witteloostuijn, Human Capital, Social Capital, and Firm Dissolution, Academy of Management Journal, nr. 41, 425 (1998).

[661] Perez, Carlota and L. Luc Soete, Catching – Up in Technology: Entry Barriers and Windows of Opportunity, in *Technical Change and Economic Theory* 458 (Giovanni Dosi, Christopher Freeman, Richard Nelson, Gerarld Silverberg and Luc Soete, eds.), LEM Book Series (1988).

[662] Perroux, François, Economic Space: Theory and Applications, *Quarterly Journal of Economics*, 64, 89 – 104 (1950).

[663] Perroux, François, Note sur la Notion des "Poles du Croissance", *Economie Appliquee*, 1 and 2, 307 – 320 (1955).

[664] Pessoa, Argentino, R&D and Economic Growth: How Strong Is the Link?, *Economics Letters*, Vol. 107 (2) 152 (May 2010).

[665] Petit, Pascal, Employment and Technological Change, in *Handbook of the Economics of Innovation and Technological Change* (Paul Stoneman, ed.), North Holland, Amsterdam (1995).

[666] Pianta, Mario, Innovation and Employment, in *The Oxford Handbook of Innovation* (Jan Fagerberg and David C. Mowery, eds.), Oxford University Press (2005).

[667] Piore, Michael J., Charles F. Sabel, *The Second Industrial Divide*, Basic Book, New York (1984).

[668] Piva, Mariacristina and Marco Vivarelli, Innovation and Employment: Evidence from Italian Microdata, *Journal of Economics*, 86, 65 (2005).

[669] Piva, Mariacristina and Marco Vivarelli, Technological Change and Employment: Some Micro Evidence from Italy, *Applied Economics Letters*, 11, 373 (2004).

[670] Plechero, Monica and Cristina Chaminade, From New to the Firm to New to the World: Effect of Geographical Proximity and Technological Capabilities on the Degree of Novelty in Emerging Economies, Paper no. 2010/12 (2010).

[671] Polk Wagner, Patent Quality Index (PQI), at https: //www. law. upenn. edu/blogs/ polk/pqi/faq. html.

[672] Poole, Erik and Jean – Thomas Bernard, Defense Innovation Stock and Total Factor Productivity Growth, *Canadian Journal of Economics*, Vol. 25, 438 (1992).

[673] Porter, Michael E., Clusters and Competition: New Agendas for Companies, Governments, and Institutions 197, in Michael E. Porter, *On competition* (Harvard Business School Press) (1998).

[674] Porter, Michael E., Location, Competition and Economic Development: Local Clusters in a Global Economy, *Economic Development Quarterly*, 14 (1) 15 (2000).

[675] Porter, Michael E., The Role of Location in Competition, *Journal of the Economics of Business*, 1 (1) 35 (1994).

[676] Porter, Michael E., *The Competitive Advantage of Nations*, London: Macmillan (1990).

[677] Porter, Michael, *The Competitive Advantage of Nations*, New York: Free Press (1990); Richard R. Nelson, *National Innovation Systems: A Comparative Analysis*, Oxford: Oxford University Press (1993).

[678] Prebisch, Raul, International Trade and Payments in an Era of Coexistence: Commercial Policy in the Underdeveloped Countries, 49 *American Economic Review*, 251, (1959).

[679] Pred, Allen R., *The Spatial Dynamics of US Urban Industrial Growth*, 1800 – 1914, Harvard University Press (1966).

[680] President's Council of Advisors on Science and Technology, University – Private Sector Research Partnerships in the Innovation Ecosystem (2008).

[681] Prieur, Jerome and, Omar R. Serrano, Coalitions of Developing Countries in the WTO: Why Regionalism Matters?, Paper Presented at the WTO Seminar at the Department of Political Science at the Graduate Institute of International Studies in Geneva (May 2006).

[682] Primo Braga, Carlos A. and Carsten Fink, The Relationship Between Intellectual Property Rights and Foreign Direct Investment, 9 *Duke Journal of Comparative and International*

Law, 163 (1998).

[683] Pritchett, Lant, Where Has All the Education Gone, World Bank working papers, no. 1581 (1996).

[684] Provisional Committee on Proposals Related to a WIPO Development Agenda (PCDA), WIPO Development Agenda; Preliminary Implementation Report in Respect of 19 Proposals, Feb. 28, 2008, available at http: //ip – watch. org/fles/WIPO% 20comments% 20on% 20on% 20DA% 20recs% 20 – % 20part% 201. pdf.

[685] Psacharopoulos, George and Harry Partinos, *Returns on Investment in Further Update*, World Bank Policy Research Working Paper 2881, Washington, DC (2002).

[686] Psacharopoulos, George, *Returns on Education: An International Comparison*, Amsterdam: Elsevier (1973).

[687] Psacharopoulos, George, Returns on Education: An Updated International Comparison, *Comparative Education*, 17 (3) 321 (1981).

[688] Psacharopoulos, George, Returns to Education: A Further International Update and Implications, *Journal of Human Resources*, 20 (4) 683 (1985).

[689] Psacharopoulos, George, Returns to Investment in Education: A Global Update, *World Development*, 22 (9) 1325 (1994).

[690] Qian, Yi, Do National Patent Laws Stimulate Domestic Innovation in a Global Patenting Environment? A Cross – Country Analysis of Pharmaceutical Patent Protection, 1978 – 2002, *The Review of Economics and Statistics*, Vol. 89 (3) 436 (2007).

[691] Quah, Danny T. , *Convergence across Europe*, Working paper, Economics Department, LSE, London, June (1994).

[692] Quah, Danny T. , Empirics for Economic Growth and Convergence, LSE Economics Department and CEP – Center for Economic Performance, Discussion Paper No. 253 (July 1995).

[693] Quah, Danny T. , One Business Cycle and One Trend from (Many,) Many Disaggregates, *European Economic Review*, 38 (3/4): 605 (1994).

[694] R Core Team, R: A Language and Environment for Statistical Computing, R Foundation for Statistical Computing, Vienna, Austria, at https: //www. R – project. org/. (2016).

[695] RadoSevic, Slavo and EsinYoruk, SAPPHO Revisited: Factors of Innovation Success in Knowledge – Intensive Enterprises in Central and Eastern Europe, (DRUID Working Paper No. 12 – 1 1), available at http: //www3. druld. dk/wp/20120011. pdf.

[696] Radoševic, Slavo, Domestic Innovation Capacity – Can CEE Governments correct FDI – driven Trends through R&D Policy? 135, in *Closing the EU East – West Productivity Gap: Foreign Direct Investment, Competitiveness, and Public Policy* (David A. Dyker, ed.), Imperial College Press (2006).

[697] Radoševic, Slavo, Patterns of Preservation, Restructuring and Survival: Science and Technology Policy in Russia in the Post – Soviet Era, *Research Policy*, vol. 32 (6) 1105 (2003).

[698] Rai, Arti K. , US Executive Patent Policy, Global and Domestic 85, in *Patent Law in Global Perspective*, (Ruth L. Okediji and Margo A. Bagley, eds.) (2014).

[699] Rammer, Christian, Dirk Czarnitzki and Alfred Spielkamp, Innovation Success of Non – R&D – performers: Substituting Technology by Management in SMEs, *Small Business Economics*, 33, 35 (2009).

[700] Ramo, Joshua Cooper, The Beiing Consensus The Foreign Policy Centre (May 2004).

[701] Ramsey, Frank P. , A Mathematical Theory of Saving, *Economic Journal*, vol. 38 (1928) 543.

[702] Ravix, Jacques – Laurent, Localization, Innovation and Entrepreneurship: An Appraisal of the Analytical Impact of Marshall's Notion of Industrial Atmosphere, *Journal of Innovation Economics and Management*, 2014/2 (n°14), 63 (2014).

[703] Redding, Stephen, The Low Skill, Low – Quality Trap: Strategic Complementarities between Human Capital and R&D, *The Economic Journal*, Vol. 106, No. 435, 458 (1996).

[704] Reddy, Prasada, *Global Innovation in Emerging Economies*, Routledge (2011).

[705] Reed, Richard and Robert J. DeFillippi, Casual Ambiguity, Barriers to Imitation and Sustainable Competitive Advantage, *Academic Management Review* 15 (1) 88 (1990).

[706] Reichman, Jerome H. and Rochelle Cooper Dreyfuss, Harmonization without Consensus: Critical Reflections on Drafting a Substantive Patent Law Treaty, 57 *Duke Law Journal*, 85 (2007).

[707] Reichman, Jerome H. , The TRIPS Component of the GATT's Uruguay Round: Comparative Prospects for Intellectual Property Owners in an Integrated World Market, 4 *Fordham Intellectual Property*, *Media & Entertainment Law Journal*, 171 (1993).

[708] Report of the National Institute of Health (NIH) Working Group on Research Tools (June 4, 1998) at https: //www. mmrrc. org/about/NIH_research_tools_policy/.

[709] Ricardo, David, Principles of Political Economy, in *The Works and Correspondence of David Ricardo* (Piero Saffra, ed.), Cambridge University Press, Cambridge, third edn. 1821 (1951).

[710] Rist, Clibert, *The History of Development: From Western Origins to Global Faith* (2002).

[711] Robson, Paul J. , Helen M. Haugh and Bernard A. Obeng, Entrepreneurship and Innovation in Ghana: Enterprising Africa, *Small Business Economics*, 32 (3), 331 (2009).

[712] Roche Products v. Bolar Pharmaceutical Company, 733 F. 2d 858 (Fed. Cir.). cert. denied, 469 US 856 (1984).

[713] Rodríguez – Pose, Andres, Innovation Prone and Innovation Averse Societies, *Economic*

Performance in Europe, *Growth and Change* Vol. 30, 75 (1999).

[714] Rodrik, Dani, Goodbye Washington Consensus, Hello Washington Confusion? A Review of the World Bank's "Economic Growth in the 1990s: Learning from a Decade of Reform", 44 (4) *Journal of Economic Literature*, 973 (2006).

[715] Rodrik, Dani, *One Economics*, *Many Recipes: Globalization, Institutions and Economic Growth*, Princeton University Press (2007).

[716] Rodrik, Dani, The New Development Economics: We Shall Experiment, But How Shall We Learn? 24 – 28 (Harvard University, John F. Kennedy School of Government Faculty Research Working Papers Series, Paper No. RWP08 – 055, 2008).

[717] Rodrik, Dani, *The New Global Economy and Developing Countries: Making Openness Work*, MD Policy Essay No. 24. , Baltimore, Overseas Development Council (1999).

[718] Rolland, Sonia E. , Developing Country Coalitions at the WTO: In Search of Legal Support, *Harvard International Law. Journal*, Vo. 48 (2) 483 (2007).

[719] Romer, Paul M. , Endogenous Technological Change, 98 *Journal of Political Economy*, S71, S72 (1990).

[720] Romer, Paul M. , The Origins of Endogenous Growth, 8 *Journal of Economic Perspectives*, 3, 4 – 10 (1994).

[721] Romer, Paul, *What Determines the Rate of Growth and Technological Change?*, working paper #279, The World Bank (September 1989).

[722] Rose, Pauline, From Washington to Post – Washington Consensus: The Triumph of Human Capital, in *The New Development Economics: Post Washington Consensus Neoliberal Thinking* (Jomo KS and Ben Fine, eds.) 162 (2006).

[723] Rosenberg, Nathan, *Inside the Black Box: Technology and Economics*, Cambridge University Press (1982).

[724] Rosenberg, Nathan, *Perspectives on Technology*, Cambridge University Press (1976).

[725] Rosenberg, Nathan, Why Do Firms Do Basic Research (with Their Own Money)?, *Research Policy*, 19, 165 (1990).

[726] Rostow, Walt Whitman, *The Stages of Economic Growth: A Non – Communist Manifesto*, Cambridge University Press, Cambridge, 3d ed. (1991).

[727] Rousseeuw, Peter J. , Silhouettes: A Graphical Aid to the Interpretation and Validation of Cluster Analysis, *Journal of Computational and Applied Mathematics*, Vol. 20, 53 (1987).

[728] Roy, Vincent Van, Daniel Vertesy and Marco Vivarelli, Innovation and Employment in Patenting Firms: Empirical Evidence from Europe, IZA Discussion Paper No. 9147 (June 2015).

[729] Russel, Daniel R. , Transatlantic Interests in Asia, United States Department of State (13 January 2014), at https: //2009 – 2017. state. gov/p/eap/rls/rm/2014/01/219881. htm.

[730] Saez, Catherine, Crisis at WIPO Over Development Agenda; Overall Objectives In Question, Intellectual Property Watch (24 May 2014).

[731] Sakakibara, Mariko and Lee Branstetter, Do Stronger Patents Induce More Innovation? Evidence from the 1988 Japanese Patent Law Reforms, NBER working paper 7066 (1999).

[732] Sala – i – Martin, Xavier, The Classical Approach to Convergence Analysis, The *Economic Journal*, 106 (July 1996).

[733] Salomon, Jean – Jacques, Science Policy Studies and the Development of Science Policy, in *Science*, *Technology and Society*: *A Cross Disciplinary Perspective* (Ina Spiegel – Rösing and Derek de Solla Price, eds.) London: Sage (1977).

[734] Salter, Amnon J. and Ben R. Martin, The Economic Benefits of Publicly Funded Basic Research: A Critical Review, *Research Policy*, 30 (3), 509 (2001).

[735] Samimiand, Ahmad Jafari and Seyede Monireh Alerasoul, R&D and Economic Growth: New Evidence from Some Developing Countries, *Australian Journal of Basic and Applied Sciences*, 3 (4): 3464 (2009).

[736] Samuelson, Pamela, Benson Revisited: The Case Against Patent Protection for Algorithms and Other Computer Program Related Inventions, 39 *Emory Law Journal*, 1025, (1990).

[737] Samuelson, Pamela, The US Digital Agenda at WIPO, 37 *Virginia Journal of International Law*, 369 (1997).

[738] Santos, Alvaro, The World Bank's Uses of the "Rule of Law" Promise in Economic Development, in *The New Law and Economic Development*: *A Critical Appraisal* 253 (David M. Trubek and Alvaro Santos, eds., 2006).

[739] Sauvant, Karl, Jaya Pradhan, Ayesha Chatterjee and Brian Harley (eds.), *The Rise of Indian Multinationals*: *Perspectives on Indian Outward Foreign Direct Investment*, New York: Palgrave Macmillan (2010).

[740] Savvides, Andreas and Thanasis Stengos, *Human Capital and Economic Growth*, Stanford University Press (2009).

[741] Saxenian, AnnaLee, *Regional Advantage*: *Culture and Competition in Silicon Valley and Route* 128, Cambridge, Harvard University Press (1994).

[742] Say, Jean Baptiste, *A Treatise on Political Economy*; or, *The Production*, *Distribution and Consumption of Wealth*, Augustus M. Kelley Publishers (first edn. 1803), New York (1964).

[743] Schankerman, Mark and Ariel Pakes, Estimates of the Value of Patent Rights in European Countries During the Post – 1950 Period, *The Economic Journal*, 96, 1052 (1986).

[744] Scherer, Frederic M., The Political Economy of Patent Policy Reform in the United States, 7 *Journal of Telecommunication and High Technology Law*, 167, 205 (2009).

[745] Scherer, Frederic M., The Propensity to Patent, *International Journal of Industrial Organization*, 1, 107 (1983).

[746] Scherer, Frederic M. , Firm Size, Market Structure, Opportunity, and the Output of Patented Inventions, *American Economic Review*, 55, 319 (1965).

[747] Schlag, Pierre, An Appreciative Comment on Coase's The Problem of Social Cost: A View from the Left, *Wisconsin Law Review*, 919 (1986).

[748] Schnaars, Steven, *Managing Imitation Strategy: How Later Entrants Seize Markets from Pioneers*, New York: Free Press (1994).

[749] Schnepf, Randall D. , Erik Dohlman and Christine Bolling, Agriculture in Brazil and Argentina: Developments and Prospects for Major Fields Crops, Agriculture and Trade Report No. WRS013, Economic Research Service, USDA 85 (2001).

[750] Schultz, Theodore William, Capital Formation by Education, *Journal of Political Economy*, vol. 68, 571 (1960).

[751] Schultz, Theodore, *The Economic Value of Education*, Columbia University Press (1963).

[752] Schulz, Theodore William, *Investment in Human Capital: The Role of Education and of Research*, London: Free Press: Collier Macmillan (1971).

[753] Science Foundation (NSF), 1959, *Science and Engineering in American Industry: Final Report on a 1956 Survey*, National Science Foundation report (Washington, DC).

[754] Science Policy Research Unit, Report on Project SAPPHO (1971).

[755] Segerstrom, Paul, Endogenous Growth Without Scale Effects, *American Economic Review*, 88 (5) 1290 (1998).

[756] Segran, Grace, As Innovation Drives Growth in Emerging Markets, Western Economies need to Adapt, at http: //knowledge. insead. edu/innovation – emerging markets – 110112. cfm? vid = 515 (2011).

[757] Sell, Susan, Private Power, *Public Law: The Globalizattion of Intellectual Property Rights*, Cambridge University Press (2003).

[758] Sen, Amartya, *Commodities and Capabilities*, Amsterdam: North – Holland (1985).

[759] Sen, Amartya, *Development as Freedom*, Alfred A. Knopf (1999).

[760] Sen, Amartya, Well – being, Agency and Freedom: The Dewey Lectures 1984, *Journal of Philosophy*, 82 (4) 169 (1985).

[761] Shaffer, Gregory, Can WTO Technical Assistance and Capacity Building Serve Developing Countries?, *Wisconsin International Law Journal*, Vol. 23, 643 (2006).

[762] Shaffer, Gregory, *Power, Governance and the WTO: A Comparative Institutional Approach*, in Power and Global Governance 130 (Michael Barnett and Raymond Duvall, eds.), Cambridge University Press (2004).

[763] Shell, Karl, A Model of Inventive Activity and Capital Accumulation, in *Essays on the Theory of Optimal Economic Growth*, MIT Press, Cambridge, Massachusetts (Karl Shell, ed.) (1967).

[764] Shell, Karl, Toward a Theory of Inventive Activity and Capital Accumulation, *American Economic Review*, 56 (1/2), 62 (1966).

[765] Sherwood, Robert M., Global Prospects for the Role of Intellectual Property in Technology Transfer, 42 IDEA 27, 30 (1997).

[766] Sherwood, Robert M., Human Creativity for Economic Development: Patents Propel Technology, 33 *Akron Law Review*, 351 (2000).

[767] Sherwood, Robert M., Some Things Cannot Be Legislated, 10 *Cardozo Journal of International and Comparative Law*, 37 (2002).

[768] Shim, Yosung, Ji – won Chung and In – chan Choi, A Comparison Study of Cluster Validity Indices using a Nonhierarchical Clustering Algorithm, Proceedings – International Conference on Computational Intelligence for Modeling, Control and Automation, CIMCA 2005 and International Conference on Intelligent Agents, *Web Technologies and Internet*, Vol. 1, 199 (2005).

[769] Shin, Hochul and Keun Lee, Asymmetric Trade Protection leading not to Productivity but to Export Share Change, The Economics of Transition, *The European Bank for Reconstruction and Development*, vol. 20 (4) 745 (2012).

[770] Siegel, Robin, Eric Siegel and Ian C. Macmillan, Characteristics Distinguishing High – growth Ventures, *Journal of Business Venturing*, nr. 8, 169 (1993).

[771] Simmie, James, (ed.) *Innovative cities*, London: Spon Press (2001).

[772] Singer, Hans Wolfgang, The Sussex Manifesto: Science and Technology for Developing Countries during the Second Development Decade, in I. D. S. Reprints no. 101 (Institute of Development Studies 1974) (1970).

[773] Sixty – First World Health Assembly (WHA), WHO Global Strategy and Plan of Action on Public Health, Innovation and Intellectual Property, at 1, WHA61.21, (May 24, 2008), available at http://apps.who.int/medicinedocs/documents/s21429en/s21429en.pdf.

[774] Sjostedt, Gunnar, Negotiating the Uruguay Round of the General Agreement on Tariffs and Trade, in *International Multilateral Negotiation: Approaches to the Management of Complexity* 44 (I. William Zartman, ed.), Jossey – Bass Publishers (1994).

[775] Smith, Keith, *Economic Returns to R&D: Method, Results, and Challenges*, Science Policy Support Group Review Paper No. 3, London (1991).

[776] Smolny, Werner, Innovation, Prices and Employment – A Theoretical Model and an Empirical Application for West German manufacturing firms, *The Journal of Industrial Economics*, XLVI (3), 359 (1998).

[777] Soete, Luc and Parimal Patel, Recherche – Development, Importations Technologiques et Croissance Economique, *Revue Economique*, Vol. 36, 975 (1985).

[778] Soete, Luc L., Firm Size and Inventive Activity: The Evidence Reconsidered, *European Economic Review*, 12 (4) 319 (1979).

[779] Solow, Robert M., A Contribution to the Theory of Economic Growth, 70 *Quarterly Journal of Economics*, vol. 70, 65 (1956).

[780] Sorensen, Anders, R&D, Learning and Phases of Economic Growth, *Journal of Economic Growth*, 4, 429 (1999).

[781] Spiezia, Vincenzo and Marco Vivarelli, Innovation and Employment: A Critical Survey, in *Productivity, Inequality and the Digital Economy: A Transatlantic Perspective* (Nathalie Greenan, Yannick L'Horty and Jacques Mairesse, eds.) 101 MIT Press (2002).

[782] Srholec, Martin, A Multilevel Analysis of Innovation in Developing Countries, UNU - MERIT TIK working paper on Innovation Studies 20080812 (2008).

[783] Sridharan, Eswaran, *The Political Economy of Industrial Promotion: Indian, Brazilian, and Korean Electronics in Comparative Perspective* 1969 - 1994, Praeger (August 1996).

[784] Stahl, Jessica C., *Mergers and Sequential Innovation: Evidence from Patent Citations*, Finance and Economics Discussion Series, No. 2010 - 12, Division of Research and Statistics and Monetary Affairs Federal Reserve Board, Washington, DC (2010).

[785] Steed, Guy P. F., Internal Organization, Firm Integration and Locational Change: The Northern Ireland Linen Complex, 1954 - 1964, *Economic Geography*, 47, 371 (1971).

[786] Steger, Debra P., The Future of the WTO: The Case of Institutional Reforms, *Journal of International Economic Law*, 12 (4) 803 (2009).

[787] Steinberg, Richard H., in the Shadow of Law or Power? Consensus - Based Bargaining and Outcomes in the GATT/WTO, 56 (2) *International Organization*, 339 (2002).

[788] Steinberg, Richard H., In the Shadow of Law or Power? Consensus - Based Bargaining and Outcomes in the GATT/WTO, 56 (2) *International Organization*, 339 (2002).

[789] Stiglitz, Joseph E. and Andrew Charlton, *Fair Trade for All: How Trade Can Promote Development*, Oxford University Press (2005).

[790] Stiglitz, Joseph E., Chief Economist, World Bank, More Instruments and Broader Goals: Moving Toward the Post - Washington Consensus, address at the 1998 WIDER Annual Lecture 17 Jan. 7, 1998, at http://time.dufe.edu.cn/wencong/washingtonconsensus/instrumentsbroadergoals.pdf.

[791] Stiglitz, Joseph E., *Making Globalization Work*, W. W. Norton & Co. (2006).

[792] Stiglitz, Joseph E., Social Absorption Capability and Innovation, Stanford University CERP Publication, 292 (1991).

[793] Stokes, Donald, *Pasteur's Quadrant: Basic Science and Technological Innovation*, *The Brookings Institution*, Washington, DC (1997).

[794] Stokey, Nancy, Human Capital, Product Quality, and Growth, *Quarterly Journal of Economics*, 106 (2) 587 (1991).

[795] Stoneman, Paul and John Vickers, The Assessment: The Economics of Technology Policy, *Oxford Review of Economic Policy*, 4 (1988).

[796] Stoneman, Paul, *The Economic Analysis of Technology Policy*, Oxford, University Press (1987).

[797] Storey, David J. and Bruce s. Tether, Public Policy Measures to Support New Technology based Firms in the European Union, *Research Policy*, 26, 1037 (1998).

[798] Storper, Michael and Anthony J. Venables, Buzz: Face – to – Face Contact and the Urban Economy, *Journal of Economic Geography*, Oxford University Press, vol. 4 (4) 351 (2004).

[799] Storper, Michael, *The Regional World: Territorial Development in a Global Economy*, New York: Guildford Press (1997).

[800] Strategic Plan for New and Renewable Energy Sector for the Period 2011 – 2017, Ministry of New and Renewable Energy, The Government of India (February 2011).

[801] Straus, Joseph, Comment, Bargaining Around the TRIPS Agreement: The Case for Ongoing Public – Private Initiatives to Facilitate Worldwide Intellectual Property Transactions, 9 *Duke Journal of Comparative & International Law*, 91 (1998).

[802] Straus, Joseph, The Impact of the New World Order on Economic Development: The Role of the Intellectual Property Rights System, 6 *John Marshall Review of Intellectual Property Law*, 1 (2006).

[803] Suarez – Villa, Luis and Wallace Walrod, Operational Strategy, R&D and Intra – metropolitan Clustering in a Polycentric Structure: The Advanced Electronics Industries of the Los Angeles Basin, *Urban Studies*, 34, 1343 (1997).

[804] Sugimoto, Cassidy R. , Chaoqun Ni, Jevin D. West, Vincent Larivière, The Academic Advantage: Gender Disparities in Patenting (May 27, 2015).

[805] Sun, Xiuli, *Firm – level Human Capital and Innovation Evidence from China*, Partial Doctor of Philosophy thesis in the School of Economics, Georgia Institute of Technology (2015).

[806] Sun, Yifei, Yu Zhou, George C. S. Lin, and Yehua H. Dennis Wei, Subcontracting and Supplier Innovativeness in a Developing Economy: Evidence from China's Information and Communication Technology Industry, *Regional Studies*, 47 (10) 1766 (2013).

[807] Sunley, Peter J. , Marshallian Industrial Districts: The Case of the Lancashire Cotton Industry in the Inter – war Years, *Transactions of the Institute of British Geographers*, n. s. 17, 306 (1992).

[808] Suthersanen, Uma, Utility Models and Innovation in Developing Countries, UNCTAD – ICTSD Project on IPRs and Sustainable Development, Issue Paper No. 13 (February 2006).

[809] Swan, Trevor W. , Economic Growth and Capital Accumulation, *Economic Record*, vil. 32, no. 63, 334 (1956).

[810] Takagi, Yoshiyuki (Yo), *Assistant Director General*, Global Infrastructure, WIPO, in-

terview in Geneva, Switzerland on October 16, 2015 (filewith author).

[811] Tassey, Gregory, The Economics of R&D Policy (Quorum Books) 54 – 55, 226 (1997).

[812] Tellez, Viviana Munoz, The Changing Global Governance of Intellectual Property Enforcement: New Challenges for Developing Countries, in *Intellectual Property and Enforcement* (Xuan Li and Carlos M. Correa, eds.), Edward Elgar (2009).

[813] Tether, Bruce, Who Cooperates for Innovation, and Why: An Empirical Analysis, *Research Policy*, 31 947 (2002).

[814] The Community Innovation Survey 2010, at http: //epp. eurostat. ec. europa. eu/portal/ page/portal/microdata/ documents/CIS_Survey_form_2010. pdf.

[815] The Economist (US Edition), Technology in Emerging Economies (February 9, 2008).

[816] The Global Innovation Index (GII) 2014 (7th edition) (Cornell University, INSEAD and WIPO).

[817] The Global Innovation Index 2015: Effective Innovation Policies for Development (2015).

[818] The Manual of Patent Examining Procedure (MPEP) 2107 Guidelines for Examination of Applications for Compliance with the Utility Requirement [R – 11. 2013].

[819] The Observatory of Economic Complexity (OEC), at http: //atlas. media. mit. edu/en/ visualize/tree_map/hs92/export/chn/show/all/2014/.

[820] The Organization for Economic Cooperation and Development (OECD), Agricultural Policies in OECD Countries: Monitoring and Evaluation 2000: Glossary of Agricultural Policy Terms, OECD (defining – Central and Eastern European Countries (CEECs)) (2001).

[821] The Patents Decree Law of 1995 (Turkey).

[822] The Agreement on Trade – Related Aspects of Intellectual Property Rights (TRIPS), 1994.

[823] The Community Patent Convention (CPC), signed on December 15, 1975.

[824] Thelen, Christine, Carrots and Sticks: Evaluating the Tools for Securing Successful TRIPS Implementation, XXIV, Temple Journal of Science, *Technology & Environmental Law*, 519 (2006).

[825] Therneau, Terry, Beth Atkinson and Brian Ripley, rpart: Recursive Partitioning and Regression Trees (2015).

[826] Thomas Taylor, Christopher, Z. A. Silberston and Aubrey Silberston, *The Economic Impact of the Patent System: a Study of the British Experience*, Cambridge University Press, Cambridge (1973).

[827] Thomas, Lacy Glenn, Implicit Industrial Policy: The Triumph of Britain and the Failure of France in Global Pharmaceuticals, *Industrial and Corporate Change*, 1 (2), 451 (1994).

[828] Thompson, Peter and Melanie Fox – Kean, Patent Citations and the Geography of Knowl-

edge Spillovers: A Reassessment, *American Economic Review*, vol. 95 (1) 450 (2005).

[829] Thompson, Wilbur R. , Locational Differences in Inventive Efforts and Their Determinants 253, in Richard R. Nelson (ed.), *The Rate and Direction of Inventive Activity: Economic and Social Factors*, Princeton University Press: Princeton, NJ (1962).

[830] Thursby, Jerry G. and Marie Thursby, Gender Patterns of Research and Licensing Activity of Science and Engineering Faculty, *Journal of Technology Transfer*, 30, 343 (2005).

[831] Thursby, Jerry G. and Marie Thursby, *Here or There? A Survey of Factors in Multinational R&D Location*, *Washington*, DC: National Academies Press (2006).

[832] Thursby, Marie and Richard Jensen, Proofs and Prototypes for Sale: The Licensing of University Inventions, *American Economic Review*, *American Economic Association*, vol. 91 (1), 240 (2001).

[833] Tondl, Gabriele, The Changing Pattern of Regional Convergence in Europe, *Jahrbuch Ür Regionalwissenschaft*, 19 (1) 1 (1999).

[834] Toole, Andrew A, The Impact of Public Basic Research on Industrial Innovation: Evidence from the Pharmaceutical Industry, *Research Policy*, 41 (1) 1 (2012).

[835] Trajtenberg, Manuel, A Penny for your Quotes, *Rand Journal of Economics*, 21 (1) 172 (1990).

[836] Tussie, Diana and David Glover, eds. , *Developing Countries in World Trade: Policies and Bargaining Strategies*, Boulder, CO: Lynne Rienner (1995).

[837] Tussie, Diana, *The Less Developed Countries and the World Trading System: A Challenge to the GATT*, London: Francis Pinter, (1987).

[838] Tybout, James, Manufacturing Firms in Developing Countries: How Well Do They Do, and Why?, *Journal of Economic Literature*, 38 (March): 11 (2000).

[839] United Kingdom Commission on Intellectual Property Rights, *U. K Intellectual Property Rights Report*, *Integrating Intellectual Property Rightsand Development Policy* (London, September 2002).

[840] United Nations (UN) General Assembly, Resolution 55/2 – The United Nations Millennium Declaration (Sept. 18, 2000).

[841] United Nations (UN) General Assembly, Resolution, Declaration for the Establishment of a New International Economic Order, U. N. Doc. A/RES/S – 6/3201 (1 May 1974).

[842] United Nations Conference on Trade and Development (UNCTAD) and ICTSD (International Centre for Trade and Sustainable Development), Intellectual Property Rights: Implications for Development, Intellectual Property Rights and Sustainable Development Series Policy Discussion Paper, ICTSD, Geneva (2003).

[843] United Nations Conference on Trade and Development (UNCTAD), Capacity Building for Academia in Trade for Development: A Study on Contributions to the Development of Hu-

man Resources And to Policy Support for Developing Countries (2010).

[844] United Nations Conference on Trade and Development (UNCTAD), Least Developed Countries Report 2007, 128 – 129 (UNCTAD/LDC/2007 2007).

[845] United Nations Conference on Trade and Development (UNCTAD), Trade and Development Report 2011, at http://unctad. org/en/docs/tdr2011_en. pdf.

[846] United Nations Conference on Trade and Development (UNCTAD), World Investment Report 2013 – Global Value Chains: Investment and Trade for Development 2013.

[847] United Nations Conference on Trade and Development (UNCTAD), World Investment Report 2005, New York and Geneva, United Nations (2005).

[848] United Nations Development Programme (UNDP), Human Development Indices, http://hdr. undp. org/en/content/human – development – index – hdi.

[849] United Nations Development Programme (UNDP), The Human Development concept, at http://hdr. undp. org/en/humandev.

[850] United Nations Educational, Scientific and Cultural Organization (UNESCO), Institute for Statistics, Measuring R&D: Challenges Faced by Developing Countries, UIS/TD/10 – 08 (2008), available at http://www. uis. unesco. org/Library/Documents/tech%205 – eng. pdf.

[851] United Nations Educational, Scientific and Cultural Organization (UNESCO), S&T glossary, at http://uis. unesco. org/en/glossary.

[852] United Nations Educational, Scientific and Cultural Organization (UNESCO), Report on the Experts' Meeting on the Right to Enjoy the Benefits of Scientific Progress and Its Applications (UNESCO Pub. SHS – 2007/WS/13, June 7 – 8, 2007).

[853] United Nations Educational, Scientific and Cultural Organization (UNESCO) Science & Technology (S&T) database at http://data. uis. unesco. org/.

[854] United Nations Educational, Scientific and Cultural Organization (UNESCO) (2010), Technical Paper No. 5, Measuring R&D: Challenges Faced by Developing Countries.

[855] United Nations Educational, Scientific and Cultural organization (UNESCO) Science and Technology (S&T) Statistical report, at http://data. uis. unesco. orgl.

[856] United Nations Industrial Development Organization (UNIDO), *Industrial Development Report* 2013, *Sustaining Employment Growth: The Role of Manufacturing and Structural Change*, United Nations Industrial Development Organization, Vienna (2013).

[857] United Nations Industrial Development Organization (UNIDO), Strategic Long Term Vision Statement, GC11/8/Add. 1 (Oct. 14, 2005).

[858] United Nations Industrial Development Organization (UNIDO), Valentina De Marchi, Elisa Giuliani and Roberta Rabellotti, Local Innovation and Global Value Chains in Developing Countries – Inclusive and Sustainable Industrial Development, Working Paper Series WP 05 (2015).

[859] United Nations Millennium Project, Calestous Juma and Lee Yee – Cheong, *Innovation:*

Applying Knowledge in Development, London: *Task Forceon Science*, Technology and Innovation, Earthscan (2005).

[860] United Nations Statistics Division (UNSTATS), Composition of Macro Geographical (continental) Regions, Geographical Sub – Regions, and Selected Economic and other Groupings (17 February 2011).

[861] United Nations, The Millennium Development Goals Report 2007 (2007).

[862] United States Congressional Research Service, Patent Ownership and Federal Research and Development (R&D): A Discussion on the Bayh – Dole Act and the Stevenson – Wydler Act (December 11, 2000).

[863] United States Int'l Trade Comm'n (USITC), Pub. No. 4199, China: IP Infringement, Indigenous Innovation Policies and Framework for Measuring the Effects on the US Economy (2010).

[864] United States Patent and Trademark Office (USPTO), Patent Full Text and Image Database – Tips on Fielded Searching [Inventor Country (ICN)], at http://www.uspto.gov/patft/help/helpflds.htm#Inventor_Country.

[865] United States Patent and Trademark Office, Enhanced Patent Quality Initiative pillars, at http://www.uspto.gov/patent/enhanced – patent – quality – initiative – pillars.

[866] Vaitsos, Constantine, Patent Revisited: Their Function in Developing Countries, 9 *Journal of Development Studies*, 71, 89 – 90 (1972).

[867] van Pottelsberghe, Bruno and Frank R. Lichtenberg, Does Foreign Direct Investment Transfer Technology Across Borders? *Review of Economics and Statistics*, 83 (3), 490 (2001).

[868] van Pottelsberghe, Bruno de la Potterie, The Quality Factor in Patent Systems, ECARES working paper 2010 – 027 (2010).

[869] Vandenbussche, Jerome, Philippe Aghion and Costas Meghir, Growth, Distance to Frontier and Composition of Human Capital, *Journal of Economic Growth*, 11 (2) 97 (2006).

[870] Vanhoudt, Patrick, Thomas Mathä and Bert Smid, How Productive Are Capital Investments in Europe?, *EIB papers*, 5 (2) (2000).

[871] Varga, Attila, Local Academic Knowledge Transfers and the Concentration of Economic Activity, *Journal of Regional Science*, vol. 40 (2) 289 (2000).

[872] Varsakelis, Nikos C., The Impact of Patent Protection, Economy Openness and National Culture on R&D Investment: A Cross – Country Empirical Investigation, 30 *Research Policy*, 1059 (2001).

[873] Velho, Lea, *Science and Technology in Latin America and the Caribbean: An Overview*, Discussion Paper, 2004 – 4 (Maastricht: UNU – INTECH) (2004).

[874] Verspagen, Bart and Wilfred Schoenmakers, The Spatial Dimension of Knowledge Spillo-

vers in Europe: Evidence from Patenting Data, paper presented at the AEA Conference on Intellectual Property Econometrics, Alicante, 19 – 20 April (2000).

[875] Visser, Coenraad, The Policy – Making Dynamics in Intergovernmental Organizations, 82 *Chicago – Kent Law Review*, 1457 (2007).

[876] Vivarelli, Marco, Innovation, Employment, and Skills in Advanced and Developing Countries: A Survey of the Economic Literature, *Journal of Economic Issues*, 48 (1) 123 (2014).

[877] von Hagen, Jurgen and George Hammond, *Industrial localization: An Empirical Test for Marshallian Localization Economies*, Discussion paper 917, London: Centre for Economic Policy Research (1994).

[878] Von Hipple, Eric, Sticky Information and the Locus of Problem Solving: Implications for Innovation, *Management Science*, 40, 429 (1994).

[879] von Stadler, Manfred, Engines of Growth: Education and Innovation, *Jahrbuch für Wirtschaftswissenschaften/Review of Economics*, Vol. 63 (2), 113 (2012).

[880] Walsh, Vivien M. , J. F. Townsend, *B. G. Achilladelis and C. Freeman*, *Trends in Invention and Innovation in the Chemical Industry*, Report to SSRC, SPRU, University of Sussex, mimeo (1979).

[881] Wang, Qing, Zongxian Feng and Xiaohui Hou, A Comparative Study on the Impact of Indigenous Innovation vs. Technology Imports for Domestic Technological Innovation, Science of Science and Management of S & T (2010).

[882] Watal, Jayashree, *Intellectual Property Rights in the WTO and Developing Countries* (Kluwer) (2001).

[883] Waugh, David, *Geography, An Integrated Approach*, Nelson Thornes Ltd, 3rd ed, (2000).

[884] Weeks, John and Howard Stein, Washington Consensus, in *The Elgar Companion to Development Studies* 676 (David Alexander Clark, ed.) (Edward Elgar Publishing, 2006).

[885] Wei, Yehua H. Dennis, Ingo Liefner and Changhong Miao, Network Configurations and R&D Activities of the ICT Industry in Suzhou Municipality, *China*, *Geoforum*, 42 (4) 484 (2011).

[886] Weissman, Robert, A Long, Strange TRIPS: The Pharmaceutical Industry Drive to Harmonize Global Intellectual Property Rules, and the Remaining WTO Legal Alternatives Available to Third World Countries, 17 *University of Pennsylvania Journal of International Law*, 1079 (1996).

[887] Whalley, John (ed.), *Developing Countries and the World Trading System*, Vols. 1 and 2, London: Macmillan, 1989.

[888] Whittington, Kjersten Bunker and Laurel Smith Doerr, Gender and Commercial Science: Women's Patenting in the Life Sciences, *Journal of Technology Transfer*, 30, 355

(2005).

[889] Whittington, Kjersten Bunker and Laurel Smith – Doerr, Women Inventors in Context: Disparities in Patenting across Academia and Industry, *Gender and Society*, 22 (2), 194 (2008).

[890] Whittington, Kjersten Bunker, *Gender and Scientific Dissemination in Public and Private Science: A Multivariate and Network Approach*, Department of Sociology, Stanford University; Kjersten Bunker Whittington, Laurel Smith – Doerr, Women and Commercial Science: Women's Patenting in the Life Sciences, *Journal of Technology Transfer*, 30, 355 (2005).

[891] William N. Venables and Brian D. Ripley, *Modern Applied Statistics with S* (4th edition), Springer, New York (2002).

[892] Williamson, Jeffrey G., Regional Inequalities and the Process of National Development, *Economic Development and Cultural Change Quarterly Journal of Economics*, 13 (1) 84 (1965).

[893] Williamson, John, What Washington Means by Policy Reform, in *Latin American Adjustment How Much Has Happened?* 7, 7, John Williamson, ed. (1990).

[894] Williamson, Oliver, *Markets and Hierarchies, Analysis and Anti – Trust Implications: A Study in the Economics of Industrial Organizations*, New York: Free Press (1975).

[895] Williamson, Oliver, *The Economic Institutions of Capitalism*, New York: Free Press (1985).

[896] Wolfe, David, *Clusters Old and New: The Transition to a Knowledge Economy in Canada's Regions*, Kingston: Queen's School of Policy Studies (2003).

[897] Wolff, Hendrik, Howard Chong and Maximilian Auffhammer, Classification, Detection and Consequences of Data Error: Evidence from the Human Development Index, *Economic Journal*, 121 (553): 843 (2011).

[898] Woo, Wing Thye, Some Fundamental Inadequacies of the Washington Consensus: Misunderstanding the Poor by the Brightest, at 1 available at http://papers.ssrn.com/sol3/papers.cfm?abstract_id=622322.

[899] Woodward, Douglas, Octávio Figueiredo and Paulo Guimarães, Beyond the Silicon Valley: University R&D and High Technology Location, *Journal of Urban Economics*, Vol. 60 (1) 15 (2006).

[900] World Bank Comm'n on Growth & Dev., The Growth Report Strategies for Sustained Growth and Inclusive Development (2008), available at https://openknowledge.worldbank.orgbitstream/handle/10986/6507/449860PUB0Box3101OFFICIAL0USE0ONLY1.pdf?sequence=1&isAllowed=y. World Bank Data IBRD – IDA – Glossary, at http://data.worldbank.org.

[901] World Bank, Beyond Economic Growth Student Book (2004), at http://www.worldbank.org/depweb/english/beyond/global/glossary.html.

[902] World Bank, Country and Lending Groups, at https: //datahelpdesk. worldbank. org/ knowledgebase/articles/906519 – world – bank – country – and – lending – groups (July 2016).

[903] World Bank, Global Economic Prospects and the Developing Countries (vol. 12, 2002).

[904] World Bank, How We Classify Countries, at https: //datahelpdesk. worldbank. org/ knowledgebase/topics/19280 – country – classification.

[905] World Bank, Innovation Policy: A Guide for Developing Countries (2010), at 43, available at https: //openknowledge. worldbank. org/bitstream/handle/10986/2460/548930PU B0EPI11C10Dislosed061312010. pdf.

[906] World Bank, The Growth Report Strategies for Sustained Growth and Inclusive Development, Commission on Growth and Development, Conference Edition (2008), at http: //www. ycsgyale. edu/center/forms/growthReport. pdf.

[907] World Bank, The Trading System and Developing Countries, available at http: //siteresources. worldbank. org/INTTRADERESEARCH/Resources/Part_7. pdf.

[908] World Health Organization (WHO), Exec. Bd. 124th Session, Public health, Innovation and Intellectual Property: Global Strategy and Plan of Action: Proposed Time Frames and Estimated Funding Needs, at 1, EB124/16 Add. 2 (Jan. 21, 2009), at http: //www. who. int/gb/ebwha/pdf_files/EB124/B124_16Add2 – en. pdf.

[909] World Health Organization (WHO), Public Health, Innovation and Intellectual Property and Trade – Expert Working Group on R&D Financing, http: //www. who. int/phi/R_Dfinancing/en.

[910] World Health Organization (WHO) – WIPO – WTO, Promoting Access to Medical Technologies and Innovation: Intersections between Public Health, Intellectual Property and Trade (5 February 2013).

[911] World Health Organization (WHO) – WIPO – WTO, Public Health, Intellectual Property, and TRIPS at 20: Innovation and Access to Medicines; Learning from the Past, Illuminating the Future – Joint Symposium by WHO, WIPO, WTO (October 28, 2015).

[912] World Health Organization WHO, WIPO, WTO Joint Technical Workshop on Patentability Criteria (October 27, 2015).

[913] World Health Organization, Globalization, TRIPs and Access to Pharmaceuticals, World Health Organization Policy Perspectives on Medicines, No. 3, WHO/EDM/2001. 2 (Mar. 2001).

[914] World Intellectual Property Organization (WIPO) Report 2011.

[915] World Intellectual Property Organization (WIPO), Academy Education and Training Programs Portfolio (2013), available at http: //www. wipo. int/export/sites/www/freepublications/en/training/467/wipo_pub_467_2013. pdf.

[916] World Intellectual Property Organization (WIPO), Copyright Treaty, Dec. 20, 1996, 2186

U. N. T. S. 121 WIPO Doc. CRNR/DC/94 (23 December 1996), WIPO Doc. CRNR/DC/95 (23 December 1996), available at http: //www. wipo. int/treaties/en/ip/wct/summary_ wct. html.

[917] World Intellectual Property Organization (WIPO), Director General Report on Implementation of the Development Agenda, Committee on Development and Intellectual Property (CDIP) Thirteenth Session, CDIP/13/2, Geneva, May 19 to 23, 2014 (March 3, 2014).

[918] World Intellectual Property Organization (WIPO), Economic Aspects of Intellectual Property in Countries with Economies in Transition, Ver. 1, the Division for Certain Countries in Europe and Asia, WIPO (2012).

[919] World Intellectual Property Organization (WIPO), Economics & Statistics Series, World Intellectual Property Report – The Changing Face of Innovation 26 (2011).

[920] World Intellectual Property Organization (WIPO), *Global Innovation Index Rankings* 2015, Geneva (2015).

[921] World Intellectual Property Organization (WIPO), Press Release, Member States Adopt a Development Agenda for WIPO, WIPO/PR/2007/521, at www wipo. int/pressroom/en/ articles/ 2007/article_0071. html (Oct. 1, 2007).

[922] World Intellectual Property Organization (WIPO), Press Release, Member States Agree to Further Examine Proposal on Development, WIPO/PR/2004/396 (Oct. 4, 2004), available at www. wipo. int/pressroom/en/prdocs/2004/wipo_pr_2004_396. html.

[923] World Intellectual Property Organization (WIPO), Protecting Innovations by Utility Models, at http: //www. wipo. int/sme/en/ip_business/utility_models/utility_models. htm.

[924] World Intellectual Property Organization (WIPO), Shahid Alikhan, Socioeconomic Benefits of Intellectual Property Protection in Developing Countries 1 – 9 (2000).

[925] World Intellectual Property Organization (WIPO), Standing Committee on the Law of Patents, Tenth Session, Draft Substantive Patent Law Treaty, SCP/10/2, available at http: //www. wipo. int/edocs/mdocs/scp/en/scp_10/scp_10_2. pdf.

[926] World Intellectual Property Organization (WIPO), Standing Committee on the Law of Patents, Quality of Patents: Comments Received from Members and Observers of the Standing Committee on the Law of Patents (SCP), Seventeenth Session, Geneva, December 5 to 9, 2011, SCP/17/INF/2, October 20, 2011.

[927] World Intellectual Property Organization (WIPO), The 45 Adopted Recommendations under the WIPO Development Agenda, at http: //www. wipo. int/ip – development/en/agenda/recommendations. html.

[928] World Intellectual Property Organization (WIPO), The Development Agenda, Cluster E: Institutional Matters including Mandate and Governance.

[929] World Intellectual Property Organization (WIPO), The Economics of Intellectual Property:

Suggestions for Further Research in Developing Countries and Countries with Economies in Transition 22 (2009).

[930] World Intellectual Property Organization (WIPO), The Global Innovation Index 2014: The Human Factor in Innovation, Soumitra Dutta, Bruno Lanvin, and Sacha Wunsch – Vincent (eds.) (2014).

[931] World Intellectual Property Organization (WIPO), Update on the Management Response to the External Review of WIPO Technical Assistance in the Area of Cooperation for Development, CDIP/16/6 (September 2015).

[932] World Intellectual Property Organization (WIPO), WIPO Intellectual Property Handbook: Policy, Law and Use, WIPO Publication No. 489, 2d ed., at http://www.wipo.int/about – ip/en/iprm (2004).

[933] World Intellectual Property Organization (WIPO), Working Document for the Provisional Committee on Proposals Related to a WIPO Development Agenda (PCDA), WIPO Doc. PCDA/3/2, AnnexB, 28, pp. 14 – 15, Feb. 20, 2007.

[934] World Intellectual Property Organization (WIPO), World Intellectual Property Indicators (2013).

[935] World Intellectual Property Organization (WIPO), World Intellectual Property Indicators 2015 (2015).

[936] World Intellectual Property Organization (WIPO), World Intellectual Property Report 2015 – Breakthrough Innovation and Economic Growth (2015).

[937] World Intellectual Property Organization (WIPO), World Patent Report: A Statistical Review – 2008 edition, at http://www.wipo.int/ipstats/en/statistics/patents/wipo_pub_931.html; WIPO, WIPO Patent Report: Statistics on Worldwide Patent Activities (2007).

[938] World Intellectual Property Organization (WIPO), The 54th Session of the WIPO Assemblies of 22 – 30 September 2014, at http://www.wipo.int/meetings/en/details.isp? meeting_id = 32482.

[939] World Intellectual Property Organization, Annual Statistical Report of the WIPO Academy for 2013, at http://www.wipo.int/export/sites/www/academy/en/about/pdf/academy_statistics_2013.pdf.

[940] World Intellectual Property Organization, Standing Committee on the Law of Patents, at http://www.wipo.int/patent – law/en/scp.htm.

[941] World Trade Organization (WTO) Comm. on Trade & Dev., Note by the Secretariat, Report on Technical Assistance 2000, WT/COMTD/W/83 (May 2, 2001).

[942] World Trade Organization (WTO), Comm. on Trade & Dev., Note by Secretariat, A New Strategy For WTO Technical Cooperation: Technical Cooperation for Capacity – building, Growth and Integration, WT/COMTD/W/90 (Sept. 21, 2001).

[943] World Trade Organization (WTO), Comm. on Trade & Dev., Technical Assistance and

Training Plan 2004, WT/COMTD/W/119/Rev. 3 (Feb. 18, 2004).

[944] World Trade Organization (WTO), Comm. on Trade and Dev, Note by Secretariat, Coordinated WTO Secretariat Annual Technical Assistance Plan 2003, WT/COMTD/W/104 (Oct. 3, 2002).

[945] World Trade Organization (WTO), Declaration of the Group of 77 and China on the Fourth WTO Ministerial Conference at Doha, Qatar, WT/L/424 (Oct. 22, 2001), available at http://www.wto.org/english/thewto_e/minist_e/min01_e/proposals_e/wt_l_424.pdf.

[946] World Trade Organization (WTO), Least – developed Countries (LDCs) Members, http://www.wto.org/english/tratop_e/trips_e/trips_groups_e.htm.

[947] World Trade Organization (WTO), Ministerial Declaration of 20 November 2001 WT/MIN (01) /DEC/1, 41 L. L. M. 746 (2002).

[948] World Trade Organization (WTO), World Trade Report 2003 (2003).

[949] World Trade Organization (WTO) – WIPO Cooperation Agreement, entered into force Jan. 1, 1996.

[950] World Trade Organization (WTO), Who are the Developing Countries in the WTO?, at https://www.wto.org/english/tratop_e/devel_e/d1who_e.htm.

[951] Wyer, Mary, Mary Barbercheck, Donna Cookmeyer, Hatice Ozturk, Marta Wayne, eds., *Women, Science, and Technology: A Reader in Feminist Science Studies* (Routledge, 3rd ed., 2014).

[952] Wyllys, R. E., Overview of the Open – Source Movement, The University of Texas at Austin Graduate School of Library & Information Science (2000).

[953] Xie, Yu and Kimberlee A. Shauman, Sex Differences in Research Productivity: New Evidence about an Old Puzzle, *American Sociological Review*, 63 (6), 847 (1998).

[954] Xie, Yu and Kimberlee A. Shauman, *Women in Science: Career Processes and Outcomes*, Cambridge, MA: Harvard University Press (2003).

[955] Yu II, Vicente Paolo B., Unity in Diversity: Governance Adaptation in Multilateral Trade Institutions Through South – South Coalition – building, Research papers 17, South Centre (July 2008).

[956] Yu, Geoffrey, The Structure and Process of Negotiations at the World Intellectual Property Organization, 82 *Chicago – Kent Law Review*, 1445 (2007).

[957] Yu, Peter K., Building Intellectual Property Coalitions for Development, in *Implementing the World Intellectual Property Organization's Development Agenda* 79, Wilfrid Laurier University Press, CIGI, IDRC (Jeremy de Beer, ed.) (2009).

[958] Yu, Peter K, Currents and Crosscurrents in the International Intellectual Property Regime, 38 *Loyola of Los Angeles Law Review*, 323 (2004).

[959] Yu, Peter K., The Middle Intellectual Property Powers, Drake University Legal Studies, Research Paper Series, Research Paper No. 12 – 28 (2012).

[960] Yu, Peter, Déjà Vu in the International Intellectual Property Regime 113, in *Sage Handbook on Intellectual Property*, SAGE Publications Ltd, (Matthew David and Debora Halbert, eds.) (2014).

[961] Yu, Peter, Five Oft – Repeated Questions About China's Recent Rise as a Patent Power, 2013 *Cardozo Law Review De Novo*, 78 (2013).

[962] Yu, Peter, The ACTA/TPP Country Clubs 258, in Dana Beldiman (ed.), *Access to Information and Knowledge: 21st Century Challenges in Intellectual property and Knowledge Governance*, Edward Elgar (2014).

[963] Yu, Peter, Toward a Nonzero Sum Approach to Resolving Global Intellectual Property Disputes: What We Can Learn from Mediators, Business Strategists, and International Relations Theorists, 70 *University of Cincinnati Law Review*, 569 (2001).

[964] Zellner, Christian, The Economic Effects of Basic Research: Evidence for Embodied Knowledge Transfer via Scientists' Migration, *Research Policy*, 32 1881 (2003).

[965] Zhao, Minyuan, Conducting R&D in Countries with Weak Intellectual Property Rights Protection, *Management Science*, 5, 1185 (2006).

[966] Zhou, Yu and Tong Xin, An Innovative Region in China: Interaction Between Multinational Corporations and Local Firms in a High – Tech Cluster in Bejjing, *Economic Geography*, 79 (2) 129 (2003).

[967] Ziman, John, *Prometheus Bound*, Cambridge University Press (1994).

[968] Zoellick, Robert B., America will not wait (September 21 2003), at http://www.fordschool.umich.edu/rsie/acit/TopicsDocuments/Zoellick030921.pdf.

[969] Zucker, Lynne G. and Michael R. Darby, *Costly Information in Firm Transformation, Exit, or Persistent Failure*, NBER Working Papers 5577, National Bureau of Economic Research, Inc. (1996).

[970] Zucker, Lynne G., Michael R. Darby and Jeff Armstrong, Geographically Localized Knowledge: Spillovers or Markets?, Economic Inquiry, *Western Economic Association International*, vol. 36 (1) 65 (1998).

[971] Zucker, Lynne G, Michael R. Darby, Marilynn B. Brewer, Intellectual Human Capital and the Birth of US Biotechnology Enterprises, *American Economic Review*, 87 (1) (1997).

[972] Zucker, Lynne G. and Michael R. Darby, Star Scientists and Institutional Transformation: Patterns of Invention and Innovation in the Formation of the Biotechnology Industry – Proceedings of the National Academy of Science 93 (November): 12709 (1996).

原书索引

说明：本索引的编制格式为原版词汇 + 中文译文 + 原文页码。

译后感

译书，是苦旅；它始于一个偶然。

作为曾经的企业知识产权律师与现在的高校知识产权法教师，我一直关注知识产权出版社推出的"知识产权经典译丛"系列。该丛书所选研究视角与话题，极为多元，令人深受启发。时常遐想，何时自己也能有一本译书被列入其中，那岂非幸哉？但，遐想终非规划。这粒"种子"何时会"发芽"，不得而知，自然也不去多想。

在一次学术会议上，我有幸认识知识产权出版社的卢海鹰老师。会议间隙，我们尚未深聊，仅礼貌地互加微信。尔后不知许久，在微信朋友圈看到卢老师分享的有关知识产权出版社征集译丛选题信息。未知何来动力，便向卢老师毛遂自荐。现在想来，或许是那粒"种子"使然。交流中，卢老师告知可推荐与专利、创新方向的外文书籍。说来也巧，当时我正在看《专利强度与经济增长》一书英文版，便将与书有关的信息编辑后发去。经出版社审核，选题顺利通过。这令人格外欣喜。此后，便开启了偶尔兴奋，但时常痛苦（甚至有时劝退的想法）的翻译途旅。

起初，对"专利促进经济发展、社会创新"的认知源自教科书，答案往往也是标准式的。对专利如何促进经济增长、影响专利创新的具体因素与具体模型等问题，知之甚少。随着阅读理查德·爱泼斯坦的《私有财产、公共行为与法治》、彼得·达沃豪斯的《信息封建主义》以及苏姗·塞尔的《私权、公法：知识产权的全球化》等书，我便不断思考知识产权规则"一体化"的国家基础、知识产权规则的普适性争议等一些列让我无法系统回答的困惑。《专利强度与经济增长》一书的出现，从经济学与统计学视角，针对专利"一刀切"的国际性政策提出质疑并得出系统性答案。这完全有别于传统知识产权法领域学者的研究方法与结论，令人受益匪浅。原书英文版是以色列法学教授丹尼尔·贝诺利尔（Daniel Benoliel）所著，由剑桥大学出版社出版。总体而言，本书可视为对专利保护和经济增长之间的不确定关系所展开的重要实证研究。质疑通过平等、一致的国际专利政策能促进有效经济增长率的观点，并为不同国家集群在联合国层面的政策联合提供一个分析框架。

诚然《专利强度与经济增长》一书的结论如此清晰，但作者为得出结论所展开的论证，却极为复杂，也导致后续翻译难度极大。书中充满了大量经济学专业术语、统计学分析模型、大量缩写的变量与定量分析等法科学者惯常研究中不会涉猎的知识，让我时常处于奔溃边缘。好在有几位好友是经济学、统计学专业出身，能够解答书中涉及的专业知识。对此，十分感谢他们不嫌我的愚钝，没有将我拉黑、删除。即使在他们费尽口舌、换着法解释后，我依旧两眼空洞地望着他们。但是，落笔行文是经我再三思考、多方核实。当然，原书的作者自然也难逃我的"折磨"。在翻译过程中，我时常将积累起来的问题一次性发给丹尼尔教授，还每次都能得到详尽的解释。饶有意思的是，面对书中极为细节的内容，他有时也想不起来这样写的缘由。

经二余载，几番修改、讨论、完善译文，这本书终于顺利出版印发。这一路，得到许多人的指导与耐心细致的帮助，家人们的大力支持。在此一并感谢！

感谢丹尼尔教授的信任与授权！

感恩我的学术引路人、恩师李雨峰教授的鼓励与支持！

感谢我的妻子郑银博士为家庭的付出，分担了原本属于我的责任。感谢家人们的鼓励、支持与陪伴，让我在这条路上坚定不移地向前奔跑！

感谢知识产权出版社卢海鹰老师的推荐、王玉茂老师的辛勤审稿，以及现在高等教育出版社的可为老师的前期工作！

能将这本书翻译引入国内，为知识产权法学界研究专利国际规则、国家政策、专利法律本土化提供一个跨学科的视角，是我的荣幸。希望读者们能从中收获些知识。

因本人才疏学浅，疏漏必然。尤为文中经济学、统计学等专业词汇的理解与翻译，若与原文出入，恳请告知，也望见谅！译书文责，全归本人。

倪朱亮

2023 年 2 月 26 日

重庆